块体离散元数值模拟技术及工程应用

石　崇　褚卫江　郑文棠　编著

中国建筑工业出版社

图书在版编目（CIP）数据

块体离散元数值模拟技术及工程应用/石崇，褚卫江，
郑文棠编著.—北京：中国建筑工业出版社，2016.11（2023.6重印）
ISBN 978-7-112-19848-1

Ⅰ.①块… Ⅱ.①石… ②褚… ③郑… Ⅲ.①岩体-
离散-数值模拟 Ⅳ.①TU45

中国版本图书馆CIP数据核字（2016）第222882号

全书共由十二章构成，第一章为块体离散元发展历史与基本原理，第二章为3DEC5.0常用命令整理与使用规则，第三章为复杂块体离散元数值模型实现技巧，第四章为利用3DEC进行非连续块体运动分析，第五章为边坡稳定性离散元数值模拟及工程应用，第六章为大型洞室群变形稳定性离散元分析及应用，第七章为裂隙岩体渗流离散元分析及工程应用，第八章为节理岩体动力特性离散元分析及应用，第九章深埋条件下高应力破坏与岩爆风险分析，第十章为倾倒变形体破坏机制离散元分析及应用，第十一章为柱状节理岩体力学特性离散元分析，第十二章为3DEC学习与使用经验总结。

责任编辑：杨　杰　张伯熙
责任设计：李志立
责任校对：王宇枢　张　颖

块体离散元数值模拟技术及工程应用
石　崇　褚卫江　郑文棠　编著
*
中国建筑工业出版社出版、发行（北京西郊百万庄）
各地新华书店、建筑书店经销
北京佳捷真科技发展有限公司制版
建工社（河北）印刷有限公司印刷
*
开本：787×1092毫米　1/16　印张：25¼　字数：626千字
2016年11月第一版　2023年6月第三次印刷
定价：**78.00**元
ISBN 978-7-112-19848-1
（29344）

前　言

岩体是经历过变形、遭受过破坏，具有一定岩石的成分和结构（节理、断层和裂隙等），并赋存于一定地质环境中的地质体。岩体材料与完整岩块的本质区别在于岩体中有大量的节理裂隙，岩体内存在的复杂裂隙网络是造成岩体非连续性、非均匀性和各向异性的根源。由于其岩体介质的特性，采用传统的土力学等固体力学理论研究此类材料的力学特性时，无法解释一些典型的力学现象，特别是复杂结构性的影响等。随着计算机技术的发展，块体与颗粒离散元数值模拟方法在岩土工程中得到越来越多的应用。

笔者多年从事各种岩土数值模拟方法的开发与应用研究工作，为了便于块体离散元数值模拟方法的推广和应用，作者基于 3DEC5.0 英文帮助和块体离散元基本计算原理，融合课题组多年离散元使用经验，针对岩石计算中比较繁琐的前后处理、计算过程控制进行开发，汇总归纳编成本书供研究者参考。全书共由十二章构成，第一章为块体离散元发展历史与基本原理，第二章为 3DEC5.0 常用命令整理与使用规则，第三章为复杂块体离散元数值模型实现技巧，第四章为利用 3DEC 进行非连续块体运动分析，第五章为边坡稳定性离散元数值及工程应用，第六章为大型洞室群变形稳定性离散元分析及应用，第七章为裂隙岩体渗流离散元分析及工程应用，第八章为节理岩体动力特性离散元分析及应用，第九章深埋条件下高应力破坏与岩爆风险分析，第十章为倾倒变形体破坏机制离散元分析，第十一章为柱状节理岩体力学特性离散元分析，第十二章为 3DEC 学习与使用经验总结。

本书由河海大学岩土工程科学研究所石崇博士统稿，浙江中科依泰斯卡岩石工程研发有限公司褚卫江博士、中国能源建设集团广东省电力设计研究院有限公司郑文棠博士协作撰写，所有章节由三人共同协商定稿。回忆本书的撰写过程，作者特别感谢为本书的撰写提出宝贵意见的离散元研究爱好者，是他们不断地探讨为笔者提供了无私的帮助和动力，特别是河海大学王如宾博士，浙江中科依泰斯卡岩石工程研发有限公司孟国涛博士，四川大学周家文博士，中国电建集团昆明勘测设计研究院的宁宇博士，以及课题组研究离散元理论与应用的研究生：王小伟博士，孔洋博士，张强博士，王盛年博士，陈鸿杰博士、沈俊良硕士、白金州硕士、刘苏乐硕士、金成硕士、张成辉硕士、杨文坤硕士、徐波硕士、李德杰硕士、李凯平硕士等，在研究过程点点滴滴的来来往往时时刻刻不能忘怀，谨此致以衷心的感谢！

本书受以下基金课题联合资助：

国家重点基础研究发展计划（973 计划）（2015CB057903），"十二五"国家科技支撑计划（2013BAB06B01），国家自然科学基金（51679071，51679069，51309089，41372275，41472272），江苏省自然科学基金（BK20130846），中央高校基本科研业务费专项资金（编号 2016B20214）"。

本书是笔者对离散元方法的浅陋之见及对 3DEC5.0 的个人理解，由于作者的知识结构、认识水平与工程实践条件的限制，难免出现谬误之处，恳请有关同行及读者批评指正，提出宝贵意见，以便笔者及时修订、更正和完善。

2016 年 8 月著者于南京清凉山下

目　　录

第一章 块体离散元发展历史与基本原理

1.1 岩体力学离散化分析的必要性

岩体是经历过变形、遭受过破坏，具有一定岩石的成分和结构（节理、断层和裂隙等），并赋存于一定地质环境中的地质体。岩体材料与完整岩块的本质区别在于岩体中有大量的节理裂隙，而这些裂隙网络是造成岩体非连续性、非均匀性和各向异性的根源。已有的岩体力学研究成果表明：岩体变形由岩体材料变形（岩块变形）和岩体结构变形（节理、裂隙和断层的张开、闭合、错动与开裂等）两部分组成，其中岩体结构变形量一般大于岩体材料的变形量。岩体结构对岩体的力学性质、变形特性及破坏规律都有重要影响。可以说，不考虑岩体结构面的力学行为，就不可能正确认识和解决岩体工程问题。

根据岩体力学的发展历史，孙广忠（1983）将岩体力学发展分为岩石材料力学阶段、碎裂岩体力学阶段和岩体结构力学阶段这三个阶段：①20 世纪 50 年代以前为岩石材料力学阶段，这一阶段把岩体作为连续介质处理，采用材料力学和弹塑性力学来分析岩体力学问题，还没有充分认识到岩体的复杂性和特殊性；②20 世纪 50～70 年代是将碎裂岩体力学性质作为中心研究课题的碎裂岩体力学阶段，这个阶段认识到了岩体内大量裂隙对岩体的力学性质有极大影响，指出岩体力学实质上是地质体力学，这一时期以"奥地利学派"为代表，但受研究手段和认识水平的限制，这一阶段的岩体力学研究方法主要还是采用了连续介质力学方法，只是重视了岩体的尺寸效应；③自 20 世纪 70 年代以来，以岩体结构概念为指导，提出了以"岩体结构控制论"为基础理论的岩体结构力学，岩体结构力学将岩体视为由完整岩块和结构面构成的多种力学介质和多种力学模型组成的地质体，这一阶段岩体力学的研究重点是结构面力学行为及其对岩体性质的影响。

近年来，随着经济和社会发展需要，我国的大型水利工程、采矿工程、交通道路等基础工程建设迅速发展，这些大型基础设施建设中往往都面临着许多岩体工程问题，这些工程项目的实施为岩体力学的发展提出了新的挑战，同时也带来了千载难逢的机遇。这些大型工程的建设实践表明，必须将岩体作为一种由岩块和众多结构面组成的断续介质，才能够正确认识工程岩体的力学行为。

对岩体非连续结构面力学行为的考虑是工程中的一个难点，这主要表现在以下几个方面：（1）采用包含界面单元的有限元法或有限差分法进行数值模拟时，只能模拟少量的较大规模的节理断层，当考虑节理数量较大时，数值模型的单元离散将变得异常困难。因此，当前包含界面单元的有限元法或有限差分法仍然是一种"准连续"的数值计算方法，对于包含众多节理裂隙的岩体，其宏观等效参数的取值对数值分析成果影响很大。（2）采用以块体理论为基础的界面元法、DDA、离散元法进行岩体分析时，又将岩体看作一种完全被结构面切割而成的块体集合，不能考虑非贯穿节理面中岩桥对变形的限制作用。

（3）有限元方法、有限差分方法或无单元法仍然是沿用传统弹塑性力学的各向同性假设，不能考虑由于岩体节理裂隙所引起的各向异性变形及各向异性破坏情况。（4）在当前各种数值计算方法中，都无法反映岩体受力后微裂隙扩展演化成为宏观裂隙，或原生结构面开裂扩展直至破坏的渐近过程。

1.2 离散元方法发展历程

1.2.1 离散元发展历程

3DEC 是在二维离散元软件 UDEC 的基础上发展而来。离散元法的创始人 Peter A. Cundall（后简称 Cundall）于 1971 年将离散元算法植入 UDEC 软件，并于 1985 年和 Itascas 公司职员在 IBM 微型计算机平台对 UDEC 软件进行了工程应用。Cundall 于 1978 年用 Fortran 编制了离散元的软件雏形（RBM、SDEM、DBLOCK），1979 年和 Strack 开发了离散元的代表性程序 TRUBAL，1980 年 Cundall 在 Itasca 公司开发出首个 UDEC 测试版，1983 年 Itasca 公司发布 UDEC 1.0 版本，1985 年发布 UDEC 1.1 版本，同年发布了首个 3DEC 测试版，1988 年正式发布 3DEC1.0 版本，目前广为流行的是 3DEC5.0 版本，与以前版本相比，其增加了强大的前后处理、离散裂隙网络等功能，是节理岩体力学领域应用最广泛的软件之一。

离散元在我国起步较晚，但是发展迅速。王泳嘉于 1986 年首次向我国岩石力学和工程界介绍了离散元法的基本原理及几个应用例子。此后，离散元法在边坡危岩和矿井稳定等岩石力学问题中得到广泛应用。目前，我国有许多高校和科研院所从事离散元方法的研究和应用工作，成果显著。

在岩土计算力学方面，由于离散单元法能更真实地表达节理岩体的几何特点，便于处理非线性变形和破坏都集中在节理面上的岩体破坏问题，因此被广泛应用于模拟边坡和节理岩体地下水渗流等力学行为。离散元还可以在颗粒体模型基础上通过随机生成方法建立具有复杂几何结构的模型，并通过单元间多种连接方式来体现土壤等多相介质间的不同物理关系，从而更有效地模拟土壤开裂、分离等非连续现象，成为分析和处理岩土工程问题的有效方法。

岩体中每个岩块之间存在节理、裂隙等，使得整个岩体成为不完全连续体。离散单元法的基本原理是基于牛顿第二定律，假设被节理裂隙切割的岩块是刚体，岩石块体按照整个岩体的节理裂隙互相镶嵌排列，在空间每个岩块有自己的位置并处于平衡状态。当外力或位移约束条件发生变化，块体在自重和外力作用下将产生位移（移动和转动），则块体的空间位置就发生变化，这又导致相邻块体受力和位置的变化，甚至块体互相重叠。随着外力或约束条件的变化或时间的延续，有更多的块体发生位置变化和互相重叠，从而模拟各个块体的移动和转动，直至岩体破坏。因此离散元法在边坡、危岩和矿井稳定等岩石力学问题中得到了广泛应用。

近年来离散元法的应用已经拓展到连续介质向非连续介质转化力学问题中来。例如，混凝土等脆性材料在冲击作用下产生损伤和破坏。而以连续介质力学为基础的有限元等数值计算方法难以模拟材料的破坏形式和破坏过程。离散元法在这方面则具有得天独厚的优势，可以模拟材料从连续到非连续的转变过程。此外，颗粒离散元还被广泛地应用于研究复杂物理场作用下粉体的动力学行为和多相混合材料介质或具有复杂结构材料的力学性质，如粉末加工、研磨技术、混合搅拌等工业加工领域和粮食等颗粒离散体的仓储和运输等实际生产领域。

1.2.2　结构面变形本构发展

岩体中结构面变形对于岩体的力学性质及其稳定性有着重要影响，因此，多年来有关学者对岩体结构面的本构关系进行了很多研究。由于节理结构面的厚度远小于其平面上的尺度，因此，一般不用应力-应变关系表征其变形规律，而是用应力-变形（或位移）关系描述其变形特性。结构面的变形主要表现为垂直于节理面的闭合或张开变形和沿节理面剪切滑移变形，因此，结构面本构关系的主要研究内容是结构面的应力与其法向变形和切向变形的关系。

考虑结构面沿剪切方向上为各向同性时，结构面上作用有 2 个应力：法向应力 σ（以拉为正）和剪切应力 τ，相应的有法向位移 δ_n（以张开为正，闭合为负）和切向位移 δ_s，应力-位移关系通常用一个 2×2 阶的矩阵（刚度矩阵 K 或柔度矩阵 C）表示：

$$\begin{Bmatrix} \sigma \\ \tau \end{Bmatrix} = \begin{Bmatrix} K_n & K_{ns} \\ K_{sn} & K_s \end{Bmatrix} \begin{Bmatrix} \delta_n \\ \delta_s \end{Bmatrix} \tag{1.2.1}$$

式中　　$K_n = \dfrac{\partial \sigma}{\partial \delta_n}$ 为法向刚度系数，表示法向位移对法向应力的效应；

$K_s = \dfrac{\partial \tau}{\partial \delta_s}$ 为剪切刚度系数，表示剪切位移对剪切应力的效应；

$K_{ns} = \dfrac{\partial \sigma}{\partial \delta_s}$ 为剪胀刚度系数，表示剪切位移对法向应力的效应；

$K_{sn} = \dfrac{\partial \tau}{\partial \delta_n}$ 表示法向位移对剪切应力的效应。

由定性分析可知，法向位移对剪切应力的影响可以忽略不计，即有 $K_{sn}=0$；其他的刚度系数 K_{nn}、K_{ss} 和 K_{ns} 一般通过试验确定。

实践中多忽略刚度耦合项，采用 Goodman 单元，即 K_{sn} 和 K_{ns} 取为 0，分别利用法向刚度 K_n 和剪切刚度 K_s 来描述结构面的法向变形和剪切变形。由式（1.2.1）刚度计算公式可知，确定结构面应力-位移关系的关键是计算 K_n 和 K_s。

在已有的研究成果中，有关学者根据试验成果提出不少结构面应力-位移的经验公式，这些公式多是基于非线性变形的本构关系，主要的经验公式及其相应的法向刚度和切向刚度计算式见表 1.2.1。由这些经验计算公式可以看出：

（1）结构面的应力与位移关系是高度非线性关系，目前的计算公式多是非线性弹性本构模型。

（2）一般说来，结构面的法向压应力越大，结构面之间的相对距离越小，结构面的法向刚度也随着增大，当结构面的法向压应力增大到一定值时，结构面之间的位移趋近于 0，这表明随着节理岩体的围压增大，结构面变形效应减小，当围压增大超过一定值时，岩体结构面的变形将趋近于 0，岩体的变形与岩块的变形情况相同。

（3）当前公式在结构面变形分析时，均是假定结构面不能抗拉，应力-变形关系的研究主要是针对岩体受压闭合变形，在拉应力作用下，结构面变形迅速增大而破坏。

（4）结构面的法向刚度和剪切刚度与岩块的抗压强度、结构面粗糙度、结构面的尺度、岩体初始应力状态、初始张开度等多种因素有关，具有高度非线性和随机性，结构面的刚度系数变化很大，其取值对结构面变形影响很大。

结构面应力-变形计算经验公式　　　　　　　　　表 1.2.1

公式类型	公式名称	应力-位移关系	刚度 $K_n(K_s)$ 计算式	参数说明
法向位移与法向应力关系	Goodman 双曲模型	$\delta_n = \delta_{nmax}\left(1 - \dfrac{\sigma_0}{\sigma}\right)$	$K_n = \dfrac{\sigma^2}{\delta_{nmax}\sigma_0}$	σ_0 为初始应力，δ_{nmax} 为法向最大闭合量
	Bandis 双曲模型	$\delta_n = \dfrac{\sigma\delta_{nmax}}{K_{n0}\delta_{nmax}+\sigma}$	$K_n = \dfrac{(K_{n0}\delta_{nmax}+\sigma)^2}{K_{n0}(\delta_{nmax})^2}$ 或 $K_n = \dfrac{K_{n0}(\delta_{nmax})^2}{(\delta_{nmax}+\delta_n)^2}$ $K_{n0} = -7.15 + 1.75 JRC + 0.02\left(\dfrac{JCS}{d}\right)$	K_{n0} 为节理初始法向刚度，JCS 和 JRC 分别为结构面抗压强度和粗糙度系数，d 为结构面厚度，$d = JRC\left(\dfrac{0.04\sigma}{JCS}-0.02\right)$ 其他参数同上
	对数函数模型	$\delta_n = \delta_b \ln\left(\dfrac{\sigma}{\sigma_0}\right)$	$K_n = \dfrac{\sigma}{\delta_b}$	δ_b 为试验确定的系数
	幂函数模型	$\delta_n = A\sigma^r$	$K_n = \dfrac{rA\sigma^r}{\sigma}$	A、r 为试验确定的系数
	指数模型	$\delta_n = \left(1 - e^{-\frac{\sigma}{K_{n0}}}\right)\delta_{nmax}$	$K_n = \dfrac{K_{n0}}{\delta_{nmax}\exp\left(-\dfrac{\sigma}{K_{n0}}\right)}$	参数同上
剪切位移与剪切应力关系	双曲线模型	$\tau = \dfrac{\delta_s}{m+n\delta_s}$	$K_s = \dfrac{m\delta_s}{(m+n\delta_s)^2}$	m,n 为试验确定的系数
	改进双曲模型	$\tau = \dfrac{\delta_s}{m+n\delta_s}+\tau_0$	同上	τ_0 为对应初始刚性阶段的常数，其他同上
	Hungr 模型	$\tau = \dfrac{ut}{t-\delta_s}-u$，其中： $u = -\dfrac{Baf\sigma^2}{a\sigma-b}$ $t = -\dfrac{Bfb}{a(a\sigma-b)} < \delta_s$	$K_s = \dfrac{ut}{(t-\delta_s)^2}$	B 为剪应力屈服值与峰值之比，a 为屈服割线剪切刚度与法向应力之比，f 为法向应力 σ 作用下峰值摩擦系数，b 为绘制 x 轴和 y 轴的尺寸系数
	Duncan 模型	$d\delta_s = \dfrac{d\tau}{K_s}$	$K_s = K_{s0}\left(1 - \dfrac{R\tau}{(c-f\sigma)}\right)^2$	K_{s0} 为初始切向刚度，c 为结构面粘结力，f 为结构面摩擦系数，R 为剪切破坏比（其值小于1）
	Bandis 模型	$d\delta_s = \dfrac{d\tau}{K_s}$	$K_s = K_{s0}\sigma^m\left(1 - \dfrac{R\tau}{(c-f\sigma)}\right)^2$	m 为刚度指数，其他参数同上
	Barton 模型	$d\delta_s = \dfrac{d\tau}{K_s}$	$K_s = \dfrac{100\sigma\tan\left[JRC\lg\left(\dfrac{JCS}{\sigma}\right)+\varphi_r\right]}{L}$	φ_r 为结构面残余摩擦角，L 为结构面的长度。该公式考虑了尺寸效应对剪切刚度的影响

1.2.3　结构面抗剪强度模型与发展

节理岩体的破坏以沿节理面剪切破坏为主，节理面的峰值剪切强度是节理岩体最主要的力学性质。在天然的节理岩体中，节理面表面多是粗糙起伏状，其剪切强度主要与接触面上的粘结力、表面形态（粗糙度和起伏度）、岩块的强度、结构面的应力状态等因素有关。结构面的抗剪强度公式一般采用 Mohr-Coulomb 公式，其基本形式为：

$$\tau = c + f\sigma \tag{1.2.2}$$

式中 $f = \tan(\varphi)$，c、φ 分别为结构面的粘聚力和摩擦角，σ 为结构面上的法向应力，τ 为结构面当前的抗剪强度值。为了考虑结构面表面形态及连续性对剪切破坏特性的影响，不少学者对 Mohr-Coulomb 公式进行了推广和延伸，主要是研究结构面的粘聚力 c_J 和摩擦角 φ_J（也即其摩擦系数 f_J）两个参数取值方法，主要的研究成果见表 1.2.2。

岩体抗剪强度参数研究成果　　　　　　　　　　　表 1.2.2

公式名称	结构面 c_J 和 φ_J 计算式	参数说明
Barton 双直线剪切强度公式	(1) 当 $\tau \leqslant \sigma_T$ 时：$c_J = 0, \varphi_J = \varphi_b + \theta$ (2) 当 $\tau \geqslant \sigma_T$ 时：$c_J = c_b, \varphi_J = \varphi_r$	φ_b 为光滑结构面的摩擦角（基本摩擦角）；θ 为规则锯齿状起伏节理面上的起伏角，c_b 为平直结构面的粘聚力（基本粘聚力），φ_r 为结构面残余摩擦角，σ_T 为结构面从滑动破坏转为剪断破坏的过渡应力
Jaeger 负指数剪切强度公式	$c_J = c(1 - e^{-b\sigma})$ $\varphi_J = \varphi_r$	b 为由试验确定的系数，其他参数同上
Barton 节理剪切经验公式	$c_J = 0$ (1) $\sigma < \sigma_{Jc}$ 时，$\varphi_J = JRC \lg\left(\dfrac{JCS}{\sigma}\right) + \varphi_b$ (2) $\sigma \geqslant \sigma_{Jc}$ 时，$\varphi_J = JRC \lg\left(\dfrac{\sigma_1 - \sigma_3}{\sigma}\right) + \varphi_b$	JRC（Joint Roughness Coefficient）为节理粗糙系数，JCS（Joint Compression Strength）为节理的抗压强度，σ_{Jc} 为节理岩壁单轴抗压强度，σ_1 和 σ_3 分别为岩体的最大和最小主应力，其他参数同上
台阶状节理面抗剪强度公式	$c_J = \xi c_b + (1 - \xi) c_R$ $\varphi_J = \arctan[\xi \tan\varphi_b + (1 - \xi)\tan\varphi_R]$ 其中：$\xi = \dfrac{\sum a_i}{\sum a_i + \sum b_i}$	c_R 和 φ_R 分别为完整岩石的粘结力和摩擦角，ξ 为节理不连续性指数（ξ 应大于或等于 0.5），a_i 和 b_i 分别为第 i 段节理面和第 i 个台阶的长度，其他参数同上
锯齿状和波浪状节理面抗剪强度公式	(1) $\sigma < \sigma_m$ 时：$c_J = \dfrac{c_b}{\sin\alpha(\cos\alpha - \sin\alpha\tan\varphi_b)(\cot\alpha + \cot\beta)}$ $\varphi_J = \varphi_b + \alpha$，其中 $\sigma_m = \dfrac{c_R - \dfrac{c_b}{\sin\alpha(\cos\alpha - \sin\alpha\tan\varphi_b)(\cot\alpha + \cot\beta)}}{\tan(\alpha + \varphi_b) - \tan(\varphi_R)}$ (2) $\sigma \geqslant \sigma_m$ 时：$c_J = c_R, \varphi_J = \varphi_R$	σ_m 为节理面由爬坡滑动破坏向啃断破坏转化的临界应力，α 和 β 分别为迎剪切方向和背剪方向的起伏角，其他参数同上
一般形态节理面抗剪强度公式	$c_J = 0, \varphi_J = \varphi_b + \arctan\left[z_{2w} + z_{2r} f\left(\dfrac{\sigma_s}{\sigma}\right)\right]$	z_{2w} 和 z_{2r} 分别为节理形态起伏度分量和粗糙度分量的坡度均方根，σ_s 为节理岩壁的单轴抗拉强度，$f(\sigma_s/\sigma)$ 为与节理岩壁和形态测试的采样间隔有关的量

在 3DEC 采用接触摩擦型节理模型模拟接触关系，常采用库仑滑移模型。假设块体间的法向力矢量增量 F_n（压为正）和剪切矢量增量 F_s，弹性阶段分别正比于他们之间法向

位移量 u_n 和切向位移增量 u_s，接缝的法向与切向弹簧接触刚度分别为 k_n，k_s，并假定接缝具有无拉力以及满足库仑定律，则有：

$$F_n = k_n u_n, \quad 当\ u_n \leqslant 0 \tag{1.2.3}$$

$$F_n = 0, \quad 当\ u_n > 0 \tag{1.2.4}$$

$$F_s = k_s u_s, 当 |F_{cs}| \leqslant f |F_{cn}| + cL \tag{1.2.5}$$

$$F_s = \text{sign}(\dot{u}_s)(f |F_{cn}| + cL), 当 |F_{cs}| > f |F_{cn}| + cL \tag{1.2.6}$$

式中：F_n、F_s 分别为接触力 F_c 的法向与切向分量；k_n，k_s 为节理的法向与切向刚度；u_n、u_s 分别为接缝的法向与切向相对位移；f，c 为节理材料的摩擦系数与粘聚力；L 为接触面长度。

1.3 动态松弛离散元法基本原理

离散元计算分析采用动态松弛离散元法。即把非线性静力学问题化为动力学问题求解的一种数值方法，适合于求解动力响应问题。该方法的实质是对临界阻尼方程进行逐步积分。为了保证求得准静态解，一般采用质量阻尼和刚度阻尼来吸收系统的动能。当阻尼系数取值小于某一临界值时，系统的振动将以尽可能快的速度消失，同时函数收敛于静态值。这种带有阻尼项的动力平衡方程，利用有限差分法按时步在计算机上迭代求解。由于被求解方程是时间的线性函数，整个计算过程只需要直接代换，即利用前一迭代的函数值计算新的函数值。因此，动态松弛法在求解非线性动力问题是比较有优势的。

1.3.1 刚性块体运动方程

设块体 i 周边有 n 个块体接触，则其受 n 个力作用，将其力在 X，Y 向分解。则得其合力、合力矩为：

$$F_x = \sum_{i=1}^{n} F_{xi}$$

$$F_y = \sum_{i=1}^{n} F_{yi}$$

$$M = \sum_{i=1}^{n} [F_{yi}(x_i - x_0) + F_{xi}(y_i - y_0)] \tag{1.3.1}$$

式中，F_x，F_y，M 分别为 X，Y 方向上的合力，合力矩。其中 x_0，y_0 为块体质心坐标，力矩逆时针为正。

块体的平面运动方程和转动运动方程可写为：

$$\ddot{x}_i + \alpha \dot{x}_i = \frac{F_i}{m} - g_i \tag{1.3.2}$$

$$\ddot{\omega}_i + \alpha \dot{\omega} = \frac{M_i}{I} \tag{1.3.3}$$

式中，$\ddot{x}$ 为质心加速度；$\dot{x}_i$ 为质心速度；α 为黏性阻尼常数；F_i 为块体中心合力；m 为块体质量，g_i 为重力加速度；$\ddot{\omega}_i$ 为块体某一轴的角加速度，$\dot{\omega}_i$ 为角速度，M_i 为弯矩，I 为惯性矩，以上方程可以在三个坐标轴方向分别建立，因此对每个块体可以建立三个平动、三个转动方程。

对质点运动方程可采用中心差分法求解，如下公式可分别描述平动与转动方程在时间 t 上的中心差分：

$$\ddot{x}_i(t) = \frac{1}{2}\left[\dot{x}_i\left(t - \frac{\Delta t}{2}\right) + \dot{x}_i\left(t + \frac{\Delta t}{2}\right)\right] \tag{1.3.4}$$

$$\omega_i(t) = \frac{1}{2}\left[\omega_i\left(t - \frac{\Delta t}{2}\right) + \omega_i\left(t + \frac{\Delta t}{2}\right)\right] \tag{1.3.5}$$

则加速度可以计算为

$$\ddot{x}_i(t) = \frac{1}{\Delta t}\left[\dot{x}_i\left(t + \frac{\Delta t}{2}\right) + \dot{x}_i\left(t - \frac{\Delta t}{2}\right)\right] \tag{1.3.6}$$

$$\dot{\omega}_i(t) = \frac{1}{\Delta t}\left[\omega_i\left(t - \frac{\Delta t}{2}\right) - \omega_i\left(t - \frac{\Delta t}{2}\right)\right] \tag{1.3.7}$$

将这些变量分别代入平动、转动运动方程，即可得到中心差分计算公式。如果平动、转角增量利用如下公式给出：

$$\Delta x_i = \dot{x}_i\left[t + \frac{\Delta t}{2}\right]\Delta t$$

$$\Delta \theta_i = \omega_i\left[t + \frac{\Delta t}{2}\right]\Delta t \tag{1.3.8}$$

则块体中心更新为

$$x_i(t + \Delta t) = x_i(t) + \Delta x_i \tag{1.3.9}$$

块体顶点位置即可得出

$$x_{v_i}^v(t + \Delta t) = x_i^v(t) + \Delta x_i + e_{ijk}\Delta\theta_j\left[x_k^v(t) - x_k(t)\right] \tag{1.3.10}$$

对于粘结在一起的块体组，运动方程只需要计算主块体即可，其质量、惯性矩和中心位置可由块体组决定，一旦主块体运动确定，从属块体的形心位置和顶点坐标即可计算出来。

而第 i 块体承受力和弯矩合力，在每次循环块体运动更新后即归零，下一循环重新计算。

1.3.2 变形块体运动方程

很多工程应用中，块体的变形不可忽略。因此将刚性块划分为有限元四面体单元，成为变形块体。块体变形的复杂性取决于划分的单元数目。同时使用四面体单元可消除常应变有限差分多面体计算中沙漏变形问题。

四面体单元的顶点称为网格差分点（类似有限元中的节点），运动方程在每个网格点上建立如下：

$$\dot{u}_i = \frac{\int_s \sigma_{ij}n_j\,\mathrm{d}s + F_i}{m} + g_i \tag{1.3.11}$$

式中，S 是包围质量的外表面；m 集中在网格点上的质量；g_i 为重力加速度。F_i 是施加在网格点上的外力合力，它主要由三部分构成：

$$F_i = F_i^z + F_i^c + F_i^l \tag{1.3.12}$$

其中，F_i^l 是外部施加力；F_i^c 为子接触力，只在块体接触网格点上存在。假定沿着任意接触面的变形均呈线性变化，沿着面施加的子接触力可以用施加到面端点的静态平衡力来表征。最后，单元内部毗邻该网格点的单元应力 F_i^z 如下

$$F_i^z = \int_c \sigma_{ij} n_j \, \mathrm{d}s \tag{1.3.13}$$

式中，σ_{ij} 为单元应力张量；n_j 为指向外轮廓的单位法向量；C 为直线段定义，平分单元表面并收敛于所考虑的网格点封闭多面体表面。

在每个网格点计算网格节点力矢量 $\sum F_i$，该矢量由外部荷载、体力等合成。其中重力 $F_i^{(g)}$ 采用如下公式计算：

$$F_i^{(g)} = g_i m_{\mathrm{g}} \tag{1.3.14}$$

其中，m_{g} 为网格点上的集中重力质量，由共用该网格点的四面体质量 1/3 累加而成。如果处于平衡态，节点力 $\sum F_i$ 为 0. 否则根据牛顿第二定律，节点会存在一个加速度：

$$\dot{u}_i^{(t+\Delta t/2)} = \dot{u}_i^{(t-\Delta t/2)} + \sum F_i^{(t)} \frac{\Delta t}{m} \tag{1.3.15}$$

在每个时间步，应变和旋转均与节点位移相联系，其常见形式如下：

$$\dot{\varepsilon}_{ij} = \frac{1}{2}(\dot{u}_{i,j} + \dot{u}_{j,i})$$
$$\theta_{ij} = \frac{1}{2}(\dot{u}_{i,j} - \dot{u}_{j,i}) \tag{1.3.16}$$

注意，由于计算一般采用增量法，上式并不局限于小应变问题。变形块体的本构关系采用增量形式，从而可分析非线性问题。增量法方程可如下所示：

$$\Delta\sigma_{ij}^e = \lambda \Delta\varepsilon_v \delta_{ij} + 2\mu \Delta\varepsilon_{ij} \tag{1.3.17}$$

式中，λ，μ 为拉梅系数，$\Delta\sigma_{ij}^e$ 是弹性应力张量的增量形式；$\Delta\varepsilon_{ij}$ 应变增量；$\Delta\sigma_{ij}^e$ 为体积应变增量；δ_{ij} 为 Kronecker 函数。

1.3.3 多面体块体离散元

多边形离散元法是将所研究的区域划分成一个个独立的多边形块体单元，随着单元的平移和转动，允许调整各单元之间的接触关系，最终，块体单元可能达到平衡状态，也可能一直运动下去。块体可以是任意多边形，刚性假设对于应力水平较低的问题是合理的。

多边形单元之间的接触方式包括角-角接触、角-边接触与边-边接触，因而多边形单元离散元法的接触力计算模型（力-位移关系）较圆盘单元与球形单元复杂得多。对多边形单元的接触力计算，通常采用 Cundall 介绍的方法，与 Cundall 多面体单元接触力计算模型基本相同，只需把三维问题转化为二维（即从 6 个自由度变为 3 各自由度）即可根据 Kun 与 Herrmann 等人针对多边形单元接触力的计算方法，

判别块体间是否存在接触的最简单的方法是检查发生所有接触的可能性。对于三维块体的接触有 6 中方式：点-点，点-边，点-面，边-边，边-面，面-面，如图 1.3.1 所示，如果块体 A 有 v_{A} 个顶点、e_{A} 个边、f_{A} 个面，第二个块体 B 有 v_{B} 个顶点、e_{B} 个边、f_{B} 个面，则用直接法判别接触存在的计算次数为

$$n = (v_{\mathrm{A}} + e_{\mathrm{A}} + f_{\mathrm{A}})(v_{\mathrm{B}} + e_{\mathrm{B}} + f_{\mathrm{B}}) \tag{1.3.18}$$

用直接法，两个立方体之间存在 676 种接触的可能。事实上，并不需要如此多次的判别。

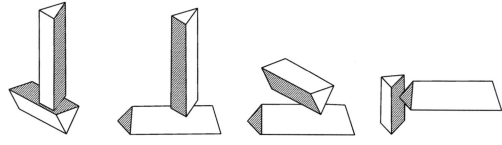

图 1.3.1　面-面接触、边-面接触、边-边接触、点-面接触

其他类型可通过下面的方法通过点-面、边-边接触两种类型来体现，即：

当在同样位置存在三个或者更多个点-面接触时，说明在该位置存在点-点接触；

当两个点-面接触在同一位置同时存在时，表面在该位置存在点-边接触；

当两个块体间存在两个边-边接触时，表面存在边-面接触；

当三个或者更多个边-边接触存在或三个或更多个点-面存在时，表面两个块体间存在面-面接触。

即使按照上面的方法进行类型合并，接触判别的次数仍然有

$$n = v_A \times f_B + v_B \times f_A + e_A \times f_B + e_B \times f_A \qquad (1.3.19)$$

对于两个立方体的接触，判别次数为 240。接触检验的次数直接取决于所要判别块体的边、顶点与面的平均数量；

对某些类型的检测是很困难的，例如，在点-面连接触检测中，不仅要检查点位于该面的上方或下方，还要检验点是否位于该面投影的边界内，而这在数值计算中并不是通过简单的判别就能实现的。

综合上述要求，首先判别接触的类型，然后对各种类型依次检验。但是，接触面的单位法向矢量在某些接触类型中是很容易确定的，例如在所有与面簇接触的类型中，但是对于其他类型则非常困难，例如，边-边、点-边以及点-点。此外，不能保证接触法向矢量在从一种接触类型向另一种接触类型过渡时平滑变化。用直接检验法，两个任意无接触块体间的最大间隙的确定也不是一件容易的工作。

因此，在离散元计算中，由于需要进行大量的块体接触判断，通常计算效率比 FLAC3D 等有限差分法要慢得多，因此一台配置较好的工作站电脑是必要的。

1.4　离散元数值模拟流程

1.4.1　工程数值分析流程

无论是采用何种方法，工程界进行岩土工程设计分析有其最基本的步骤，如图 1.4.1 所示，根据研究对象的大小，岩土工程的研究对象可分为三个尺度分析。

宏观尺度：工程尺寸几米～几百米，通常，研究工程一般都是宏观问题，比如某个边坡、基坑的稳定问题；

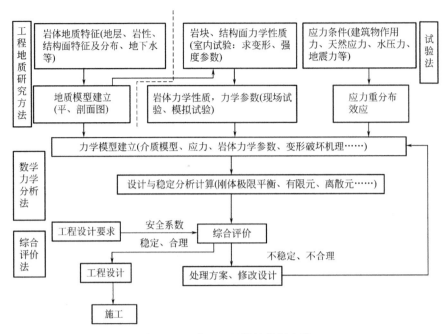

图 1.4.1 岩土工程设计分析步骤

细观尺度：研究对象尺寸为毫米～米，比如边坡某局部块石与土颗粒相互作用对边坡稳定影响即为细观尺度；

微观尺度：研究对象以微米为单位，通常研究矿物构成及作用机理，需要借助显微设备进行。

在宏观研究领域，岩土计算分析可定义为：在试验或者反演获取力学参数基础上，采用合理的本构模型、按照工程的约束（变形、应力）条件，进行施工（构建）过程的仿真，辅助以监测资料，对变形、稳定进行预测，指导下一步工程实践。

在岩土工程，数值模拟的具体内容可包括如下：

（1）参数或者某一条件论证（力学参数反分析、地应力反分析、结构面的影响）。

（2）强度分析（包括各种工况下的刚体极限平衡、极限平衡有限元、承载力、某岩体结构面影响等分析）。

（3）变形分析（包括静态变形、动态变形、长期变形、渗透变形等）。

（4）支护参数优化（包括开挖顺序、开挖方案、支护方案等论证）。

1.4.2 3DEC 数值分析流程

在上述工程问题分析基础上，采用块体离散单元法 3DEC 分析具体工程问题时，还有其特殊之处。采用离散元方法分析工程问题时基本步骤如图 1.4.2 所示：

每一个步骤都由一系列的命令来驱动，因此利用 3DEC 软件，只需要了解几个常用的命令即可进行简单分析。但如果想达到熟练并解决复杂工程问题，明白其原理、遵从 3DEC 的一些约定是必不可少的。

如果读者希望通过本书快速学会 3DEC，掌握第二、三章内容即可，但如果想达到熟练程度，就必须借助后面第四～十一章不同案例问题分析实例，明白如何编程、并结合命令流解决问题。同时，最后一章针对 3DEC 使用中的问题及本书中的技术开发进行了探讨与汇总，也有利于读者使用能力的快速提高。

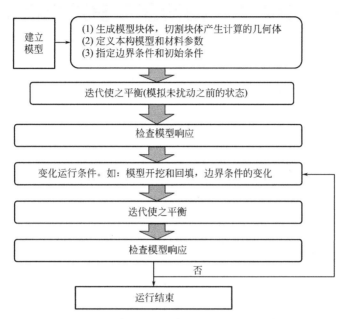

图 1.4.2　采用 3DEC 分析工程问题基本步骤

第二章 3DEC5.0 常用命令整理与使用规则

3DEC 是一款基于离散单元法作为基本理论，用以描述离散介质力学行为的计算分析程序，它采用与 FLAC 一致的有限差分方法，力学上增加了对接触面的非连续力学行为的模拟，因此 3DEC 具备强大连续介质力学范畴内的普遍性分析能力，同时离散单元法的核心思想更是赋予 3DEC 在处理非连续介质环节上的本质优势，特别适合于离散介质在荷载（力荷载、流体、温度等）作用下静、动态响应问题的分析，如介质运动、大变形或破坏行为和破坏过程研究，已广泛用于岩土工程，地质工程，地震工程，建筑/结构工程，军事工程等行业，是岩体变形、破坏等力学分析必不可少的工具。

2.1 3DEC 简介

2.1.1 安装系统要求

为了安装并运行 3DEC5.0，计算机必须满足如下最低要求：

（1）处理器运算速度直接影响 3DEC 模型的计算速度，高速处理器是改善计算效率的主要手段，因此推荐计算机处理器不少于 2GHz；

（2）硬盘空间必须足够安装 3DEC（>200MB），同时还需要不小于 100MB 的存储空间；

（3）加载 3DEC 文件的内存不少于 200MPa，通常除了 3DEC 模型所需内存和存储空间外，计算机还需额外提供 0.5～1.0GB 空间以运行 Windows 系统。如果不能满足，Windows 会使用虚拟内存运行，这可能导致 3DEC 模型计算产生不可预知的损失。因此如果同时运行多个计算，每个模型的计算量不能太大；

（4）3DEC 图形显示也需耗费内存，屏幕的分辨率至少为 1024×768 像素，并推荐使用至少 16 色的调色板；

（5）3DEC 可以在 32 位或者 64 位电脑上运行，目前支持 XP，Vista，Win7，Win8 系统；

（6）3DEC 绘图可以直接输出到打印机，也可直接存储为 PNG 或 BMP 等二进制文件；

（7）3DEC 网络版软件，网络密匙可以放在主机上，用户即可在网络上的任何一台计算机上运行 3DEC。

2.1.2 软件内存分配

不同版本的 3DEC 所需的内存不同，单精度版本的软件理论上需要 2GB 内存，双精度版本软件内存则受计算机内存限制。同时 32 位的 Windows 操作系统也限制 3DEC 内存不超过 1GB。如果只考虑精度和内存问题，推荐使用双精度 64 位系统，但该系统允许分配的内存超过计算机实际内存，容易导致磁盘数据交换，大大增加求解时间，因此实践中并不适用。

具体计算时可视实际情况选用表 2.1.1 所示系统。

不同版本软件内存要求

表 2.1.1

执行程序	精度	系统	内存限制
3dec500_gui.exe	单精度	32 位	<1GB
3dec_dp500_gui.exe	双精度	32 位	<1GB
3dec500_gui_64.exe	单精度	64 位	2GB
3dec_dp500_gui_64.exe	双精度	64 位	安装内存

2.1.3　3DEC 文件系统

3DEC 运行和存储时都会产生文件。了解这些文件系统的区别，有助于加深软件的运用和分析。

（1）项目文件。

项目文件是 3DEC 管理绘图、数据、fish、存储文件的重要途径，同时它也定义了存储项目的文件夹。默认名称为 3DEC.3DPRJ。在一个项目计算开始时，必须首先定义项目文件，否则采用命令行创建的文件会存放到未知位置（通常会在 C：\ Documents and Settings \ Administrator 文件夹下），不利于文件的管理，用户不得不在计算后四处查找相关文件。如果项目文件完备，所有的项目相关文件均位于同一文件夹下。

（2）数据文件

在运行 3DEC 分析时，可以采用界面输入命令，也可以采用数据（命令流批处理）文件进行。该文件由格式化的 3DEC 命令集用户编制的函数等构成，是效率最高的 3DEC 运行方式，文件名与后缀均可任意设置，利用 CALL 命令导入数据文件即可逐条运行。但为了好区分各种文件，推荐采用".3DDAT"作为命令输入文件扩展名，采用".FIS"作为 fish 函数说明。需要注意：文本命令文件中每一行要采用回车结束，否则本行不会执行，因此数据文件最后一行可以采用注释或者划线来避免这一问题。

（3）存储文件

如果在命令栏中输入命令"SAVE"，3DEC5.0 版本的默认存储文件为 3DEC.3DSAV，当然，可以采用"SAVE filename"来设置文件名，但默认后缀仍为".3DSAVE"。因此利用 SAVE 存储或者采用 RESTORE 命令导入模型时，都不需要加后缀。一个 SAVE 文件为二进制文件，不能用文本编辑器编辑，它存储了计算参数、模型、变量等数据，可以方便的研究参数变化影响而不需从头开始，因此在一个计算中多设置几个 SAVE 文件是很有用的。

（4）命令记录文件

当在命令栏中运行"SET log on"，3DEC 会在默认目录下生成一个标准 ASCII 字符集编码的字符的数据和文本文件，默认名称为"3DEC.LOG"，用户可以采用"SET LOG filename"命令修改名称，该文件的功能是记录所有的屏幕操作命令，一方面可以提供3DEC 运行记录，另一方面也为计算质量提供保证。

（5）历程文件

用户在命令栏输入 HISTORY write n，n 为记录编号，系统会生成一个标准 ASCII 字符集编码的字符的数据和文本文件，默认名称为"3DEC. HIS"，用户可以通过 SET HIS-FILE filename 命令修改该默认名称。文件可以用文本编辑器打开，并利用其他数据编辑器绘制曲线等。

（6）表格文件

"3DEC. TAB"这一文件是用户在命令行中输入"TABLE n write dx"后产生的，其中 n 为表的编号，dx 为数据的横坐标间距。文件为标准 ASCII 字符集编码的字符的数据和文本格式，默认输出文件名为"3DEC. TAB"，存储于默认的 3DEC 文件夹下，用户可以设定不同的文件名，如"TABLE n write dx filename aaa. tab"，如果 dx＝0，则输出数据为表 n 实际的 x，y 数据对。

（7）绘图文件（plot files）

绘图文件是用户在命令模式运行 PLOT bitmap filename 后产生的，命令运行后，会产生一个 PNG 格式的文件。图片默认与命令流存放文件夹一致，为了防止文件找不到，执行命令最好统一放在项目文件夹内。

2.1.4　计算单位

数值计算本身并没有单位，3DEC 接受多套相匹配的工程单位，这些匹配的单位参数可如表 2.1.2 所示。

力学参数系统的单位　　　　　　　　　　　　　　　表 2. 1. 2

	国际单位制				英制	
长度	m	m	m	cm	ft	in
密度	kg/m^3	$10^3 kg/m^3$	$10^6 kg/m^3$	$10^6 kg/cm^3$	$Slugs/ft^3$	$Snails/in^3$
力	N	kN	MN	Mdynes	Lbf	Lbf
应力	Pa	kPa	MPa	bar	Lbf/ft^2	psi
重力加速度	m/sec^2	m/sec^2	m/sec^2	cm/sec^2	Ft/sec^2	In/sec^2

在转换参数系统时必须小心谨慎，因为错误的参数会导致错误结果，各套参数系统下的转化可以很容易的在网上查阅，在此不作赘述。应注意：在 3DEC 中摩擦角、剪胀角等不需转化，直接输入角度即可。

当选定了一套参数系统后，必须注意不要使计算结果接近计算机硬件的计算限制，如奔腾处理器单精度数字范围是 $10^{-35} \sim 10^{35}$，如果数据超出这一范围，很容易在计算中产生无法辨别的数据，造成系统崩溃。

2.1.5　3DEC 运行界面

当启动 3DEC 时，首先会出现一个提示框，要求用户选择 3DEC 软件数据文件的位置

（图 2.1.1）。这些文件包括手册中所列实例问题的脚本文件，也包括执行这些脚本必要文件组（fish 文件，几何，项目文件等）。所选择的位置必须是局部、可修改位置，以便于文件存储并修改。选择 OK，则常用的应用数据文件会从安装目录下拷贝至设置的文件夹下。

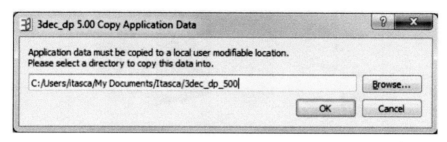

图 2.1.1　首次运行时拷贝文件至用户文件夹

文件拷贝后，需要首先启动几个与项目相关的选项。所谓项目是将 3DEC 待求解问题相关的数据文件、fish 文件，绘图文件等捆绑在一起，以便于处理。如图 2.1.2 所示，选择"创建新项目"的提示，紧接着会跳出存储启动项，输入一个文件名作为项目名称（后缀为 .3dprj）。

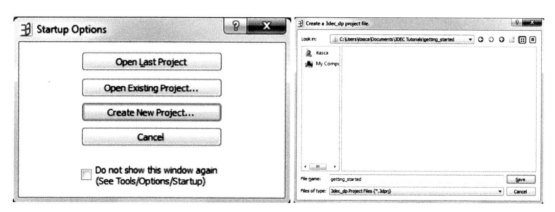

图 2.1.2　项目加载选项与文件存储选项

默认情况下，如果存储数据文件，名称与项目文件名称相同，但扩展名为 .3ddat。存储的文件位于项目文件夹下。

此时，3DEC 的 GUI 界面启动，这通常需要几秒钟，界面显示如图 2.1.3 所示。3DEC 的 GUI（图形用户界面）包含数据显示面板，命令控制台和项目文件。在 3DEC GUI 下拉窗格-布局（layout）中可定制满足用户喜好的程序界面。有几个预设布局选项可直接选择，包括"水平"、"垂直"、"单屏"、"宽屏"和"项目"选项。使用鼠标拖动不同的窗格位置，3DEC 操作界面布局可以设置，一旦窗格合适，单击下拉菜单布局（layout）选择保存布局（save layout…），会出现一个提示，并要求保存位置，当需要调用此布局时即可在该位置找到。

新产生的数据文件将列在如图 2.1.4 左侧窗口"Data Files"下，在空数据文件下显示为空，命令控制台位于操作界面底部，绘图控制位于右侧。

15

图 2.1.3　软件启动界面

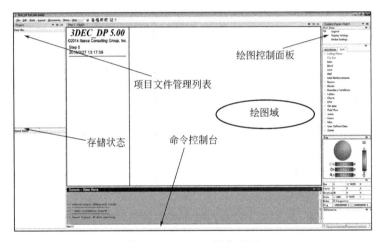

图 2.1.4　3DEC 操作界面

　　可以通过在命令驱动模式下的数据输入文件运行，如果想运行交互命令，只需要在命令框中输入。在敲下回车键以后，3DEC 会运行每一条命令。如果出现错误，错误消息将会显示到屏幕上。

　　作为一种替代方法，输入数据文件可使用文本编辑器创建。这个文件包含了一组命令，就像他们将进入互动模式。该数据文件可有任意名称，如果设定共同识别的扩展名（例如，".3dDAT"），将有助于与其他 3DEC 文件区别。

2.2　基本术语与概念

2.2.1　符号约定

　　3DEC 分析时对应力、位移的符号进行了如下约定，在输入或者分析结果时必须牢记：

（1）块体运动。块体运动正值与坐标系正方向一致。

（2）正应力。应力正值说明为拉应力，负值表明为压应力。

（3）剪切应力。如果作用于物体表面且该面法向为坐标轴正方向，则剪应力正值指向坐标轴正向；反之，如果该面法向指向为坐标轴负方向，剪切应力正值指向坐标轴负向。如图 2.2.1 所示，剪切应力均为正值，应力张量对称，剪应力互补且相等。

（4）正应变。正应变说明为扩张，负应变说明为压缩。

（5）剪切应变。剪切应变遵循传统剪切应力规则。

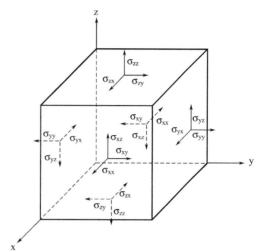

图 2.2.1　正值应力符号约定

（6）孔压。流体孔隙压力以压为正。

（7）倾角、倾向。倾角与倾向假定 x 轴正向为大地坐标系的"东"方向，y 方向假定为大地坐标系的"北"，z 方向假定向上。倾角则定义为 xy 平面与 z 轴负向的夹角。矢量（力、位移、速度等）在 x-，y-，z-的分量则以轴向正方向为正。

2.2.2　基本术语

很大程度上 3DEC 中术语与连续数值模拟方法中的定义相似，但它同时又定义了一些专门术语来描述 3DEC 模型中的非连续特征。为了区分这些定义的差别，可根据图 2.2.2 模型示意图来说明。

（1）3DEC 模型（3DEC MODEL）。使用者建立的，用于进行物理力学问题分析的 3DEC 模型。具体针对 3DEC，是一系列分别定义几何、条件、参数、计算过程等命令流的集合。

（2）块体（BLOCK）。块体是离散单元法计算最基础的几何实体。3DEC 模型的块体要么采用单一块体，用节理切割为小块形成，也可采用多个独立的块体粘结（join on）而成。每个块体都是独立的实体，可以与其他块体分离，或者通过接触面与其他块体相互作用。因此块体又可称为"多面体"。

（3）接触（CONTACT）。每个块体都通过点接触与毗邻块体相连接，因此接触可以认为是施加外力到每一块体的边界条件。

（4）子接触（SUB-CONTACT）。对刚体或者变形块体，每个接触可以分成多个子接触，块体间的相互作用力可施加到子接触上。

（5）不连续性。不连续性指将物体分割为离散部分的几何特征。如内部节理、断层和裂隙，以及岩体中的其他不连续面。

3DEC 中不连续面必须具有与模型尺寸接近的迹长、尺度接近，不连续面至少由一个接触构成。

（6）单元（zone 或 element）。模型中最小发生变化的几何区域，每个变形块体都由四面体有限差分网格构成，混合-离散单元（m-d）是一种特殊单元，由 5 个四面体子区域覆

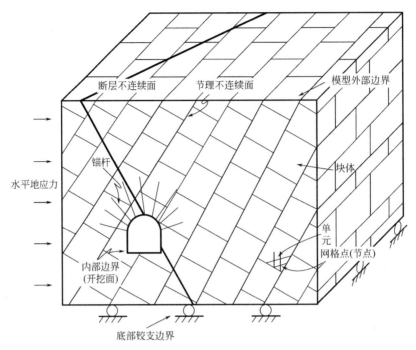

图 2.2.2　3DEC 模型示意图

盖而成，可进行块体塑性分析的精确求解。

（7）网格点（gridpoint）：网格点也称为节点，位于有限差分单元（或混合单元的子区域）的角点处，每个网格点都由空间三维坐标确定，用来指定单元位置。

（8）有限差分网格：要分析的物理区域中有限差分单元的集合。有限差分网格还确定了模型中所有状态变量的存储位置。所有的向量（力、速度、位移）存储在网格点，而标量和张量（应力、材料属性等）存储在单元中心。

（9）模型边界（model boundary）：有限差分网格的边缘，内部边界如开挖面也是模型边界。

（10）边界条件（boundary condition）：一个边界条件规定沿模型边界的约束或控制条件，如力学问题施加的力、地下水渗流的非渗透、热交换问题的隔热等。

（11）初始条件（initial condition）：先于荷载的变化和挠动（开挖等），模型中所有变量（应力、速度等）的初始值。

（12）空块体（null block）：指的在模型中代表"空"的块体，没有材料属性。该单元并不是被删除掉了，而是将其所有的材料属性设置为零，在视图中不显示。用于模拟开挖，在后续分析时可以重新设置为实体，模拟填充材料、建造等。该功能是为了与删除（delete）相区分，一旦块体从模型中被删除，即不能再导入。而空块体可以次数改变设置。

（13）块体本构模型（constitutive model）：描述块体（或材料）或接触模型中单元的变形和强度特征。本构模型和材料属性可以单独赋给每个单元，也可赋给块体，3DEC 中设置了多种本构模型以模拟常用岩土材料力学行为。

（14）节理本构模型（joint constitutive model）：描述块体间接触（子接触）法向与切向相互作用的模型。节理模型包括法向与切向弹性刚度分量，及剪切和拉应力强度分量。

最常用的节理模型为库伦-滑动模型。

（15）结构单元（structural element）：结构单元是描述结构与岩体相互作用的一维单元（如锚杆、锚索等），结构单元可以实现材料非线性，当采用大变形公式时也可实现几何非线性。

（16）迭代步（step）：3DEC采用显示求解，任何问题的求解均需要一定的迭代时步。在求解过程中，计算结果信息不断通过块体传递到计算中。因此首先需要一定量的迭代步来达到平衡状态（静态分析、稳态渗流等），典型问题一般在2000～4000迭代步可以达到平衡，而复杂的、大变形问题可能需要几万个迭代步。当求解动力问题时，STEP或CYCLE指真实的时间步，而其他问题则指循环或时间步（步长1）。

（17）静态求解（STATIC SOLUTION）：模型动能接近于可忽略值时，可视为静态或者准静态分析。3DEC中通过在运动方程中施加阻尼实现，在静态求解时，模型要么全部或者部分处于不稳定（失效等）状态，要么处于力平衡状态或材料稳定流状态，这也是3DEC的默认求解方式，可以利用DAMPING AUTO或DAMPING local命令激活。

（18）不平衡力（UNBALANCED FORCE）：不平衡力表征力学平衡状态（节理滑动、塑性流动等）距离静态分析的程度。理想的模型平衡是指块体中心或者网格点上节点力矢量恰好为零。3DEC监控最大节点力矢量，并可用STEP或CYCLE显示到屏幕上，因此最大节点力矢量又叫做最大不平衡力。理论上数值分析最大不平衡力永远无法达到零值，一般认为最大不平衡力与模型代表力相比足够小即认为已收敛。如果不平衡力趋近于非零值，表明模型中发生了节理滑动或者块体失效、塑性流动等现象。

（19）动力分析（DYNAMIC SOLUTION）：动力求解时，需要求解全运动动力方程（包括惯性项）；动能的产生与耗散直接影响计算结果。动力求解可以用于涉及高频、短时荷载（地震、爆破等）问题的分析。

（20）顶点（VERTEX）：用于描述刚性块体的角点。然而在3DEC中，当指块体表面上的网格点时，顶点和网格点可交替使用。当块体网格化后，每个顶点都与一个网格点相连。

（21）范围（range）：描述三维空间范围，可以用坐标、各种几何域来表征。

（22）组（group）：唯一命名的一组单元体（单元、节点、接触、几何集等），用来限制属性、命令的范围，是范围定义的一种。

（23）地址编码：地址编码也作为模型中的所有状态变量的存储位置的指针。模型中与实体相关的数据存储在与实体的地址编码中。例如，块的边界、速度和刚体的位移都存储在各自的块体编码中。对于变形体，矢量项（如力、速度和位移）存储在网格节点的编码上，标量和张量（压力，材料属性的号码）存在单元编码上。接触面数据如力、速度和流速被存在子接触面的编码上。FISH可以通过地址编码用来访问3DEC数据。

2.3　3DEC常用命令流汇总

2.3.1　命令流基本格式

3DEC是一个命令驱动程序，这种命令驱动结构使3DEC在工程分析领域得到了广泛的应用。然而，这种结构对初学者或者偶尔使用的人造成了一定的困难。为了操作代码，必须编写命令行作为输入进入 3DEC，无论是通过键盘还是远程数据文件。

3DEC 所有命令都是面向单词，并由主要命令单词和随后的一个或多个关键词或值构成。某些命令接受开关，即关键词修改命令的作用。每一命令都具有下列格式：

COMMAND keyword value …〈keyword value …〉

这里，位于〈 〉内的参数为可选择参数，而…表示可以赋予给定任意的值。命令可依次写在命令行中。如果命令关键词仅前面几个字母为黑体。实际输入时仅输入这些黑体字母就可由系统识别，通常为全称的前 3 个字母。

在命令行开始出现分号（;）表明该行为注释行，分号后面的所有字符都会被忽略。这是非常有用的，可以为命令的解读提供注释，并为整体分析提供质量保证。

许多关键词后面有一系列数值，这里数值提供关键词所需要的数值输入。从实际效果来讲，可省略小数点，但可能不会出现整数取值。

命令、关键字和数值可以由任意数量的空格或以下任何分隔符分隔：

（ ），＝

在这里，首先应注意范围（range）关键字的定义，它在大量的命令执行时均会用到。熟练应用该命令，可以快速掌握 3DEC 的命令驱动规则。

该命令可方便的选取特定范围内的目标（块体、接触、节点）。可以使用 range 关键字的常用命令有 apply，boundary，change，delete，density，excavete，ffield，fill，find，fix，free，generate，group，hide，initialize，insitu，jmodel，join，join_contact，list，mark，pfix，plot，remove，seek，show，structure，zone。

如果这些命令未采用 range 来限制范围，则命令运行范围为全部可见目标（块体、接触、节点）。

Range 可以给予名称，一旦赋予范围名称，其名称可定义为一个关键字（nrange），出现在调用该范围的位置。

范围可以采用规则几何形状定义，也可采用材料编号、区域编号、块体编号、接触编号、范围编号等进行定义。常见的 range 关键字定义方式如表 2.3.1 所示：

Range 范围关键字列表

表 2.3.1

Range	定义范围		
	annulus	Center x y z radius r1 r2	中心为 x y z,半径 r1~r2 的圆环
	bid	il〈iu〉	编号位于 il~iu 之间的块体,如果 iu 未设置,则 iu 默认为 il,即指单一块体
	block	I1〈i2 i3 i4…〉	任意一个罗列的块体编号
	bmaterial	〈imat1…〉	选择材料编号为◇中罗列值的块体
	contact	il〈,i2,…in〉	接触编号为 il… 的接触
	cylinder	end1 x1 y1 z1 end2 x2 y2 z2 radius r〈r2〉	第一端面中心为 x1 y1 z1,第二端面中心为 x2 y2 z2,半径为 r~r2 之间,如 r2 未定义或等于 r 为圆柱,如 r2 定义且大于 r 为柱状环
	deformable		选择可变形的块体
	DFN	sname keyword	根据名称为 sname 的裂隙带的距离选择目标(详细查看 DFN 命令)

Range		定义范围
displacement	dl〈du〉〈tolerance t〉	选择位移值在 dl~du,容差为 t 的点如果 du 未设置,选择范围为 dt-t~dt+t 只有 du 未设置时才需要设置 t 块体、单元、面当其中任意一点处于该范围即被选中,接触当接触的两块体中任一块体被选中即选中
excavated		选择被开挖掉的块体
group	sname keyword	选择与 sname 分组相关联的目标
id	il〈iu〉	选择编号在 il~iu 之间的目标,如果 iu 未定义,则默认等于 il
jmaterial	〈jmat1...〉	选择材料编号为 jmat1... 的接触
joint	〈jid1...〉	选择节理编号为 jid1... 的接触
mintersection	imat1 imat2	选择材料编号为 imat1 与材料编号为 imat2 块体间的接触
name	rname	定义一个名称为 rname 的区域
nrange	sname	定义范围名 sname 为一个关键字
orientation	dd dd1〈ddtol〉 dip dip1〈diptol〉 normal nx ny nz〈normtol〉	倾向为 dd1,容差 ddtol 的接触或面倾角 dip1,容差为 diptol 的接触或面法向量 nx,ny,nz,容差 normtol 的接触或面。容差如缺省,均默认为 2°。
plane	Above Below Dd　dd1 Dip dip1 Distance d Normalnx ny nz Originx y z	上半平面 下半平面 倾向(角度)为 dd1 倾角为 dip1 距平面的距离小于 d 法向量 nx ny nz 平面上任意一点坐标
region	〈ireg1...〉	选择区域编号为 ireg1... 的块体
rintersection	ireg1 ireg2	选择区域编号 ireg1 与编号 ireg2 间的接触
sphere	center x y z　radius r	选择中心 x y z 半径 r 的球域
sregion	〈ireg1...〉	选择表面区域编号为 ireg1 的面
velocity	vl〈vu〉〈tolerance t〉	选择速度为 vl~vu 之间,容差 t 的点
vertex	il〈,i2,...in〉	任意罗列的点序列
vid	il〈iu〉	编号在 il~iu 之间点
volume	vl〈vu〉〈tolerance t〉	体积在 vl~vu 间的块体
X Y Z	xl〈xu〉〈tolerance t〉 yl〈yu〉〈tolerance t〉 zl〈zu〉〈tolerance t〉	X 坐标 xl~xu 间的对象 Y 坐标 yl~yu 间的对象 Z 坐标 zl~zu 间的对象

　　在命令流运行过程中,Call;Continue;New;Pause;Quit/exit;Restore;Return;Save;〈esc〉等可用来驱动、暂停、恢复命令流运行。其使用实例如下:

　　Call aaa.dat　　;;读取准备好的命令流批处理文件,并用 3DEC 运行

Continue   ;;在利用 pause 命令暂停或出现错误后继续读取批处理文件

New   ;;清除已有计算，开始一个新的问题求解

Pause   ;;暂停读取一个批处理文件

Quit/exit   ;;停止执行，返回操作系统控制

Restore aa. sav   ;;读取已存储好的文件（save 命令存储）

Save aa. sav   ;;将当前状态存储为一个文件

〈esc〉   ;;在任意运行步、块体生成、网格划分状态停止运行

2.3.2 定义分析模式

3DEC 中默认为标准力学分析，除此以外它还可进行 11 种分析模式，如表 2.3.2 所示。这些模型均通过 CONFIG 命令来设置，但应注意：定义分析类型必须在块体生成之前。

常见的分析类型   表 2.3.2

Config	Keyword〈keyword...〉	
	cppudm	自定义模型分析
	creep	蠕变分析
	dynamic	动力分析
	feblock	与有限元网格耦合分析
	highorder	高阶单元分析
	fluid	裂隙渗流分析，老版本用 config gwflow
	thermal	热力学分析
	liner	结构单元隧道衬砌分析
	array fmem	定义 3DEC 运行内存
	lhs	使用左手坐标系
	energy	能量分量累积分析

2.3.3 几何模型的构建

建立反映实际条件的几何模型是 3DEC 分析的重要任务。所有的 3DEC 模型必需具有外部边界，以施加边界条件。通常分析问题的几何条件，需要采用如下步骤实现几何模型的构建：

（1）通过 POLYHEDRON 命令创建一个或多个刚性块体，定义模型区域的原始边界；

（2）采用 JSET 命令在块体中建立一条或多条节理，并利用 HIDE 和 SHOW 命令创建不连续节理；

（3）利用 JSET、TUNNEL 等命令创建人工结构边界（如边坡、隧洞、矿场等）；

（4）为了分析，利用 MARK 命令在模型中划定区域，同时切割的块体也可用 JOIN 或者 JOIN _ CONTACT 重新粘结。

警告：所有用到的块体必须在此步建立，因为一旦块体网格化或者计算开始，不能新增加块体。并且刚性块体网格化（GENERATE 命令）为变形块体后，不能再用 JSET 等

切割。

因此，要用好块体离散元，首先要简化模型。由于现实生活中工程问题难以理解，因此需要借助数值模型来反映问题，但当前存在一误区，认为模型尽可能考虑每一个工程细节越好，但实际上这会同样会造成 3DEC 模型复杂难懂。因此建模的目标是了解力学机制、判断决定模型力学行为的特性与参数。同时模型的复杂化也导致计算时间大为增加。因此，建模时可先只考虑重要特征进行计算，然后逐步增加一些特征，对计算结果影响不明显的因素则可舍弃。这样建模者可逐步发现实际工程条件中的决定性参数。

3DEC 模型构建可以采用两种方式。一种是将一个多面体切割为多个体，一种是创建独立的多面体，并将其粘结在一起。对大多数岩土力学分析，通常先建立一个包括整个物理分析区域的块体，然后将该块体切割为小块体，块体边界可表征模型中的地质特征和工程结构，这一切割过程可称为"节理切割"。但是，这里所说的"节理"，一方面可能是真实的地质结构，另一方面也可能是人工结构面或材料，以方便后续的 3DEC 阶段分析，此时这些节理是虚拟实体，需确保其存在不能影响模型结果。

（一）块体模型构建

3DEC 几何模型必须足够说明物理问题，范围足以引起所关心的相关地质结构的主导机制，因此需要考虑如下几个方面：

1）需要考虑多少地质结构（断层、节理、岩层面等）？

2）模型边界范围设置多远才能不影响计算结果？

3）如果采用变形块体模型，采用何种密度划分单元才能使得计算精度满足要求？

如上所述两种建模方法，都需要先利用 POLYHEDRON 命令。它主要有 6 种形式。

POLYHEDRON face　　　面围成多面体

POLYHEDRON brick　　　长方体

POLYHEDRON cube　　　不规则形状开挖体

POLYHEDRON drum　　　鼓状体

POLYHEDRON prism　　　棱柱体

POLYHEDRON tunnel　　圆形隧洞开挖体

（1）如果采用 POLYHEDRON face 建立模型，每个 face 由一系列顶点坐标构成，而顶点顺序必需按照顺时针排列（从块体外部看，face 节点顺序用右手定则判定法向指向块体内部），每个面上的顶点必须共面，所生成的多面体必须是凸面体。如果一行内命令写不开，可以采用"&"续行，但是每个顶点的坐标，不能分布在两行中。同时构成块体的所有面都必须定义，不能留空。如下为 poly face 生成一个立方体的实例命令流：

例 2.3.1 poly face 生成体实例

```
new
poly&
face 0,0,0 1,0,0 1,1,0 0,1,0 &
face 0,0,0 0,0,1 1,0,1 1,0,0 &
face 0,0,0 0,1,0 0,1,1 0,0,1 &
face 1,1,1 1,1,0 0,0,0 1,0,1 &
face 1,1,1 1,0,1 0,0,1 0,1,1 &
```

face 1,1,1 0,1,1 0,1,0 1,1,0	;用每个面的顶点坐标按逆时针定义一个块体
plot create plot Blocks	;创建一个名为"Blocks"的图片
plot block	;显示块体
ret	

生成的模型显示如图 2.3.1 所示：

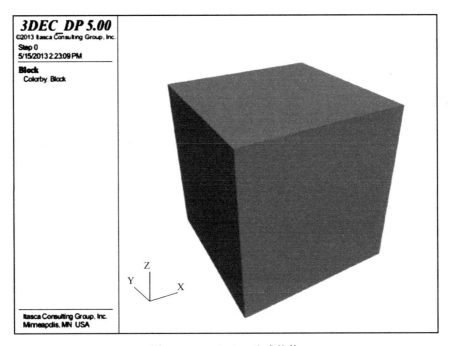

图 2.3.1　poly face 生成块体

由于 POLY face 命令常用于建立复杂形状的块体，因为需要大量的输入信息，因此该命令常与 PGEN 程序（3DEC 公司开发的一个小程序）共同使用。

块体模型构建常用命令汇总表　　　　　　　　　　　　　　　　　　表 2.3.3

命　　令		说　　明
POLYHEDRON〈关键字〉		定义一个多面体的原始边界
	face　xn,yn,zn	由顶点坐标 xn,yn,zn 定义多面体的每个面,要求从每个面自块体外部看顶点按顺时针布置,每个命令行由 face 开头,& 结尾连接下一行
	brick　xmin,xmax ymin,ymax zmin,zmax	利用 x、y、z 范围创建一个规则六面体
	tunnel〈关键字〉	创建一个圆形隧道模型,可通过以下关键字控制隧道形状
	dd	指定隧道轴线倾斜方向(默认为零)
	dip	指定隧道轴线倾角(默认为零)
	length	指定隧道相对于隧道中心点的位置,隧道的长度是沿隧道中心线的,默认为 −10,10
	nr	指定从隧道边界到模型边界径向产生的环形块数目,默认 1

命　令	说　　明
nt	指定隧道圆周每 45°生成的块数
nx	指定沿着隧道轴线生成的块数
or	指定隧道中心点的位置,默认 0,0,0
rad	指定隧道的半径,默认 1
rat	指定从隧道边界到模型边界隧道半径的数目,必须大于 1,默认 4
rm	指定由隧道中心向外的径向方向块体尺寸的倍数,用于分级块体,默认 1

（2）POLYHEDRON brick

POLY brick 命令 Poly face 命令的简化,采用该命令可在指定区域生成规则的六面体,其关键字是 x-,y-,z-坐标的范围,如果块体表面不全部平行于三个坐标轴,则不能采用该命令建立块体。下面运行实例得到与图 2.3.1 相同的块体（图 2.3.2）:

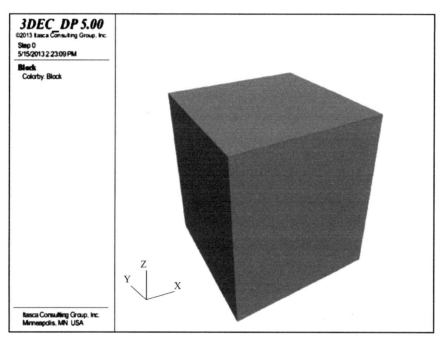

图 2.3.2　poly brick 生成规则六面体

例 2.3.2 poly brick 生成体实例

```
new
poly brick 0,1 0,1 0,1        ;利用 X,Y,Z 范围创建一个规则六面体
plot create plot Blocks;创建一个名为"Blocks"的图片
plot block                   ;显示块体
ret
```

（3）POLYHEDRON cube

POLY cube 是一个生成不规则形状边界的工具。这些边界可以代表地质接触或开挖

边界。产生的形状很容易网格化，还可以作为复合离散单元分析塑性。这可以用 PGEN 程序替代。与 PGEN 程序相比，POLY cube 的优点是由此产生的形状容易生成网格和可以为塑性介质生成混合离散网格。缺点是只有两个维度是复杂的形状。使用 PGEN 程序，三个维度是复杂的形状。

POLY cube 的过程是相对简单的，使用者需指定要创建的形状的大小和方向的信息。然后 3DEC 生成一个占据这一领域的区域六面多面体（立方体）。区域的方向可以是空间的任何一条线并且可以绕这条线旋转。在创建立方体之后，3dec 使用指定的数据文件（通常是"overlay.txt"）里的坐标去切割立方体的几何形状。每个立方体只被边界切断一次，所以形状由立方体的大小定义。

（4）POLYHEDRON drum

该命令用于建立带有两个平行端面的鼓形块体。与 POLYHEDRON prism 非常接近，但相对更为简单。

（5）POLYHEDRON prism

该命令用来建立带有平行端面的多面体，是 POLYHEDRON brick 命令的重要扩展。每个端面由任意数量的顶点构成，两个端面上相对的顶点自动相连形成多面体。第一个面（face a）上的顶点以顺时针或者逆时针顺序排列，相对面（face b）则必需采用同样的排列顺序。面 a 和 b 必须是平面，且端面形状是凸多边形。

例 2.3.3 poly prism 生成体实例

```
new
poly prism &
a(0.0,0.0,0.0)(−0.5,0.0,0.87)(−0.5,0.0,1.87)(0.0,0.0,2.74)&
(1.0,0.0,2.74)(1.5,0.0,1.87)(1.5,0.0,0.87)(1.0,0.0,0.0)&
b(0.0,4.0,0.0)(−0.5,4.0,0.87)(−0.5,4.0,1.87)(0.0,4.0,2.74)&
(1.0,4.0,2.74)(1.5,4.0,1.87)(1.5,4.0,0.87)(1.0,4.0,0.0)
plot create plot Blocks
plot block
plot reset
plot set dip 120 dd 20
ret
```

（6）POLYHEDRON tunnel

该命令是 3DEC 专门用于生成圆形隧洞的命令。它将隧洞围岩划分为多个独立的块体，这与 TUNNEL 命令是在已有块体中切割出任意形状的隧洞不同。

该命令生成的所有块体均为高宽比较小的六面体，因此可用 GENERATE quad 命令网格化，以用于变形块体的塑性分析。使用者只需要定义产状、尺寸、隧洞块体数目等即可快速生成隧洞模型。

如下为一个半径 2m，长 20m，外部边界为 3 倍隧洞半径，倾向水平，朝南，隧道边界到模型边界径向产生的环形块数目为 2，指定隧道圆周每 45°生成的块数为 1，沿着轴向块体 3 建立的模型。命令流如例 2.3.4 所示，所建立的模型如图 2.3.4 所示。

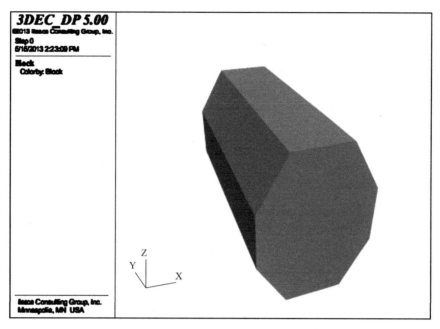

图 2.3.3 poly prism 生成多面体

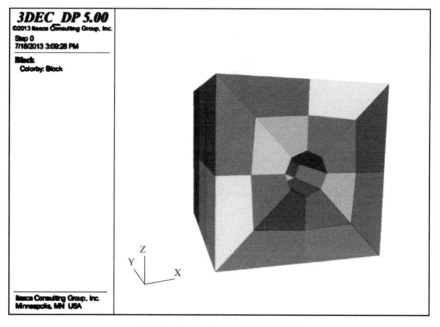

图 2.3.4 poly tunnel 生成隧洞

例 2.3.4 poly tunnel 生成体实例

```
new
poly tunnel rad＝2 leng＝－10,10 ratr＝3.0 dip＝0 dd＝0 nr＝2 nt＝1 nx＝3
plot create plot Blocks
plot block
```

```
plot reset
delete range x －2,2 y －10,10 z －2,2;删除圆形隧洞
ret
```

隧洞生成命令汇总表   表 2.3.4

命令	说明
Tunnel〈region n〉〈radial〉 a x1,y1,z1 x2,y2,z2 x3,y3,z3… bx1,y1,z1x2,y2,z2 x3,y3,z3…	由径向的两个面上的顶点确定隧道,连接两个面的直线确定隧道边界,每个面上的顶点数目必须相同

为了对比,采用 tunnel 命令生成隧洞实例如图 2.3.5 所示,可以看出,两种方法生成的隧洞完全一样,但是为了生成隧洞在周围岩体中产生的虚拟节理却完全不同。

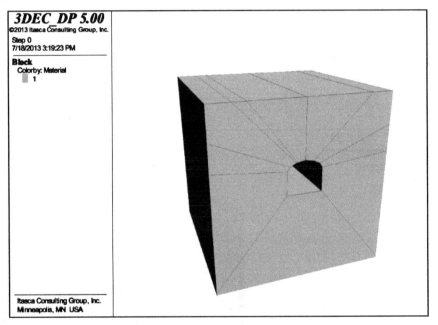

图 2.3.5 Tunnel 命令生成隧洞

例 2.3.5 tunnel 切割生成体实例

```
new
poly brick －1.5,1.5 －1.5,1.5 －1.5,1.5
plot create plot Blocks
plot block colorby material
plot reset
plot set dip 110 dd 20
tunnel radial region 1 &
a(－0.30,－1.5,0.00)(－0.3,－1.5,0.40)(－0.25,－1.5,0.47)&
(－0.15,－1.5,0.52)(0.0,－1.5,0.55)(0.15,－1.5,0.52)&
(0.25,－1.5,0.47)(0.3,－1.5,0.40)(0.30,－1.5,0.00)&
```

b$(-0.30,1.5,0.00)(-0.3,1.5,0.40)(-0.25,1.5,0.47)$&

$(-0.15,1.5,0.52)(0.0,1.5,0.55)(0.15,1.5,0.52)$&

$(0.25,1.5,0.47)(0.3,1.5,0.40)(0.30,1.5,0.00)$

remove range region 1

ret

(二) 节理生成

Jset 是 3DEC 中应用非常广泛的节理切割命令,用于 POLYHEDRON 命令创建的实体块切割。其所跟的关键字汇总如表 2.3.5 所示。它既可以进行单一节理的切割,也可进行多条平行节理切割,同时可以采用统计参数来生成改变产状、间距和持久性,以匹配节理数据。

节理生成命令汇总

表 2.3.5

命令		说明
Jset〈关键字〉		生成一组节理,根据所给定的特征参数(倾角、迹长、岩桥长度、间距和空间位置)产生一组裂缝。
	dd	指定节理的倾向,单位为"°"
	dip	指定节理倾角大小,单位为"°"
	num	指定节理数目
	origin	指定节理面的起点(可以为节理面上任意一点)
	p3	用平面上的 3 个点指定节理的起点
	pers	被节理割裂的块体的概率,如 p=50%,则有一半的块体被割裂
	spac	指定节理的间距
	id	设置节理平面 ID,随着新的操作创建新的面,节理平面的 ID 也会相应增加,节理平面的起始 ID 为 0
	Join	通过节理连接块体

如果存在大量节理,首先应该进行形状或开挖节理的生成,再进行小尺度节理组的生成,最后建立贯穿模型的大尺度节理。如果顺序颠倒,很容易造成节理切割失败。

JSET 命令最重要的关键字是倾角 (dip)、倾向 (dd) 和节理生成起点 (origin)。除非定义了其他关键字,否则默认是切割单一结构面,结构面以设计产状贯穿整个模型。如图 2.3.6 所示为倾向与倾角方向与 3DEC 的坐标关系,其中,倾角定义为结构面向下方向与水平面的夹角,其取值范围为 $0° \leqslant \alpha \leqslant 90°$,倾向这是以北方向 (y) 顺时针旋转角度,其范围为 $0° \leqslant \beta \leqslant 360°$。

在节理切割过程中,有两个命令非常重要,SEEK 和 HIDE 可以控制节理切割的连续性,而 JSET 操作只针对当前可见块体。如下实例可说明 poly jset 生成节理和 hide 隐藏部分块体操作:

例 2.3.6 块体显示、隐藏等操作实例

```
new
poly brick 0,1 0,1 0,1        ;创建块体
plot create plot Blocks       ;创建一个名为"Blocks"的图片
plot block                    ;显示块体模型
```

```
plot reset                          ;重置视角
jset dip 0 dd 0 origin 0,0,0.5      ;块体中部进行水平节理切割
hide range plane dip 0 dd 0 origin 0,0,.5 below    ;隐藏节理下部块体
jset dip 90 dd 90 origin .5,0,0     ;对当前可见块体垂直切割
seek                                ;使所有块可见
ret
```

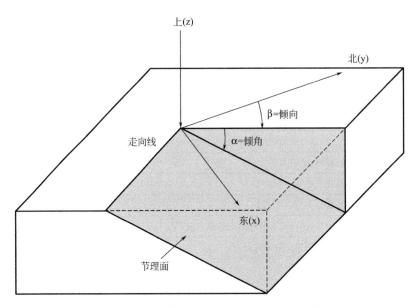

图 2.3.6　节理倾向和倾角与 3Dec 坐标系的关系

　　hide 命令通过 range 关键字将质心在一定范围的块体隐藏，被隐藏的块体不能被 jset 命令切割，然而不可见块体仍与其他块体保持相互作用，若没有定义被隐藏的范围，则所有块体被隐藏。

　　而 seek 命令则正好相反，它不是隐藏块体，而是令块体显示。如果不定义区域，则所有块体显示。

　　有的时候也用 Show 命令，它通过 range 关键字将质心在一定范围的块体恢复可见，只有可见的块体才能被 delete 命令删除，只有可见的块体才能由 change 命令将它们的材料和本构编号改变，块体区域编号可由 mark 命令分配或改变，若没有定义可见的范围，则所有块体都可见。

　　默认条件下，如果未指定节理的 ID 号，则 3DEC 会顺序对每组节理进行编号，而这个标号从 2 开始（编号 1 空缺），依次增加。也可以在节理生成时直接给予一指定编号。如果两个断层相互交叉，在断层交线上的接触与第二条断层编号相同，因此如果两条断层属性不同，断层切割的顺序可能对结果有较大影响。

　　面-面接触的材料编号可以采用 CHANGE 命令来修改，如果结合节理编号或者节理产状，修改将更为容易，当然采用节理编号可能更为方便。

　　前述块体多只能生成凸面体，如果要生成凹面体可以通过 JOIN 命令来创建，连接在

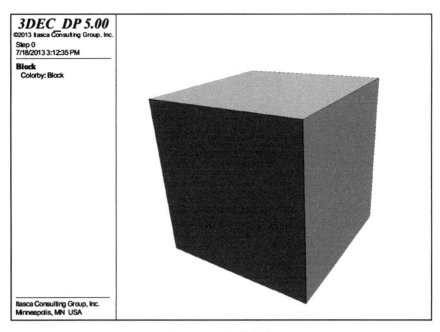

图 2.3.7 初始块体

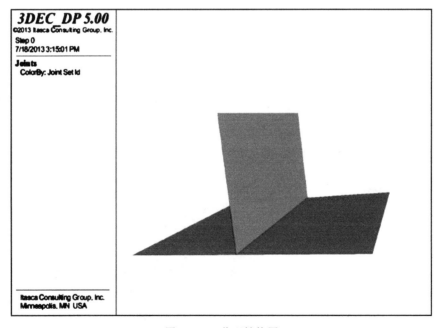

图 2.3.8 节理结构图

一起的块体仍然是凸形的，但是连接逻辑已经锁定了它们之间的相互接触面，例如在上例命令流基础上增加以下命令流会生成如图 2.3.9 所示模型：

hide(0.5,1.0)(0,1)(0.5,1.0)	;隐藏此范围的块体
join on	;连接块体

注意：只有可见的块体被连接

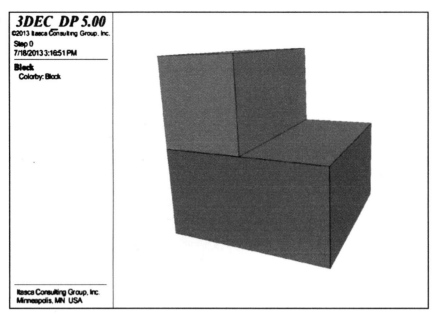

图 2.3.9　JOIN 命令生成的凹形块体模型

连接的块体在屏幕上显示相同的颜色，连接的块体之间的接触服从主-从接触，输入 list contact 命令检查接触类型，注意如果块"从属"于相同的主块，则它们会自动连接。如：A 块和 B 块连接，A 块和 C 块连接，那么 B 块自动与 C 块连接。

此外，jset 命令还可以基于物理参数（如倾角，倾向，间距，岩桥长度等）自动生成一系列节理。通过选择隐藏的块体，一系列不连续节理就会生成。例 2.3.7 为一个包含浅层和深层倾角节理组的节理岩质边坡，同时生成两个不连续的断裂来定义岩石坡的岩石楔形体，其模型如图 2.3.10 所示。

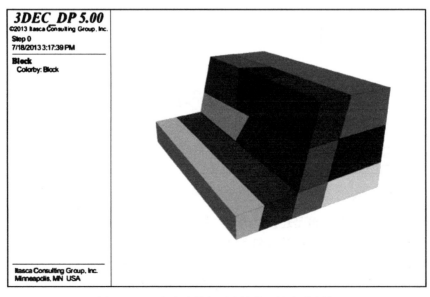

图 2.3.10　包含连续与不连续节理的岩质边坡

例 2.3.7　岩石楔形体边坡生成实例

```
new
polybrick 0 80 -30 80 0 50
plot create plot Blocks
plot block
plot reset
plot set dip 110 dd 30                        ;浅层裂隙面（连续）
jset dip 2.45 dd 235 ori 30 0 12.5
jset dip 2.45 dd 315 ori 35 0 30              ;高角度的节理面（连续）
jset dip 76 dd 270 spac 16 num 3 ori 30,0,12.5    ;交叉的不连续面
hide range x 0,80 y 0,50 z 0,10              ;隐藏该范围的块体
hide range x 55,80 y 0,50 z 0,50
jset dip 70 dd 200 ori 0 35 0
jset dip 60 dd 330 ori 50 15 50
seek
hide range x 0,30 y -30,80 z 13,50
ret
```

块体加密

DENSIFY 命令是一组 JSET 命令的集合，它通过输入参数将大块体分割为小块体，与 JSET 命令一样，新产生的块体会继承原块体的材料号、分组，DENSIFY 同样不能在块体网格化后使用。

DENSIFY 命令运行时，首先计算块体的 x-、y-、z-范围，然后基于不同方向设置的分块数目（默认每个方向分割数目 2）计算分割位置。每个方向上分割数目可以采用 nseg 关键字来设置，如果只指定一个 nseg，则默认三个方向均相同。

也可以不指定分割数目，而是采用 DENSIFY maxlength 命令制定最大块体尺寸，则块体 DENSIFY 会自动重复，直到块体尺寸会小于该限值。但无论是采用 nseg 还是 maxlength，3DEC 都把块体不同方向分块数定义为整数，

例 2.3.8 块体加密实例

```
new
Poly brick 0 8 0 8 0 8
Densify nseg 4
Densify maxlength 0.3 range z 4 8          ;;;图 2.3.12(a)
;densify maxlength 0.3 gralimit range 4 8   ;;;图 2.3.12(b)
```

为了保持计算精度，通常不建议接触的块体尺寸变化太大，这可以采用 gradlimit 关键字来实现，该关键字限制块体尺寸变化不超过一个水平。不限制尺寸的模型生成如图 2.3.11（a）所示，施加了该关键字限制的如 2.3.11（b）所示。

（三）DFN 离散型裂隙网络

通常在建模时，裂隙或者断层是处理为确定条件的，而实际情况下的断层可以设定位

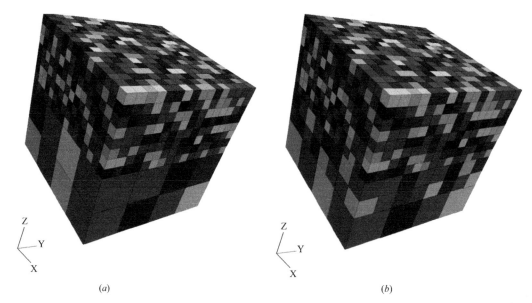

(a)　　　　　　　　　　　　　　　　　　　(b)

图 2.3.11　块体加密模型

置、倾向、倾角参数来精细考虑，并可以同时考虑几百条这样的结构面，但该过程工作强度较大。

　　一种替代方法是采用随机裂隙生成方法，它将断层或节理的设置为一组统计参数影响的结构面。每条结构面不代表真实存在的结构，节理组也不唯一，不同的参数服从不同的统计分布。

　　3DEC500 具有强大的离散裂隙网络（DFN）生成能力，这在研究裂隙带力学特性及其对工程影响时非常有用。在采用 DFN 模块时，嵌入岩体裂隙群可视作一组离散、平面、尺寸有限的裂隙，并默认每条裂隙均为圆盘形状。

　　在裂隙几何方面，DFN 模型构建方法随机：DFN 模型的结合特征只受各参量的独立统计分布影响，包括裂隙尺寸（半径），方位或位置分布统计。基于随机种子值，可以生成任意数量的 DFN 模型。

　　目前，裂隙尺寸分布（圆盘直径）通过概率分布函数决定，3DEC 中可选择均匀分布（uniform）、高斯分布（Gauss）、幂率分布（powerlaw）、自引导分布（bootstrapped）和 fish 自定义分布（fish）。

　　裂隙位置可以采用均匀分布（uniform）、高斯分布（Gauss）、自引导分布（bootstrapped）和 fish 自定义分布（fish）；产状分布可选择均匀分布（uniform）、高斯分布（Gauss）、费舍尔（Fisher）分布、fish 自定义分布（fish）。

　　应用于 DFN 裂隙网络生成的命令及关键字汇总如表 2.3.6 所示。

DFN 命令汇总 表 2.3.6

命令	说明
DFN〈关键字〉	离散裂隙网络，它是平面，凸多边形或者圆盘的集合。其中的每个元素都可作为裂隙。所有的裂隙网络必须在模型范围内部创建

续表

命令	说明
addfracture〈关键字〉	通过 id 或 name 关键字给指定的 DFN 增加一个确定的裂隙。此命令创建一个圆盘形状的裂隙。在施加裂隙之前必须指定区域范围,属性必须通过 DFN property 命令设置
DFNdominance〈i〉	若创建一个新的 DFN,则它的主导地位设置为 i。用于在来自不同 DFNs 的一处相交多处裂隙的接触模型分配中。有着最低 DFNdominance 的裂隙将通过主导数值进一步被审核,从而来安排合适的接触模型属性
dip	指定裂隙倾角
dd	指定裂隙倾向
fracid	给裂隙分配 id
id	用此 id 施加裂隙给 DFN
name	用此名字施加裂隙给 DFN
nothrow	这是一个可选关键词,意味着如果裂隙施加失败,那么将返回一个警告而不是一个错误
Position px py pz	指定裂隙中心位置,此点必须落在模型范围内,默认(0 0 0)
size	指定裂隙尺寸(例如,圆盘直径)
aperture〈关键字〉	为裂隙分配隙宽。裂隙可以由 DFN 或者使用范围逻辑的裂隙过滤掉
Constant v	指定常数裂隙隙宽
Fish name p1…pn	由用户定义的 fish 函数来指定隙宽
Gauss m sd	用高斯分布均值、方差定义裂隙宽度
limit	设置最小、最大裂隙宽度值。如未定义,则最小值为 0,最大值为 +∞
Lognormal m sd	用对数正态分布均值、方差定义隙宽
Powerlaw exp	用负幂律分布定义隙宽
uniform	用均匀分布定义隙宽
Attribute〈关键字〉	设置裂隙属性值
Cluster〈关键字〉	计算相交裂隙簇并指派相关的组
Groupslot slot	在位置 islot 分配组的名称
Interset id/name	指定裂隙相交簇的 id 号或者名称
Combine〈关键字〉	简化随机裂隙网络方法
Angle d	指定接近度探测时的角度判别准则,d≥0
Collapse	将旋转裂隙折叠到参考平面上
Distance	指定接近度探测时的距离判别准则,d≥0
merge	合并可能覆盖参考裂隙的裂隙
Connectivity	计算裂隙网络的连通性(从某个结构面开始)
aperture	指定连通性到特殊变量(extra)。连通性定义为距离除以裂隙宽度
Cubic	指定连通性到特殊变量(extra)。连通性定义为从结构到计算裂隙的物理距离
Extra inindex	计算连通性,指定特殊变量的索引。
Fracture i	开始裂隙的 id 号,该关键字不能与 geometry 同用
Geometry set	开始结构面采用几何集 set,与 fracture 不同同用
Interset id/name	指定交集 id 号或者名称,用于连通性计算

续表

命令	说明
Delete⟨range…⟩	删除在一个裂隙网络中所有的 DFNs 或裂隙
Copy fromID to ID⟨range…⟩	复制裂隙网络中 id 在 fromID 到 ID 的裂隙
Export⟨range…⟩关键字…	以一定格式输出 DFN(关键字略)
Extra index v⟨range…⟩	指定 v 值到某一范围内裂隙的特殊变量索引,用于设置单元过滤裂隙

	命令	说明
Generate		在一个空间范围内生成一组裂隙,必须在生成之前定义区域,空间范围必须落在此区域内,只允许生成圆盘形状的裂隙,生成过程使用先前定义的 DFN 模板,生成的 DFN 与此模板相联系。生成过程一直执行,直到达到定义的停止标准:目标裂隙数、p10、密度、渗流体积(p33)或是用户定义的标准
	Density⟨val⟩	当裂隙密度(P32)达到 val,生成停止
	DFNdominance⟨i⟩	应用于 DFN 创建时。DFN 的主导地位设置为 i,用于在来自不同 DFNs 的一处相交多处裂隙的接触模型分配中。有着最低 DFNdominance 的裂隙将通过主导数值进一步被审核,从而来安排合适的接触模型属性
	Genbox	在一个矩形区域内生成裂隙。裂隙的位置落在这个区域内。默认这个生成的盒子区域就是模型范围
	id	生成裂隙添加到 ID 号为 id 的 DFN 内
	Name s	所生成裂隙 DFN 的名称 s
	Nfrac i	当工具盒里的裂隙数量达到 i 时,生成停止
	p10 val bx by bz ex ey ez	当沿着扫描线从点(bx,by,bz)开始到点(ex,ey,ez)结束测量的 p10 达到 val 时,生成停止
	p10geom val name	当沿着一组由几何物体定义的扫描线测量的平均 p10 达到 val 时,生成停止
	Percolation val	当裂隙渗流体积(p33)达到 val 时生成停止
	Stopfish s p1…pn	定义一个 fish 函数来停止生成,s 为函数名,p1…pn 为参数
	template⟨v⟩	根据有 id 或名字为 v 的模板来生成裂隙
	tpid⟨i⟩	根据 id 为 i 的模板来生成裂隙
	tolbox	公差用于缩短比生成盒子大或小的裂隙,公差框必须落在模型范围内,若有一个停止标准,这个盒子将用于密度或渗流计算。若未提供公差框,则使用生成盒子
	tpname⟨s⟩	根据名字为 s 的模板生成裂隙
Group gname keyword⟨range…⟩		指定裂隙是组 gname 的一部分
	Add	分配 gname 给下一个可能的储存槽
	Slot	设置索引为 i 的组槽到 gname
Import⟨关键词⟩		从一个文件导入一组裂隙并将裂隙添加到用 id 或 name 指定的 DFN,若 DFN 不存在,则新的 DFN 创建,若 name 未给出,则名字设置为 DFN n,n 为 DFN 的 id,若 id 和 name 均未给出,则 id 设置为下一个可选的 id,名字设置为 DFNn,n 是 DFN 的 id
	center	DFN 中心化,在这里节理中心的平均位置与原点对齐
	DFNdominance	DFN 的主导地位设置为 i,当属性从 DFN 数据分配时,来自 DFN 拥有最低 DFNdominance 数的裂隙优先。默认每个新 DFN 安排下一个可选值,所有 DFN 有唯一的 DFNdominance 值

命令	说明
dominance	指定设置裂隙优先的模式。若一个接触相交众多裂隙,则拥有最低优先的裂隙被用于分配合适的接触模型属性
filename	导入文件名
format	从指定的文件格式导入,有三种格式:itasca,fishlab and fracman
id	用此 id 将裂隙导入 DFN
intersect	导入时,裂隙之间所有的接触被描述
model	给原先创建的接触施加接触模型,接触模型属性依据裂隙属性设置,包括"倾角"、"倾向"等
Information〈关键字〉〈range…〉	查询裂隙网络
Avetrace sgeomname	返回 DFN 与几何集 sgeomname 间的平均迹线长度
Box lx ux ly uy lz uz	约束给定盒范围内的裂隙密度
Dcenter	返回 DFN 中心的密度,或 P30
Density	返回 DFN 的质量密度,或 P32
Filename sfilename	将裂隙信息打印至文件 sfilename
Format sformat	指定文件格式
P10 关键字	返回 P10 值,沿着线由 p10begin 和 p10end 定义,或者沿着几何集的边,由 Geometry 定义
P20 sgeomname	返回迹线中心密度,P20
P21 sgeomname	返回迹线质量密度,P21
Percolation	返回 DFN 渗透参数,即 P33
Pfilename spropfile	说明需要查询的特性文件
Initialize〈关键字〉	同 atrribute
Intersection keyword〈range…〉	划定/破坏交叉线。交叉线可以是裂隙间、裂隙与几何集间
Delete	删除用 name 和 id 指定的交叉
Geomname sgname	划定裂隙与几何集 sgname 间的交叉线
Groupslot islot	交叉集名称放入所有处于交叉的裂隙组槽 islot 中
Id iid	交叉集的 ID 号 iid
Name siname	交叉集的名称 siname
Nothrow	说明不管几何目标是否平面或简单多边形,凸凹,相交判断继续进行
Template delete〈range〉	删除 DFN 模板和 DFN 与模板之间的联系,范围逻辑仅用于删除指定的模板
Template creat〈关键字〉	创建离散裂隙模版
Dipdirlimit ddl ddu	裂隙倾向的下限、上限值
Diplimit dl du	裂隙倾角的下限、上限值
Id i	创建 DFN 模版,ID 号为 i
Name s	创建 DFN 模版,名称为 s

	命令	说明
	Orientation type p1…pn	裂隙方位的产生规则， Bootstrapped 倾角、倾向采用文件自定义 Dips 倾角、倾向采用 DIPS 文件定义 Fish 采用用户自定义函数 Fisher 倾角、倾向采用费舍尔分布 Gauss 倾角、倾向采用高斯分布 Uniform 倾角、倾向采用平均分布
	Position type p1…pn	裂隙位置产生规则，type 类型同上
	Size type p1…pn	定义裂隙尺寸分布，每个裂隙均定义为圆盘的直径，支持类型有 uniform，gauss，powerlaw，fish
	Slimit sl su	裂隙尺寸的最小与最大值
traces〈关键词〉		创建对应扫描线的交叉集
	id	设置包含在迹中交叉的 id
	name	设置包含在迹中交叉的 name
	scanline	参考线的名字
	surface	定义支持平面的几何的名字
Gimport〈range…〉〈关键字〉		从几何集中导入一组裂隙，添加到 DFN(id 或者 name 控制)中
	center	DFN 裂隙中心化
	Clean	导入后删除几何集
	Dfndominance i	DFN 支配号设置为 i
	Dominance random ordered	指定设置裂隙支配号的模式
	Geometry s	从几何集(名称 s)中导入裂隙
	Id i	导入的裂隙设置为 DNF 的 ID 号 i
	Intersect〈keyword〉	导入时，选择所有相交叉的裂隙集
	Name s	导入裂隙到 DFN，并给予名称 s
	Nothrow	不管裂隙是否在区域外，继续导入
	Truncate	与 domain 边界交叉的裂隙截断，保留位于区域内的部分

在使用 DFN 随机裂隙生成时，为了显示与标定需要，通常需要定义一些几何目标，分别与工程中的钻孔、统计窗相对应，然后计算裂隙与这些一维或二维几何目标交点或交线，并在此基础上进行分析。

例 2.3.9 利用几何集定义钻孔、统计窗

```
new
domain extent(−50,50 −50,50 −50,50)   ;;定义生成随机裂隙区域
set random 100      ;;定义随机数种子,改变种子每次结果不同,固定种子则相同
geom set boreholes_1;;;建立一个一维的几何集,名称为 boreholes_1
geom edge(0 0 −45)(0 0 45)   ;;几何集由边构成
geom set boreholes_2;;;建立一个一维的几何集,名称为 boreholes_2
```

geom edge(−45 −45 −45)(45 45 45)　;;几何集由边构成

geom set outcrop_1;;;建立一个二维的几何集,名称为 outcrop_1

geom poly pos(−40 −40 0)(−40 40 0)(40 40 0)(40 −40 0);由一个四边形构成,类似统计窗

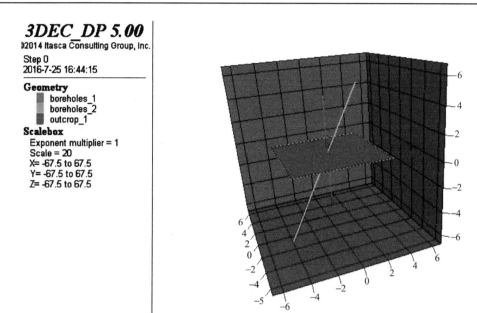

图 2.3.12　利用几何集定义的钻孔与统计窗

例 2.3.10 通过模版定义控制随机裂隙生成

;首先运行例 2.3.9 所示钻孔与统计窗

;定义 DFN 模板名字为'DFN_template',id 为 1,尺寸遵循指数为 3 的负幂律分布,

;裂隙最小为 5 最大为 200,位置和方向服从均匀分布

DFN template create name 'DFN_template'　　　　　　　&

　　　　　　　　　　id 1　　　　　　　　　　　&

　　　　　　　　　　size powerlaw 3 slimit 5 200　&

　　　　　　　　　　position uniform　　　　　　&　;;位置均匀分布

　　　　　　　　　　orientation uniform　　　　　;;产状均匀分布

DFN generate template name DFN_template name example &

genbox −60 60 −60 60 −60 60 density 0.3　　　　　　;密度 0.3 作为终止模板
　　　　　　　　　　　　　　　　　　　　　　　　　　生成的阈值

　　初步生成随机裂隙网络后,接下来需要对裂隙进行分析,获取裂隙密度、贯通率、交叉率等信息,以与工程钻孔或者统计窗结果相对应,这需要借助 DFN information 命令进行。裂隙密度表征结构面的尺度平均特性,它取决于场地调查得到的位置函数和产状分布,可以反映结构面的局部变化,或者决定岩体的宏观力学特征。

　　例 2.3.11 计算裂隙密度

DFN information density　;;;计算体积密度 P_{32}

　　DFN information p10 p10begion　(−45 −45 −45)　p10end　(45 45 45);;p10

```
Define geometry_density
    Local poutcrop＝gset_find('outcrop_1')          ;;;几何集地址
    Local pborehole1＝gset_find('boreholes_1')       ;;几何集
    Local pborehole2＝gset_find('boreholes_2')       ;;几何集
    Local status＝out('p21＝'＋string(DFN_geomp21(DFNfracture_list,poutcrop)))
    status＝out('p10＝'＋string(DFN_geomp10(DFNfracture_list,pborehole1)))
    status＝out('p10＝'＋string(DFN_geomp10(DFNfracture_list,pborehole2)))
end
@geometry_density;;;利用fish内变量提取裂隙密度值
```

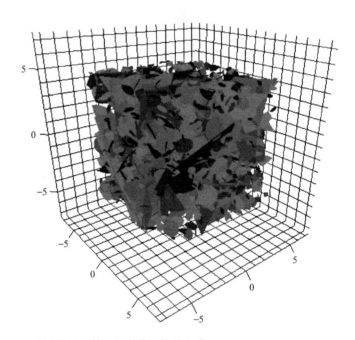

图 2.3.13　利用模版控制随机裂隙网络的生成

3DEC 中根据场地取样尺寸和维数，定义了多个裂隙密度，实践中常用的有线密度 P_{10}（测线上单位长度的裂隙数目），面积强度 P_{21}（表面图中单位面积上的总裂隙长度），体积裂隙强度 P_{32}（单位体积岩体内裂隙面积）等。体积密度 P_{32} 可以采用 density 关键字，沿着任意线的线密度 P_{10} 可采用 P10 关键字等，也可以采用 fish 内变量获得全局统计值，运行如例 2.3.11 所示。

为了产生迹线图，获得沿着钻孔的截距，并须先计算 DFN 和露头面（或统计窗平面）间的交线，其中裂隙和平面间的交线定义为迹线，裂隙与测线相交得出的线段定义为截距。采用 DFN intersection 命令和 Geomname 关键字，可以计算裂隙与几何间的交线，并将其存储为不同的交线集，每个交线集有不同的 ID 和名称。如例 2.3.12 中前面三条命令，前两条分别计算裂隙与钻孔的交线情况，第三条为露头面与裂隙间的交线情况。如果有需要，还可利用 fish 函数 Assign＿extras 对交线进行分组，以方便显示与使用。

例 2.3.12 对交线进行分组处理

DFN intersection id 1 name inter_boreholes_1 geomname boreholes_1

DFN intersection id 2 name inter_boreholes_2 geomname boreholes_2

DFN intersection id 3 name inter_outcrop_1 geomname outcrop_1

Define assign_extras

 Local set1＝DFNsetinter_find(1);;第一组交线

 Local intlist ＝DFNsetinter_interlist(set1)

 Loop foreach e1 intlist

  Local f1＝DFNinter_end1(e1)

  If pointer_typeid(f1)＝dfracture_typeid then

   DFNfracture_extra(f1,1)＝1;;;设置交线分组为裂隙变量

  Endif

 Endloop

 Local set2＝DFNsetinter_find(2);;第二组交线

 intlist ＝DFNsetinter_interlist(set2)

 Loop foreach e1 intlist

  f1＝DFNinter_end1(e1)

  If pointer_typeid(f1)＝dfracture_typeid then

   DFNfracture_extra(f1,2)＝2;;;设置交线分组为裂隙变量

  Endif

 Endloop

 Local set3＝DFNsetinter_find(3);;第三组交线

 intlist ＝DFNsetinter_interlist(set3)

 Loop foreach e1 intlist

  f1＝DFNinter_end1(e1)

  If pointer_typeid(f1)＝dfracture_typeid then

   DFNfracture_extra(f1,3)＝3;;;设置交线分组为裂隙变量

  Endif

 Endloop

End

@assign_extras

;;计算裂隙连通率

DFN intersection id 5 name all

DFN cluster intersect id 5

获取裂隙迹线等信息后，可进一步分析 DFN 的连通性，首先要计算裂隙交线，此时仍使用 DFN intersection 命令，它首先计算裂隙间的交线，然后计算连通裂隙簇（相交裂隙集），该簇内的任意裂隙都可视作连通的。其命令如例 2.3.12 最后两行所示。

但是，大量微小裂隙的存在，并不一定能成功将块体切割，却大大增加了计算时间。

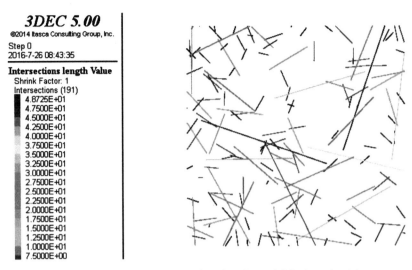

图 2.3.14　统计窗上裂隙交线分布（按照裂隙长度显示云图）

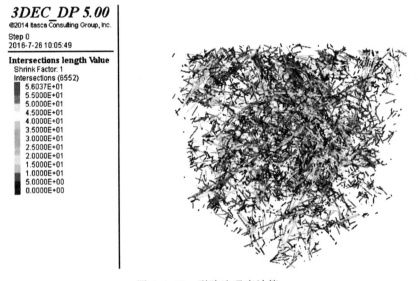

图 2.3.15　裂隙连通率计算

因此可以根据裂隙尺寸大小，将尺寸较小的裂隙删除，则可以提高计算效率。

例如 2.3.13 随机裂隙过滤 fish 函数及计算实例

```
;;;接 2.3.12 命令
define frac_filter(min_radius)
 local nfrac=0
 local del_frac=0
 ;loop over eachDFN
 loop foreach localDFN_pnt DFN_list
 local frac_list=DFN_fracturelist(DFN_pnt)
```

```
;loop over each fracture in theDFN
loop foreach local frac_pnt frac_list
nfrac=nfrac + 1
  ;if fracture radius is below input minimum,delete
  if 0.5 * DFNfracture_diameter(frac_pnt)<min_radius
    DFN_deletefracture(frac_pnt)
            del_frac = del_frac + 1
        end_if
      endloop
    endloop
    local status = out("Number of Fractures:"+string(nfrac))
    status = out("Number of Deleted Fractures:"+string(del_frac))
end
@frac_filter(5);;;删除半径小于 5.0 的随机裂隙
saveDFN
```

结果如图 2.3.16 所示，可见裂隙数目由原来的 3393 条减少到现在的 730 多，小尺寸的裂隙被删除，为后续工作大大减少计算时间。

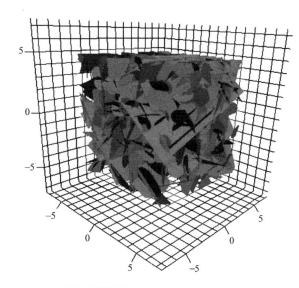

2.3.16　过滤后裂隙显示

创建好合适的离散裂隙网络后，就可以利用其结果形成 3DEC 模型，如例 2.3.14 调用上述 DFN 命令流运用到上面例中：

例如 2.3.14 随机裂隙网络调用并切割块体实例

```
rest DFN
set atol 0.01              ;设置公差
poly brick −50 50 −50 50 −50 50
```

43

```
Densify nseg 10 10 10 id 500    ;;;虚拟节理的编号
jsetDFN 1              ;;;采用编号为 1 的离散裂隙网络切割块体
plot set dip 110 dd 30
Gen edge 2.0        ;;;划分网格
Change DFN 1 jmat 2 3;;对编号 1 的离散裂隙网络在裂隙内材料为 2,裂隙外为 3
Prop jmat 1 jkn 1e10 jks 1e10 jfri 20 jcoh 1e6 jten 1e6    ;虚拟节理用
Prop jmat 2 jkn 1e10 jks 1e10 jfri 20 jcoh 0 jten 0    ;DFN 裂隙内
Prop jmat 3 jkn 1e10 jks 1e10 jfri 20 jcoh 1e6 jten 1e6    ;DFN 裂隙外
ret
```

在该例中,采用 Densify 命令加密块体形成的节理指定了一个 ID 500,以与 DFN 形成的节理相区分。在使用随机裂隙网络切割 3DEC 模型时,其步骤如下:

(1) 裂隙按照自大到小顺序存储。

(2) 采用 DFN 开始切割节理时,首先从最大的裂隙开始,与裂隙不接触的块体被隐藏。

(3) 只有可见块体可以切割。

(4) 切割后所有块体再次显示。

(5) 不断重复 (2)~(5) 直到小裂隙也计算完毕。

该过程说明,较大的块体应该适当加密,否则初始的大裂隙如果不能将块体切穿,将会导致裂隙切割不成功。

对于不同的离散裂隙网络,只要调用其编号即可完成切割,DFN 形成的裂隙材料可以采用 change 命令进行定义。

图 2.3.17　块体被随机裂隙切割分布图

注意:DFN 假定为圆形且在产生范围内有限。然而 3DEC 中的块体不能部分切割,因此所有的 3DEC 节理必须比 DFN 中的裂隙尺寸要大。此时可以针对圆形节理内部范围与圆形外部范围分别设置不同的参数来模拟。但这样做,就必须先将块体网格化,在接触面上产生子接触,然后利用 change DFN 命令设置,如例 2.3.14 所示。

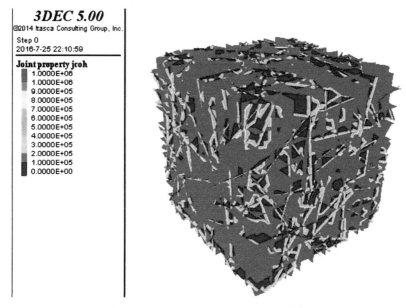

图 2.3.18　DFN 切割后设置的节理参数

变形块体网格剖分

在采用变形块体模型进行分析时，必须先对建好的块体进行不同密度的网格剖分，GENERATE edge 和 GENERATE quad 命令是最常用来控制网格密度的命令。高网格密度常用于高应力或应变梯度（开挖附近），当网格非常密时单元尺寸的纵横比（四面体指长高比）应该尽可能的一致，如果该比值超过 5∶1，则容易导致结果不准确，也不建议相邻块体的单元尺寸跳跃太大，相邻多面体的单元体积比也不要超过 4∶1。LIST max 命令可用来统计最大最小单元体积。

GENERATE edge 命令自动在任意形状的凸多面体内生成四面体网格，如果由于节理切割使得块体过长过扁，建议继续对这些块体进行切割，在划分网格前采用 JOIN 命令黏结起来，这样可以得到纵横比一致的网格单元。

GENERATE quad 只生成六面体网格，这种网格在计算破坏或者完整岩块坍塌时，可以获得较好的精度，因此将这种网格用于完整材料的塑性分析效果较好。但这种网格无法得到承载力问题分析时的精确垮塌荷载。

GENERATE edge 产生的四面体网格计算效率高，因此在未达到预期的材料破坏时候使用。在采用该单元网格时，为了增加完整材料破坏时的计算效率，GENERATE quad 可以只在开挖附近生成离散复合单元，而较远位置则用 GENERATE edge 划分网格。

GENERATE hotetra 命令产生高阶四面体网格，利用混合离散网格不能划分的块体可以采用该命令。这些单元增加了额外网格点，因此精度比标准四面体网格高，但应该注意：高阶四面体网格与远场动力边界和网格不能兼容。

大模型分析时，还可以采用 GENERATE center 命令来辅助划分，它是由 GENERATE edge 命令变化而来，生成的网格从一个中心点向外，单元尺寸逐渐增加。

GENERATE 及常用的关键字汇总如表 2.3.7 所示。

网格划分命令汇总 表 2.3.7

命令		说明
generate〈关键字〉		划分网格
	cen	生成径向渐变网格,网格尺寸为从位于模型一条边中心点到另一条边中心点距离 d 变化,若开始边的中点在块体内部,则生成以该边长为网格尺寸的网格
	edge	定义四面体区域平均边长度,用一个较长或较短的边长重试区域生成,效果会比较好。对于一个扁或瘦的块体,有时较小的长度更合适,对于一个较大的块体,边长应适当增加
	hot	将恒定应变元素转化为退化的等参元,每一个区域边中心额外增加一个节点,高阶区域不能与低阶区域连接在一起,高阶区域比法向恒应变四面体区域的塑性解决方案更精确。注意,高阶元素与自由场边界和区域模型都不相容
	lim	限制内部网格间距算法到区域少于 n 个节点,间隔算法设置空间节点均匀分布,这个进程对于具有大量分区的块体来说可能很慢,也可能并没有必要,该命令允许用户跳过这些块的间隔算法
	new	使用一个新的 Delaunay 网格生成算法
	old	使用旧的网格生成算法
	quad	在一个规则六面体中生成一个四边形区域网格,这被称为混合离散,对解决塑性变形问题有很大提升
	qui	限制在区域生成过程中的信息显示
	rez	循环后块体再分区,解决零块回填问题,通常,这些块体区域由于变形而倒塌,该关键词能解决这些情况,新区域应力为 0
	ver	在区域生成过程中输出附加信息,用 qui 关闭该功能,默认为开启
	alt	对于块体表面节点不与相邻块节点匹配的情况提供了一个不同的分区方案,该命令只用在改变区域边长却不能成功分区的情况
	chec	检查面节点是否连接
	tol	改变分区过程中的公允值

2.3.4 本构选取与参数定义

（1）本构模型

3DEC 中的本构模型分为块体本构模型和节理本构模型,它们各自的材料模型汇总如下表所示：

块体本构模型汇总表 表 2.3.8

Cons 1	线弹性模型,默认为各向同性
Cons 2	弹/塑性,摩尔库伦破坏
Cons 3	各向异性弹性

节理本构模型汇总表 表 2.3.9

Jcons 1	库伦滑移破坏下的区域接触弹/塑性,节理的剪切或拉伸破坏由黏聚力、张力和摩擦残余值来确定。默认粘聚力和张力残余值为 0,若未提供摩擦残余值,则保持初始摩擦值
Jcons 2	与 Jcons 1 相同,但是在破坏过程中粘聚力一直存在,张力减少到残余值,默认残余值为 0
Jcons 3	连续屈服节理模型
Jcons 7	弹性节理模型,不允许滑动和拉伸破坏

（2）参数定义

常见块体本构及节理本构材料参数可见表2.3.10所示。

块体与节理材料参数汇总表 表 2.3.10

命令		说明
Prop		指定块体和节理的材料属性，必须指定材料编号。给块体和节理属性分配材料编号，块体和节理属性可使用相同的材料编号，属性必须为正值，对扩展本构模型和用户自定义模型不使用该命令，而用zone，不能在同一区域混合使用命令类型。不同的本构模型需要的属性不尽相同
块体模型 Cons 1	bu(或k)	体积模量
	cond	导热性系数
	den	密度
	pr	泊松比
	sh(或G)	剪切模量
	spec	比热
	th	热膨胀系数
	ym	杨氏模量
块体模型 Cons2	bc	黏聚力
	bdi(或ps)	剪胀角
	bfr(或ph)	摩擦角
	bt	抗拉强度
	bu(或k)	体积模量
	cond	导热性系数
	den	密度
	pr	泊松比
	sh(或G)	剪切模量
	spec	比热
	th	热膨胀系数
	ym	杨氏模量
块体模型 Cons 3	ant	用户定义的弹性矩阵表号（若定义该关键字，则先前定义的属性均不会使用）
	cond	导热性系数
	dd	12平面倾角方向
	dip	12平面倾角
	e1	1方向杨氏模量
	e2	2方向杨氏模量
	e3	3方向杨氏模量
	g12	关于方向1和2的剪切模量
	g13	关于方向1和3的剪切模量
	g23	关于方向2和3的剪切模量
	nu12	泊松比12

命令		说明
块体模型 Cons 3	nu13	泊松比 13
	nu23	泊松比 23
	rot	由倾角方向逆时针测量的方向 1 的角度
	spec	比热
	th	热膨胀系数
	tran	定义材料为横向各向同性，方向 3 作为对称轴
节理模型 Jcons 1 Jcons 2	am	流量计算中允许的最大节理液压孔径
	ar	最小允许节理液压孔径
	az	零法向应力下的液压孔径，若在 insitu 命令下使用 nodisplacement 关键字，该命令则为在施加法向应力下的初始液压孔径
	jco	节理黏聚力
	jdi	节理膨胀
	jfri	节理摩擦（整个摩擦，包括扩张摩擦）
	jkn	节理法向刚度
	jks	节理剪切刚度
	jten	节理抗拉强度
	res_coh	节理残余粘聚力（用于滑动发生后），仅用于 Jcons 1
	res_fri	节理残余摩擦力（用于滑动发生后），仅用于 Jcons 1
	res_ten	节理残余张力（用于滑动发生后）
	zdi	零膨胀剪切位移
节理模型 Jcons 3	am	流量计算中允许的最大节理液压孔径
	ar	最小允许节理液压孔径
	az	零法向应力下的液压孔径，若在 insitu 命令下使用 nodisplacement 关键字，该命令则为在施加法向应力下的初始液压孔径
	en	节理弹性法向刚度指数
	es	节理弹性剪切刚度指数
	if	节理初始边界摩擦角
	jfri	节理摩擦（整个摩擦，包括扩张摩擦）
	jkn	节理法向刚度
	jks	节理剪切刚度
	maxkn	节理法向刚度最大值（默认为 kn）
	maxks	节理剪切刚度最大值（默认为 ks）
	minkn	节理法向刚度最小值（默认为 kn）
	minks	节理剪切刚度最小值（默认为 ks）
	r	节理粗糙度参数
Jcons 7	jkn	节理法向刚度
	jks	节理剪切刚度

（3）单元本构

块体本构模型一旦定义，变形块体的单元即具有了相同的材料参数。但是除了块体本构，3DEC 在不同分析模式下，还有多个单元本构模型，这可以在块体划分网格后采用 ZONE 命令来定义。该命令定义的使用可汇总如下表：

ZONE 命令及关键字汇总　　　　　　　　　　表 2.3.11

ZONE〈关键字〉〈range...〉	指定单元本构模型或者自定义本构(udm)
Density value	指定某一范围内单元的密度值
List〈keyword〉〈model〉	汇总动态加载的节理本构，或者 model 指定的信息
Load model	动态载入一个本构模型，动态函数库中必需有 modelmodel0001.dll 文件
Model *model*	指定动态本构模型 当前版本 3DEC，共包含了 20 种本构模型，因此 *model* 可以是 anisotropic 正交各向异性模型 Burgers*　伯格斯蠕变模型 Cam-clay*　剑桥模型 Cpower*　能量/摩尔粘塑性模型 Cviscous*　伯格斯/摩尔粘塑性模型 Cwipp*　WIPP 碎盐模型 Doubleyield　双屈服塑性模型 Drucker　D-P 塑性模型 Elastic　各向同性弹性模型 Hoek　霍克-布朗塑性模型 Mhoekbrown　修正霍克-布朗塑性模型 Mohr　摩尔库伦塑性模型 Orthotropic　正交各向异性弹性模型 Power*　双分量能量蠕变模型 Pwipp*　WIPP/摩尔粘塑性模型 Strainsoftening　应变软化塑性 Ubiquitous　双线性应变软化遍布节理模型 Viscous*　经典粘性模型(Maxwell) WIPP*　WIPP 参考蠕变模型 * 表明必须在 CONFIG creep 分析模式下使用
Property value	指定材料参数的值

根据上表，单元的材料参数可以采用 PROPERTY material＝n density＝v 命令来定义，也可以采用 ZONE density 命令来定义，但是 ZONE density 定义的参数只能采用该命令修改。如果采用 FISH fmem 关键字来改变单元密度，则必须用 PROPERTY material＝n density＝v 命令来强制 3DEC 重新计算级积分点的质量。

ZONE model 指定的每一种本构都有不同的材料参数，使用时应查阅 3DEC 帮助，了解每个参数的含义。

单元本构模型指定必须在指定材料特性前，如果指定的参数与所给本构模型不符，3DEC 会提示警告信息，如果某个参数未给出，系统会采用默认值。

注意：一旦 model 命令在特定区域内激活，该区域内与模型关联的材料特性立刻初始化为零，即使参数值没有变化，原先分配的材料特性必须重新指定。

2.3.5 结构单元

岩土力学分析和设计很重要的一个方面就是使用支撑结构使土体和岩石块体处于稳定状态，术语"支撑"（support）即表示使用工程材料限制土体和岩石块体断裂处的位移。在这个章节，主要分析对土体和岩石块体的加固，并用结构单元的表述方式代替"加固支撑"（reinforcement support）。

加固结构由装配在块体孔钻中的主体部分（如锚索）和螺栓组成，为了使岩石块体本身也具有相应的强度，所以选择的加固方式不能对其造成破坏。3DEC 提供了两种类型的加固模型：局部加固和整体加固。局部加固模型只考虑对所穿过的已存在不连续面部分的影响，整体加固模型则考虑贯穿整个块体长度的所有部分。同样梁单元也可用于对象加固，梁单元主要通过节点与岩石表面连接。

局部加固（structure axial 命令）主要应用于岩石块体具有不连续面的情况，分析结果也只是考虑这一部分的影响；整体加固（structure cable 命令），整体加固不仅要加强对不连续区域的约束，还要抑制开挖周围失稳区域的非弹性应变；梁结构单元（beam structure）是被假设为对称横截面上两个节点之间的直线段，一个任意的梁结构单元可以模拟由一组梁构成的曲线结构，每个梁单元都默认是没有达到破坏极限的各向同性、线弹性材料。

定义结构单元命令都比较简明，但他们需要调用非常强大和灵活的结构逻辑语言，这些逻辑语言通过有限差分法原理实现，使结构单元即能用于大位移也可应用于动态和静态分析，常见的结构单元施加命令及关键字汇总如表 2.3.12 所示。

结构单元施加命令及关键字汇总   表 2.3.12

STRUCT 关键字〈range〉			说明
Axial x1 y1 z1 x2 y2 z2 Prop n			（局部支护）定义轴线起始端点坐标、材料属性编号
Beam〈关键字〉			
	Radial_gen x1 y1 z1 x2 y2 z2...		一系列环形梁单元端点坐标
	Seg naxial、nradial、prop n...		含有梁单元的截面的数量、各截面梁单元的数量
	Begin xb yb zb End xe ye ze		定义封闭截面初始和最终径向方向矢量
	Connect		连接同一区域中不同梁单元
	Apply〈关键字〉ID n		在梁节点上施加作用力和速度约束
		Fix	约束节点的平移速度
		Force fx fy fz	指定力矢量
		Free	释放节点平移速度限制
		Moment mx my mz	指定力矩矢量
		Rfix	约束节点转动速度
		Rfree	释放节点转动速度限制
		Rvelocity rvx rvy rvz	初始化节点转动速度
		Velocity vx vy vz	初始化节点平移速度

续表

STRUCT 关键字〈range〉			说明
Delete〈range〉			删除给定区域内所有的梁单元
Cable x1 y1 z1 x2 y2 z2 & Seg ns,prop n,〈tens t〉			定义索单元端点坐标、索单元被划分的分段数、任意索单元预张力
Delete〈关键字〉			
	Axial		删除指定区域的轴向加固单元
	Beam		删除指定区域内的梁单元
	Cable		删除指定区域内的索单元
	Liner		删除指定区域内的衬砌单元
Liner〈关键字〉			
	Delete		删除指定区域形心处衬砌单元
	Element n1 n2 n3〈prop n〉		创建结构单元(IDs:n1 n2 n3)
	Face_gen prop n〈range〉		在指定区域的所有面上创建三角形衬砌单元
	Node x y z〈tolerance tol〉		在指定的 ID 处创建新的结构节点 Tol:用于建立与新块体的连接
Property n〈关键字〉			
	Axial reinforcement properties		轴向增强特性
		Rkaxial〈value〉	轴向刚度
		Rlength〈value〉	1/2 有效长度
		Rsstiffness〈value〉	抗剪刚度
		Rsstrain〈value〉	剪切断裂应变
		Rstrain〈value〉	轴向断裂应变
		Rultimate〈value〉	极限承载力
		Rushear〈value〉	极限抗剪强度
	Beam properties		梁单元属性
		Area〈value〉	横截面积
		Density〈value〉	单元密度
		Emod〈value〉	杨氏模量
		I〈value〉	惯性矩
		I1〈value〉	轴 S1 的惯性矩
		I2〈value〉	轴 S2 的惯性矩
		J〈value〉	极惯性矩
		Nu〈value〉	泊松比
		S1〈v1 v2 v3〉	Y 轴矢量方向(默认水平)
		Strain_limit〈value〉	轴向屈服应变极限
		Yield〈value〉	抗拉屈服强度(默认弹性材料)
		Ycomp〈value〉	抗压屈服强度(默认弹性材料)
	〈Contacts〈关键字〉〉		

STRUCT 关键字〈range〉		说明
	Cohesion〈value〉	粘性剪切强度（默认＝0）
	Friction〈value〉	摩擦角（默认＝0）
	Kn〈value〉	法向刚度
	Ks〈value〉	抗剪刚度
	Tensile〈value〉	抗拉强度（默认＝0）
Cable properties		锚索结构特性
	Area〈value〉	锚索横截面积
	Emod〈value〉	锚索杨氏模量
	Kbond〈value〉	灌浆滑移强度
	Sbond〈value〉	灌浆粘结强度
	Thexpansion〈value〉	热膨胀系数
	Ycomp〈value〉	压缩屈服强度（默认＝0）
	Yield〈value〉	锚索抗拉屈服强度
Liner properties		衬砌结构特性
	Cohesion〈value〉	衬砌与基底连接处的最大粘聚力
	Emod〈value〉	衬砌材料的杨氏模量
	Friction〈value〉	衬砌与基底连接处的摩擦系数
	Kn〈value〉	衬砌与基底连接处的法向刚度
	Ks〈value〉	衬砌与基底连接处的抗剪刚度
	Nu〈value〉	衬砌材料泊松比
	Tensile〈value〉	衬砌与基底连接处的最大张力
	Thexpansion〈value〉	热膨胀系数
	Thick〈value〉	衬砌厚度

结构单元单位制　　　　　　　　　　　　　　　　表 2.3.13

性质	单位	国际单位制				英制	
横截面	长度²	m²	m²	m²	cm²	ft²	in²
滑移刚度	力/长度/位移	N/m/m	kN/m/m	MN/m/m	Mdynes/cm/cm	lbf/ft/ft	lbf/in/in
粘结强度	力/长度	N/m	kN/m	MN/m	Mdynes/cm	lbf/ft	lbf/in
密度	质量/体积	kg/m³	10^3kg/m³	10^6kg/m³	10^6g/m³	lbf/ft²	psi
弹性模量	力×10/长度²	Pa	kPa	MPa	Bar	lbf/ft²	psi
刚度	力/ 位移	N/m	kN/m	MN/m	Mdynes/cm	lbf/ft	lbf/in
刚度 *	力×10/位移/长度	Pa/m	kPa/m	MPa/m	Bar/m	lbf/ft³	lbf/in
屈服强度	牛顿	N	kN	MN	Mdynes	lbf	lbf

例 2.3.15 边坡加固仿真实例

;Title"Reinforced Slope(边坡加固仿真)",采用例 2.3.7 中边坡模型

;add local reinforcement

struct axial 30,25,40 70,25,40 prop 1

;创建第一个局部加强单元(相当于加锚杆)端点坐标分别为(30,25,40)(70,25,40)、定义材料号

struct axial 30,25,20 70,25,20 prop 1

;创建第二个局部加强单元

struct prop 1 rkax = 1e8 rlen = 1.0 rult = 1e8

;给上述两个局部加强单元的轴向刚度、1/2有效长度和极限承载力赋值

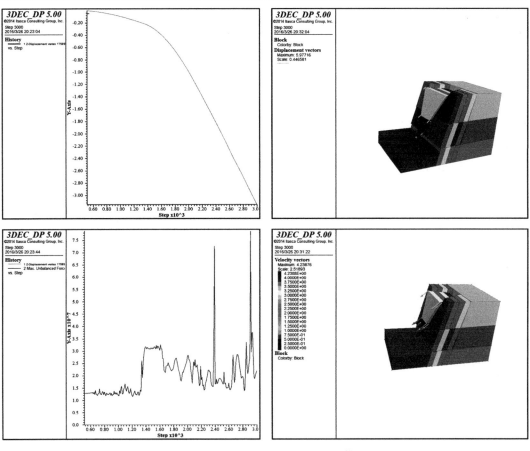

图 2.3.19　施加局部加固后的边坡模型

例 2.3.16 灌浆锚杆拉伸试验仿真

struct cable 0,－.23,0 0,1.77,0 prop 1 seg 10

;创建一个锚索单元,端点坐标为(0,－0.23,0)(0,1.77,0)、定义材料属性编号、锚索单元分段

struct prop 1 area 181e-6 e 98.6e9 yield 5e6 kbond 1.12e8 sbond 1.75e5

;给锚索单元的横截面积、杨氏模量、抗拉屈服强度、灌浆滑移强度和灌浆粘结强度赋值

struct prop 2 area 181e-6 e 98.6e9 yield 1e10 kbond 1.12e8 sbond 1.0e10

;给加载处锚索单元材料属性赋值

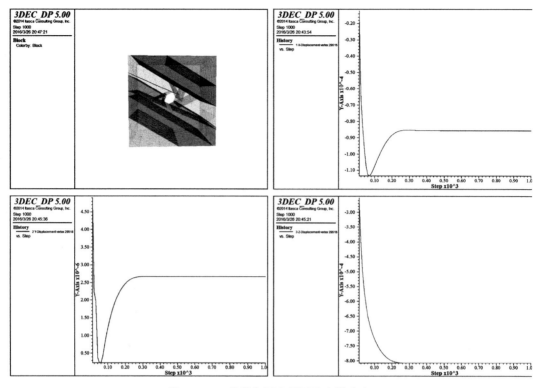

图 2.3.20　注浆加固实例下的力学响应

例 2.3.17 梁结构单元仿真

struct beam radial_gen 0,－10,0 0,10,0 seg 3 8 prop 1
;创建环形梁结构单元,含有梁单元的截面的数量、各截面梁单元的数量、材料属性编号
struct prop 1 e 200000 area .03 dens 0.0025
;给梁单元的杨氏模量、横截面积、单元密度赋值
struct prop 1 i 6.4e-4 nu .3
;给梁单元惯性矩,泊松比赋值
struct prop 1 kn 10000 ks 10000 coh 0 tens 0 fric 30
;给梁单元法向刚度、抗剪刚度、黏性剪切强度、抗拉强度、摩擦角赋值

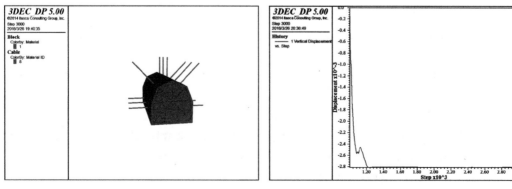

图 2.3.21　梁结构单元施加

2.3.6　初始应力施加

3DEC 中用于初始条件设置的命令主要有六个:

(1) GRAVITY　　　设置 x、y、z 方向的重力加速度

(2) INITEMP　　　初始化温度

(3) INITIALIZE　　初始化节点和单元变量

(4) INSITU　　　在全变形块体和节理上设置初始单元应力

(5) RESET　　　　将特定变量值归零

(6) WATER　　　　在有效应力计算时初始化水位表

其中，初始化 zone 区域应力在所有的变形块体和沿着刚性块体和可变形块体的间隙。如果没有 range 范围关键词，那么施加的应力将初始化整个模型。

INSITU 命令关键字汇总表　　　　　　　　表 2.3.14

命令			说明
INSITUkeyword…〈range…〉			
	pp po〈gradient px py pz〉		孔隙水压力 $p = po + (px)x + (py)y + (pz)z$
	principal		定义初始应力通过在一个点或者一个梯度指定应力测量
		s1	最大主应力
		s2	中间主应力
		s3	最小主应力
		s1_dip	最大主应力倾角
		s1_dd	最大主应力倾向
		s2_dip	中间主应力倾角
		s2_dd	中间主应力倾向
		〈zgradient〉value	在 z 方向的梯度
		location xs,ys,zs	location 指定应力测量的坐标
	stresssxxo syyo szzo sxyo sxzo syzo 〈xgradient sxxx syyx szzx sxyx sxzx syzx〉 〈ygradient sxxy syyy szzy sxyy sxzy syzy〉 〈zgradient sxxz syyz szzz sxyz sxzz syzz〉		$sxx = sxxo + (sxxx)x + (sxxy)y + (sxxz)z$ $syy = syyo + (syyx)x + (syyy)y + (syyz)z$ $szz = szzo + (szzx)x + (szzy)y + (szzz)z$ $sxy = sxyo + (sxyx)x + (sxyy)y + (sxyz)z$ $sxz = sxzo + (sxzx)x + (sxzy)y + (sxzz)z$ $syz = syzo + (syzx)x + (syzy)y + (syzz)z$

例如: poly brick 0,5 -10,0 0,5

　　　jset...　　　;;;模型建立忽略

　　　insitu　stress　-5,0,0,0,0,0　ygrad 15.0,0,0,0,0,0

说明: 该命令首先初始化 xx 方向应力为 -5; 然后 y 从 0 到 -10 添加一个 15 的梯度。注: 压应力默认为负值。

2.3.7　边界条件施加

边界条件是指在模型边界上指定模型的场变量，如应力值、位移值等。3DEC 的边界

条件主要有真实边界与人工边界两类。真实边界是物体实际存在的边界，如隧洞、地表等。人工边界是指实际不存在，人工所截断、用来包含所有块体、单元、节点的模型边界。两类边界的边界条件施加方法是一样的。

力学边界也主要分为两类，即指定位移边界和指定应力边界。自由面也是一种特殊的应力边界条件，动力分析中的粘滞边界也是一种边界条件。

（1）应力边界

默认条件下，3DEC模型是无应力约束的。采用BOUNDARY命令，力或者应力可以施加于任意边界，或者部分边界，这个命令通常用来指定外力，应力，速度，位移等边界条件；边界外力和应力能应用到刚性和可变形块体上，但是边界速度只能应用到变形块体上。同时力或者应力可以施加到刚性块体上，也可施加到变形块体上。边界和初始条件只有在所有的块体被切割后并且可变形块体网格生成后才能被添加，力学边界条件通常通过boundary来添加，通常，boundary xload等将添加荷载到边界顶点上；boundary stress通常添加应力到边界范围；boundary xvel等将添加速度到边界网格节点上。对应可变形块体来说，初始边界条件能指定所有的单元区域应力，包括在刚性块体与可变形块体之间沿着节理面的所有法向和剪切应力，INSITU命令能够初始化应力。应力张量分量（σ_{xx}，σ_{yy}，σ_{zz}，σ_{xy}，σ_{xz}，σ_{yz}）可以通过stress关键字给出。如下所示：

Boundary(0 10)(−1 1)(0 10)stress 0.0,0.0,−1.0e6,0.0,0.0,0.0

其意思是在 $0<x<10$，$−1<y<1$，$0<z<10$ 范围内的模型边界上施加垂直向应力1MPa。使用者需要确认操作屏幕上已经包含了所有需施加边界的边界顶点，这可以通过LIST boundary state命令来实现。

边界条件也可通过某一方向、产状来定义边界面，进而指定边界条件。如下施加边界效果同上一样。

Boundary dip 90 dd 180 ori 0 1 0 above stress 0.0,0.0,−1.0e6,0.0,0.0,0.0

为了与3DEC的符号约定一致，负号表示为压应力。同时，3DEC采用力或牵引来施加应力分量，这会导致边界上产生应力张量。牵引力分为两部分，永久与瞬态。永久牵引力是恒载，瞬态荷载采用history关键字施加，常用在动力分析时间变化荷载施加时。

单独的力可以利用关键字xload，yload，zload施加到刚性或者变形块体边界，该关键字可以指定x-，y-，z-向的施加力分量。

1）应力梯度

采用xgrad、ygrad、zgrad关键字，BOUND命令可以考虑应力或力在指定区域的线性梯度变化。每个关键字后跟着6个参量，分别代表6个应力分量沿着该坐标轴方向的变化梯度。

stress　　sxxo　　syyo szzo sxyo sxzo syzo

〈xgradient sxxx syyx szzx sxyx sxzx syzx〉

〈ygradient sxxy syyy szzy sxyy sxzy syzy〉

〈zgradient sxxz syyz szzz sxyz sxzz syzz〉

其每个点的应力计算公式可表示为：

$$\sigma_{xx}=\sigma_{xx}^0+(sxxx)x+(sxxy)y+(sxxz)z$$
$$\sigma_{yy}=\sigma_{yy}^0+(syyx)x+(syyy)y+(syyz)z$$

$$\sigma_{zz} = \sigma_{zz}^0 + (szzx)x + (szzy)y + (szzz)z$$

$$\sigma_{xy} = \sigma_{xy}^0 + (sxyx)x + (sxyy)y + (sxyz)z$$

$$\sigma_{xz} = \sigma_{xz}^0 + (sxzx)x + (sxzy)y + (sxzz)z$$

$$\sigma_{yz} = \sigma_{yz}^0 + (syzx)x + (syzy)y + (syzz)z$$

应该注意的是，σ_{xx}^0、σ_{yy}^0、σ_{zz}^0、σ_{xy}^0、σ_{zz}^0、σ_{yz}^0 为坐标原点处的应力，如果模型距离坐标原点较远，要注意原点应力值的计算，必须确认所施加的应力梯度是否与 INSITU 命令和重力加速度值（GRAVITY 命令）一致，防止出错。

2）修改应力边界

在动力分析时，瞬态荷载可以采用 history 施加。即使在 3DEC 静态力学分析，有时候也需要改变已经施加的边界应力值，如基础荷载的变化。为了使已经施加的应力或者荷载产生突变，需要采用一个新的 BOUNDARY 命令，在已施加应力边界的节点上相同位置施加一个应力或者力的变化值。

这种情况下，新值会累加到已有值上，这点与 FLAC3D 等软件不同（更新而不是累加）。如果要去除应力，当前施加值必需等于负的已有值，才可抵消上次边界条件施加的影响。如果瞬态荷载改变，时程相同的新荷载同样是加到已有荷载上，二者叠加产生了一个不同的时间历程，从而替换了原有的瞬态荷载。

（2）位移边界

在 3DEC 中，因为位移在计算过程中不起作用，因此位移边界条件不能直接约束位移。为了在一个变形块体模型上施加给定位移，必需利用 BOUNDARY 命令约束边界并指定一定求解步内的边界速度。

假定所需位移为 D，在一定时间增量 T 上施加速度 V，择优 D＝VT，如果设定在 N 个求解步完成，即 $T = \Delta t N$，Δt 为时间步长，N 为求解步数目。实际上，为了对所建立的模型系统影响最小，V 应该很小而 N 应该很大。

BOUNDARY 命令可用于约束变形块体上网格点 x-，y-，z-向的速度（BOUNDARY xvel yvel zvel），对非平行坐标轴的块体还可以是法向速度（BOUNDARY nvel）。

刚性块体或者变形块体还可以采用 FIX 命令来约束速度（当前速度、保持恒定）。还可以采用 APPLY 命令来指定刚性块体的速度，而不是采用当前速度值。

当然，还可以通过 fish 内部变量来改变块体和节点的速度。

时变速度历程可以通过 BOUNDARY … hist 命令施加到变形块体上，也可通过 APPLY … hist 命令施加到刚性块体上。这时，hist 关键字必需出现在 BOUNDARY xvel，BOUNDARY yvel 或 BOUNDARY zvel 关键字的同一行内。速度历程也可通过 fish 函数来施加。另外，速度边界必需在应力边界指定后才可以指定。变形块体的速度约束可采用 BOUNDARY xfree，BOUNDARY yfree，BOUNDARY zfree 来移除，对刚性块体则直接用 free 命令移除。常见的约束施加方法如下：

bound　xvel　　0.0　range　x　　−1.1，−0.9

;x 范围−1.1 到−0.9 内 x 方向速度为 0

bound　xvel　　0.0　range　x　　0.9,1.1

;x 范围 0.9 到 1.1　内 x 方向速度为 0

bound　yvel　　0.0　range　y　　−1.1,−0.9

;y 范围－1.1 到－0.9 内 y 方向速度为 0

bound yvel   0.0 range y   0.9,1.1

;y 范围 0.9 到 1.1 内 y 方向速度为 0

grav   0,0,－10.0

;添加 z 方向重力加速度为－10m/s2

insitu stress －0.5e6 －0.5e6 －1.0e6 0.0 0.0 0.0

;设置初始平衡,xx 方向:－0.5e6 yy 方向:－0.5e6 zz 方向:－1.0e6 xy 方向:0
xz 方向:0 yz 方向:0

总结:一个 1.0Mpa 的应力边界被应用到顶部边界 zz 垂直方向,底部边界在 z 方向固定,不能移动;一个 $10m/s^2$ 的重力加速度被添加到 z 的负方向。

边界施加命令汇总

表 2.3.15

Apply 关键字		说明
xvel		x 方向恒定速度
yvel		y 方向恒定速度
zvel		z 方向恒定速度
thermal〈如下关键字〉		
	psource v	一个发热源的速度 v 被应用作为在指定范围网格节点的点力
	temp t	温度固定在指定范围的所有网格点上
	vsource v	一个发热源的速度 v 被应用作为在指定范围每个区域的体积力
	convection v1/v2	v1 是介质对流发生时的温度,v2 对流传导系数
	flux x	v 是初始的流量。一个流量是应用在指定面的范围。这个命令用于指定一个常数通量(v>0)或(v<0)的网格的热边界。流量的衰减可以使用 fish 函数可选关键字 history 表示。例如,下面的 fish 函数执行应用流量的指数衰减函数: def decay decay=exp(deconst * (thtime-thini)) end set thini=0.0 deconst=－1.0 apply flux=10 hist=0decay
boundary 关键字		说明
xload fx		x 方向荷载添加到刚性或者变形块体
yload fy		y 方向荷载添加到刚性或者变形块体
zload fz		z 方向荷载添加到刚性或者变形块体
xtraction tx		块表面 x 方向牵引力
ytraction ty		块表面 y 方向牵引力
ztraction tz		块表面 z 方向牵引力
principal 关键字		

Apply 关键字		说明
	s1	最大主应力
	s2	中间主应力
	s3	最小主应力
	s1_dip	最大主应力倾角
	s1_dd	最大主应力倾向
	s2_dip	中间主应力倾角
	s2_dd	中间主应力倾向
	〈zgradient〉	在 z 方向的梯度
	〈location〉	指定应力测量的坐标
stress sxxo syyo szzo sxyo sxzo syzo		边界应力参数
xgradientsxxy syyy szzy sxyy sxzy syzy		应力梯度
zgradientsxxz syyz szzz sxyz sxzz syzz		
xvel		X 向速度(变形块体)
yvel		Y 向速度(变形块体)
zvel		Z 向速度(变形块体)
xfree		消除 x 方向的边界条件
yfree		消除 y 方向的边界条件
zfree		消除 z 方向的边界条件
mat n		材料数量 n 被分配到远场属性
xvisc		x 方向的非反射边界
yvisc		y 方向的非反射边界
zvisc		z 方向的非反射边界
reaction		点荷载被应用到相反的方向在范围内所有顶点的不平衡力
disch q		设置排放边界条件
kndis q		在流动节点指定一个点源
pgrad fn		指定边界孔压力梯度
ppressure fn		指定边界孔压力
fluidtemp q		在流动节点上设置固定的流体边界的温度
flux q		设置热流量边界条件
knflux		设置点热源边界条件
added_mass〈如下关键字〉		
	density	水的密度
	depth	水库里水的平均深度
	g_dir x,y,z	重力矢量
	proj n	
	region_depth	在表面下深度应用附加质量

Apply 关键字		说明
	remove	除去先前所有的附加质量
	surface x,y,z	水表面位置
	xmass	在 x 方向添加质量
	ymass	在 y 方向添加质量
	amass	在 z 方向添加质量
xhistory		x 方向的历史参数
yhistory		y 方向历史参数
zhistory		z 方向的历史参数
fix〈range…〉		在指定范围内所有块的质心的速度被固定;如果范围未指定,那么可见的块速度被固定;刚性和变形块速度均被固定
free〈range…〉		在指定范围内所有块的质心被释放自由;如果范围未指定,所有可见块被释放

2.3.8 计算控制语句

一旦设置好计算条件,3DEC 模型即可通过一系列的计算步(或循环)开始求解。最大不平衡力是所有网格点中最大节点力和的最大值,是很多问题的控制变量。对静态分析,最大不平衡力逐步趋近于零。模型的最大不平衡力会持续显示在屏幕上,使用者根据情况可以用〈esc〉中断计算,3DEC 在完成当前步计算后即回到控制状态,此时可检查求解结果、存储当前状态,或者按照需要继续分析。

计算控制语句一般包括 solve、cycle、step,它们执行程序并且控制程序运行的时间,这些计算控制语句能跟的关键字汇总如表 2.3.16 所示。

计算控制语句汇总　　　　　　　　　　　　　表 2.3.16

命令		说明
solve 关键字		循环至满足某一条件后停止
	Age value	总计算时间(蠕变分析)
	Clock value	电脑运行时间限制,默认 0 分钟
	Continue value	继续先前的暂停命令
	Cycle n	循环限制,默认 2000000000
	Elastic	初始的平衡循环设置节点和本构模型到无限力
	Force value	不平衡力的限制,默认 10^{-3}
	fos〈如下关键字〉	
	Associated	块体可塑性
	Bracket v1 v2	设置两个开始的支架属性
	Cycles	设置循环的最大次数默认为 50000

命令			说明
	Exclude/include 关键字		
		Bcohension	默认是 include
		Bfriction	默认是 include
		Btension	默认是 exclude
		Jcohension	默认是 include
		Jfriction	默认是 include
	Jmat n		材料的节点数 n
	Jtension		默认是 exclude
	Mat n		材料的区域数 n
	File fname		破坏模式的材料名
	Ncharres nc		设置特征反应步 nc
	Ratio v		重新设定不平衡力比率来达到平衡
	Resolution v		在两个支架(稳定与不稳定)因素间设置分辨率
Ftime value			指定流体流动的时间限制
Noage			关掉时间限制
r_type 关键字			
	Average		比率定义为平均不平衡力除以平均应用机械力
	Local		比率定义为不平衡力最大值除以应用机械力
	Maximum		比率定义为最大不平衡机械力除以平均应用机械力
Ratio value			力学计算过程的比率限制,默认 10^{-4}
Temp value			在温度上指定最大增长
Thtime value			指定热时间限制
Time value			循环的处理时间
Step n			执行 n 时间步
Cycle n〈keyword〉			执行 n 时间步
Continue			继续先前的计算

2.3.9　时程记录

3DEC 中，HISTORY 命令常用来监控模型变量在计算中的变化，这对查明模型处于平衡状态还是破坏状态非常有用，并且可记录瞬态荷载作用下的变量变化。而 TRACE 命令则可记录模型目标（网格点、接触面等）位置随时间的变化。其中 HISTORY 命令及常见关键字汇总如表 2.3.17 所示：

HISTORY 时程记录关键字汇总 表 2.3.17

History〈id id0〉〈nstep n0〉关键词	Id0 为历程编号；n0 为每 n0 步记录一个数据
s1　　　x y z	单元的主应力分量
s2　　　x y z	单元的主应力分量
s3　　　x y z	单元的主应力分量
ssmax　　x y z	单元的最大剪切力
sxx　　　x y z	单元的应力分量
syy　　x y z	单元的应力分量
szz　　x y z	单元的应力分量
sxy　　x y z	单元的应力分量
sxz　　x y z	单元的应力分量
syz　　x y z	单元的应力分量
ar_sumx y z〈dip dip〉〈dd dd〉	接触直接的连接面积之和
area　　x y z〈dip dip〉〈dd dd〉	接触的面积
nf_sum　x y z〈dip dip〉〈dd dd〉	所有接触法向力之和
sf_sum　x y z〈dip dip〉〈dd dd〉	所有接触剪切力之和
sdisplacement x y z〈dip dip〉〈dd dd〉	剪切接触位移
ndisplacement x y z〈dip dip〉〈dd dd〉	法向接触位移
sforce　　x y z〈dip dip〉〈dd dd〉	剪切接触力
nforce　　x y z〈dip dip〉〈dd dd〉	法向接触力
sstress　　x y z〈dip dip〉〈dd dd〉	剪切接触应力
nstress　　x y z〈dip dip〉〈dd dd〉	法向接触应力
xsdisplacement x y z〈dip dip〉〈dd dd〉	x 方向剪切接触位移矢量
ysdisplacement x y z〈dip dip〉〈dd dd〉	y 方向剪切接触位移矢量
zsdisplacement x y z〈dip dip〉〈dd dd〉	z 方向剪切接触位移矢量
xsstress　　x y z〈dip dip〉〈dd dd〉	x 方向接触剪切力
ysstress　　x y z〈dip dip〉〈dd dd〉	y 方向接触剪切力
zsstress　　x y z〈dip dip〉〈dd dd〉	z 方向接触剪切力
address iadd〈ioff〉	定义一个实变量的历史记录
crtdel	蠕变步伐
crtime	蠕变时间
damping	自适应全局阻尼参数
energy	20 张力和耗散能总和的时间历史
ntime	力学时间
ratio	计算比率
thtime	热时间
time	力学时间
unbalanced	最大不平衡力

History〈id id0〉〈nstep n0〉关键词	Id0 为历程编号；n0 为每 n0 步记录一个数据		
fluid_pp　　x y z	孔隙压力		
fluid_temp　　x y z	温度		
xveelocity　　x y z	x 方向顶点速度		
yvelocity　　x y z	y 方向顶点速度		
zvelocity　　x y z	z 方向顶点速度		
velocity　　x y z	速度大小		
xdisplacement x y z	x 方向顶点位移		
ydisplacement　　x y z	y 方向顶点位移		
zdisplacement　　x y z	z 方向顶点位移		
displacement　　x y z	位移大小		
temperature　x y z	顶点温度		
acceleration　　x y z	加速度值		
xacceleration　　x y z	x 方向顶点加速度值		
yacceleration　　x y z	y 方向顶点加速度值		
zacceleration　　x y z	z 方向顶点加速度值		
acceleration	加速度值		
delete	删除所有的历史痕迹		
dumpid1〈id2…idn〉〈keyword...〉〈destination〉			
	begin　　nb	时间步值大于等于 nb 将输出	
	end　　ne	时间步值小于等于 ne 时将输出	
	skip　　ns	时间间隔为 ns 的值将输出	
	vs　　id0	只有相对 id0 对应的 id1~idn 值将被输出	
	file　　filename	历史信息发送到一个文本文件	
	table　　tab	标签可以是表 id 或者是一个表名的字符串	
hist_rep　　n	这是一个 ncycle 的同义词		
label　　id hname	分配一个 id 标签到历史 id		
limits	所有历史痕迹的范围被写到屏幕上		
list〈label〉	概括信息被写到屏幕上		
ncycle　　n	指定记录采样间隔		
purge	记录痕迹内容被删除，但痕迹存在		
reset	所有的记录痕迹被删除		
type　　id	在循环中显示变量值		
writeid1〈id2…idn〉〈keyword...〉〈destination〉	dump 的同义词		

2.4 数据后处理

本节通过实例说明如何进行数据后处理，首先是利用例 2.4.1 创建一个名为"Blocks"的图片，然后在通过 plot 加关键词 block 显示所在图片的所有块体。

例 2.4.1 第一步：块体显示

```
new
poly brick(0,80)(－30,80)(0,50)
;创建好块体之后,就需要把块体显示出来,此时需要用 plot 命令
plot create plot 'Blocks'
plot block
```

视图操作快捷键　　　　　　　　　　　　　　　　　表 2.4.1

按住鼠标右键	旋转
鼠标右键＋shift	平移
鼠标滚轮上/下	放大/缩小
鼠标右键＋Ctrl＋上拖	放大
鼠标右键＋Ctrl＋下拖	缩小
鼠标右键＋Ctrl＋shift	旋转

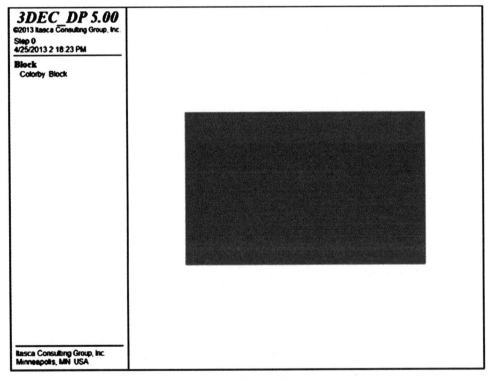

图 2.4.1　块体显示界面

在软件的右边有控制栏 plot items，单击 list 中的任何选项可跳至另一个对话框，中间的交互操作不需要输入命令流来完成，如图 2.4.2 所示。

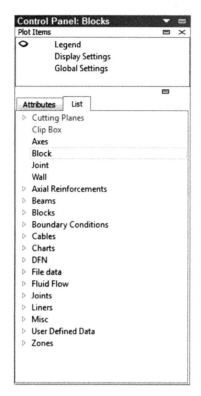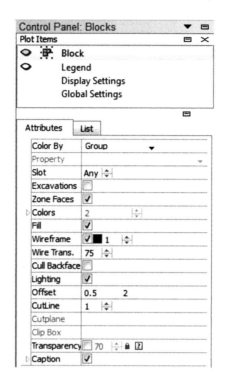

图 2.4.2　显示条目设置

中间视图区可以用表中的组合对图中的模型进行平移、选择和放大缩小。

采用如下 jset 命令来实现节理并命名各区域：

例 2.4.2 第二步：节理显示命令

```
jset dip 90 dd 180 origin 0,0,0
jset dip 90 dd 180 origin 0,50,0
group block 'inner block' range y 050
hide range group 'inner block'
group block 'outer blocks'
Seek
hide range group "outer blocks"
jset dip 2.5 dd 235 origin 30,0,12.5
jset dip 2.5 dd 315 origin 35,0,30
jset dip 76 dd 270 spacing 4 num 5 origin 38,0,12.5
hide range x 30,80 y 0,50 z 0,50
jset dip 0 dd 0 origin 0,0,10
hide range z 0,10
group block 'excavate'
seek
hide range group 'outer blocks'
```

```
hide range z 0,10
hide range x 55,80
hide range x 0,30
jset dip 70 dd 200 origin 0,35,0
jset dip 60 dd 330 origin 50,15,50
seek
```

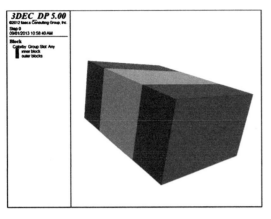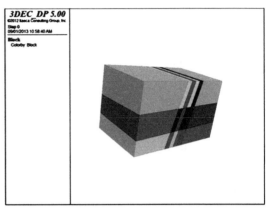

图 2.4.3　节理切割后图形显示

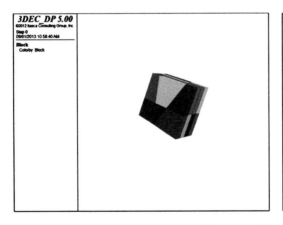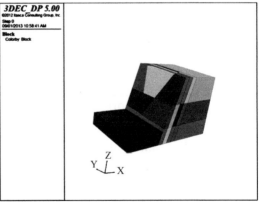

图 2.4.4　显示边坡不同部分

例 2.4.3 第三步：施加边界条件并开挖计算

```
fix range z 0 10
fix range x 55   80
fix range group'outer blocks'
delete range group'excavate'
hide range group'outer blocks'
;如果添加坐标轴,可以用鼠标左键拖拽至任意部位。
gravity   0 0 -10      ;;;设定重力
prop mat=1 dens=2000;;;;设定材料参数
```

prop jmat＝1 jkn＝1e9 jks＝1e9 jfric＝89

prop jmat＝2 jkn＝1e9 jks＝1e9 jfric＝0.0

seek

change jmat＝2 range dip 90 dd 180

hide range group 'outer blocks'

hist zvel(30,30,30)

hist type 1

Step500　;;;运行

例 2.4.4 第四步：结果查询与图片后处理

创建图片"Hist1"；并设置 Y 轴为 "Vertical Velocity"

plot create plot 'Hist1'

plot hist 1 yaxis label "Vertical Velocity　　　;;;如图 2.4.5 左图所示

Title'Rock Slope Stability'　　;;设置标题

;通过 plot item 栏中的 block-plane 即可对模型进行切片操作。如图 2.4.6 所示。

Plotset job title on

Plotcreate plot hist1

Plothist 1 ya lab "Vertical Velocity"

Saveslope. 3dsav　　　;;;状态存储

Propjmat 1 jfric＝6.0

Plotcurrent plot Blocks

Cycle2000

Plotset jobtitle on

Plotset dip 110 dd 30

plotcreate plot disp　;;;;;创建 disp 图片：

plotbl disp line color cyan point color cyan

;;;显示当中的 block 及位移轨迹线和箭头（蓝绿色 cyan）

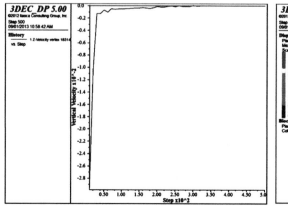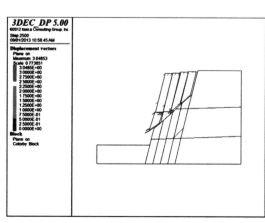

图 2.4.5　历程曲线图片设置与切面图片设置效果图

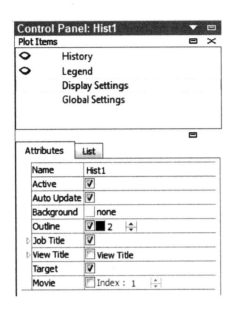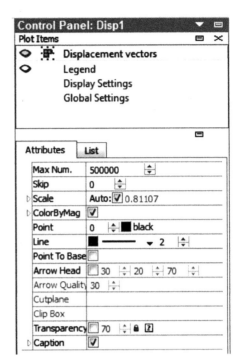

图 2.4.6　历程曲线与图片设置对话框

例 2.4.5 第五步：不同显示尝试

plot clear;;清除图片上所有显示信息

plot set orien(90,0,0)center(38,25,35)mag 1.5　;;;设定视角并放大 1.5 倍

plot cut add plane origin(0,25,0)name Plane normal(0,1,0);增加过点(0,25,0)法向量(0,1,0)的切面

;只显示在切面上的位移(随位移大小的颜色如图 2.4.7(a))

plotadd displacement colorby on plane onplane on front off behind off

;只显示切面,关闭块体整体显示

plot add block fill off plane onp on front off behind off　;如图 2.4.7(b)

;若需显示整体的位移情况,输入：

pl add contour displacement

;若需显示整体的 x 轴上的位移情况,输入：

pl add contour xdisplacement

;若需显示整体的速度情况,输入：　如图 2.4.7(c)

pl add contour velocity

;若需显示整体的 y 轴上的速度情况,输入：

pl add contour yvelocity　;;;如图 2.4.7(d)

;通常对某一模型的细节进行窗口命令执行后,通过下图方式,导出出图信息,之后可以call 此文件,来达到每一张图的细节、视角等都一致。

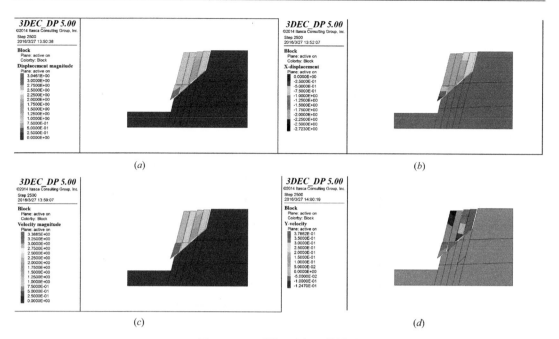

图 2.4.7　不同显示条目效果图

PLOT 命令主要关键词汇总　　　　　　　　　表 2.4.2

视图操作	视图设置操作	绘图操作
	reset	
	set	
	above	
	background	
	below	
	center	
	ddir	
	dip	
	distance	
	eye	
bitmap	fov	
clip	index	
copy	interval	
create	jobtitle	
current	legend	
cut	magnification	add
destroy	mode	clear
excel	movie	load
export	movieextension	modify
hardcopy	movieprefix	subtract
postscript	moviesize	
rename	name	
svg	orientation	
vrml	outline	
	printsize	
	projection	
	radius	
	roll	
	sketch	
	update	
	varray	
	varray	
	vbobject	
	viewtitle	

颜色命令关键词 表 2.4.3

black	darkgray	gray	lightgray	white
blue	green	cyan	red	pink
purple	orange	yellow	skyblue	seagreen
cardinal	violet	peach	brown	olive
teal	gold	lightblue	darkblue	xlightpurple
lightpurple	darkpurple	lightviolet	darkviolet	xlightpink
lightpink	darkpink	xlightred	lightred	darkred
lightorange	darkorange	lightpeach	darkpeach	xlightgold
lightgold	darkgold	xlightyellow	lightyellow	darkyellow
xlightgreen	lightgreen	darkgreen	lightcyan	darkcyan
xlightskyblue	lightskyblue	darkskyblue	xlightolive	lightolive
darkolive	lightbrown	darkbrown	lightseagreen	darkseagreen
lightcardinal	darkcardinal	lightteal	darkteal	

线及文本关键字 表 2.4.4

Plot	＋关键词	＋关键词		
	line	color		线的颜色
		On/ off		是否开启
		style		〈none solid dash dot dashdot dashdotdot〉
		width	i	宽度在 1~10 最小为 1pixel
	text	color		文本的颜色
		On/ off		是否开启
		family		输入字符串
		Size		i 大小
		Style		〈normal bold italic bolditalic〉类型
		text		输入字符串

位图及切面 plot 关键词 表 2.4.5

Plot	＋关键词			
	Bitmap	＋关键词		
		filename		字符串 . png
				默认 PNG,还支持 JPG,BMP,PPM,XBM
		size		ix iy
				图片大小,默认 1024×768
	cut	＋关键词		
		add	＋加关键词	
			plane	创建单个切面
			dd	dd
				定义 dip direction 角度 0~360°
			dip	dip
				定义 dip 角度 0~90°

Plot	＋关键词				
				normal	x y z
				定义一个面的法向量	
				origin	x y z
				该切面所过的点	
				name	字符串
			wedge	创建楔形体（两面组成）每个面与上述 plane 同理	
			octant	创建象限（三面组成）每个面与上述 plane 同理	
		modify	修改		
		remove	移除		

整体视角关键词　　　　　表 2.4.6

Plot	＋加关键词		
	reset	重置视角	
	set	关键字	
		background	color 设置背景颜色
		center	x y z 设置视角中心点
		ddir	设置视角
		dip	
		distance	设置屏幕到中心点距离
		legend	设置主屏幕图框元素
		magnificent	设置放大倍数

plot 具体细节命令　　　　　表 2.4.7

Plot	＋关键词
add clear load modify subtract	＋ applied bond flowplane jslip udscalar axes boundary flowplanecontour label udtensor axial cable flowplanevector liner udvector axialcontour cablecontour fob linercontour velocity axialvector cablevector geometry linervector voxel balls contour gpcontour location wall beamDFN intersection history scalebox water beamcontourDFN stereonet isosurface show zgroup beamvectorDFN value isozone stereonet zone bgroup displacement joint table zonecolorscale block dxf jointcontour traction zonetensor blockcontour fknot jointvector uddisk

plot 具体细节常用命令注释 表 2.4.8

axes	＋加关键词	添加坐标轴		
	alias	字符串	在标题栏修改名称	
	compass		显示罗盘	
	position	x y z	显示坐标轴的具体位置	
	scale	int	调整坐标轴大小	
block	clear		清除所有块体	
	colorby	block	每一个块体属一种颜色	
		face	每一个块体的每个面属一种颜色	
		group	颜色按群组分类	
		material	颜色按材料组分类	
		region	颜色按区域分类	
	fill	on/off	块体是否填充	
blockcontour	szz	minimum	szz 云图从最小值开始	
		maximum	szz 云图到最大值结束	
	wireframe	on/off	是否开启网格	
cable	colorby		锚索颜色与 block 同理	
	label	alias	字符串	
		color	标签颜色	
	line	line	不同线型	
DFN	colorby		裂隙颜色与 block 同理	
	map	axis	原始图到另一个坐标轴	
		scale	x y z	规模大小
	maximum	automatic	最大数值标注	
		value	人工注释	
	minimum		与最大数值标注同理	
displacement	arrowbody	i	设置箭头大小	
	arrowhead	bool	true 箭头在前 false 箭头在后	
	plane	caption	text	简述
		frontplane	bool	是否在切面前显示
		onplane	bool	是否在切面上显示
	point	color		设置颜色
		size	ival	设置大小
geometry	active	bool		
	contourby	polygonrender	backface	bool
				阴影消除
			fill	bool
				是否填充

续表

axes	＋加关键词	添加坐标轴			
			offset	factor units	
				创建偏移量	
	reversed	bool	是否转置		
	transparency	ival	控制几何透明程度		
history	ival	选择 ID			
		linestyle line	width	设置宽度	
			color	设置颜色	
			style	设置线型	
		markstyle mark	与 linestyle line 同理		
		name	输入字符串		
	xaxis	label	字符串	x 轴坐标名	
		maximum	标记最大值		
		minimum	标记最小值		
	yaxis	与 xaxis 同理			
joint	colorby	节理与 block 同理			
	transparency	控制节理透明度			
velocity	line	color	速度线颜色		
zonetensor	stress	colorby	应力颜色与 block 同理		

　　另外，设置好的图像数据文件可以右键图片将之导出为不同的文件，以进行下一步操作，如图 2.4.8 所示。如果选择 data file，则图片操作的相应命令即可导出为文件，因此如果不熟悉命令流文件的编写，也可先用界面操作，研究系统命令流的自动编写格式。

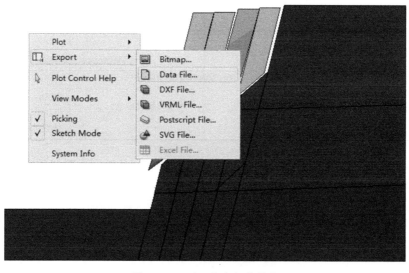

图 2.4.8　plot 命令细节导出

在输出命令流的同时，也可以直接在交互对话框中直接选择，如选择 plot items 的 list 栏中 block 及可再对 attributes 单元框里的细节进行操作，在此不再赘述。

2.5　本章小结

本章首先介绍了 3DEC 软件运行的一些要求，并定义了离散元计算中的一些术语，并基于离散元应用于岩土工程分析基本步骤，对 3DEC5.0 版本的常用命令流进行了分类汇总说明。

应该注意的是，幻想一日之内精通一门软件并不现实，任何软件的学习都需要个人多练习，以增加对命令的理解，在此基础上明白计算原理，才能开展复杂应用与开发。

本章 3DEC5.0 软件基本功能及操作实例学习表明，只要明白了 10 多个常用命令的，即使毫无经验的使用者也可进行简单的离散元块体分析。这些常用命令可汇总如表 2.5.1 所示：

常用 3DEC 命令　　　　　　　　　　　　　　　　表 2.5.1

功能	命令	功能	命令
创建、切割块体用命令	POLYHEDRON JSET TUNNEL	岩土、节理材料模型、材料参数	GENERATE CHANGE PROPERTY
边界/初始条件	BOUNDARY INSITU	自重平衡 计算求解	GRAVITY STEP CYCLE SOLVE
改变模型特性 （开挖、构建、加载等）	DELETE REMOVE EXCAVATE FILL CHANGE PROPERTY BOUNDARY STRUCTURE	监控，查阅模型响应	HISTORY PLOT
存储、导入模型信息等	NEW SAVE RESTORE	块体构建辅助命令	HIDE SEEK SHOW MARK

上表中每个命令都有大量的关键字，并可通过 Range 关键字来限制作用区域，使用时需要详细了解这些关键字的含义。

第三章 复杂块体离散元数值模型实现技巧

在水电站、交通、地下试验场、边坡等领域的生产与科研活动中，建筑物的特点是形态规则但是结构复杂，对这些规则但形态复杂的洞室群、边坡的模拟是数值计算的基础。

然而一个无法回避的现实是：多数人不能熟练使用 3DEC 方法的主要原因不是命令难以理解，而是不会建立工程所需要的数值模型。

在这种情况下，如果熟悉了 3DEC 中少数几个命令，如 poly、jset 等，再具有一定的编程能力，能熟练使用 cad、fish 等常用工具语言，建模工作即如搭积木一般充满乐趣和挑战，完全依赖于建模人员的图形操作能力，则往往可以事半功倍。

3.1 AUTOCAD 辅助建模

DXF 文件是 AUTOCAD（Drawing Interchange Format 或者 Drawing Exchange Format）绘图交换文件。DXF 是 Autodesk 公司开发的用于 AUTOCAD 与其他软件之间进行 CAD 数据交换的 CAD 数据文件格式。

3.1.1 DXF 文件结构

DXF 是一种开放的矢量数据格式，可以分为两类：ASCII 格式和二进制格式；ASCII 具有可读性好的特点，但占有空间较大；二进制格式则占有空间小、读取速度快。由于 AUTOCAD 是现在最流行的 cad 系统，DXF 也被广泛使用，成为事实上的标准。绝大多数 CAD 系统都能读入或输出 DXF 文件。

DXF 文件是由很多的"代码"和"值"组成的"数据对"构造而成，这里的代码称为"组码"（group code），指定其后的值的类型和用途。每个组码和值必须为单独的一行的。

DXF 文件被组织成为多个"段"（section），每个段以组码"0"和字符串"SECTION"开头，紧接着是组码"2"和表示段名的字符串（如 HEADER）。段的中间，可以使用组码和值定义段中的元素。段的结尾使用组码"0"和字符串"ENDSEC"来定义。

ASCII 格式的 DXF 可以用文本编辑器进行查看。DXF 文件的基本组成如下所示：

• HEADER 部分：图的总体信息，每个参数都有一个变量名和相应的值。

• CLASSES 部分：包括应用程序定义的类的信息，这些实例将显示在 BLOCKS、ENTITIES 以及 OBJECTS 部分。通常不包括用于与其他应用程序交互的信息。

• TABLES 部分：这部分包括命名条目的定义。

Application ID（APPID）表

Block Recod（BLOCK _ RECORD）表

Dimension Style（DIMSTYPE）表

Layer（LAYER）表

Linetype（LTYPE）表

Text style（STYLE）表

User Coordinate System（UCS）表

View（VIEW）表

Viewport configuration（VPORT）表

· BLOCKS 部分：包括 Block Definition 实体用于定义每个 Block 的组成。

· ENTITIES 部分：绘图实体，包括 Block References 在内。

· OBJECTS 部分：包括非图形对象的数据，供 AutoLISP 以及 ObjectARX 应用程序所使用。

· THUMBNAILIMAGE 部分：包括 DXF 文件的预览图。

· END OF FILE

而针对实体部分（ENTITIES），该部分内容包含了所绘制图形的所有数据。

如定义圆的数据为圆心坐标和半径。格式如下：

```
0   !!!!! 表明下面一行为实体的名称
CIRCLE!!!!! 实体名称
  8                      !!!!! 下一行为图层
0                        !!!!! 图层号
  10                     !!!!! 下一行为圆心 x 坐标
2.46781761788334         !!!!! 圆心 x 坐标
  20                     !!!! 下一行为圆心 y 坐标
3.4045150281189129       !!!! 圆心 y 坐标
  30                     !!!! 下一行为圆心 z 坐标
0.0                      !!!! 圆心 z 坐标
  40                     !!!! 下一行为半径
0.9800830368085204       !!!! 半径值
```

类似地，可以定义圆弧、直线、3DFACE、POLYLINE 等数据。这些图元的基本要素可在 AUTOCAD 中建立一个实体图元，然后存储为 R12 格式的 DXF 文件，采用文本或者 Ultredit 格式打开，即可深入了解实体内部要素构成。也可以在 AUTOCAD 安装目录下搜索"acad_dxf.chm"文件，查看相应的 ENTITIES 段图元组码说明。

总之，这些数据可以通过编程将其提取出来用于其他用途，利用图形的数据用来生成加工代码，以进行数控系统的开发。

3.1.2 DXF 文件写入函数库

采用 Fortran6.5 编制了常用 DXF 文件图元的写入代码如下：

其中任意的 R12 格式 DXF 文件，必须以头文件开始，尾文件结束，其调用形式如下：

```
Open(n_file,file='***.***',status='unknown')   !!!! 打开文件,***.
```

***为文件名与后缀

```
Call head1(n_file)
```

………图元输出…….(可以是直线、圆、多段线、3DFACE 面等)

```
Call endfile1(n_file)
```

所用到的图元书写子函数如下:

```
subroutine head1(n_file)                    !!!!! AUTOCAD DXF 文件头文件
        WRITE(n_file,'(a3/A7)')'0','SECTION'
        WRITE(n_file,'(a3/A8)')'2','ENTITIES'
        RETURN
ENDsubroutine
SUBROUTINE ENDFILE1(n_file)                     !!!!!! 尾文件
        integer n_file
        WRITE(n_file,'(a3/A6)')'0','ENDSEC'
        WRITE(n_file,'(a3/a3)')'0','EOF'
        CLOSE(n_file)
        RETURN
ENDsubroutine
subroutine circle(x0,y0,z0,r,m_color,JJ,n_file)       !!!!!! 在 cad 中输出一个圆
implicit none
        integer n_file,m_color,jj,nnnn,mc
        real x0,y0,z0,r
        nnnn=m_color/250
        mc=m_color-nnnn*250
        WRITE(n_file,'(A3/A6)')'0','CIRCLE'
        IF(jj. LT. 10)WRITE(n_file,'(a3/i1)')'8',jj
        IF(jj. GE. 10. AND. jj. LT. 100)WRITE(n_file,'(a3/i2)')'8',jj
        IF(jj. GE. 100. AND. jj. LT. 1000)WRITE(n_file,'(a3/i3)')'8',jj
        IF(jj. GE. 1000. AND. jj. LT. 10000)WRITE(n_file,'(a3/i4)')'8',jj
        IF(mc. lt. 10)WRITE(n_file,'(a3/i1)')'62',mc
        IF(mc. GE. 10. AND. mc. LT. 100)WRITE(n_file,'(a3/i2)')'62',mc
        IF(mc. GE. 100. AND. mc. LT. 1000)WRITE(n_file,'(a3/i3)')'62',mc
        IF(mc. GE. 1000. AND. mc. LT. 10000)WRITE(n_file,'(a3/i4)')'62',mc
        WRITE(n_file,'(A3/F11.4)')'10',X0
        WRITE(n_file,'(A3/F11.4)')'20',Y0
        WRITE(n_file,'(A3/F11.4)')'30',Z0
        WRITE(n_file,'(A3/F11.4)')'40',r
endsubroutine circle
SUBROUTINE DFACE2(y1,z1,x1,y2,z2,x2,y3,z3,x3,y4,z4,x4,jj,n_file,m_color)
```

```
!!!!!! 在 cad 中输出空间 3dface(4 个节点)面
        REAL X1,Y1,Z1,X2,Y2,Z2,X3,Y3,Z3,X4,Y4,Z4
        WRITE(n_file,'(a3/A6)')'0','3DFACE'
        IF(jj. LT. 10)WRITE(n_file,'(a3/i1)')'8',jj
        IF(jj. GE. 10. AND. jj. LT. 100)WRITE(n_file,'(a3/i2)')'8',jj
        IF(jj. GE. 100. AND. jj. LT. 1000)WRITE(n_file,'(a3/i3)')'8',jj
        IF(jj. GE. 1000. AND. jj. LT. 10000)WRITE(n_file,'(a3/i4)')'8',jj
        if(m_color. lt. 10)WRITE(n_file,'(a3/i1)')'62',m_color
        IF(m_color. GE. 10. AND. m_color. LT. 100)WRITE(n_file,'(a3/i2)')'62',m_color
        IF(m_color. GE. 100. AND. m_color. LT. 1000)WRITE(n_file,'(a3/i3)')'62',m_color
        IF(m_color. GE. 1000. AND. m_color. LT. 10000)WRITE(n_file,'(a3/i4)')'62',m_color
        WRITE(n_file,'(a3/F11. 4)')'10',X1
        WRITE(n_file,'(a3/F11. 4)')'20',Y1
        WRITE(n_file,'(a3/F11. 4)')'30',Z1
        WRITE(n_file,'(a3/F11. 4)')'11',X2
        WRITE(n_file,'(a3/F11. 4)')'21',Y2
        WRITE(n_file,'(a3/F11. 4)')'31',Z2
        WRITE(n_file,'(a3/F11. 4)')'12',X3
        WRITE(n_file,'(a3/F11. 4)')'22',Y3
        WRITE(n_file,'(a3/F11. 4)')'32',Z3
        WRITE(n_file,'(a3/F11. 4)')'13',X4
        WRITE(n_file,'(a3/F11. 4)')'23',Y4
        WRITE(n_file,'(a3/F11. 4)')'33',Z4
        RETURN
ENDsubroutine
SUBROUTINE LINE(X1,Y1,X2,Y2,jj,n_file,m_color)
        WRITE(n_file,'(A3/A4)')'0','LINE'
        IF(jj. LT. 10)WRITE(n_file,'(a3/i1)')'8',jj
        IF(jj. GE. 10. AND. jj. LT. 100)WRITE(n_file,'(a3/i2)')'8',jj
        IF(jj. GE. 100. AND. jj. LT. 1000)WRITE(n_file,'(a3/i3)')'8',jj
        IF(jj. GE. 1000. AND. jj. LT. 10000)WRITE(n_file,'(a3/i4)')'8',jj
        if(m_color. lt. 10)WRITE(n_file,'(a3/i1)')'62',m_color
        IF(m_color. GE. 10. AND. m_color. LT. 100)WRITE(n_file,'(a3/i2)')'62',m_color
        IF(m_color. GE. 100. AND. m_color. LT. 1000)WRITE(n_file,'(a3/i3)')'62',m_color
        IF(m_color. GE. 1000. AND. m_color. LT. 10000)WRITE(n_file,'(a3/i4)')'62',m_color
        WRITE(n_file,'(A3/F11. 4)')'10',X1
        WRITE(n_file,'(A3/F11. 4)')'20',Y1
        WRITE(n_file,'(A3/F11. 4)')'11',X2
        WRITE(n_file,'(A3/F11. 4)')'21',Y2
```

```fortran
      RETURN
ENDsubroutine line
SUBROUTINE PLINE3D(X1,Y1,Z1,k,NFLAG,COLOR,nt)!!!! 输出多段线
      INTEGER NFLAG,COLOR,nt
      IF(NFLAG. EQ. 1)THEN
      WRITE(k,'(A3/A8)')'0','POLYLINE'
      IF(nt. LT. 10)WRITE(k,'(a3/i1)')'8',nt
      IF(nt. GE. 10. AND. nt. LT. 100)WRITE(k,'(a3/i2)')'8',nt
      IF(nt. GE. 100. AND. nt. LT. 1000)WRITE(k,'(a3/i3)')'8',nt
      IF(nt. GE. 1000. AND. nt. LT. 10000)WRITE(k,'(a3/i4)')'8',nt
      WRITE(K,'(a3/I6)')'62',COLOR
      WRITE(K,'(a3/A6)')'66','1'
      WRITE(K,'(a3/A3)')'10','0. 0'
      WRITE(K,'(a3/A3)')'20','0. 0'
      WRITE(K,'(a3/A3)')'30','0. 0'
      WRITE(K,'(a3/A6)')'40','0. 0'
      WRITE(K,'(a3/A6)')'41','0. 0'
      ELSEIF(NFLAG. EQ. 2)THEN
      WRITE(k,'(A3/A6)')'0','VERTEX'
      IF(nt. LT. 10)WRITE(k,'(a3/i1)')'8',nt
      IF(nt. GE. 10. AND. nt. LT. 100)WRITE(k,'(a3/i2)')'8',nt
      IF(nt. GE. 100. AND. nt. LT. 1000)WRITE(k,'(a3/i3)')'8',nt
      IF(nt. GE. 1000. AND. nt. LT. 10000)WRITE(k,'(a3/i4)')'8',nt
      WRITE(k,'(A3/F11. 4)')'10',X1
      WRITE(k,'(A3/F11. 4)')'20',Y1
      WRITE(k,'(A3/F11. 4)')'30',Z1
      ELSEIF(NFLAG. EQ. 3)THEN
      WRITE(K,'(a3/A6)')'0','SEQEND'
      ENDIF
      RETURN
ENDSUBROUTINE PLINE3D
SUBROUTINE TEST(X1,Y1,Z1,value,ANGLE,ANGLE1,k)!!!! 文字注释
      COMMON /Chh/hh
      real x1,y1,z1
      real value
      h=2.0 !!! 文字高度
      WRITE(k,'(a3/a4)')'0','TEXT'
      WRITE(k,'(A3/a4)')'8','text'
      WRITE(k,'(A3/F11. 4)')'10',X1
```

```
      WRITE(k,'(A3/F11.4)')'20',Y1
      WRITE(k,'(A3/F11.4)')'30',z1
      WRITE(k,'(A3/f11.4)')'40',h ! 文字高度
      WRITE(k,'(A3/F11.4)')'1',value
      WRITE(k,'(A3/F11.4)')'50',ANGLE ! 文字旋转角度
      WRITE(k,'(A3/F11.4)')'51',ANGLE1 ! 倾斜角(可选;默认值 = 0)
      RETURN
ENDSUBROUTINE TEST
```

其他图元也可采用类似格式编写。

3.1.3　DXF 文件读出函数库

除了以上写入 CAD 文件的子函数，要完成二者的相互输入，还必须将 AUTOCAD DXF 文件中的图元读出，其中 POLYLINE（多段线）、3DFACE（空间 4 点面）的读取 Fortran 子函数如下，编程人员只需将读取后存储到对应数组中的数据写入文件、即可达到建模必需的数据，进而形成 3DEC 的基本命令流。

等高线是工程数值计算最基本的资料，它在 AUTOCAD 中表现为一条条带标高的多段线。多数建模情况下，获得等高线上的空间点数据是为了进行地形、材料分界面的插值工作。等高线读取（基于 R12 格式的 dxf 文件）fortran 子函数可编制如下：

```
subroutine read_pline3d(npl,np,mat,xyz,filename)
! npl 等值线条数;np(:)每条等值线的点个数;mat(:)等值线图层;xyz(:,:,:)坐标;
! filename 待读取的文件名称
      real,intent(in out)::xyz(:,:,:,:)
      integer,intent(in out)::npl,np(:),mat(:)
      character * 20,intent(in)::filename
      CHARACTER * 20 aa0,aa1,aa3
800   FORMAT(A20)
      npl=0
      np(:)=0
      OPEN(10,FILE=filename,STATUS='OLD')!!!!
801   read(10,800,end=900)aa1
      if(aa1(1:8). ne. 'POLYLINE')goto 801
802   if(aa1(1:8). eq. 'POLYLINE')   then
      npl=npl+1                        !!!!!!!!! 多义线计数
803   read(10,800,end=900)aa0
      if(aa0(1:3). ne. ' 8')goto 803
      if(aa0(1:3). eq. ' 8')read(10, * ,end=900)nnn
      mat(npl)=nnn       !!!!!!!!!!!!!!!!!!!!!!!!!!! 围成的区域--材料号
      ! write( * , * )npl,nnn
804   read(10,800,end=900)aa1
```

```
        if(aa1(1:8). eq. 'POLYLINE')goto 802    !!!! 若为新线
    if(aa1(1:6). ne. 'VERTEX')goto 804            !!!! 若不是点继续读取
    if(aa1(1:6). eq. 'VERTEX')then                 !!!! 读点
            np(npl)＝np(npl)＋1                        !!!! 该线点数目增加1
805         read(10,800,end＝900)aa0!
        if(aa0(1:3). eq. ' 10')then
            read(10,＊)x0
        else
            goto 805
            write(＊,＊)'erro... x coordination is wrong......! '
        endif
        read(10,800,end＝900)aa0
        if(aa0(1:3). eq. ' 20')then
            read(10,＊)y0
        else
            write(＊,＊)'erro... y coordination is wrong....! '
        endif
        read(10,800,end＝900)aa0
        if(aa0(1:3). eq. ' 30')then
            read(10,＊)z0
        else
            write(＊,＊)'erro... z coordination is wrong......! '
        endif
        !! 判断新点是否与初始点相同,如果相同,则不是新点
        if(np(npl). gt. 2)then
            ddd000＝sqrt((x0-xyz(1,1,npl))＊＊2＋(y0-xyz(1,2,npl))＊＊2＋
            (z0-xyz(1,3,npl))＊＊2)
                if(ddd000. lt. 1e-3)then
                    np(npl)＝np(npl)-1
                    goto 899
                endif
        endif
        xyz(np(npl),1,npl)＝x0
        xyz(np(npl),2,npl)＝y0
        xyz(np(npl),3,npl)＝z0
899 x＝x
        !!!! 该线点数目增加1
        goto 804
        endif
```

```
      endif    !!!!!!!!!!!!!!!!!! 多义线判断结束
      if(np(npl). gt. 1000)write( * , * )' 单条等高线点数目超出 '
      goto 801
900 write( * , * )'-------------等高线读取完毕,共 ',npl,' 条-----------'
close(10)
      return
endsubroutine
```

3DFACE 面是空间曲面,由四个空间点构成,四个点可以不共面,可以由两相邻两点重合从而退化为三角形,因此常用来表征空间开挖、数值计算空间网格模型的显示。

```
SUBROUTINE face_extract(NP1,NE1,XY0,LODF0,filename)
```

!!! 读取 3DFACE 面;np1 节点数目;ne1 单元数目;xy0 节点坐标;lodf0 单元;filename 文件名

```
Dimension XY0(3,400000),LODF0(7,300000)
integer ne1,np1 !! ne1---3dface 面的个数;np---总共节点的个数;xy0--存放节点的
数组
CHARACTER * 20 aa0,aa1,filename
 200     FORMAT(A20)
    OPEN(10,FILE=filename,STATUS='OLD')
    ne1=0
    np1=0
    p=0. 00001                     ! -------点与点坐标容差
50 read(10,200,end=300)aa1
    if(aa1(1:6). ne. '3DFACE')goto 50
    if(aa1(1:6). eq. '3DFACE')then
    ne1=ne1+1
217     read(10,200,end=300)aa0
    if(aa0(1:3). eq. ' 8')then
    read(10, * )lodf0(5,ne1)    !!! 图层
211     format(1x,i5)
    else
    GOTO 217
    write( * , * )'erro....0....! '
    pause 11
    endif
55 read(10,200,end=300)aa0
    if(aa0(1:3). eq. ' 10')then
    read(10, * )x0
    else
    goto 55
```

```
        write( * , * )'erro....10......! '
        pause
        endif
        read(10,200,end=300)aa0
        if(aa0(1:3). eq. ' 20')then
        read(10, * )y0
        else
        write( * , * )'erro....20....! '
        pause
        endif
        read(10,200,end=300)aa0
        if(aa0(1:3). eq. ' 30')then
        read(10, * )z0
        else
        write( * , * )'erro....30....! '
        pause
        endif
        do 10   i=1,np1
  if( abs ( x0-xy0 ( 1 , i)). lt. p. and. abs ( y0-xy0 ( 2 , i)). lt. p. and. abs ( z0-xy0 ( 3 , i)).
lt. p)then
        lodf0(1,ne1)=i
        goto 11
        endif

  10 continue      !! --------将坐标重合的节点,取同一节点编号
        np1=np1+1
        xy0(1,np1)=x0
        xy0(2,np1)=y0
        xy0(3,np1)=z0
        lodf0(1,ne1)=np1
  11 read(10,200,end=300)aa0
        if(aa0(2:3). eq. '11')then
        read(10, * )x0
        else
        write( * , * )'erro....11.....! '
        pause
        endif
        read(10,200,end=300)aa0
  if(aa0(2:3). eq. '21')then
        read(10, * )y0
```

```
      else
      write( * , * )'erro......21......! '
      pause
      endif
      read(10,200,end=300)aa0
   if(aa0(2:3). eq. '31')then
      read(10, * )z0
      else
      write( * , * )'erro......31......! '
      pause
      endif
      do 20 i=1,np1
   if( abs ( x0-xy0 ( 1 , i )). lt. p. and. abs ( y0-xy0 ( 2 , i )). lt. p. and. abs ( z0-xy0 ( 3 , i )).
lt. p)then
      lodf0(2,ne1)=i
      goto 21
      endif
   20continue
      np1=np1+1
      xy0(1,np1)=x0
      xy0(2,np1)=y0
      xy0(3,np1)=z0
      lodf0(2,ne1)=np1
   21 read(10,200,end=300)aa0
      if(aa0(2:3). eq. '12')then
      read(10, * )x0
      else
      write( * , * )'erro........12........! '
      pause
      endif
      read(10,200,end=300)aa0
         if(aa0(2:3). eq. '22')then
      read(10, * )y0
      else
      write( * , * )'erro............22...........! '
      pause
      endif
      read(10,200,end=300)aa0
         if(aa0(2:3). eq. '32')then
```

84

```
        read(10,＊)z0
    else
    write(＊,＊)'erro.............32..........!'
    pause
    endif
    do 30 i＝1,np1
if(abs(x0-xy0(1,i)).lt.p.and.abs(y0-xy0(2,i)).lt.p.and.abs(z0-xy0(3,i)).
lt.p)then
        lodf0(3,ne1)＝i
        goto 31
        endif
30  continue
    np1＝np1＋1
    xy0(1,np1)＝x0
    xy0(2,np1)＝y0
    xy0(3,np1)＝z0
    lodf0(3,ne1)＝np1
31  read(10,200,end＝300)aa0
    if(aa0(2:3).eq.'13')then
    read(10,＊)x0
    else
    write(＊,＊)'erro....13.....!'
    pause
    endif
    read(10,200,end＝300)aa0
        if(aa0(2:3).eq.'23')then
    read(10,＊)y0
    else
    write(＊,＊)'erro........23........!'
    pause
    endif
    read(10,200,end＝300)aa0
        if(aa0(2:3).eq.'33')then
    read(10,＊)z0
    else
    write(＊,＊)'erro........33........!'
    pause
    endif
    do 40   i＝1,np1
```

```
if( abs ( x0-xy0 ( 1 , i )). lt. p. and. abs ( y0-xy0 ( 2 , i )). lt. p. and. abs ( z0-xy0 ( 3 , i )).
lt. p ) then
        lodf0 ( 4 , ne1 )=i
        goto 41
        endif
40 continue
        np1=np1+1
        xy0 ( 1 , np1 )=x0
        xy0 ( 2 , np1 )=y0
        xy0 ( 3 , np1 )=z0
        lodf0 ( 4 , ne1 )=np1
        endif
41 goto 50
300      write( * , * )'.....CAD 网格单元信息,提取结束.....OK!......'
        write( * ,'(A21,I5)')'.....CAD 节点数 NP=:',np1
        write( * ,'(A21,I5)')'.....CAD 单元数 NE=:',ne1
        CLOSE(10)
        RETURN
Endsubroutine
```

除此之外,点、线、空间多段线（相当于体的显示）均可以采用该方式进行编写函数,此处不一一罗列。但是所提取的图元,编程者应该有一定的规划,比如:规定多段线代表高程,3dface 代表面,直线代表锚杆,点代表点源等。还可以利用图层、颜色共同管理图元。

3.1.4 地形插值等辅助建模函数

插值、积分等是数值模型构建的重要方法,相关方法也很多。如下是距离倒数权值法进行地形等数据插值的 fortran 子函数。如果需要更好的精度,建议采用克里格、滑动平均等插值方法,相关理论方法可在很多文件中查到,在此不作赘叙。

Fortran 调用格式 CALL CAZ(xyz,XY(1,NP),XY(2,NP),NPP,XY(3,NP),8)

CAZ（点坐标数组,NP 个插值点的 X 坐标,插值点 NP 的 Y 坐标,节点总数,插值点 NP 的 X 坐标,插值点 NP 的 Z 坐标,划分的象限数）

```
SUBROUTINE CAZ(xyz,CX,CY,NP,z,ii)
        DIMENSION AA(2,8),KN(8),XYZ(3,400000)
        real a0,a1,a,aaal,ax,ay,axy,ab,z
        AN=360. /ii
        aaal=180.0/3.14159265
        kn=0
        DO 10 I=1,ii
            AA(2,I)=1000000
```

```
10   CONTINUE
     AMAXL＝50.0   ------------设置插值点与其他点比较的距离 50m
 DO   20   I＝1,NP
   Ax ＝ CX-XYZ(1,i)
   Ay ＝ CY-XYZ(2,i)
   IF(ABS(AX). GT. AMAXL. OR. ABS(AY). GT. AMAXL)GOTO 20
   ! -----------------坐标与插值点的距离大于 50m 的不参与比较
   AL＝SQRT(ax * ax ＋ ay * ay)
   if(al. le. 0. 1)then
   z＝XYZ(3,i)! 如果点与插值点的距离小于 0.1m,足够接近,用它的高程赋值
     goto 50
   end if
   axy＝ax/al
   if(ay. le. 0)a＝ acos(axy) * aaal
   if(ay. gt. 0)a＝360-acos(axy) * aaal
   DO 21 J＝1,ii
   a1＝J * AN ! 45°,90°,--------
   a0＝a1-AN ! 0°,45°,
   al0＝AA(2,J)! AA(2,I)＝1000000
   IF(a. ge. a0. and. a. lt. a1)then ! 如:8 个象限里面 0～45,45～90
   if(al. LT. al0)THEN
   AA(2,J)＝AL
   KN(J)＝I ! 在第几象限
   ENDIF
   endif
21   CONTINUE
20   CONTINUE
DO 23 J＝1,ii
if(AA(2,I). lt. 1000000)AA(2,J)＝1/AA(2,J)! 1/ SQRT(ax * ax ＋ ay * ay)
if(kn(j). EQ. 0)AA(2,J)＝0.
23   CONTINUE
     AB＝0
 DO 30 J＝1,ii
   AB＝AB＋AA(2,J)
30   CONTINUE
 z＝0
 DO 40 J＝1,ii
   if(kn(j). ne. 0)z ＝ z＋XYZ(3,KN(J)) * AA(2,J)
40   CONTINUE
```

```
     z=z/AB
     IF(Z.LT.100)THEN
     DO J=1,4
     WRITE(*,*)AA(2,J),kn(j),XYZ(3,kn(j))
     ENDDO
     PAUSE 123
     ENDIF
  50   return
ENDsubroutine
```

例 3.1.1 采用 AUTOCAD 中 polyline 图元绘制块体

Autocad 是很方便的图形绘制平台，为了方便的使之与块体对应，此处规定采用封闭的 polyline 线表示块体，线上每个点代表一个块体顶点，其特点是可以用任意多个点围成一个域。

当然为了与 3dec 的块体生成规则一致，要求 polyline 围成的封闭区域为凸多边形。如果封闭区域为凹形，则将其拆分为几个凸多边形处理即可。

同时定义 Autocad 中的图层编号代表 3DEC 材料编号，颜色代表 region，模型在垂直纸面方向长度取为 1，具体如何定义，主要取决于编程者的爱好与个人习惯，如图 3.1.1 所示区域（凸的），即可采用两种方法实现多块体的生成。

调用子函数读取 polyline 数据，fortran 语句如下所示：

call read_pline3d(npl,np,mat,xyz,filename)!!! 读取 filename 文件中的 polyline

! npl：多段线数目；np（:）每条多段线点数目，mat（:）每条多段线的图层，xyz 点坐标，filename 文件名

然后再利用如下 fortran6 语句进行格式文件输出，即可写成 3DEC 可直接执行的命令流文件。

```
nfile=100
open(nfile,file='block_generate.dat',status='unknown')
do jjj=1,npl            !!! 块体循环
   m_f=mat(jjj)       !!! 材料编号
   num_p=np(jjj)      !!! 块体构成点数目
write(nfile,'(a8,i5,a5,i5,a11)')'poly reg',jjj,' mat ',m_f,'prism a &'  !!! 初始
do kkk=1,num_p
   x1=xyz(kkk,1,jjj)
   y1=xyz(kkk,2,jjj)
   z1=0.0
   write(nfile,'(4(a1,f8.3,a1,f8.3,a1,f8.3,a3))')'(',x1,',',y1,',',z1,')&'
enddo
   write(nfile,'(a4)')'b &'
do kkk=1,num_p
```

x1＝xyz(kkk,1,jjj)

y1＝xyz(kkk,2,jjj)

z1＝1.0

if(kkk.lt.num_p)write(nfile,'(4(a1,f8.3,a1,f8.3,a1,f8.3,a3))')'(',x1,',',y1, ',',z1,')&'

if(kkk.eq.num_p)write(nfile,'(4(a1,f8.3,a1,f8.3,a1,f8.3,a3))')'(',x1,',',y1, ',',z1,')'

　　enddo

　enddo　　　　　　　!!! 块体循环

close(nfile)

方法一：将如图所示虚线写为一整体块，然后中间实线采用节理（jset 命令）将块体切割为三个块体；

```
poly reg     1 mat     1 prism a   &
(553.781,190.607,   0.000)&
(553.781,101.755,   0.000)&
(637.187,101.755,   0.000)&
(637.187,133.560,   0.000)&
(623.792,147.948,   0.000)&
(602.055,166.374,   0.000)&
(581.330,181.772,   0.000)&
b   &
(553.781,190.607,   1.000)&
(553.781,101.755,   1.000)&
(637.187,101.755,   1.000)&
(637.187,133.560,   1.000)&
(623.792,147.948,   1.000)&
(602.055,166.374,   1.000)&
(581.330,181.772,   1.000)
Jset 1 ori 553.781 163.598 dd 90 dip 25
Jset 2 ori 553.781 126.745 dd 90 dip 9
```

方法二：将三个区域分别绘制为 3 个块体，然后读取数据写成 3DEC 命令流。

```
poly reg     1 mat     1 prism a   &
(553.781,126.745,   0.000)&
(553.781,101.755,   0.000)&
(637.187,101.755,   0.000)&
(637.187,114.124,   0.000)&
b   &
(553.781,126.745,   1.000)&
```

```
           (553.781,101.755,    1.000)&
           (637.187,101.755,    1.000)&
           (637.187,114.124,    1.000)
poly reg      2 mat       1 prism a   &
           (553.781,126.745,    0.000)&
           (637.187,114.124,    0.000)&
           (637.187,124.220,    0.000)&
           (553.781,163.598,    0.000)&
b    &
           (553.781,126.745,    1.000)&
           (637.187,114.124,    1.000)&
           (637.187,124.220,    1.000)&
           (553.781,163.598,    1.000)
poly reg      3 mat       1 prism a   &
           (637.187,124.220,    0.000)&
           (637.187,133.560,    0.000)&
           (623.792,147.948,    0.000)&
           (602.055,166.374,    0.000)&
           (581.330,181.772,    0.000)&
           (553.781,190.607,    0.000)&
           (553.781,163.598,    0.000)&
b    &
           (637.187,124.220,    1.000)&
           (637.187,133.560,    1.000)&
           (623.792,147.948,    1.000)&
           (602.055,166.374,    1.000)&
           (581.330,181.772,    1.000)&
           (553.781,190.607,    1.000)&
           (553.781,163.598,    1.000)
```

例 3.1.2 利用 AUTOCAD 展示几何实体

将六面体单元（四面体单元可由六面体退化得到）写入 AUTOCAD 显示，并且将材料号作为图层与颜色区分显示。由于 AUTOCAD 中 dxf 文件并不支持块写入实体技术，但此处介绍一种采用空间曲面的方式进行写入。

该函数可以将 3DEC 块体中的单元写入 AUTOCAD，如果采用某个变量作为图层控制量，则可近似进行云图显示（直接采用单元显示精度不高）。

将单个六面体单元写入 AUTOCAD 的 fortran 子函数如下：

```
SUBROUTINE SOLID3d_WRITE(np,ns,xyz_np,lodf_s,nfile,nt,nc)
integer nfile,nt,nc
```

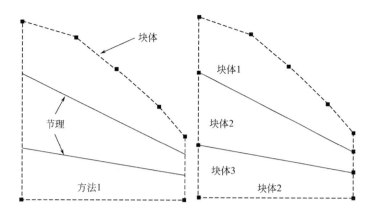

图 3.1.1 AUTOCAD 中利用 polyline 绘制块体

```
real xyz_np(8,3)
integer lodf_s(6,4),np,ns
write(nfile,'(A3/A8)')'0','POLYLINE'
if(nt. lt. 10)WRITE(nfile,'(A3/I1)')'8',nt                    !!!!!! 图层
if(nt. lt. 100. and. nt. ge. 10)WRITE(nfile,'(A3/I2)')'8',nt
if(nt. lt. 1000. and. nt. ge. 100)WRITE(nfile,'(A3/I3)')'8',nt
if(nc. lt. 10)WRITE(nfile,'(a3/I1)')'62',nc
if(nc. lt. 100. and. nt. ge. 10)WRITE(nfile,'(a3/I2)')'62',nc
if(nc. lt. 1000. and. nt. ge. 100)WRITE(nfile,'(a3/I3)')'62',nc
WRITE(nfile,'(a3/A6)')'66','1'
wRITE(nfile,'(a3/A3)')'10','0. 0'
WRITE(nfile,'(a3/A3)')'20','0. 0'
WRITE(nfile,'(a3/A3)')'30','0. 0'
write(nfile,'(a3/a6)')'70','64'
write(nfile,'(a3/i6)')'71',np
write(nfile,'(a3/i6)')'72',ns
do i=1,np
    WRITE(nfile,'(A3/A6)')'0','VERTEX'
    WRITE(nfile,'(A3/A1)')'8','1'
    WRITE(nfile,'(A3/F11. 4)')'10',xyz_np(i,1)
    WRITE(nfile,'(A3/F11. 4)')'20',xyz_np(i,2)
    WRITE(nfile,'(A3/F11. 4)')'30',xyz_np(i,3)
    WRITE(nfile,'(a3/A6)')'70','192'
enddo
do i=1,ns
    WRITE(nfile,'(A3/A6)')'0','VERTEX'
    WRITE(nfile,'(A3/A1)')'8','1'
```

```
if(nc. lt. 10)WRITE(nfile,'(a3/I1)')'62',nc
if(nc. lt. 100. and. nt. ge. 10)WRITE(nfile,'(a3/I2)')'62',nc
if(nc. lt. 1000. and. nt. ge. 100)WRITE(nfile,'(a3/I3)')'62',nc
WRITE(nfile,'(A3/F11. 4)')'10',0. 0
WRITE(nfile,'(A3/F11. 4)')'20',0. 0
WRITE(nfile,'(A3/F11. 4)')'30',0. 0
WRITE(nfile,'(A3/a6)')'70','128'
do j=1,4
    nn=70+j
      write(nfile,'(i3/i6)')nn,lodf_s(i,j)
   enddo
enddo
WRITE(nfile,'(a3/A6)')'0','SEQEND'
WRITE(nfile,'(A3/A1)')'8','1'
Endsubroutine
```

为了使用该子函数，只需要在主函数中采用如下调用即可将单元写入 AUTOCAD 的 dxf 文件。先形成一个 6 * 3 的数值，表明其面（face）的构成方式。

```
lodf_s(1,1)=1;lodf_s(1,2)=2;lodf_s(1,3)=3;lodf_s(1,4)=4
lodf_s(2,1)=5;lodf_s(2,2)=8;lodf_s(2,3)=7;lodf_s(2,4)=6
lodf_s(3,1)=1;lodf_s(3,2)=5;lodf_s(3,3)=6;lodf_s(3,4)=2
lodf_s(4,1)=3;lodf_s(4,2)=7;lodf_s(4,3)=8;lodf_s(4,4)=4
lodf_s(5,1)=2;lodf_s(5,2)=6;lodf_s(5,3)=7;lodf_s(5,4)=3
lodf_s(6,1)=1;lodf_s(6,2)=4;lodf_s(6,3)=8;lodf_s(6,4)=5
n_file=100
open(n_file,file='输出的单元 . dxf',status='unknown')
call head1(n_file)     !! CAD 头文件间 3. 1. 2 节
do i=1,ne00          !!! 单元循环
    do k=1,8
       n=lodf00(k,i)
        xyz_np(k,1:3)=xyz00(1:3,n)
     enddo
    np=8
    ns=6
    nt=lodf00(9,i)
    nc=nt
    call SOLID3d_WRITE(np,ns,xyz_np,lodf_s,n_file,nt,nc)! 调用
 enddo
call endfile1(n_file)
```

如果有其他单元信息，可以用 nt（图层），nc（颜色）控制输出，显示效果如图 3.1.2 所示。但应注意的是，dxf 文件往往比较大，因此在大模型显示时最好先存储为 DWG 格式再进行操作。

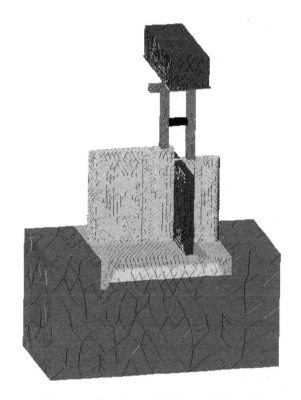

图 3.1.2　单元写入 AUTOCAD 实例示意图

例 3.1.3　利用 CAD 文件导入几何信息

3DEC 可导入或定义任意几何信息，以协助处理复杂的模型问题，可以在 CAD 的 dxf 文件中创建几何信息后导入 3DEC，并进行相关操作，协助过滤模型目标，归类设置群组等。

3DEC 将几何信息分为集合（set）或定义为多边形、边、节点集。这些信息拓扑相关，每个多边形由若干个边（edge）构成，每个边由两个节点（node）定义。

创建几何集最简单的方法是采用 GEOMETRY import 命令，比如：

Geometry import aaa. stl

;或 Geometry import bbb. dxf

该命令会从 aaa. stl 文件中导入几何集，并命名为 aaa。目前 3DEC 可读的文件格式主要为 stl 格式与 dxf 格式。

空间三角形面写成 Stl 格式文件：

solid OBJECT　　;;;;object 为名称,以下为实体定义

　　facet normal　9.969173e－01　7.845910e－02　0.000000e＋00　;;;三角形面的单位法向矢量

```
outer loop        ;;;循环语句
    vertex  1.000000e+00   0.000000e+00   0.000000e+00   ;三角形第一个顶点坐标
    vertex  9.876883e-01   1.564345e-01   0.000000e+00   ;三角形第二个顶点坐标
    vertex  9.876883e-01   1.564345e-01   4.000000e+00   ;三角形第三个顶点坐标
endloop           ;;三角形顶点列表结束
endfacet          ;;三角形面说明结束
…                 ;;省略。。。多个三角形面说明
endsolid OBJECT;;实体定义结束,文件结束
```

如果空间三角形面采用 dxf 格式,并被 3DEC 读取,则需要采用空间多段线格式,每个三角形面占用三个顶点。因此任意数量(设为 N)的空间三角形,只是采用一条多段线,共 3N 个顶点构成。多个三角形面写成空间多段线形式,只需要在例 3.1.2 所附子函数基础上将 xyz_np(:) 与 lodf_s(:) 的长度定义替换为如下语句即可:

real,allocate(xyz_np(np,3))

integer,allocate(lodf_s(np,4))

在已知空间三角形(或四边形)坐标基础上,将所有的几何利用该函数写成 DXF 文件,即可被 3DEC 识别。

3.2 活用 3DEC 命令创建复杂块体

3.2.1 隧洞 3DEC 数值模型构建

在一些地下洞室群中,虽然隧洞众多,但是隧洞相互平行,因此如果采用横截面控制块体的生成,可很方便的生成块体。此时可采用 3DEC 中的 Poly prism 命令来构建模型。

该方法的基本原理是利用剖面控制,进行块体拉伸形成隧洞,在 AutoCAD 中操作界面一般基于 xoy 平面,因此如果控制剖面轴向为沿着 z 轴,只需要设置 z 轴界限,即可使模型与实际情况对应。如果模型控制剖面不沿 z 轴,则需要将 AutoCAD 中的图元进行坐标旋转后,再沿着剖面法向拉伸。对平面 xoy 内的实体模型,通常需要进行的操作如下:

(1) 坐标平移变换

若模型需要在空间平移 (t_x, t_y, t_z),则平移变换为

$$\begin{cases} x' = x + t_x \\ y' = y + t_y \\ z' = z + t_z \end{cases} \qquad (3.2.1)$$

(2) 旋转变换

三维空间中的旋转变换比二维空间中的旋转变换复杂。除了需要指定旋转角之外,还需要指定旋转轴。若以坐标系的三个坐标轴 x,y,z 分别作为旋转轴,则点实际上只在垂直坐标轴的平面上作二维旋转。此时用二维旋转公式就可以直接推出三维旋转变换矩阵。

规定在右手坐标系中,物体旋转的正方向是右手螺旋方向,即从该轴正半轴向原点看

是逆时针方向。

（1）绕 z 轴旋转

$$x' = x\cos\gamma - y\sin\gamma$$
$$y' = x\sin\gamma + y\cos\gamma \qquad (3.2.2)$$
$$z' = z$$

（2）绕 x 轴旋转

$$y' = y\cos\alpha - z\sin\alpha$$
$$z' = y\sin\alpha + z\cos\alpha \qquad (3.2.3)$$
$$x' = x$$

（3）绕 y 轴旋转

$$z' = z\cos\beta - x\sin\beta$$
$$x' = z\sin\beta + x\cos\beta \qquad (3.2.4)$$
$$y' = y$$

基于该原理，编制了"复杂厂房块体离散元拉伸模型生成程序"（功能详见第 12 章介绍，程序可通过 12 章所叙方法获取），可利用几个剖面控制快速生成块体命令流。其输入文件如下所示：

```
2                        ;;;控制剖面数目
控制剖面 1.dxf           ;;;控制文件名
控制剖面 2.dxf           ;;;控制文件名
1   0.0   100.0   0   ;;控制剖面编号,对应图层 2,
;;z 值范围,(0=直接拉伸,1=映射拉伸),仅考虑 z 向拉伸
2   100.0   200.0   0           ;;;
```

如图 3.2.1 所示两个控制剖面，中间的矩形隧洞为一个块体，周围采用了 4 个凸四边形模拟围岩（无论多少，必须是凸多边形）。然而，AUTOCAD 的数据导出、数据操作时很容易造成浮点截断误差，因此必须注意在一些块体的角点坐标必须与相邻块体相同，否则很容易造成块体叠加。当然，在平面模型内，这可以通过单元寻边方法查找该类问题，

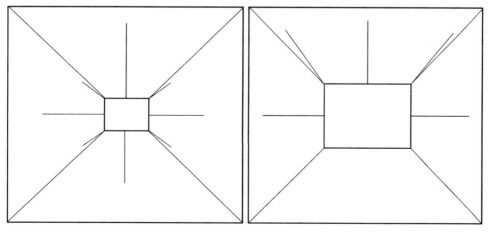

图 3.2.1　控制剖面 1、2 图形（内部洞可由 1 剖面映射为 2 剖面）

对应修改,防止出错。

单元寻边 Fortran 子函数可编制如下:

```
subroutine xunbian(filename,filename2)    ! 对边进行编号
  ! filename 是单元节点的数据文件,filename2 为 cad 输出文件
  integer lodf(100000,5),ne,np
  real xy(100000,2)
  integer lodfb(400000,5),loDFNn(400000,2)    !!! 记录边界
  integer nn(4),nb
  character * 40 filename,filename2
  OPEN(11,FILE=filename,status='unknown')
  read(11, * )np,ne      !! 读取数据,此行及后面文件读入可根据格式可调整
  do  i=1,ne
      read(11, * )k,(lodf(i,j),j=1,5)
  enddo
  do   i=1,np
      read(11, * )k,(xy(i,j),j=1,2)
  enddo
  close(11)                !! 数据读完关闭文件
  nb=0                !!!!!!!!!!!! 不计算重复的边
  lodfb=0             !!!!!!!!!!!
  loDFNn=0
  do 10 i=1,ne
   nn=0               !!!!!!!!!!!!!! 一个单元四个边
  do 20 j=1,4
     jj=j+1
     if(jj. eq. 5)jj=1
      n1=lodf(i,j)
      n2=lodf(i,jj)
      if(n1. eq. n2)then
         nn(j)=0
         goto 20               ! 重点
      endif
     nn1=n1+n2                ! 计算单元该边的两个特征量
     nn2=n1 * n2
    do 30 k=1,nb
       nn10=loDFNn(k,1)       !!! 该边的两个点
       nn20=loDFNn(k,2)
       if(lodfb(k,2). eq. 0)then
          if(nn10. eq. nn1. and. nn20. eq. nn2)then
```

```
            lodfb(k,2)＝i＊10＋j  ！表明是已经统计过的第 K 条边
            nn(j)＝k
            goto   20
         endif
      endif
30   continue
    nb＝nb＋1          ！表明是新边
    lodfb(nb,1)＝i＊10＋j！个位数表明所属单元第 J 边,后面的位数表该边所属单元号
    lodfb(nb,3)＝n1     ！第 NB 边的第一个节点号
    lodfb(nb,4)＝n2     ！第 NB 边的第二个节点号
    loDFNn(nb,1)＝nn1
    loDFNn(nb,2)＝nn2
    nn(j)＝nb   ！记录单元 I 第 J 边所属边号
20   continue
    do 21 j＝1,4
        lodf(i,j)＝nn(J)      ！！！！每个边对应的新边号码
21   continue
10   continue
    call bianjie(xy,nb,lodfb,filename2)  ！！！将结果输出到 cad 中
    return
endsubroutine xunbian
```

其中,用到的边界输出子函数可编制如下:

```
subroutine bianjie(xy,nb,lodfb,filename2)！绘边界线
    real xy(100000,2)
    integer lodfb(400000,5),nb
    integer n1,n2,i
    character＊20 filename2
    open(1,file＝filename2,status＝'unknown')
    call head1(1)
    do i＝1,nb
    if(lodfb(i,2).eq.0)then
        n1＝lodfb(i,3)
        n2＝lodfb(i,4)
        x0＝xy(n1,1)
        y0＝xy(n1,2)
        x1＝xy(n2,1)
        y1＝xy(n2,2)
    call LINE(X0,Y0,Z0,X1,Y1,Z1,0,0,1)
    endif
```

```
    enddo
    call endfile1(1)
    return
endsubroutine bianjie    ! 绘边界线
```

则如果生成的 AUTOCAD 文件准确，则只有模型边界有线，如果内部出现线段（如图 3.2.2 左侧），表明此处块体连接不对应，应进行修改，反之块体连接良好，可以用于拉伸生成地下工程模型。

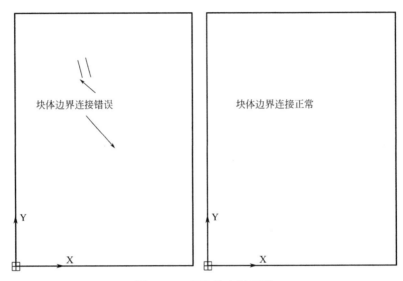

图 3.2.2　寻边检查示意图

如果在隧洞周边设置锚杆、锚索等，还可以在如上文件中同时设置如下

```
2    ;;;;两种锚杆或锚索类型
1    100   5.0    ;;;第一种锚杆(索)对应的图层,图层要求大于等于100,锚杆在 z 方向的间距
2    200   5.0    ;;;第二种锚杆(索)对应的图层
```

则运行程序可得如下几何信息：

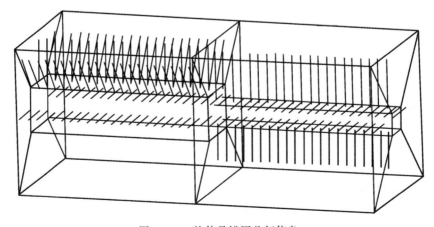

图 3.2.3　块体及锚固几何信息

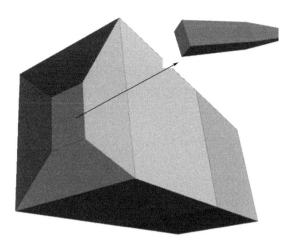

图 3.2.4 3DEC 显示的模型

所生成的命令流如下：

```
New
poly reg     1 mat       2 prism a    &
(563. 961,152. 745,   0. 000)&
(563. 961,140. 990,   0. 000)&
(580. 141,140. 990,   0. 000)&
(580. 141,152. 745,   0. 000)&
b    &
(563. 961,152. 745,100. 000)&
(563. 961,140. 990,100. 000)&
(580. 141,140. 990,100. 000)&
(580. 141,152. 745,100. 000)
poly reg     1 mat       3 prism a    &
(528. 369,107. 482,   0. 000)&
(614. 736,107. 482,   0. 000)&
(580. 141,140. 990,   0. 000)&
(563. 961,140. 990,   0. 000)&
b    &
(528. 369,107. 482,100. 000)&
(614. 736,107. 482,100. 000)&
(580. 141,140. 990,100. 000)&
(563. 961,140. 990,100. 000)
poly reg     1 mat       3 prism a    &
(614. 736,107. 482,   0. 000)&
(614. 736,185. 666,   0. 000)&
(580. 141,152. 745,   0. 000)&
```

(580. 141,140. 990,   0. 000)&

b &

(614. 736,107. 482,100. 000)&

(614. 736,185. 666,100. 000)&

(580. 141,152. 745,100. 000)&

(580. 141,140. 990,100. 000)

poly reg   1 mat   3 prism a &

(614. 736,185. 666,   0. 000)&

(528. 369,185. 666,   0. 000)&

(563. 961,152. 745,   0. 000)&

(580. 141,152. 745,   0. 000)&

b &

(614. 736,185. 666,100. 000)&

(528. 369,185. 666,100. 000)&

(563. 961,152. 745,100. 000)&

(580. 141,152. 745,100. 000)

poly reg   1 mat   3 prism a &

(528. 369,107. 482,   0. 000)&

(563. 961,140. 990,   0. 000)&

(563. 961,152. 745,   0. 000)&

(528. 369,185. 666,   0. 000)&

b &

(528. 369,107. 482,100. 000)&

(563. 961,140. 990,100. 000)&

(563. 961,152. 745,100. 000)&

(528. 369,185. 666,100. 000)

poly reg   2 mat   3 prism a &

(528. 369,107. 482,100. 000)&

(614. 736,107. 482,100. 000)&

(588. 232,135. 112,100. 000)&

(555. 871,135. 112,100. 000)&

b &

(528. 369,107. 482,200. 000)&

(614. 736,107. 482,200. 000)&

(588. 232,135. 112,200. 000)&

(555. 871,135. 112,200. 000)

poly reg   2 mat   3 prism a   &

(614. 736,107. 482,100. 000)&

(614. 736,185. 666,100. 000)&

(588.232,158.623,100.000)&

(588.232,135.112,100.000)&

b &

(614.736,107.482,200.000)&

(614.736,185.666,200.000)&

(588.232,158.623,200.000)&

(588.232,135.112,200.000)

poly reg　　2 mat　　　3 prism a　　&

(614.736,185.666,100.000)&

(528.369,185.666,100.000)&

(555.871,158.623,100.000)&

(588.232,158.623,100.000)&

b &

(614.736,185.666,200.000)&

(528.369,185.666,200.000)&

(555.871,158.623,200.000)&

(588.232,158.623,200.000)

poly reg　　2 mat　　　3 prism a　　&

(528.369,107.482,100.000)&

(555.871,135.112,100.000)&

(555.871,158.623,100.000)&

(528.369,185.666,100.000)&

b &

(528.369,107.482,200.000)&

(555.871,135.112,200.000)&

(555.871,158.623,200.000)&

(528.369,185.666,200.000)

poly reg　　2 mat　　　2 prism a　　&

(555.871,135.112,100.000)&

(588.232,135.112,100.000)&

(588.232,158.623,100.000)&

(555.871,158.623,100.000)&

b &

(555.871,135.112,200.000)&

(588.232,135.112,200.000)&

(588.232,158.623,200.000)&

(555.871,158.623,100.000)

另外，在遇到隧洞弯曲时，如果采用 Tunnel 命令来切割隧洞，可采取如下策略：在遇到弯曲隧道的时候通常需要进行线性化，如图 3.2.5 所示，首先沿着Ⅰ面延伸，当到转

角的时候，两个交接隧洞的法线夹角为 α 角，如果直接把坐标系旋转 α 角，将会生成Ⅲ面，然后按着Ⅲ面进行延伸；不过当我们这样做的时候，两条隧洞不能完全搭接，因此，将Ⅰ面坐标系旋转 $\frac{\alpha}{2}$ 角，同时，将Ⅲ面坐标系旋转 $\frac{\alpha}{2}$ 角，两剖面将会在Ⅱ面完全重合，这时候模型生成将会更加符合实际情况。由于 z 方向坐标不参与变化，故只需进行二维坐标系变化即可。

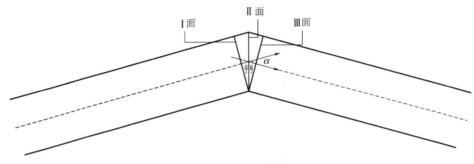

图 3.2.5　隧洞弯曲图

相应方法已经编制"tunnel 隧洞块体生成程序_拐角平均处理"程序（功能详见第 12 章介绍，程序可通过 12 章所叙方法获取），该方法在拐角处理时产生的虚拟节理数目少，因此成功率很高。

3.2.2　边坡 3DEC 数值模型构建

构建一个边坡数值模型需要考虑地表、开挖、锚固、结构面等因素，其中结构面可以在块体模型生成后再利用 jset、DFN 命令建立，锚杆、衬砌等锚固措施也可在划分网格后依附表格进行构建。因此初始情况下，边坡数值模型最重要的是考虑地形变化与开挖体。

（1）底面控制法

由于边坡地形起伏，在建立模型时需要地表网格有一定的密度，才能使得数值模型逼近实际。采用地面控制法进行模型的构建，过程可概述如下：

1）借助于 AUTOCAD 操作，先将开挖面利用 3DFACE 面在空间生成，注意每个开挖 3DFACE 面间的连接，如果这些面面积较大，可以将 3DFACE 面写入 ansys 划分一下网格再重新导入 AUTOCAD，如图 3.2.6 所示。

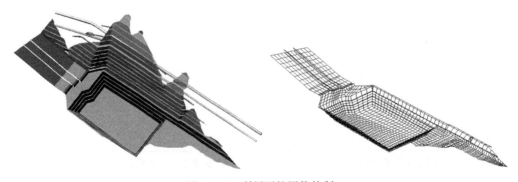

图 3.2.6　利用开挖网格控制

2）将开挖面向底面（模型底部高程）投影，并将底面模型扩展为规则的矩形（或者三角形范围，并采用一定的密度划分网格，如图 3.2.7 所示左图（红色））。

3）开挖域与外部区域网格可以通过移动外部区域网格点使之与开挖边界点吻合（按照离散元原理，也可以不吻合），如图 3.2.7 左图（开挖与外部网格耦合连接）。

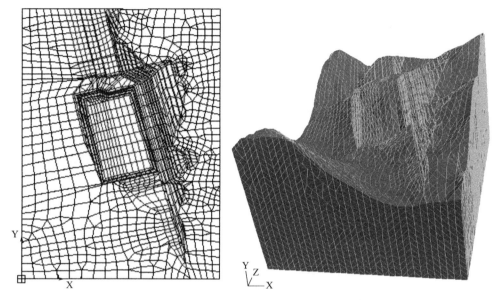

图 3.2.7　基于底面控制网格向上生成块体

4）获得地表点控制文件，对于开挖外部区域以底面三角形网格控制向地表投影，将每一个块体都写成三棱柱块体的形式。对于开挖体内部的网格，首先自底面向空间开挖面投影生成块体，再由空间开挖面向边坡地表投影生成块体，对于开挖块体，还可以按照开挖设计利用 jset 再切分几层，形成分层开挖块体，如图 3.2.7 右图。

5）如果需要按照地层生成块体，需要先搞清楚地层分界高程，分层生成块体。

在块体与开挖模型建立后，如果考虑大尺度结构面，则用 Jset 命令进行切割，如图 3.2.8 所示，或者 jset、dfn 产生节理或裂隙网络。这种方法生成的模型，由于需要考虑地表，需要将网格细化，因此需要的块体较多，接触判断数目多，导致计算结果很慢。

采用该种方法由地面向上投影，要注意虽然控制网格为四边形，但最好采用三角形控制。因为采用 poly face 形成块体时，如果采用四边形控制，在材料分界上下连接处容易产生人为的孔隙，如果采用三棱柱块体，则不会出现这种情况。

（2）模块组装法

1）该方法是先将开挖范围设计为一规则区域，暂时剔除开挖区域。将外部的边坡范围按照一定尺寸生成规则的一个个的小长方体或立方体块体。

2）利用盒覆盖方法，将外部的块体合并成较大块体，以尽量采用较少的块体数目，组合成边坡体的形状。

3）针对开挖区域，利用规则向上投影法，仍类似底面控制法生成边坡模型。

4）针对开挖边坡，按照 1）步剔除的规则区域生成开挖块体，然后将生成的开挖区域模型组装入边坡体，形成最后的边坡开挖模型。

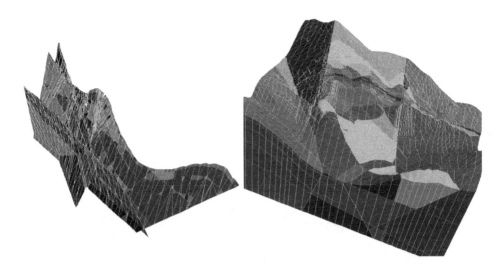

图 3.2.8　考虑结构面后的模型

图 3.2.9　组装式边坡模型构建示意图

　　利用该方法生成边坡模型，一方面可以获得较好的坡表精度，一方面下部块体少，如果采用 tunnel 切割隧洞，由于 tunnel 经过的块体少，虚拟节理容易生成，使得隧洞外形切割成功率非常高。

3.2.3　基础 3DEC 数值模型构建

　　虽然基坑介质多属于土，但 3DEC 模型中也带有多种本构适合土体，因此也可以采用 3DEC 进行分析，而且由于 3DEC 建模放松了连续数值模拟方法的网格划分要求，用它来建立离散元模型更加方便基坑模型的特点如下：

（1）模型地表简单，通常可以假定为平面。

（2）开挖层可以用水平划分；地层也可近似如此处理。

（3）因此模型可利用横剖面设置对象，并利用开挖高程来控制块体拉伸范围。

如图 3.2.20 所示平面区域 100m×100m，中间为一不规则开挖区域，大致可分为周围土体、挡墙、开挖三部分，在建模时将不规则区域划分为多个相对规整的凸四边形，如图 3.2.10（b）所示。

在此基础上按照块体拉伸方法编制了程序"基坑开挖快速拉伸成块模型"程序（详见第 12 章介绍，程序可通过 12 章所叙方法获取），其参数可如下表所示控制：

3	!!! 图层数目
1 1 2	!! 第 1 部分为四周岩土体,主要有 1 个图层,2 个控制高程
1	!! 图层号
−50.0 50.0	!! 对第一层外围土体,其控制高程为模型下、上高程
1	!! 材料号＝图层,因此还需要设定(控制高程数目−1)个 region
2 1 3	!! 第 2 部分为开挖掉的土体,共 1 个图层,3 个控制高程
3	!! 图层
−50.0 30.0 50.0	
1 2	
3 1 3	!! 第 3 部分为排桩,共 1 个图层,3 个控制高程
2	!! 图层
−50.0 20.0 50.0	!! 控制高程
1 3	!! 材料

则可生成如图 3.2.10 模型。如果对开挖区进行分步开挖，则可隐藏其他块体，只对开挖区按照高程进行节理切割，并将开挖体划分为多个控制层即可。

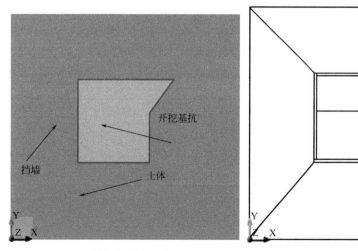

(a)基坑平面投影示意图

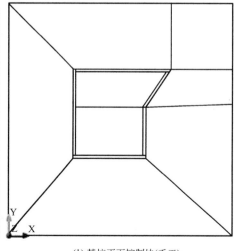

(b)基坑平面控制块(手工)

图 3.2.10 简单基坑开挖模型快速生成

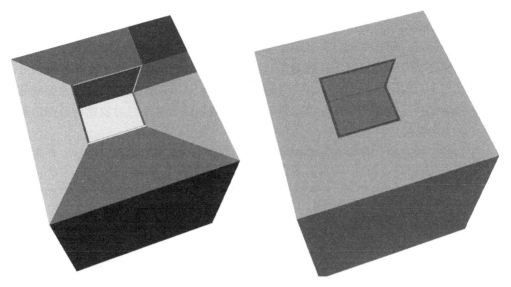

图 3.2.11 生成的基坑开挖 3DEC 模型（左侧以块体显示，右侧以材料显示）

生成的命令流如下：

```
New
set atol 0.01
poly reg      1 mat      1 prism a      &
(   28.744,33.636,−50.000)&
(    0.000,0.000,−50.000)&
(100.000,0.000,−50.000)&
(   61.204,33.636,−50.000)&
b      &
(   28.744,33.636,50.000)&
(    0.000,0.000,50.000)&
(100.000,0.000,50.000)&
(   61.204,33.636,50.000)
⋮            ⋮            ⋮
```

3.2.4 与有限元网格耦合的离散元模型构建

要想在 3DEC 模型中采用有限元块体，由于需要特殊的存储空间，必须在 CONFIG feblock 分析模式下进行。FEBLOCK 命令用于涉及特殊块用途的关键字调用。将特殊块体嵌入 3DEC 模型主要有两种方法：

（1）读取一个已经存在的有限元网格的文件；

（2）在一个长方体内部自动产生网格。

第一种情况下，可以在 FEBLOCK 命令后采用关键字 read，则可以读取有限元网格的 ASCII 文件，该文件的格式如下：

1）标题

2）标题行说明节点数目（NN），单元数目（NE）

3）节点坐标（x，y，z)-共 NN 行，每行一个节点

4）单元定义-NE 行，每行一个单元

有限元网格自动生成只能在 8 点长方体块体内。这可通过 3DEC 块体生成和节理切割而成，然后采用 FEBLOCK gen 命令通过创建一个规则的 20 节点单元将之转化为有限元块体，使用者只需要说明每个三维块体轴的尺寸。

采用有限元网格构建模型的命令流汇总 表 3.2.1

命令	关键字	解释
CONFIG	feblock	使用有限元块体
LIST	feblock〈displacements〉〈elements〉〈faces〉〈failed〉〈gauss〉〈loads〉〈max〉〈nodes〉〈stresses〉	列出有限元块体信息,可包含如下信息:节点位移,单元节点列表和材料,面节点列表,失效的高斯点列表,高斯点位置,重力节点荷载,有限元块体统计,节点坐标,高斯点应力
FEBLOCK	〈range〉keywords Generate ex ey ez	Range 可以是 3DEC 规定的范围语句,可以采用 Feface f1 f2 或者 Feid n1 n2 8 节点块体内有限元网格划分,ex,ey,ez 分别是 x,y,z 方向的目标尺寸
	Read filename〈nodes cn1 cn2〉〈mat cmat〉	从文件 filename 中读取有限元网格,默认 cn1＝1,cn2＝20 单元节点所处的列定义单元材料,若未给定,单元材料数默认为块体材料数
	Change〈material mat〉〈type *type*〉	将单元的材料号修改为 mat,默认材料号为块体材料号
	Mark sregionsreg	在这个范围内为有限元网格的外表面指派一个编号 sreg,用于简化其他命令中范围的调用
	Linearize sregion *sreg*	在给定 sregion 号范围内,设置所有面的边中节点坐标为平均值或角节点
	Base sregionsreg option	创建规则块体,使之与给定 sregion 号匹配。有两种方法: 方式一:在面与坐标平面间建立块体: Proj X x Proj Y y Proj Z z 如:FEBLOCK base sregion 1 proj Z 20 方式二:在某个块体面边界和两个坐标平面间建立块体: 如:Feblock base sregion 1 proj axis 3 x 10 z 20
	Gravity	在有限元块体上施加重力荷载。

例 3.2.1 内嵌一个有限元网格块数值模型

为了说明有限元块体与 3DEC 块体的混合使用，采用如图 3.2.12 所示简单例子。共 4 个块体，每个块体变长均为 1.0，先采用文件读取有限元块，然后在有限元块体基础上向下生成基础块体，再向基础块两侧生成侧向块体。

（1) Config feblock；打开耦合网格选项

Set atol 0.01 ;设置容差

（2) POLY prism a 0 0 0 1 0 0 1 1 0 0 1 0 &

b 0 0 2 1 0 2 1 1 2 0 1 2 &

reg 1 　　　;;有限元块体的生成

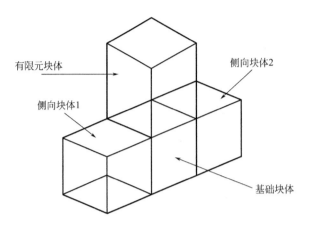

图 3.2.12　内嵌有限元块体的模型示意图

也可采用文件读取 *FEBLOCK Read filename node 1 8*，对于常见的有限元网格，已经编制程序"有限元网格写成 3dec 单元 _ femblock"程序（详见第 12 章介绍，程序可通过 12 章所叙方法获取），将常见的有限元网格写成如上命令可以识别的文件。

;;;;;a example

8　1

0 0 0

1 0 0

1 1 0

0 1 0

0 0 2

1 0 2

1 1 2

0 1 2

1 2 3 4 5 6 7 8

Feb gen 5 5 5 range reg 1 　;;;对块体划分网格

;;Mark sreg 1 　;;;只有一个块体，如果所有面默认为 sreg=1，由于一些面与拉伸方向平行，故会出错，导致无法生成基础块体，因此应选定有限元块体的某个范围表面，采用（2）方式进行离散元块体生成。

（3）生成下部基础块体

mark sreg 1 range z −0.1 0.1 　;;选定有限元网格底面为拉伸参考面

FEBLOCK base sreg 1 proj z −2 　;;;在该面与 z=−2 范围生成块体。

由于生成的块体如同一个标准 20 节点（或 8 节点，20 节点单元的前 8 个节点）网格，如图 3.2.13 所示，这样的块体共由 6 个面围成，在如图所示 y1-y2-y3 局部坐标系下，每个面的标识号及构成节点可如表 3.2.2 所示。

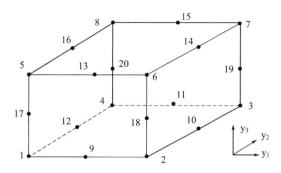

图 3.2.13 标准有限单元网格（8 节点或 20 节点）构成图

构成面的节点列表　　　　　　　　　　　　　　　　　　　表 3.2.2

面（face）		构成面的节点							
面编号	标识	1	2	3	4	5	6	7	8
1	−3（y3 轴负向）	2	1	4	3	9	12	11	10
2	3（y3 轴正向）	5	6	7	8	13	14	15	16
3	−2（y2 轴负向）	1	2	6	5	9	18	13	17
4	2（y2 轴正向）	3	4	8	7	11	20	15	19
5	−1（y1 轴负向）	4	1	5	8	12	17	16	20
6	1（y1 轴正向）	2	3	7	6	10	19	14	18

根据这一规律，同样一个块体，如果节点的顺序不同，则同样一个表面其标识号并不相同。如图 3.2.13 所示块体，假定单元坐标对应的节点编号不变，如果构成单元节点的顺序写为 1 2 3 4 5 6 7 8，则法向指向 y3 负向的面标识号为-3；如果单元节点顺序写为 5 8 7 6 1 4 3 2，则其标识号为 3；再如果单元节点顺序为 2 6 7 3 1 5 8 4，则面编号为-1。

也就是说，新生成块体的标识号并不由全局坐标 x-y-z 决定，而是由块体构成的局部坐标系决定（y1 为单元节点序列中 1-2 节点所指方向；y2 为单元节点序列中 1-4 节点所指方向；y3 为单元节点序列中 1-5 节点所指方向）。

（4）根据基础块向前后左右生成四个块体

如图 3.2.14 所示有限元网格，在（2）命令允许运行后，会在其下部生成一个块体。该块体是以类似 poly prism 命令生成，但是其 a 面为 x 小值，b 面为 x 大值，第一个点位于 x 与 z 坐标均最小值，再如图 3.2.13 所示规则。故法向为 x 向负向的面标识为-3，法向为 x 向正向面标识为 3，法向为 y 向负向面标识号为-1，法向为 y 向正向面标识号为 1。

要以下拉的块体为四周面向外拉伸生成块体，其命令可以写为如下：

FEBLOCK base sreg 1 proj axis −3　x −2 z −2

FEBLOCK base sreg 1 proj axis 3　x　3　z　−2

FEBLOCK base sreg 1 proj axis −1　y　−2 z −2

FEBLOCK base sreg 1 proj axis 1　y 3　z −2

如果尝试 axis 2 或者−2，会发现无法生成块体。

当控制有限元网格如图 3.2.15 所示，如果 sreg 表面的法向恰好位于两个坐标轴交界，应注意处理 axis 的设置，防止造成生成的块体有交叉。

FEBLOCK base sreg 1 proj axis −3　x −2 z −2　　;;;正确

FEBLOCK base sreg 1 proj axis 1　x −2 z −2　　　;;;错误

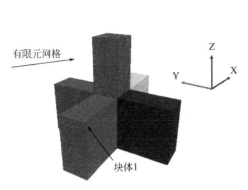

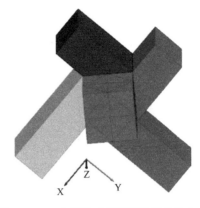

图 3.2.14　有限元-块体耦合网格生成示意图　　　图 3.2.15　容易造成判断错误的块体生成

注意：Axis 后所跟参数与初始块体的顶点顺序有关，并不是按照全局坐标方向而定，因此不能简单地等效为 x、y、z 坐标来判定。

采用 Config feblock，可以利用已有有限元网格，进一步构建复杂的离散元模型，分析各类结构面的影响。除了标准的二十节点网格与六面体网格，常用的四面体网格也可通过六面体网格退化从而导入 3DEC，这些导入的网格是作为单元存在，不能再次进行网格划分，这样一些复杂的模型，如构件、拱坝、复杂几何边坡等，都可以从 FLAC3D、AN-SYS 模型建立后再导入，这可以大大扩展离散元分析的应用领域，如图 3.2.16 所示。

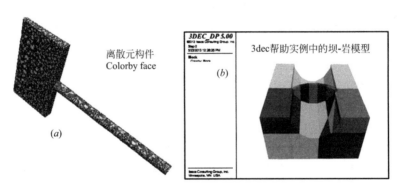

图 3.2.16　相对复杂的耦合网格模型

但是应该注意的是：对于复杂模型，采用上述命令进行有限元-离散元网格模型构建时，必须搞清楚复杂模型的 sregion，如果能利用 fish 语言，根据每个 face 的法向等进行划分 sregion，无疑更为方便。如果发现块体无法生成，应检查初始块体的节点编号顺序。

注意：由于 3DEC5.0 导入模型是逐行读取的，如果有限元网格众多，往往需要较长的时间。因此建议以 3DEC 建模为主，网格导入为辅。

3.2.5　随机离散块体生成

在一些块体运动分析时，块体外表面几何形状往往对运动过程有重要影响。因此控制粒径大小、级配等参数，利用 poly face 命令可以较为容易的生成三维块体，但前提是这些块体必须是凸的。

　　目前，不规则凸多面体的生成方法大致可以分为三种类型：第一种是基于一些简单的多面体（如，四面体、六面体、八面体）按照一定的规则向外延拓来构造不规则凸多面体；第二种是基于球体或椭球体等基元来构造不规则凸多面体；第三种是基于 Voronoi 多面体经过一定的伸缩变换来构造不规则凸多面体。

　　在此选择基于椭球体基元尝试构造不规则的凸多面体，在给定的基元表面上，按照一定的方式选择一定数目的随机点作为石块的顶点；根据多面体的点和面之间的拓扑关系，利用三角形面所选择的点连接起来构成石块。

　　基于椭球体基元生成一个不规则凸多面体石块的过程可解释如下：

　　（1）多面体随机顶点的选择

　　如图 3.2.17 所示，对于一个给定的椭球体基元来说，在球坐标系下椭球体表面上任意一点的位置可由五个参数（R_1，R_2，R_3，θ，φ）来共同确定，其中 R_1，R_2，R_3 为椭球体基元第一主轴、第二主轴、第三主轴的半轴长度。

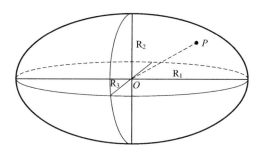

图 3.2.17　椭球体基元上随机点的选取

　　当基于椭球体基元来构造一个 N 个顶点的多面体时，先将椭球体基元表面分为上下两部分，其次从上下两部分表面上独立地选取随机点作为多面体的顶点。假设从椭球体基元上表面上选取的随机顶点的数目为 N_1，则这些随机顶点的（θ_i，φ_i）可以根据如下公式确定：

$$\begin{cases} \theta_i = \dfrac{2\pi}{N_1} + \delta \cdot \dfrac{2\pi}{N_1}(2\eta_1 - 1) \\ \qquad\qquad\qquad\qquad\qquad i = 1, 2, 3, \cdots N_1 \\ \varphi_i = \eta_2 \cdot \dfrac{\pi}{2} \end{cases} \tag{3.2.5}$$

　　式中 η_1 和 η_2 是两个相互独立随机变量，其在［0，1］区间内随机地取值，δ 是一个变量，其值通常取 0.3。相应地，剩余的 $N - N_1$ 个顶点从椭球体基元下表面随机地选择，这些随机顶点的（θ_i，φ_i）可以根据公式类似地确定。如图 3.2.18 所示为从椭球体基元上下表面选择的多面体随机顶点。

　　在笛卡尔坐标系下，若椭球体基元的第一主轴、第二主轴、第三主轴分别平行于笛卡尔坐标系的 X、Y、Z 三个坐标轴，则多面体随机顶点的坐标（x_i，y_i，z_i）可以由如下公式确定：

$$\begin{cases} x_i = x_0 + R_1/2\sin\theta_i\cos\varphi_i \\ y_i = y_0 + R_2/2\sin\theta_i\sin\varphi_i \\ z_i = z_0 + R_3/2\cos\theta_i \end{cases} \tag{3.2.6}$$

式中（x_0，y_0，z_0）是椭球体基元的中心在笛卡尔坐标系下的坐标。

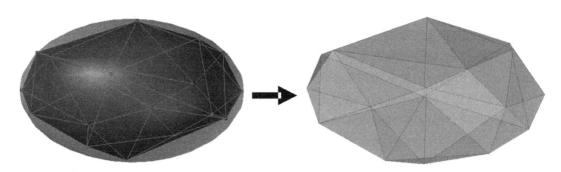

图 3.2.18　基于椭球体基元不规则多面体的生成

（2）多面体随机顶点的连接

对于任意的凸多面体来说，构成多面体的顶点和面在空间上具有一定的拓扑关系，即任意一个面连接了三个顶点，且其他顶点均位于该面的同一侧。根据多面体点和面之间的拓扑关系，利用三角形面将从椭球体基于表面上选取的随机顶点连接起来构成凸多面体，所采用的算法如下：遍历每个顶点 p_i，先寻找与顶点 p_i 距离最近的顶点 p_j，然后从剩余的顶点中寻找一个点 p_k，使得其余的 $N-3$ 个顶点均在 p_i，p_j，p_k 这三个点确定的三角形平面的同一侧；依次遍历完所有顶点后，删除重复的面（相同顶点的面），剩余的面构成了多面体的外表面。

假定石块的大小服从一个对数正态分布，其概率密度函数如下：

$$f(\lambda,\mu,\sigma)=\frac{1}{\lambda\sqrt{2\pi\sigma^2}}\exp\left[-\frac{(\ln\lambda-\mu)}{2\sigma^2}\right],0<\lambda<\infty \tag{3.2.8}$$

式中：λ 表示石块的大小，μ 和 σ 是石块大小的自然对数的均值和方差。λ 可以近似地等于椭球体基元的第一主轴的长度 R_1。

利用该方法在长方体投放区域内随机投放了体积率分别为 30% 的三维块体结构模型，其中长方体的长和宽均为 0.5m，高度为 1.0m。

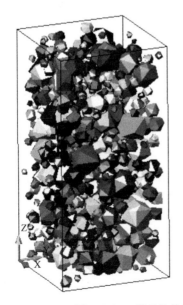

图 3.2.19　随机块体生成（左侧：autocad，右侧：3DEC）

相应方法已经编制程序"随机块体生成程序"（详见第 12 章介绍，程序可通过 12 章所叙方法获取）。

3.2.6 使用几何（集）数据辅助模型操作

3DEC 可直接采用命令定义或导入任意几何信息，如从 AUTOCAD 的 dxf 文件导入。这些几何信息在创建后可以进行操作，用于可视化、过滤、目标归类与分组。

3DEC 中几何集的创建主要有如下三种方法：

（1）可以将复杂的几何数据存成 dxf、stl 或者 Itasca 自定义格式的数据文件，然后利用如下命令将几何集导入到 3DEC 中。采用如下命令：

Geometry import layout. stl

该命令可将文件 layout. stl 中几何信息导入 3DEC，几何集名称默认为文件名，即导入的几何集定义为"layout"。

注意：导入前应花费时间了解 dxf、stl 或者 Itasca 自定义格式。

（2）3DEC 可直接利用命令进行创建，如 GEOMETRY polygon 命令可以直接生成几何集。

Geometry polygon positions(0 0 0)(1 0 0)(1 1 0)(0 1 0)

该命令可生成一个四边形几何集

（3）几何集信息可通过 fish 函数来定义，如下列为 fish 函数定义的一个圆柱形几何集。名称为 "FISH Example"。

例 3.2.1Fish 定义几何集实例

```
new
def fish_cylinder(start,radius,height,segments)
    local gset=gset_find("FISH Example")    ;;查找几何集 FISH Example
    if gset=null then        ;;如果几何集不存在,新建一个
      gset=gset_create("FISH Example")
    endif
    loop local i(1,segments);;分段数循环
        local ang1=float(i-1) * pi * 2.0/float(segments)
        local ang2=float(i) * pi * 2.0/float(segments)
        local p1=start+vector(cos(ang1),sin(ang1),0.0)
        local p2=start+vector(cos(ang2),sin(ang2),0.0)
        local p3=vector(xcomp(p2),ycomp(p2),height)
        local p4=vector(xcomp(p1),ycomp(p1),height)
        local poly=gpol_create(gset)          ;创建
        local ii=gpol_addnode(gset,poly,p1)   ;第一点
        ii=gpol_addnode(gset,poly,p2)         ;第二点
        ii=gpol_addnode(gset,poly,p3)         ;第三点
        ii=gpol_addnode(gset,poly,p4)         ;第四点
        ii=gpol_close(gset,poly)              ;关闭
    end_loop
```

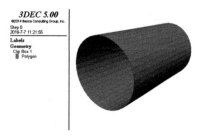

图 3.2.20　执行效果

```
end
@fish_cylinder((0,0,0),1.0,4.0,40)
```

定义了几何集后，在其辅助下可以进行如下操作：

（1）图形可视化。为了显示模型变量在几何集上的变化规律，geometry paint 命令可将单元场变量的值插值，并装饰到几何集的节点上，从而辅助显示。如下命令：

Geometry set"access"paint 2 smin

会计算几何集 "access" 的节点处的最小主应力，并将这些值存至几何集节点特别变量，序列 2。3DEC 的 fish 中，约有 60 多个单元场变量可如此显示。

（2）辅助分组。当大量块体存在时，如果选择复杂区域内或者符合一定规则的块体，手工处理往往比较麻烦。此时借助几何集处理，则问题变得非常容易。Geometry group 命令，可利用目标与几何集的关联性，从而进行分组。

例 3.2.2 几何集分组实例

```
new
poly brick －2 3 －2 3 0 3.9
geom import intcylinder. stl          ;;;导入几何集
densify 40 40 1                       ;;;块体加密
geometry group block set "intcylinder" projection(1,0,0)
```

如例 3.2.2 所示分组命令，首先会对所有的多边形分配一个 ID 号，共用边的多边形会分配相同的 ID，文件 "intcylinder. stl" 中定义了两个几何集，因此 ID 分别为 1，2。然后从目标的形心产生一条射线，方向为（1，0，0），然后统计射线与不同几何集的相交次数。

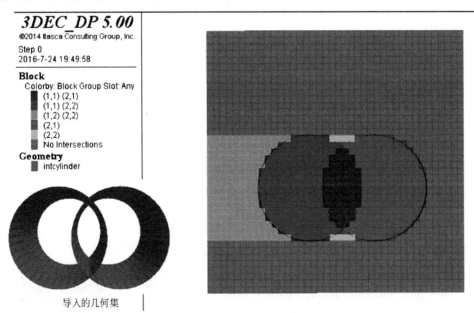

导入的几何集

图 3.2.21　采用 geometry group 命令进行块体分组效果图

但是，虽然 Geometry group 命令可以将目标通过几何集分开，但并没有控制几何集的 ID 编号，也没有对不同部位指定分组名称，而这才是研究者非常关心和需要的。

（3）命令过滤、几何范围单元选取。

在 3DEC 中，如果要定义一个给定命令的作用范围，通常可以通过选择目标（块体、面、边、单元、节点等）来实现，即利用 range 命令，几何集也是 range 的关键字之一，因此几何集可以提供过滤作用。

过滤作用主要有两种形式：geometry dist 和 geometry count。

1）Geometry dist 用于选择处于几何集一定距离范围的目标，最小距离的计算是从目标的中心到几何集（多边形、自由边和自由节点等）的最小距离。

如果再采用 extent 关键字，则会计算目标的笛卡尔长度，如果 dist 值设置为零，则会得到所有几何集贯穿的目标，并将其单独分组。

Group block"intesect0"range geometry "intcylinder" dist 0.0 extent

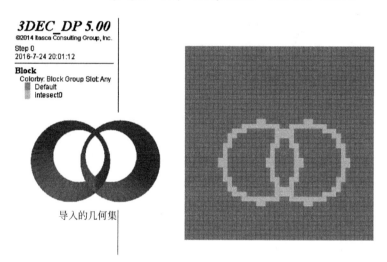

图 3.2.22　采用 geometry dist 命令进行块体选择

2）geometry count 采用 geimetry group 相似的规则，也是采用射线法判断射线与几何集的交叉次数，满足设定次数的目标被选择，并单独分组。

Group block "count_3" range geometry "intcylinder" count 3 direction(1,0,0)

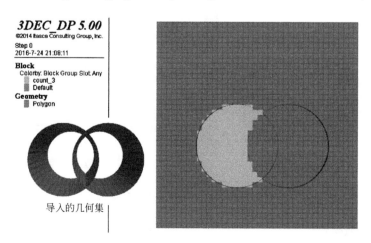

图 3.2.23　采用 geometry count 范围进行块体选择

特殊情况下，关键字 odd 可以用来替代 geometry count，使用该关键词只选择奇数次交叉的目标。如果多边形几何集形成了闭合的多边形（凸凹均可），这会选择落入范围的目标，但如果多边形并不闭合，程序并不检查。

Group block"inside_block"range geometry"intcylinder"count odd direction(1,0,0)

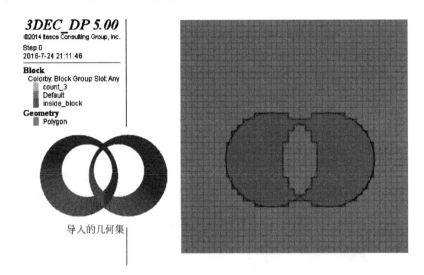

图 3.2.24　采用 geometry count 范围＋odd 关键字进行块体选择

（4）增加块体密度，或加密块体。

densify nseg 4 4 1;;;块体加密

Densify nseg 4 gradlimit maxlen 0.07 repeat range geometry "intcylinder" dist 0.0 extent 该命令增加几何集边界位置的密度。

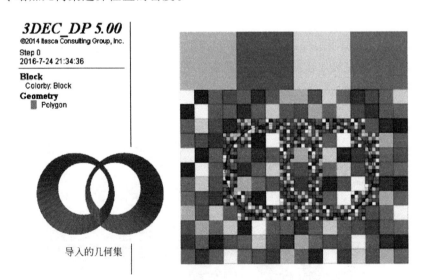

图 3.2.25　几何集控制下网格加密

（5）空间区域操作。

在模型分析时，有时候需要从已有的 3DEC 模型中沿着某些面刻划分组，或者在已有模型中需要分配不同的分组以进行分级开挖，或者对某些几何集内的单元、块体分配属性，或者在软弱介质附近细分块体以重定义 3DEC 模型，都会用到该功能。

例 3.2.3　几何集控制空间块体分组实例

```
new
poly brick 2700 6700 −10500 −6500 −1000 0
densify nseg 50 50 10
geometry import Y0. dxf
geometry import Y1. dxf
geometry import Y2. dxf
group block OLD
group block NEW_1 range geometry Y0 count odd direction(0,0,1)
group block NEW_2 range geometry Y1 count odd direction(0,0,1)
group block NEW_3 range geometry Y2 count odd direction(0,0,1)
```

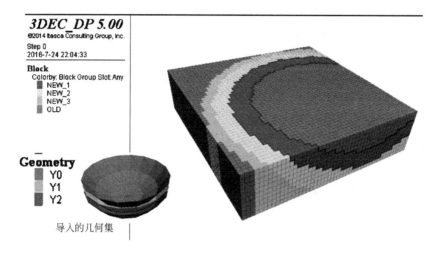

图 3.2.26　采用几何集控制对空间块体分组

如例 3.2.3，导入 3 个几何集，将原有的块体划分为 4 个分组。

需要注意的是，虽然在此显示的是块体分组。如果将块体转化为变形块体，完全可以对单元进行分组。

在几何集的辅助下，复杂 3DEC 块体在建模开始并不需要直接划分材料，完全可以在块体建好，或者网格化后，在几何集的辅助下重新对块体、单元等进行分组，再赋予不同的属性。如例 3.2.4，首先建立一几何集，然后将该几何集转化为离散裂隙网络，再用该裂隙网络切割块体，形成最后的边坡模型。

例 3.2.4　利用几何集生成边坡表面

```
NEW
set atol 0. 01
domain extent 0. 000000 1150. 000000 0. 000000 1560. 000000 −75. 000000 705. 000000
```

```
Geometry import 3DEC_3dface. stl    ;;几何集文件需自己准备
DFN gimport geometry 3dec_3dface
poly brick 0. 000000 1150. 000000 0. 000000 1560. 000000 −75. 000000 705. 000000
Densify nseg 10 10 10 id 500
jsetDFN 1
group block 'new_1' range geometry 3dec_3dface count odd direction(0,0,1)
group block 'new_2' range geometry 3dec_3dface count 0 direction(0,0,1)
mark reg 1 range group 'new_1'
mark reg 2 range group 'new_2'
hide
seek reg 2
delete
seek
plot block
```

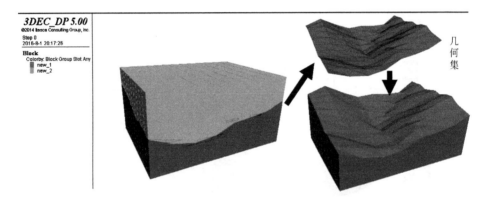

图 3.2.27　利用几何集转变为 DFN 切割出边坡表面

但是应该注意，采用大量空间面构成的裂隙网络切割大块体，会同时产生一些虚拟节理，并导致边坡表面破碎，因此在构建复杂边坡模型时并不建议采用。

3.3　利用建好的模型快速施加力学条件

结构单元，如梁、锚杆、衬砌等通常施加到模型的边界上，如隧洞轮廓、边坡表面，往往数量较多，此时如果逐根施加，往往非常麻烦，工作量较大。

此时如果已有划分网格的数值模型或者已有构建好的表面模型，则可在这些几何因素基础上逐排控制施加锚固。

然而，要实现这些结构单元的快速施加，就必须要明确空间单元、节点的位置，特别是模型表面（如边坡开挖面、隧洞开挖轮廓等）。有时候，虽然模型建立初期这些几何面是曲面，但网格化后，表面实际已经退化为大量离散三角形（或四边形）构成的空间小面。因此利用已经建立的离散元网格模型,把需要施加边界力、结构单元的位置找出来更加符合实际。

3.3.1 模型几何参考面检索与显示

对已剖分网格的数值模型信息(可以是连续有限差分、有限单元法模型,也可以是3DEC 离散元模型)进行归类,得到节点信息和单元结构信息,包括节点(np)和单元数目(ne),节点坐标,单元结构形状,由节点编号构筑成的单元索引信息等。

连续数值模型通过节点坐标,单元索引信息,使得各单元间进行力的传递与作用,其中如图 3.3.1 所示六面体单元是最常见的一种单元形式,每个 6 面体 8 节点有限元网格对象可画出如图 3.3.1 所示空间单元体,规定编号顺序遵循先下后上和逆时针顺序,则单元结构由局部节点编号构筑可写为:12345678,并由单元节点的全局编号得其空间位置;该单元有可以有多种退化形式,退化单元通过重复节点仍由 8 节点构成,如图 3.3.2 所示三棱柱单元 34、78 共节点,因此网格结构可退化为 12335677。图 2.3.3 所示四面体单元 34 节点重合,5678 四点重合,其网格结构退化为 12335555。其他类型的六面体退化单元以此类推。

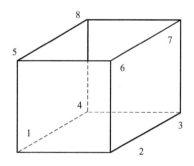

图 3.3.1 六面体单元

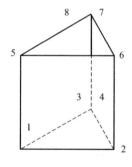

图 3.3.2 三棱柱单元

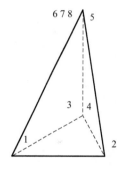

图 3.3.3 四面体单元

每个体单元可视作由 6 个面元构成,对图 3.3.1 中 6 面体单元结构进行拆分可得 6 个空间面元结构,对每个面元按照顺序编号可写为:①1234②1562③2673④1485⑤3784⑥5876,逆时针或顺时针顺序均可。如图 3.3.2、3.3.3 所示退化三棱柱单元、四面体单元等形式,也可采用以上方法表示。则 ne 个单元可划分为 6 * ne 个面元。

在 6 * ne 个面元中首先进行面积检索,找到面积为零的面元(即退化为直线或点的面元),设为 n0 个,标记不参加查错。

根据空间节点坐标矩阵,搜索出 x 方向最小、最大边界坐标 xmin,xmax,y 向最小、最大边界坐标 ymin,ymax,z 向最小最大边界坐标 zmin,zmax。设置一较小容差(tol≈0.01),在 6 * ne-n0 个剩余面元中进行检查,若面元上 4 个节点的坐标与 xmin 之差小于容差,表明该面元为模型左边界,相似得出右边界、前边界、后边界及模型底边界,若 z 向正方向非自由表面也可得出上边界。设符合边界检索的面元数目为 n1 个,标记不参加查错。

在剩余的 6 * ne-n0-n1 个面元中,若某一面元被两个及以上单元公用,如图 3.3.4 (a) 所示,2376 面元为两单元公用,则该面元为单元间正常连接,不需参与下一步查错。

若某一四边形面元与两三角形面元属性相同，如图 3.3.4（b）所示，则也可视为正常连接（这在数值模拟中是允许的）。分析每个面元的属性，若该属性为两个及以上单元共有，则该面元的属性无错误，不需参与查错。

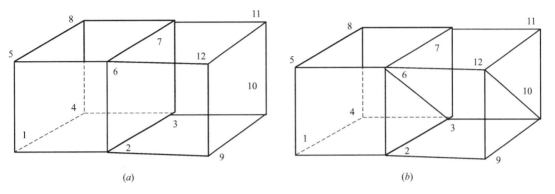

图 3.3.4　正确的单元联结关系

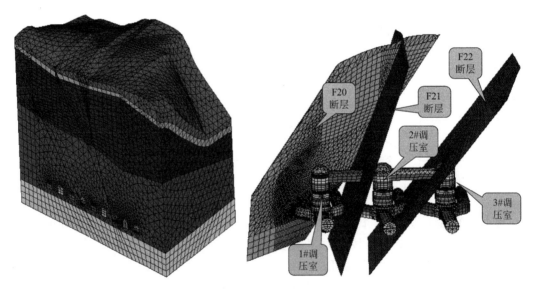

图 3.3.5　拟建数值模型

面元遍历完成后，所有公用面元与独享面元即被区分开。检查独享面元的分布并输出到 AUTOCAD 中，对这些面归类、定位。

以上方法可用于验证连续模型的正确性，同时也将数值模型的边界条件显示出来。而这些图元正是构成边界条件的三角形（或四边形）面，如图 3.3.6 和图 3.3.7 所示。在3DEC 离散元模型中同样可以使用，但是该方法搜索出来的模型外表面，是包围各个块体的面，而不紧紧是整个模型的外表面。但如果将这些边界面，在 AUTOCAD 内进行显示，删除不必要施加边界条件的部分，即可将这些点与实际模型对应起来，进行相应的模型开发与设计，快速形成 3DEC 边界施加命令流。

针对以上原理，首先编制从 3DEC 模型中读取数据的命令流"将块体、单元、节点数

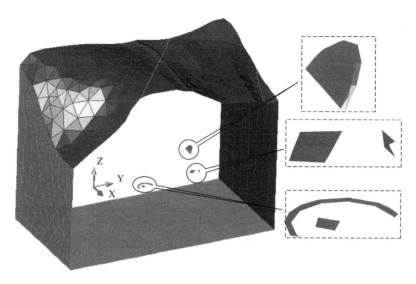

图 3.3.6　检查出现错误的模型

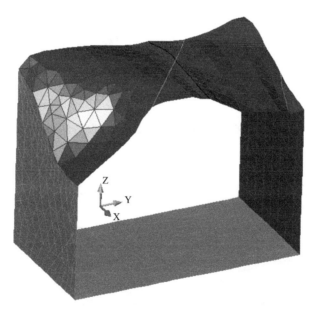

图 3.3.7　修正后正确模型查错信息

据导出命令流",然后在模型数据基础上利用"搜索 3DEC 模型网格的外表面"程序搜索出模型的表面,然后在这些表面控制基础上,即可进行表面力及衬砌等表面结构单元的施加(详见第 12 章介绍,程序可通过 12 章所叙方法获取)。

3.3.2　利用开挖面施加边坡锚固

在一些开挖边坡开挖模型建立时,必须首先建立开挖面在空间上的分布,如图 3.3.8 所示,然后才能构成边坡三维离散元模型。在这些开挖面基础上,同样可进行锚固单元的施加。

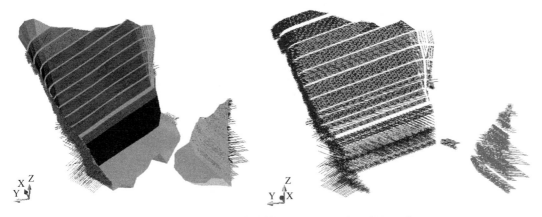

图 3.3.8　AUTOCAD 中绘制的开挖面及施加的锚杆（索）

　　针对这类问题，工程在考虑锚杆（索）施工时，通常是用高程来控制锚杆（索）的排，因此可以求解该高程的水平面与开挖面交线，如果多个开挖 3DFACE 面，则会计算出一系列的线段，将这些线段依次相连，即可构成一段多段线。然后沿着多段线按照锚杆间距划分为多个控制点，每个控制点上即可布置一根锚杆（索）。

　　每个控制点上根据其所处的 3DFACE 面法向计算其倾向，然后根据锚杆长度、锚杆与法向倾角等参数计算锚杆（索）的另一端点。为了保证锚杆施加方向，空间开挖面法向顺序必须一直，要么全部指向岩体、要么全部指向边坡自由面。

　　采用开挖 3DFACE 面控制生成结构单元控制参数可如下：

```
152;;;锚杆(索单元)id 号
886.4706   2   15   6   1;;高程,间距,倾角,长度,控制方法(1=法向;2 与水平面夹角)
787.2461   4   15   20   1
799.2461   4   15   20   1
805.2461   4   15   50   1
793.2461   4   15   50   1
```

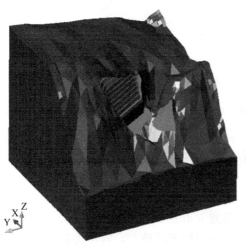
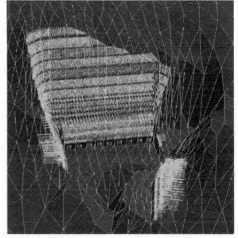

图 3.3.9　3DEC 边坡模型施加锚杆后效果

而具体在加固过程中是采用局部加固模式、锚杆支护还是锚索支护，只需要将不同的结构单元写成如下不同类型，即可实现大量结构单元的快速施加：

局部加固：struct axial 30 25 40 70 25 40 prop 1

整体锚杆：struct cable 30 25 40 70 25 40　seg 10 prop 1 tens 100e3

然后再根据不同单元、不同材料编号设置材料力学参数即可。如图 3.3.7 所示空间开挖面按照上表控制参数（部分），生成右侧锚杆后，导入 3DEC 模型，可得如图 3.3.8 模型显示图。

相应原理已经编制成"利用开挖面快速施加锚杆（索）"程序（详见第 12 章介绍，程序可通过 12 章所叙方法获取）。

3.3.3　利用网格表面施加边坡锚杆（索）

如果模型已经划分网格，则对所有网格进行检索，可找出构成坡表面的面。然后设置如下所示的锚索（杆）基本参数，然后运行程序，即可得如图 3.3.9 所示右侧施加了锚索（杆）的模型示意图，将对应的锚索（杆）写成 3DEC5.0 命令流，即可实现网格表面的锚索施加。

---

5   100;锚索排数,材料号

2162 50.0 5.0 2 15.0;;;高程,间距,倾角,长度,控制方法

2166 50.0 5.0 2 15.0

2170 50.0 5.0 2 15.0

2174 50.0 5.0 2 15.0

2178 50.0 5.0 2 15.0

锚头高程，长度，间距，水平还是成一定夹角（0＝水平，1 跟水平面呈一定夹角，2 法向），夹角 15°。

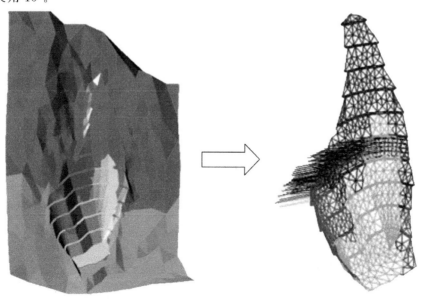

图 3.3.10　边坡地表及施加锚索

123

如果需要在边坡不同区域施加，则只需要在 dxf 文件中选择需要施加锚杆（索）的区域，如图 3.3.11 即可将每一高程的开挖线分割为多条多段线，仍可采用上述原理计算锚杆施加位置。

图 3.3.11　分段施加锚杆索

同样，针对生成的空间锚杆单元，按照需求写成如下不同类型，可实现大量结构单元的快速施加：

局部加固：struct axial 30 25 40 70 25 40 prop 1

整体锚杆：struct cable 30 25 40 70 25 40　seg 10 prop 1 tens 100e3

然后再根据不同单元、不同材料编号设置材料力学参数即可。

相应原理已经编制成"锚索（杆）快速施加程序 _ 边坡表面"程序（详见第 12 章介绍，程序可通过 12 章所叙方法获取）。

3.3.4　利用网格表面施加衬砌

衬砌单元是岩土力学分析和设计中经常采用的支护形式，它通过约束开口附近的位移来保持岩土稳定性。这些支护包括衬砌（lining）、钢套支撑等，通常放置于开挖体的内部，来支撑脱离块体或者松散岩体的自重。

3DEC 常用衬砌单元设置命令流　　　　　　　　　　表 3.3.1

命令		说明
CONFIG liner STRUCT delete liner 〈range〉		分析模式 删除结构单元 定义施加范围
STRUCT Liner	Radial x1 y1 z1 x2 y2 z2 seg na nr prop np〈cylinder r〉	采用空间圆柱域施加衬砌
	Delete	删除
	Element n1 n2 n3〈prop n〉	创建衬砌单元
	Face_gen prop n〈range〉	在范围内创建三角形衬砌单元
	Node x y z〈id n〉〈prop n〉〈tolerance tol〉	创建衬砌节点

续表

命令		说明
STRUCT prop np	Keyword Coh　　value E　　value Fric　　value Kn　　value Ks　　value Nu　　value Thexp　value Thick　value Tens　value	可带关键字如下： 衬砌材料黏聚力 衬砌材料杨氏模量 衬砌材料摩擦角 衬-岩接触法向刚度 衬-岩接触切向刚度 衬砌材料泊松比 衬砌材料厚度 衬-岩间的抗拉强度
PLOT liner		绘图
LIST struct	〈node〉〈elem〉〈contact〉〈property〉	查看

因此如果是规整的隧洞，可以直接采用命令流施加。但是如果模型非常不规则，采用该方法可能较为麻烦，因为范围的选取容易混淆。此时可以采用先建立节点，再建立衬砌单元的办法进行衬砌单元构建。

但应注意的是：

（1）如果岩石与衬砌面间的界面可滑动或者分离，则衬砌单元本身是线弹性且不能屈服、破坏。

（2）衬砌逻辑放置方法不适用于线性隧洞交叉口。

（3）块体单元离散必须足够小，以使每个都得衬砌单元节点能位于不同的单元内。

（4）衬砌不存在接触判断，故没有衬砌节点相连的块体可以穿过衬砌。

如图 3.3.12 所示边坡模型，先打算在楔形体前表面上施加一 20cm 厚度的薄层衬砌单元。首先对块体模型进行网格划分（控制边界 5m）。

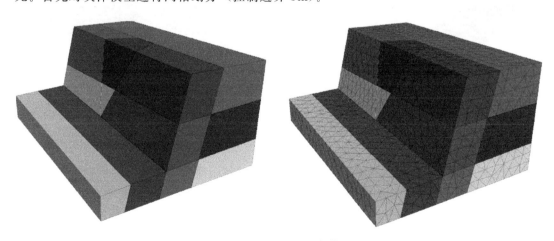

图 3.3.12　边坡实施例模型

运行 3dec_shichong_block.dat 中的命令流。并人工删除块体内部不必要的接触面。可得如图 3.3.13 所示边坡表面模型：

如图 3.3.13 所示，将选择好的每个空间三角形网格作为一个衬砌面单元进行施加：

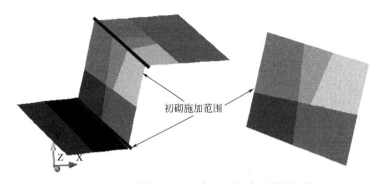

图 3.3.13　删除不必要三角面后的表面控制网格

struct liner node	31.0781	16.2061	16.8238	id=	1 prop 100 tolerance 0.1
struct liner node	30.0837	13.5671	12.8359	id=	2 prop 100 tolerance 0.1
struct liner node	31.0457	10.1025	16.6940	id=	3 prop 100 tolerance 0.1
⋮	⋮			⋮	
struct liner element	1	2	3	prop 100	
⋮	⋮			⋮	

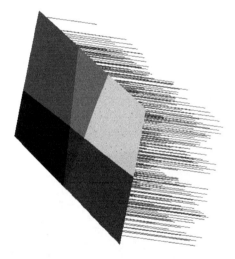

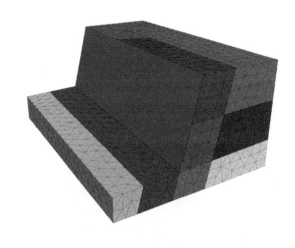

图 3.3.14　衬砌方向检查（AUTOCAD）　　　　图 3.3.15　施加衬砌模型（3DEC）

该方法不受隧洞交叉等的限制，对于复杂节理、隧洞模型非常方便。相应原理已经编制成"锚快速施加模型表面衬砌单元"程序（详见第 12 章介绍，程序可通过 12 章所叙方法获取）。

3.3.5　利用建好的模型施加边界力

数值模型建好后，考虑外部环境的作用是力学分析的重要内容。但如果模型块体较多，内部或者外部边界复杂，采用 Range 范围来选取模型目标（单元、网格点、边界面等），然后施加外部环境的作用力就非常麻烦，很容易造成误判的发生。此时，如果能利用块体几何特征快速地将这些目标的信息读取出来，然后在外进行操作，对应的写成 fish 变量或者 3DEC 命令流，就可以准确的进行荷载的施加。如下是采用简单的面积积分、计算每个三角形面上的水压力，然后将荷载施加到三角形相应顶点位置。

（1）空间任意点对应的节点坐标或者单元获取

在建立的 3DEC 离散元模型数据导出后，可以采用 3.3.1 节所示方法将每一块体外表面找出，并手工操作找出需要施加水压力的三角形面，一般情况下，是将不需要施加的删除。其他采用水位等条件自动判断。

那么 AUTOCAD 中显示的空间三角形面数据点即可读出，并用于后续水压力、水压等信息的计算。

（2）表面力等效（如水压力等）

如果已知空间任意三角形面的三个顶点，$P_1(x_1,y_1,z_1)$、$P_2(x_2,y_2,z_3)$、$P_3(x_3,y_3,z_3)$。则其中两条边的空间矢量 $P_1P_2=\{x_2-x_1,y_2-y_1,z_2-z_1\}=\{vx1,vy1,vz1\}$，$P_1P_3=\{x_3-x_1,y_3-y_1,z_3-z_1\}=\{vx2,vy2,vz2\}$，该三角形空间面积可由向量的混合积公式计算如下：

$$S=\frac{1}{2}\begin{vmatrix} 1 & 1 & 1 \\ vx1 & vy1 & vz1 \\ vx2 & vy2 & vz2 \end{vmatrix}$$

同样，三角形的法向量方向为：

$$\vec{V}=\{V_x,V_y,V_z\}=\{(vy1*vz2-vz1*vy2),(vz1*vx2-vx1*vz2),(vx1*vy2-vy1*vx2)\}$$，对该法向矢量进行单位化，得单位矢量 $\vec{V}'=\{\vec{V_x},\vec{V_y},\vec{V_z}\}=\{V_x,V_y,V_z\}/d$，$d$ 为模长。

假设水位高程为 Z_0，如果三点均位于水位以上，不需要考虑水压力；反之如果三点有一点存在于水下，即需要考虑水压力。此处不考虑恰好与水位相交的三角形面，而简化为面力，且三角形三个顶点平均分配节点力。

设三角形单元平均水头 $d_w=(d_{w1}+d_{w2}+d_{w3})/3.0$，$d_{wi}$ 为第 i 节点承受的水头。

则三角形上每个顶点平均承受的水压力为 $f=\rho_w g d_w/3$

如果考虑该三角形面承受水压力的方向，则分担到各节点上的力分别为：

$$\{f_x,f_y,f_z\}=\rho_w g d_w/3 \cdot \{\vec{V_x},\vec{V_y},\vec{V_z}\}$$

（3）表面力施加

为了将该面力施加到模型（变形块体）表面，需要设置一个合适施加函数，然后不断修改设置参量，即可将面力结果加载到模型中。加载函数可书写如下：

```
;;;节点力施加函数
Define apply_boundary_water_force
    gi＝gp_near(x0,y0,z0)
    Gp_xforce(gi)＝Gp_xforce(gi)＋xf_value
    Gp_yforce(gi)＝Gp_yforce(gi)＋yf_value
    Gp_zforce(gi)＝Gp_zforce(gi)＋zf_value
end
```

对每一个满足条件的三角形面,执行以下命令即可将边界里施加给模型:

Set x0=＊＊ y0=＊＊ z0=＊＊ xf_value=＊＊ yf_value=＊＊ zf_value=＊＊
apply_boundary_water_force

另外,3DEC 中还可针对空间的三角形施加表面的牵引力,其施加方式如下:

boundary triangle (x1,y1,z1)(x2,y2,z2)(x3,y3,z3) &

xtr value1 ytr value2 ztr value3

该命令针对三点构成的空间面,分别施加三个方向的牵引力,其效果与采用节点力施加函数一样。

在 3DEC 中,如果采用 WATER table 命令,则可使水位面以下岩体自重变成浮容重,裂隙处存在裂隙渗流,原本平衡的岩土系统因自重减少而向上变形。然而有时候,研究的目的并不是考虑渗流,而是将这些面力等效为荷载来分析。此时上述方法就非常有用,因为空间三角网格的坐标来源于模型,再利用 gp_near(x0,y0,z0) 获得其地址就会非常精确。

相应原理已经编制成"3DEC 模型表面施加水压力程序"程序(详见第 12 章介绍,程序可通过 12 章所叙方法获取)。

3.4 活用 Fish 进行数据处理与修改

3.4.1 Fish 语言简介

Fish 语言是 3DEC/UDEC 自带的编程语言,很多程序命令无法实现的功能均可以通过 fish 进行编程实现,注意 fish 语言中的变量不区分大小写,且可以是任意长度,但该长度受绘图、打印行长度的影响。自定义变量和函数名称任意,但不能与 fish 自带变量与函数名冲突,函数或者变量名称必须以非数字开头,且不能包含如下符号:

., ＊ / ＋ 一 ^= 〈 〉# ()〔 〕@;'''~％

因为采用这些符号很容易与函数运算、逻辑运算符等冲突。

FISH 中的变量或者函数主要有 9 类,分别为:整型,实数(浮点数),字符,指针,矢量,矩阵,张量(3＊3 对称张量),索引(矩阵存储的地址),布尔逻辑(真或假)。

(1)一个典型的 Fish 函数以 define 开始,以 end 结束。内部数学运算法可以采用"＋","-","＊","/","^"分别表示加、减、乘、除、幂方。

Def   abc
    hh=22
    abc=hh＊3+5
End

可以采用 list 命令显示变量,如上子函数定义后,list @abc,则会显示 abc=71。如果函数名与变量名相同,则可以采用函数形式调用。

如果需要对函数内的自变量赋值,则采用 set 命令进行,如

Set @abc=0 @hh=0,再利用 list 命令显示结果:

List @hh

List @abc

List @hh

则第一个显示 hh＝0，第二个 list 显示 abc＝71，第三个 list 显示 hh＝22。这是因为在调用 abc 函数时，函数内对 hh 进行了新的赋值。

另外，可以用 local、global、argument 来指定变量的作用范围。如下：

Define abs

  Global aa1

  Local aa2＝2.0

  Argument aa3

End

则表明 aa1 为全局变量，不仅在该函数内部，在外部同样使用；而 aa2 只在本函数内部可用，初值为 2.0；aa3 也指定为局部变量，但它与 local 定义的区别是不能在变量声明时赋初值。

（2）在使用 fish 函数时，list（显示变量）、set（变量赋值）、history（变量记录）是经常用到的三个命令。另外，一些常用的内嵌函数已经嵌入 fish，可以作为数学函数调用，如表 3.4.1 所示。

通用数学函数汇总表   表 3.4.1

函数名	解释	函数名	解释
Abs(a)	绝对值	Acos(a)	反余弦值（弧度）
And(i,j)	i,j 逐位逻辑	Asin(a)	反正弦值（弧度）
Atan(a)	反正切（弧度）	Atan2(a,b)	a/b 的反正切（弧度）
Pnt＝copy_array(arrpnt)	从 arrpnt 拷贝并创建一个新的数组	Cos(a)	余弦值
Cosh(num)	双曲余弦值	Cross(v1,v2)	矢量 v1 与 v2 的叉乘
Degrad	$\pi/180$	Det(mat)	给定方阵的行列式
Dot(v1,v2)	矢量 v1 与 v2 的点乘	Exp(a)	指数
Grand	标准高斯分布的随机变量	Inverse(mat)	给定方阵的逆矩阵
Ln(a)	自然对数	Log(a)	以 10 为底 a 的对数值
Lshift(ival,ishift)	Ival 向左移动 ishift 字节	Lubksb(mat,arr,b)	求解系统方程 Ax＝b
Ludcmp(mat,arr)	方阵 mat 进行 LU 分解	F＝mag(v+)	矢量的模
F＝mag2(v+)	矢量模的平方	Max(a,b,…)	最大值
Min(a,b,…)	最小值	Not(i,j)	i,逐位逻辑非
or(I,j)	逐位逻或	Pi	π
Sgn(a)	A＜0 时返回−1,否则＝1	Sin(a)	正弦值
Sinh(num)	双曲正弦	Sqrt(a)	平方根
Tan(a)	正切值	Tanh(num)	双曲正切值
Transpose(mat)	方阵的转置矩阵	Urand	0-1 均匀分布随机变量
V＝unit(v+)	计算单位向量		

（3）Fish 语言循环控制语句，采用 loop-endloop 等进行，其几种常用的调用格式如下：

① LOOP　var(expr1,expr2)

ENDLOOP

其中 var 为循环变量，expr1 与 expr2　循环变量解释。

② LOOP WHILE expr1 test expr2

ENDLOOP

③ LOOP FOREACH⟨local⟩expr1 用于给定容纳箱内的变量迭代

ENDLOOP

例如，可以利用循环语句将块体的弹性模量赋值为随着 z 值线性变化 $E=E_0+c\sqrt{z}$

Def install_prop_elas_moduls

　　Iprop＝0

　　Loop while iprop＜7

　　　　Iprop＝iprop＋1

　　　　Z_depth1＝(float(iprop)-1.0)＊5.0;;;每 5 米一个材料编号

　　　　Z_depth2＝Z_depth1＋5.0

　　　　Y_mod＝z_zero＋cc＊sqrt(z_depth1＋z_depth2)/2.0

　　　　Command

　　　　　　Prop mat＝@iprop ymod＝@Y_mod

　　　　　　Prop mat＝@iprop prat＝0.25 dens＝2500

　　　　Endcommand

　　　　Bi＝block_head;;;块体循环,根据块体形心 z,选择材料号

　　　　Loop while bi ≠ 0

　　　　　　Z_depth＝float(b_z(bi))

　　　　　　If z _depth＞＝z_depth1 then

　　　　　　　　Ifz_depth⟨＝z_depth2 then

　　　　　　　　　B_mat(bi)＝iprop

　　　　　　　　Endif

　　　　　　Endif

　　　　　　Bi＝b_next(bi)

　　endloop

end

set @z_zero＝1e7　@cc＝1e8　　　!!!! 变量赋初值

@ install_prop_elas_moduls　　　!!!! 调用函数对弹性模量赋值

（4）Fish 语言的循环控制语句

① IF　expr1 test expr2　THEN

ELSE

ENDIF

其中，test 可采用如下比较运算符，＝＝（等于），♯（不等），＞（大于），＜（小于），＞＝（大于或等于），＜＝（小于或等于），expr1 与 expr2 为单一变量或者计算表达式。

3DEC 的命令并不能直接在 fish 函数内调用，因此如果在 fish 内部需要运行 3DEC 命令流，可以采用如下命令嵌入。

COMMAND

    ;;; 3DEC 命令流

ENDCOMMAND

利用该嵌入，可以进行 fish 变量无法进行的操作，同时也可以利用 fish 运行完整的 3DEC 计算。

还可以用于循环控制的语句有：

② CASEOF expr

CASE n

ENDCASE

该语句类似于 Fortran 中的 GOTO 语句或者 C 语言中的 SWITCH 语句。它通过 expr 表达式的值快速选择需要执行的代码。

③ SECTION   ;;; 程序段

ENDSECTION

该语句允许 FISH 向前跳跃执行，该语句中可嵌入任意行代码而不影响操作。如果中间采用了 EXIT SECTION 声明，则可控制程序执行跳至 SECTION 的末尾。在一个程序段内可以有多个跳出声明。因此它相当于一个标签，类似于 fortran 中的 goto 后所跟的标识号。但是注意的是，该循环控制语句不能跳出到段外，而且只能向下跳跃执行，一个函数中可以有多个 SECTION，但之间不能有叠加。

（5）FISH 函数的调用

FISH 函数在 3DEC 程序中可以从几个位置调用。调用格式如下：

SET fish call n name   ; 函数 name，n 为控制 ID

SET fish remove n name

在 3DEC 中变量 n 控制函数的运行位置，不同 n 值表示 fish 函数被调用的条件，如下表所示。几个函数可以同时指定为相同的 ID 号，如果某个函数重要，则一个主函数首先被调用，然后再运行一系列子函数。可以采用 LIST fish call 类列出 ID 号和 fish 函数间的关联性。而 SET fish remove 选项可以从列表中删除。

如 set fish remove 2 xxx

可以删除函数 xxx 与 ID＝2 的关联。同一个函数可以与相同的 ID 号关联两次或多次，此时必须删除两次或多次才能移除其影响。

Fishcall 控制 ID 号汇总   表 3.4.2

ID	位置	参数 0	符号宏名称
0	计算循环开始时		$ FC_CYC_MOT
1	接触产生时	接触索引地址	$ FC_CONT_CREATE
2	接触删除时	接触索引地址	$ FC_CONT_DEL
3	子接触创建时	子接触索引地址	$ FC_SUBCONT_CREATE
4	子接触删除时	子接触索引地址	$ FC_SUBCONT_DEL
10	速度输入时		$ FC_BLOCK_VEL

这些 ID 号在 FISHCALL. FIS 文件中，已经给定了符号宏名称，其对应如上表右列所示。符号名可以用来替换 ID 号使用，所以这样在后续计算中的可以改变，而不改变现有的 fish 函数。

3.4.2　Fish 内部变量提取

3DEC 计算时，内部设置了许多变量值，这些数据有些基于块体、有些基于网格点、有些基于单元，如果能随时调取这些信息，一方面可以进行二次开发，一方面可以增强对数据的处理能力，进行内部变量的设置与修改。

通用 3DEC 函数列表如下，它们不关联任何目标类型：

通用变量查询函数列表 表 3.4.3

函数名称	解　　释	函数名称	解　　释
atol	模型容差，可用于网格点最小距离，最小面积计算，节理块体网格点判断容差；选择平面上顶点等	b-inside(x,y,z,v)	包含点(x,y,z)的块体索引,可用 3D 矢量替代 x,y,z,如果 v=1,只判断可见块,如果没发现块体,或者点位于块体表面上,返回 0
b_near(x,y,z)	靠近(x,y,z)点的块体索引地址,可用一个三维矢量代替坐标	Bou_new(gp)	为顶点或网格点(gp)创建一个新的边界角点数据结构,返回值为索引
btol	控制块体面的扁平程度,如果块体表面的某个内角为平面外 btol,则该面自动分割为三角形面,默认是 atol/10	c_near(x,y,z)	靠近(x,y,z)位置的接触索引,可用一个三维矢量代替坐标
cf_creep	返回蠕变配置标识号	Cf_dynamic	返回动力配置表示号
Cf_feblock	返回有限网格块体配置标识号	Cf_liner	返回衬砌结构配制标识号
Cf_rhs	返回左手坐标系统配置标识号	Cf_thermal	返回热力学分析配制标识号
Crtdel	流变时间步长	Crtime	流变时间
Ctol	接触距离容差,如果接触距离超过该值,则接触会删除;如果位于该范围内,则接触会添加,默认值为 5 * atol	Cycle	循环步数目
Damp_alpha	阻尼常数 α	Damp_auto	自动阻尼标识
Damp_beta	阻尼常数 β	Damp_local	局部阻尼标识
Dtol	切割块体时最小网格边界(edge)长度,默认为 atol	Fluid_density	流体密度
Fracb	临界块体时间步分数	Fracz	临界单元时间步分数
Ftdel	流体时间步	Ftime	流动时间
Fzoneloc(fp,fz,i)	流动单元 fz,流面 fp 的中心坐标,对应 $i=1,2,3$ 分别返回 x,y,z	Gp_near(x,y,z)	靠近(x,y,z)的顶点或者网格点索引,可用一个三维矢量代替坐标
Grav	当前重力加速度,返回值为三维矢量	Knot_near(x,y,z)	靠近(x,y,z)的流动节点索引,可用一个三维矢量代替坐标
Nblock	模型中总块体数目,包括开挖掉的块体,但不包括删除掉的块体	Nzone	模型中总单元数据

续表

函数名称	解　释	函数名称	解　释
Step	迭代步数目	Tdel	时间步
Thdt	热传导求解时间步	Thtime	热传导求解时间
Time	力学求解时间	Unbal	模型中的最大不平衡力
Xgrav Ygrav zgrav	分别指重力加速度三个坐标轴方向的分量	Z_near(x,y,z)	靠近(x,y,z)的单元索引,可用一个三维矢量代替坐标

数据结构索引列表（返回值均为地址指针）　　表 3.4.4

函数名称	解　释	函数名称	解　释
Apply_head	Apply 命令施加列表索引	Beam_contact_head	梁接触面索引
Beam_node_head	梁节点索引	Beam_elem_head	梁单元索引
Block_head	块体索引	Bou_head	边界角索引
Bou_his_head	边界历史索引	Cable_head	控制块体的锚杆单元索引
Cable_node_head	锚杆节点索引	Cable_ele_head	锚杆单元索引
Cable_prop_head	锚杆性质索引	Contact_head	接触索引
Flow_head	流面索引	Knot_head	液体流结索引
Liner_contact_head	衬砌接触索引	Liner_element_head	衬砌单元索引
Liner_head	衬砌索引	Liner_node_head	衬砌节点索引
Liner_prop_head	衬砌性质索引	R_head	钢筋混凝土单元索引
R_prop_head	钢筋混凝土性质索引	Water_table_head	水位表索引

（1）场变量查询函数

场变量是指基于单元或者网格点的模型变量。如果需要查询模型内任意一点的应力、位移等状态信息，由于该点并不能保证恰好位于单元形心或者网格点（节点）上，因此往往需要插值得到。此时可利用 Fish 中提供的场变量提取函数，这些含函数有些设置模型变量类型，有些设置数据提取方法等。

默认条件下，单个数据的查询可能很快。但如果查询成千上万个数据，就可以利用这些函数初始化系统并优化查询方式，而不是逐个计算并查询。

如查询一个空间点的 x 向位移，位移是基于网格点的数据存储的，因此可采用 zfd_dataname 指定数据类型，并采用 zfd_getdata（）来获得数据，如下形式：

zfd_dataname='xdisp'　　;;; 指定查询数据的类型

local result1=zfd_getdata（x0，y0，z0）　　;;; 查询数据并赋给局部变量 result1

如果要沿着空间某条线查询 x 方向应力，该数据是基于单元存储的，则可以采用如下调用模式进行：

Array datasets（1000）　　;;; 定义一个长度 1000 的一维数组

zfd_dataname='sxx'　　;;; 指定数据类型

zfd_methodnam='poly'　　;;; 指定数据拟合方式为

local ii=zfd_initialize　　;;; 初始化

```
loop ii＝（1，1000）
    local xp＝x0＋100 * float（ii）/1000.0
    datasets（ii）＝zfd_getdata（xp，y0，z0）
endloop
ii＝zfd_reset
```

如上程序执行，则提取沿着（x0，y0，z0）点向右、平行 x 轴、长 100m 范围内共划分 1000 个点数据。

能够如上提取的场变量可汇总如下所示：

可提取的场变量名称 表 3.4.5

数据类型	中文描述	数据类型	中文描述
acceleration	加速度（动力分析）	Srintermediate	中主应变率
condition	单元形状糟糕程度	Srmaximum	最大主应变率
density	密度	Srmaxshear	最大剪切应变率
Displacement	位移值	Srminimum	最小主应变率
Flproperty	流体特性参数	Srnorm	法向应变率
Fob	不平衡力值	Sroctahedral	八面体应变率
Gpextra	特别网格点变量（需指定）	Srtotalmeasure	主应变率空间张量与初始点的距离
gppressure	网格点孔压	Srvolumetric	体积应变率
Gpspare	网格点备用变量	Srvonmises	Mises 应变率
Property	特性参数（与 zfd_property 对应）	Srxx	应变率 xx 分量
siintermediate	中主应变增量	Srxy	应变率 xy 分量
Sij2	第二偏应变增量不变量	Srxz	应变率 xz 分量
Simaximum	最大剪切应变增量	Sryy	应变率 yy 分量
Siminimum	最小主应变增量	Sryz	应变率 yz 分量
Sinorm	法向应变增量	Srzz	应变率 zz 分量
Sintermediate	中主应力	Stotalmeasure	主应力空间点张量与初始点的距离
Sioctahedral	八面体应变增量	Svonmises	Mises 应力
Sitotalmeasure	应变增量空间内张量距离初始点的距离	Sxx	应力 xx 分量
Sivolumetric	体积应变增量	Sxy	应力 xy 分量
Sivonmises	Von Mises 应变增量	Sxz	应力 xz 分量
Sixx	应变增量的 xx 分量	Syy	应力 yy 分量
Sixy	应变增量的 xy 分量	Syz	应力 yz 分量
Sixz	应变增量的 xz 分量	Szz	应力 zz 分量
Siyy	应变增量的 yy 分量	Temperature	温度（热力学分析）
Siyz	应变增量的 yz 分量	Thproperty	热传导性质（与 zfd_property 对应）
Sizz	应变增量的 zz 分量	xacceleration	X 向加速度
Smaximum	最大主应力	Xdisplacement	X 向位移
Smaxshear	最大剪应力	Xvelocity	X 向速度

续表

数据类型	中文描述	数据类型	中文描述
Sminimum	最小主应力	yacceleration	Y 向加速度
Snorm	法向应力	ydisplacement	Y 向位移
Soctahedrl	八面体应力	zvelocity	Y 向速度
Zacceleration	Z 向加速度	Zdisplacement	Z 向速度
Zextra	单元特殊变量（zfd_extra 对应）	Zppressure	单元孔隙压力
Zspare	用户定义信息用	Zvelocity	Z 向速度

用于这些场变量提取与设置的函数主要有：

场变量处理函数　　　　　　　　　　　　　　　　　　　表 3.4.6

函数调用格式	返回数据类型	功　　能
Ii＝Zfd_dataindex＝ii	整数	数据类型的索引号，可用于高效内部处理；建议采用 zfd_dataname 固有函数确定索引号
Str＝zfd_dataname＝str	字符	查询数据类型的名称时，返回值为全称，而不是缩写名称；如果是赋值，则可以是缩写
ii＝zfd_effective＝ii	整数	说明是有效应力还是总应力，默认为总应力（返回值为 0）
ii＝zfd_extra＝ii	整数	说明用哪个变量来存储（可以是 gpextra，也可以是 zextra 数据）
f＝zfd_getdata(v3＋,? out)	浮点数	返回 v3＋位置的场变量；out 为可选项，选择如果点不在任何单元时返回值，默认为 out＝0.0
Ii＝zfd_initialize	整数	按照当前方法和数据类型初始化场变量。计算结果内部存储，可以减少大量查询带来的计算量；此时对模型进行改变会引起无效的结果
Ii＝zfd_methodindex＝ii	整数	指定单元场变量（基于单元）外推方法的索引号；0＝单元内常值法，1＝体积权值平均法，2＝距离倒数权值平均法，3＝多项式拟合法；默认 0
Str＝zfd_methodname＝str	字符	基于单元的场变量外推方法，不影响基于节点的结果。可用的方法有： 体积权值平均法“average” 单元内常值法“constant” 距离倒数权值平均法“idw” 多项式拟合法“polynomial”
f＝zfd_power＝f	浮点数	定义 idw 外推方法的幂指数，默认 3.0
Str＝zfd_property＝str	字符	定义需要查询的材料特性，具体查阅“property”、“flproperty”和“thproperty”变量
f＝zfd_radratio	浮点数	定义 idw 外推方法的径向比参数，默认值 0.75
Ii＝zfd_reset	整数	去除 zfd_initialize 的影响
f＝zfd_tolerance＝f	浮点数	定义 polynomial 外推方法的容差

（2）几何变量提取

几何集是 3DEC5.0 中的重要特色，采用几何目标函数，可以创建、处理、分组、归类，辅助完成复杂块体、节理模型的构建。其变量创建和检索 fish 函数汇总如表 3.4.7 所示。

几何变量创建和检索函数   表 3.4.7

函数名	返回数据类型	说　明
V＝ge_cen(p)	矢量	边(edge)的中心，由端部两个节点的位置平均值，或者边的形心定义
P＝ge_create (gs,i1/p1,i2/p2,? i)	指针	在几何集中连接节点 p1 到 p2 创建一个边，返回该边的指针。如果给定点不是指针，可以指定节点号；节点必须已经存在，如指定 i，则该边分配一个 ID 号(与已有不重)，否则，自动分配 ID
V＝ge_dir(p)	矢量	边从节点 1-2 方向的单位矢量
Any＝ge_extra(p,i)＝any	任意	几何边 p，参数数组索引 i 的值；没有必要为已有数组配置数组标记号，每个数组有一个不同的标记号，标记号可自动向上增加，最大标记号可为 1024
P＝ge_find(gs,i)	指针	几何集 gs 中，第 i 个边的地址指针，如果返回值 0，表明边不存在
Str＝ge_group(p,? i)＝str	字符	位置 i，几何边 p 的分组名。如果不指定位置，假定为 1，不需要对几何边配置分组位置号，该编号可自动向上增加，最大标记号可为 1024
Str＝ge_groupex(p,n,? i)	字符	返回所有与几何边 p 相关联的组中，第 n 个分组名和目标，包括位置 i 初的节点和多边形，如果 i 未指定，假定为 1
I＝ge_groupnum(p,? i)	整型	返回关联几何边 p 的分组名数目及关联目标，包括位置 i 的节点和多边形，如果 i 未指定，假定为 1
I＝ge_id(p)	整数	返回几何边 p 的 ID 号
I＝ge_isgroup(p,str,? i)	整数	检查名称 str 是否包含在位置 i，几何边 p 内。如果 i 未指定，所有位置均检查；返回值 0 为假，1 为真
List＝ge_list(gs)	指针	所有几何边集 gs 的全局容纳箱地址，可以与 loop foreach 语句结合用于迭代过程的调用
P＝ge_near(gs,v＋,? f)	指针	最靠近点 v 的边地址。如果 f 指定，说明从 v 点开始搜索的最大距离，默认无限制，如果没有找到点，返回值为空
P＝Ge_nextedge(p,i)	指针	返回边 p 内与节点 i(i 为 1 或 2)相连下一个边的地址，可用于关联节点所有边的迭代。可参考 ge_nextindex()函数
I＝ge_nextindex(p,i)	整数	边 p 上节点 i 的索引号，该索引号从 ge_nextedge 返回，可用于所有关联某个节点边的迭代
P＝ge_node(p,i)	指针	返回边 p 上的节点地址，i 可以为 1 或 2，分别指边的两端
V＝ge_pos(p,i)＝v	矢量	边 p 上，节点 i(1 或 2)的位置矢量
P＝ge_remove(gs,p)	指针	从几何集 gs 中移除几何边 p，同时关联该边的对象自动删除。返回的指针指向下一个边的地址
I＝ge_startindex(p)	指针	采用 ge_startedge 得到的边在多边形上的索引号，可用于关联边的多边形循环迭代

续表

函数名	返回数据类型	说　　明
P＝ge_startpoly(p)	指针	附着于边 p 的所有多边形指针列表,第一个多边形地址
P＝gn_creat(gs,v＋,? i)	指针	几何集 gs,位置 v,创建一个节点指针。如果指定 i,则为该点的 id 号,否则,自动指派
Any＝gn_extra(p,i)＝any	任意	几何节点 p、数组下标 i 的特殊参数。不需要对特殊数组指定编号,该编号可自动向上增加,最大标记号可为 1024
P＝gn_find(gs,i)	指针	几何集 gs 中 ID 为 i 节点的指针,如果返回值为空,表明该节点不存在
Str＝gn_group(p,? i)＝str	字符	位置 i,几何节点 p 的组名。如果位置 i 未指定,假定为 1. 该编号没必要派发,每个几何节点都有单独的位置,该编号可自动向上增加,最大标记号可为 1024
Str＝gn_groupex(p,n,? i)	字符	从所有关联几何节点 p 的群组中选取第 n 个群组名称,包括位置 i 出的边、多边形等,如果 i 未指定,假定为 1
I＝gn_groupnum(p,? i)	整数	返回关联几何节点 p 的群组数目
I＝gn_id(p)	整数	几何节点 p 的 id 号
I＝gn_isgroup(p,str,? i)	整数	检查 str 是否是几何集 p 位置 i 群组的一部分。如果 i 未指定,默认为所有位置。返回值如果为 0 表明假,如果是 1 表明为真
List＝gn_list(gs)	指针	返回几何集 gs 内所有节点容纳箱的地址,可以用 loop foreach 结合进行迭代
P＝gn_near(gs,v＋,? f)	指针	返回几何集 gs 内靠近点 v 的节点地址,f 为最大搜索距离
V＝gn_pos(p)＝v	矢量	几何节点的位置
P＝gn_remove(gs,p)	指针	移除几何集 gs 内的几何节点 p,任何依赖该节点的目标如边、多边形自动删除。并返回关联 gs 节点列表中下一节点的地址
P＝gn_startedge(p)	指针	附着于几何节点 p 的所有边列表的第一个边地址,可用于所有关联节点边的循环
I＝gn_startindex(p)	指针	索引 p 为 gn_startedge 获得。可用于所有关联节点的迭代
P＝gpol_addedge(pp,pe)	指针	在多边形 pp 内增加一个边 pe,这些边必须按顺序增加,以保证每个边通过节点相连。否则出错
P＝gpol_addnode(gs,pp,i/v＋/pn)	指针	在几何集 gs 中,通过指定节点或空间位置增加一个新的边到多边形 pp
F＝gpol_area(p)	实数	返回多边形 p 的面积,多边形必须有效
V＝gpol_cen(p)	矢量	多边形中心。通过组成多边形节点的平均值确定
I＝gpol_check(pp)	整数	1＝如果多边形含有三个及以上边,且所有变相连;0＝小于三个边,或者边交叉,或者多边形非平面非凸
P＝gpol_close(gs,pp)	地址指针	通过第一个边第一个节点与最后一个边上最后一个节点间创建边,从而关闭几何集。如果多边形已经闭合,返回错误
P＝gpol_create(gs,? i)	地址指针	在几何集 gs 中创建一个新的多边形,返回其地址
P＝gpol_edge(p,i)	地址指针	多边形 p 中,索引为 i 的边地址

函数名	返回数据类型	说　明
Any＝gpol_extra(p,i)＝any	任意	存储多边形 p,索引 i 的特殊参数数组
P＝gpol_find(gs,i)	指针	返回几何集 gs,id 号为 i 的多边形地址
Str＝gpol_group(p,? i)＝str	字符	多边形 p,位置 i 出的群组名称。如果位置 i 未指定,假定为 1
I＝gpol_id(p)	整数	多边形 p 的 id 号
I＝gpol_isgroup(p,str,? i)	整数	检查名称 str 是否被考虑为多边形 p,位置 i 的群组。如果未指定 i,所有指定位置均被检查;如果错误返回值 0,如果正确返回值 1
List＝gpol_list(gs)	指针	返回几何集 gs 内全局多边形容纳箱地址,用于 loop foreach 迭代
P＝gpol_near(gs,v+,? f)	指针	在几何集 gs 中返回靠近点 v 的多边形的地址,如果指定了 f,f 为最大搜索距离;默认无限制。如果没有多边形,返回空
I＝gpol_nextindex(p,i)	整数	返回多边形 p,边 i 的编号,用于所有连接某个边的多边形的迭代
P＝gpol_nextpoly(p,i)	指针	在多边形 p 中,返回连接边 i 的下一个多边形,可用于所有连接边的多边形的循环迭代
P＝gpol_node(p,i)	指针	从多边形边上移动,返回索引号 i 的节点,i 必须处于 1～gpol_size。注意如果多边形未闭合,该函数不能用于尾边最后节点
V＝gpol_normal(p)	矢量	返回多边形 p 的平均法向矢量
P＝gpol_remove(gs,p)	指针	从几何集 gs 中移除多边形 p。返回与 gs 相连边列表中指向下一个多边形的地址
I＝gpol_size(p)	整型	多边形 p 中边(edge)数目
P－gset_create(str,? i)	指针	创建一个新的几何集,名称为 str。如果指定了 i,则 i 为 id 号,但该 id 必须独一无二,否则自动制定 id
P＝gset_find(i/str)	指针	基于 ID 号或名称搜索几何集
I＝gset_id(p)	整型	几何集 p 的 ID 号
List＝gset_list	指针	所有几何集全局容纳箱指针,可用于与 loop foreach 语句进行迭代运行
Str＝gset_name(p)	字符	返回几何集的名称
P＝gset_remove(p)	指针	从总表中去除几何集 p,并破坏其内容;如果总列表为空或无集存在,返回下一几何集的地址

（3）块体变量提取

3DEC 很多信息是基于块体,如单元、节点,需要先获得块体信息,3DEC 块体信息提取函数主如表 3.4.8 所示。

3DEC 块体信息提取函数　　　　　　　　　　　　　表 3.4.8

函数名	返回数据类型	说　明
B_area(bi)	实数	块体表面积
B_cent(bi)	实数(三维矢量)	块体中心坐标
B_cons(bi)	整数	本构模型编号,如果采用该函数修改本构模型,块体中的单元也对应修改,如果不想修改单元,可以用 imem 函数来改变块体本构
B_dsf(bi)	实数	密度缩放因子
B_exrra(bi,ind)	任意	对应块体 bi、参数序列 ind 的值,可以是任意类型
B_face(bi)	指针	块体外表面索引,如果是变形块体,有两个表面列表,此时指的是单元表面索引
B_face2(bi)	指针	原始刚性块表面列表索引,仅用于全变形块体
B_fem_element(bi)	指针	与块体相连有限元网格单元索引(只用于 config fe)
B_feb_face(bi)	指针	与块体相连的有限元网格面索引(只用于 config fe)
B_fix(bi)	整型	刚性块约束条件,1=固定,0=自由
B_force(bi)	V3	块体中心的合力矢量(仅适用刚性块体)
B_gp(bi)	指针	块体网格点列表索引地址
B_group(bi,? slot?)	字符	块体 bi 的组名,islot 表明用于存储组名 p 的位置,默认为 1
B_id(bi)	整数	块体编号,类似于节理编号
B_ispare(bi)	整数	存储块体 bi 的整型变量,可用 b_extra 代替
B_load(bi)	V3	施加的矢量力(仅适用刚性块体)
B_mass(bi)	实数	块体质量
B_mat(bi)	整型	材料特性编号,如果利用该函数,块体内的单元同样修改,如果不想如此,可采用 imem 函数只改变块体
B_moi(bi)	V3	惯性矩矢量
B_moitensor(bi,array)	实数	块体 bi 的自由惯性矩张量,填入 array(1-6)数组中
B_mom(bi)	实数	块体的力矩矢量(仅适用刚性块体)
B_ms(bi)	整型	块体的主/从状态(0=;1=主;2=从)
B_msnext(bi)	指针	Ms 列表中下一块体的索引地址
B_next(bi)	指针	总列表中下一块体的索引地址
B_region(bi)	整型	块体的 Region 号
B_rspare(bi)	实数	备用存储块体 bi 的实数变量,可用 b_extra 代替
B_rvel(bi)	实数	刚性块体角速度
B_rxvel(bi)	实数	刚性块体绕 x 轴角速度
B_ryvel(bi)	实数	刚性块体绕 y 轴角速度
B_rzvel(bi)	实数	刚性块体绕 z 轴角速度
B_type(bi)	整型	块体类型(1=刚性块,3=变形块体)
B_vel(bi)	V3 实数	刚性块体的速度矢量

函数名	返回数据类型	说　明
B_vertex(bi)	指针	块体顶点(网格点)索引
B_vol(bi)	实数	块体体积
B_wall(bi)	整型	如果 bi 为墙块体返回值=1,如果是法向块体返回 0
B_x(bi)	实数	块体中心 x 坐标
B_xforce(bi)	实数	块体中心累积的 x 向力(仅适用刚性块体)
B_xload(bi)	实数	施加的 x 向力(仅适用刚性块体)
B_xmoi(bi)	实数	刚性块体绕 x 轴力矩
B_xvel(bi)	实数	刚性块体的 x 向速度
B_y(bi)	实数	块体中心 y 坐标
B_yforce(bi)	实数	块体中心累积的 y 向力(仅适用刚性块体)
B_yload(bi)	实数	施加的 y 向力(仅适用刚性块体)
B_ymoi(bi)	实数	绕 y 向惯性矩
B_ymom(bi)	实数	刚性块体绕 y 轴力矩
B_yvel(bi)	实数	刚性块体的 y 向速度
B_z(bi)	实数	块体中心坐标 z 值
B_zforce(bi)	实数	刚性块体中心累积的 z 向力
B_zload(bi)	实数	施加的 z 向力(仅适用刚性块体)
B_zmoi(bi)	实数	绕 z 轴惯性矩
B_zmom(bi)	实数	刚性块体绕 z 轴力矩
B_zone(bi)	指针	附着于块体的单元索引
B_zvel(bi)	实数	刚性块体的 z 向速度

（4）块体表面特征提取函数

块体表面主要由 face 构成，而每个 face 由不同的 edge 构成，如果需要查询 face 的隶属块体、几何要素，可采用表 3.4.9 所示表面特征函数。

3DEC 块体的表面特征函数　　　　　　　　　　　　　表 3.4.9

函数名	返回数据类型	说　明
face_area(fi)	浮点	块体面 fi 面积
face_block(fi)	指针	面所属块体的索引
face_extra(fi)	浮点	用户定义的可写数值
face_flow(fi)	指针	流体流面索引
face_gp(fi)	指针	面上顶点数 n 索引
face_id(fi)	整数	面 ID
face_ispare(fi)	整数	为面 fi 存储整型数据(大多由 face_extra 代替)
face_n(fi)	V3	面 fi 法向向量
face_next(fi)	指针	块体下一个面的索引

函数名	返回数据类型	说　　明
face_ngp(fi)	整数	面上顶点(网格点)数
face_nx(fi)	浮点	面法向向量的 x 分量
face_ny(fi)	浮点	面法向向量的 y 分量
face_nz(fi)	浮点	面法向向量的 z 分量
face_rspare(fi)	浮点	为面 fi 存储浮点型数据(大多由 face_extra_代替)
face_sreg(fi)	整数	块体面 fi 表面区域数
face_vlist(fi)	指针	第一个顶点列表项索引(注意:此处并不是顶点本身)
face_zone(fi)	指针	面 fi 中划分网格的索引

（5）单元变量提取

块体划分为单元后，单元按照地址存储，利用表 3.4.10 所示变量提取函数，可查询或修改单元的隶属属性，参数等特征。

3DEC 单元变量提取函数汇总表（z 为单元指针）　　表 3.4.10

函数名	返回数据类型	说　　明
Z_block(z)	指针	关联单元的块体地址
Z_bulk(z)	实数	单元的体积模量
Z_cen(z)	V3	单元形心位置,三维矢量
Z_extra(z,ind)	任意	单元 z,特殊参数数组索引号为 ind 的值,ind 可以是任意整数,可以存储任意类型的数据
Z_fri(z,arr(6))	整型	转动增量张量变化率,填入 arr(6)
Z_frr(z,arr(6))	整型	转动张量变化率,填入 arr(6)
Z_fsi(z,arr(6))	整型	应变增量张量,填入 arr(6)
Z_fsr(z,arr(6))	整型	全应变率,填入 arr(6)
Z_geo_metric(z,itype)	实数	计算四面体单元的某个指标,itype=1 为内切球与外接球半径比;itype=2 为"tet collapse";itype=3 为"tet collapse II",itype=4 为"edge ratio",具体含义查看帮助
Z_gp(z,n)	指针	构成单元的 4 个网格点索引,n 可为 1~4 整数
Z_group(z,? slot?)	字符	单元分组名称,slot 用于此操作的位置,若未指定,默认为 1
Z_ispare(z)	整型	存储单元 z 的整型数据,可用 z_extra 替换
Z_mass(z)	实数	单元质量
Z_mat(z)	整型	单元材料特性编号
Z_model(z)	字符	采用字符分配或者检索单元材料模型,如果单元采用 dll 模型,字符为模型名称,"null"代表空模型,如果使用内嵌模型,相关字符为"con1","con2","con3"或"con4"
Z_next(z)	指针	总单元列表中下一单元索引
Z_pp(z)	实数	单元孔隙压力(周围网格点孔压的平均值)

续表

函数名	返回数据类型	说　明
Z_prop(z,s)	实数	在 DLL 本构模型中检索或者设置材料,s 是包含特性名称的字符
Z_rspare(z)	实数	存储单元 z 的实数变量,可用 z_extra 代替
Z_shear(z)	实数	单元的剪切模量
Z_sig(z)	V3	单元主应力矢量(x＝sig1,y＝sig2,z＝sig3)
Z_sig1(z)	实数	单元最大主应力
Z_sig2(z)	实数	单元中间主应力
Z_sig3(z)	实数	单元最小主应力
Z_sonplane (z,v3norm,? arr(5))	实数	垂直于 V3 平面上的牵引力,如果 arr 指定,则填入法向与切向应力,arr(1)为法向应力,arr(2)为最大剪切应力,arr(3)～arr(5)为剪应力方向的 x、y、z 向分量
Z_ssi(z)	实数	剪切应变率增量
Z_ssr(z)	实数	剪切应变率
Z_state(z)	整型	单元塑性状态,0＝弹性;1＝当前剪切屈服;2 当前拉屈服;4 曾经剪切屈服;8 曾经拉屈服;16 遍布节理当前剪切屈服;32 遍布节理当前拉屈服;64 遍布节理曾经剪切屈服;128 遍布节理曾经拉屈服
Z_sxx(z)	实数	Xx 应力
Z_sxy(z)	实数	Xy 应力
Z_sxz(z)	实数	Xz 应力
Z_syy(z)	实数	Yy 应力
Z_syz(z)	实数	Yz 应力
Z_szz(z)	实数	Zz 应力
Z_total_strain(z)	实数	Mises 总应变值
Z_vol(z)	实数	单元的体积
Z_vsi(z)	实数	单元的体积应变增量
Z_vsr(z)	实数	单元的体积应变率
Z_x(z)	实数	单元形心 x 坐标
Z_y(z)	实数	单元形心 x 坐标
Z_z(z)	实数	单元形心 x 坐标
Z_ssi(z)	实数	最大剪切应变增量
Z_ssr(z)	实数	最大剪切应变率
Z_vsi(z)	实数	体积应变增量
Z_vsr(z)	实数	体积应变率
Z_fsi(z,arr)	实数	全应变增量张量,arr 中分别 6 个分量,以 xx,xy,xz,yy,yz,zz 顺序
Z_fsr(z,arr)	实数	全应变率张量,arr 同上
Z_fri(z,arr)	实数	全转动增量张量,arr 同上
Z_frr(z,arr)	实数	全转动变化率张量,arr 同上

（6）网格点（节点）变量提取

利用表 3.4.11 的函数，可进行网格点变量信息的提取与查询。

3DEC 网格点变量提取函数 表 3.4.11

函数名	返回数据类型	说　　明
Gp_block(gi)	指针	网格点关联的块体索引地址
Gp_bou(gi)	指针	网格点关联的边界点索引地址
Gp_dis(gi)	实数	网格点（节点）位移矢量
Gp_dsf(gi)	实数	密度缩放因子
Gp_extra(gi,ind)	任意	网格点 gi 的数据存储到数组 ind 中,ind 可以是任意整数,所有类型数据均可存储
Gp_force(gi)	V3	网格点（节点）力矢量
Gp_group(gi,? slot?)	实数	节点组名,islot 说明存储组名的位置,默认为 1
Gp_id(gi)	实数	网格点（节点）编号
Gp_ispare(gi)	实数	存储网格点 gi 的整型变量数据,可用 gp_extra 代替
Gp_mass(gi)	实数	网格点质量
Gp_next(gi)	指针	块体内下一网格点的索引地址
Gp_pos(gi)	V3	网格点位置,三维矢量
Gp_pp(gi)	实数	网格点的孔隙压力
Gp_rspare(gi)	实数	存储网格点 gi 的实型变量数据,可用 gp_extra 代替
Gp_temp(gi)	实数	网格点温度
Gp_vel(gi)	V3	网格点速度矢量
Gp_x(gi)	实数	网格点 x 坐标
Gp_xdis(gi)	实数	网格点 x 向位移
Gp_xforce(gi)	实数	网格点 x 向力
Gp_xreaction(gi)	实数	约束网格点(0 速度)的 x 向反力
Gp_xvel(gi)	实数	网格点 x 向速度
Gp_y(gi)	实数	网格点 y 坐标
Gp_ydis(gi)	实数	网格点 y 向位移
Gp_yforce(gi)	实数	网格点 y 向力
Gp_yreaction(gi)	实数	约束网格点(0 速度)的 y 向反力
Gp_yvel(gi)	实数	网格点 y 向速度
Gp_z(gi)	实数	网格点 z 坐标
Gp_zdis(gi)	实数	网格点 z 向位移
Gp_zforce(gi)	实数	网格点 z 向力
Gp_zreaction(gi)	实数	约束网格点(0 速度)的 z 向反力
Gp_zvel(gi)	实数	网格点 z 向速度

（7）接触变量提取

接触变量主要为块体间的接触，包括几何、参数等，利用表 3.4.12 可对这些信息进行查询。

3DEC 接触特征提取函数　　　　　　　　表 3.4.12

函数名	返回数据类型	说　明
c_area(ci)	浮点	接触面积
c_b1(ci)	指针	块体 1 在接触的索引
c_b2(ci)	指针	块体 2 在接触的索引
c_cons(ci)	整数	本构模型数
c_cx(ci)	指针	子接触列表索引
c_extra(ci,ind)	任意	对于接触 ci,附加参数数组 ind 的数值。Ind 可为任意整数,任意数据类型可以被存储
c_fid(ci)	整数	DFN 裂隙 ID
c_flowplane(ci)	指针	与接触相关联的流动平面
c_group(ci,? slot?)	字符串	接触组名字,slot 表明当接触是众多组中之一时哪一个位置用于操作,默认 slot 为 1
c_id(ci)	整数	接触 ID,这个数字反映了接触对应于哪一个面这样的操作(比如节理 ID,DFN 节理组 ID)
c_ispare(ci)	整数	为存储整型数据的备用补偿(大多被 c_extra 取代)
c_link1(ci)	指针	在块体 1 上的下一个接触
c_link2(ci)	指针	在块体 2 上的下一个接触
c_mat(ci)	整数	接触的材料属性数
c_n(ci)	V3	接触的单位法线
c_ndis(ci)	浮点	接触的法向位移
c_next(ci)	指针	主列表中下一个接触的索引
c_nforce(ci)	浮点	接触法向力
c_nx(ci)	浮点	单位法线的 x 分量
c_ny(ci)	浮点	单位法线的 y 分量
c_nz(ci)	浮点	单位法线的 z 分量
c_pos(ci)	V3	接触位置
c_rspare(ci)	浮点	为存储 real 数据的备用补偿(大多被 c_extra 取代)
c_type(ci)	整数	接触类型(0-空模型,1-面-面,2-面-边,3-面-顶点,4-边-边,5-边-顶点,6-顶点-顶点)
c_x(ci)	浮点	接触的 x 坐标
c_y(ci)	浮点	接触的 y 坐标
c_z(ci)	浮点	接触的 z 坐标

除了以上接触，每个接触面还可以划分为多个子接触。子接触提取函数汇总如表

3.4.13 所示：

子接触信息提取函数汇总

表 3.4.13

函数名	返回值类型	说　　明
Cx_area(si)	实数	子接触的面积
Cx_cons(si)	整数	子接触本构编号
Cx_contact(si)	指针	子接触隶属的接触地址
Cx_edge1(si)	指针	边-边子接触中点列表中边 1 索引
Cx_edge2(si)	指针	边-边子接触中点列表中边 2 索引
Cx_extra(si,int)	任意	子接触 si，特殊变量数组中，索引为 int 的值
Cx_face(si)	指针	点-面子接触中面的索引地址
Cx_group(si,? int)	字符	子接触的群组名
Cx_ispare(si)	整数	存储子接触 si 的整型数据,可用 cx_extra 替换
Cx_mat(si)	整数	子接触的材料编号
Cx_model(si)	字符	指定子接触的本构模型编号
Cx_ndis(si)	实数	法向位移
Cx_next(si)	指针	列表中下一子接触的索引地址
Cx_nforce(si)	实数	子接触上的法向力
Cx_pos(si)	实数	子接触的位置
Cx_pp(si)	实数	子接触孔压
Cx_ppforce(si)	实数	子接触上孔隙压力
Cx_prop(si,str)	实数	子接触模型上的材料参数,str 为材料参数名
Cx_rspare(si)	实数	存储子接触实数型信息,可用 cx_extra 替换
Cx_sdis(si)	V3	子接触剪切位移矢量
Cx_sforce(si)	V3	子接触剪切力矢量
Cx_state(si)	整数	子接触状态变量；0＝弹性；1＝滑动；2＝弹性,但先前滑动过；3＝拉破坏
Cx_type(si)	整数	子接触类型(1＝点-面接触；2＝边-边接触)
Cx_vertex(si)	指针	点面型子接触的顶点列表地址
Cx_x(si)	实数	子接触位置的 x 坐标
Cx_xsdis(si)	实数	子接触剪切位移 x 分量
Cx_xsforce(si)	实数	子接触剪切力 x 分量
Cx_y(si)	实数	子接触位置的 y 坐标
Cx_ysdis(si)	实数	子接触剪切位移 y 分量
Cx_ysforce(si)	实数	子接触剪切力 y 分量
Cx_z(si)	实数	子接触位置的 z 坐标
Cx_zsdis(si)	实数	子接触位置的 z 坐标
Cx_zsforce(si)	实数	子接触剪切位移 z 分量

在提取这些接触信息后，可以方便地进行接触方面的力学计算，如下例为采用接触与子接触内部函数进行块体安全系数求解的子函数，运行后可以得出编号为 101 的接触面安全系数。

例 3.4.1 采用接触判断计算块体接触面安全系数

```
def_cal_block_fos                                ;;;计算块体安全系数
    _pi＝3.1415                                   ;;pi
    ci＝contact_head                              ;;;接触指针
    loop while ci ≠ 0                             ;;;接触循环
            _contact_id＝c_id(ci)                 ;接触编号
            if_contact_id＝id_jset                ;如果接触编号为 id_jset
              _ci_sub＝c_cx(ci)                    ;子接触地址初始位置
              _conta_nf_id_101＝c_nforce(ci)       ;法向力
              _conta_area_id_101＝c_area(ci)       ;子接触面积
              _sum_sub_conta_nf＝0.0               ;用来提取子接触法向力并汇总
              _sum_sub_conta_sf＝0.0               ;接触面积汇总
              _n_sub_id_101＝0                      ;子接触数目
              _sum_area_id_101＝0.0
              _fos＝0.0
              loop while_ci_sub ≠ 0
                  _sub_conta_nf＝cx_nforce(_ci_sub)                ;;子接触法向接触力
                  _sum_sub_conta_nf＝_sum_sub_conta_nf ＋_sub_conta_nf  ;;汇总
                  _sub_conta_xsf＝cx_xsforce(_ci_sub)              ;;子接触剪切力 x 向分量
                  _sub_conta_ysf＝cx_ysforce(_ci_sub)              ;;y 向分量
                  _sub_conta_zsf＝cx_zsforce(_ci_sub)              ;;z 向分量
    _sub_conta_sforce＝sqrt((_sub_conta_xsf)^2＋(_sub_conta_ysf)^2 ＋(_sub_conta_zsf)^2)
                  ;子接触剪切力矢量和
                  _sum_sub_conta_sf＝_sum_sub_conta_sf ＋_sub_conta_sforce
                  ;;子接触剪切力累加
                  _area_sub_conta＝cx_area(_ci_sub)
                  _sum_area_id_101＝_sum_area_id_101 ＋_area_sub_conta;;面积累加
                  _n_sub_id_101＝_n_sub_id_101 ＋ 1;;数目累加
                  _ci_sub＝cx_next(_ci_sub);;下一子接触
                  _jcoh_id_101＝cx_prop(ci_sub,'jcoh')
                  _jfric_id_101＝cx_prop(ci_sub,'jfri')
    _sigma_counter_slid_foce＝_sigma_counter_slid_foce＋_jcoh_id_101 * _area_sub_conta
    _sigma_counter_slid_foce＝_sigma_counter_slid_foce＋_sub_conta_nf * tan(_jfric_id_101
    /180 * _pi);;;抗滑力累加
              endloop
    ;;;计算块体 id_jset
```

```
            _sigma_slid_force=_sum_sub_conta_sf      ;;;滑动力
            _fos=_sigma_counter_slid_foce/_sigma_slid_force      ;;;安全系数
            command
                list@_fos      ;;;输出结果
                ;;;; pau
                ;;;; list @_sum_sub_conta_nf
                ;;;; list @_sum_sub_conta_sf
                ;;;; list@_conta_nf_id_101
                ;;;; list@_n_sub_id_101
                ;;;;list @_conta_area_id_101
                ;;;; list @_sum_arca_id_101
            endcommand
        end_if
      ci=c_next(ci)      ;;;下一接触判断
    endloop
end
set @id_jset=101
@_cal_block_fos
```

如图 3.4.1 所示边坡，计算后运行上例 fish 函数，可得其安全系数为 1.303（图左侧所示）。

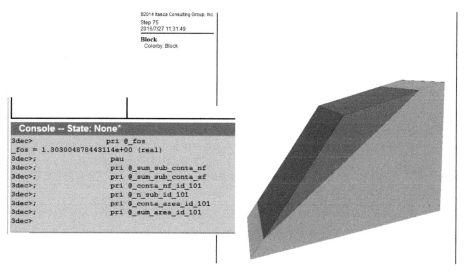

图 3.4.1　沿结构面滑动计算实例

除以上 FISH 函数外，还有 DFN 信息提取函数，边界-角提取函数（boundary corner function），块体材料特征提取函数（block materialproperty function），节理材料特性提取函数（joint material property function），衬砌提取函数（Liner function），流面提取函数（flow-plane function），流体节点提取函数（flow-knot function），流面单元提取函数

（flow-plane zone function），流面顶点提取函数（flow-plane vertex function）等，限于篇幅，本章不一一介绍，在需要提取相关信息时，注意参考 3DEC 帮助文件。

3.4.3 利用函数输出数据

在 FISH 中，为了方便数据读入和写入文件。专门设置了输入输出函数，采用 ASCII 模式或者 FISH 交换模式进行数据导出，前者允许 FISH 函数与其他软件或者程序进行数据交换，后者允许数据在函数间进行调用。在 FISH 模式下，数据以二进制格式存储与交换，不产生精度损失；而 ASCII 模式将数字写出，再次读入时会损失数据的精度。

除了这两种模式，还有两种打开文件并输入输出的操作方法：运行域和变量域操作。两种方法均支持基本的操作，但又存在一些差别。

1）在运行范围内，同时只能打开一个文件，而变量范围可以同时打开任意多个文件。

2）在运行域的文件可以打开，关闭，读取和写入程序的任意位置。而变量域文件通过指针变量存储，只能通过指针进行访问。

FISH 标准输入输出函数列表　　　　　　　　　　　　　　表 3.4.14

函数调用格式	调用说明
Close	关闭当前打开的文件,返回值为 0 说明关闭成功
Close(fpnt)	关闭指向给定变量的文件
Open(fname,wr,md)	在运行域打开文件 fname,用于 ASCII 或者 fish 读写。Fname 可以采用一个带引号的字符串或者 fish 的字符变量;wr 为整数(0＝读入,文件必须存在;1＝写,但是覆盖已有文件;2＝写但是在现有文件后补充;md 为整数(0＝fish 模式,读写 fish 变量;2＝ASCII 模式) 如果出错函数会返回一个值,分别代表不用的错误,查阅 fish 帮助
Popen(fname,wr,md)	类似于 open(),但不是返回一个整数表明打开成功,而是返回一个文件变量域 fname 指针。结果可以作为第三方参数通过 read() 和 write() 读写,使得这两个命令从变量读取而不是从运行域读取
Read(ar,n)	读取数组 ar 的前 n 个记录。每条记录要么是一行 ASCII 数据,或者是单个 fish 变量。ar 数组必须至少有 n 个单元。函数返回值(0＝要求行数的数据无错误读入完毕;-1＝读取错误,除了文件尾;n＝正值表明都去了 n 个数据后到了文件尾)
Read(ar,n,fpnt)	类似于 read(),但是读取给定变量域文件,而不是运行域文件
Write(ar,n)	将数组 ar 中前 n 条记录写入文件。每条记录要么是一行 ASCII 数据,或者是单个 fish 变量。ASCII 模式下,每个单元必须是字符串,ar 数组必须至少有 n 个单元。函数返回值(0＝要求的行数无错误输出完毕;-1＝写文件错误;n＝正值说明第 n 个单元不是字符,屏幕上显示错误)
Write(ar,n,fpnt)	与 write()类似,但是写入给定的变量域文件,而不是运行时间打开的文件
File_pos	获取或者设置运行域文件的当前位置,当前位置可以通过 var＝file_pos 存储为变量 var,后面再通过 file_pos＝var 进行存储。Fish 模式下,要确保给定的位置是有效的
File_pos(fpnt)	获取或者设置给定变量域文件的当前位置,否则,如 file_pos 相同处理
Parse(s,i)	返回字符串 s 中第 i 项,可识别整数、实数和字符。如果第 i 项类型位置,返回值 0。如果 s 不是字符,则显示错误信息并返回 0
Pre_parse(s,i)	浏览字符串 s,并根据第 i 个数据类型返回一个整型数据(0 未知类型;1 整型;2 浮点型;3 字符型)

例 3.4.2　fish 输入输出函数读写数据

```
def setup        ;;;该函数进行初始变量设定
     a_size＝20
    IO_READ＝0
    IO_WRITE＝1
    IO_FISH＝0
    IO_ASCII＝1
    filename＝'junk. dat'
end
@setup
def io
  array aa(a_size) bb(a_size);;定义两个数组
  ;(1)ASCII 输入输出测试 ------------------
  status＝open(filename，IO_WRITE，IO_ASCII)
  aa(1)＝'Line 1 ... Fred'
  aa(2)＝'Line 2 ... Joe'
  aa(3)＝'Line 3 ... Roger'
  status＝write(aa,3)
  status＝close
  status＝open(filename，IO_READ，IO_ASCII)
  status＝read(bb, a_size)
  if status ♯ 3 then
  oo＝out(' Bad number of lines')
  endif
  status＝close
  ;检查结果..
  loop n (1,3)
  if parse(bb(n)，2) ♯ n then
  oo＝out(' Bad 2nd item in loop ' + string(n))
  exit
  endif
  endloop
  if pre_parse(bb(3)，4) ♯ 3 then
  oo＝out(' Not a string')
  exit
  endif
  ;fish 模式标准输出测试 ---------
  status＝open(filename，IO_WRITE，IO_FISH)
  funny_int＝1234567
  funny_float＝1.2345e6
```

```
aa(1)='---> All tests passed OK'
aa(2)=funny_int
aa(3)=funny_float
status=write(aa,3)
status=close
status=open(filename, IO_READ, IO_FISH)
status=read(bb, 3)
status=close
;检查 fish 结果 ...
if type(bb(1)) ≠ 3 then
oo=out('Bad FISH string read/write')
exit
endif
if bb(2) ≠ funny_int then
oo=out('Bad FISH integer read/write')
exit
endif
if bb(3) ≠ funny_float then
oo=out('Bad FISH float read/write')
exit
endif
oo=out(bb(1)) ; (should be a good message)
command
sys del junk. dat
endcommand
end
@io
```

该例说明了如何利用 fish 自带的标准输入输出函数。分别创建 ASCII 和 fish 模式的文件。其中 ASCII 文件名称为"file1. fio",fish 模式文件为"file2. fio"。运行以上命令函数后，ASCII 文件可以用文本编辑器打开,而 fish 文件则不行。

例 3.4.3 利用 3DEC 数据导出至 TECPLOT10 软件

```
;;3DEC500 Mesh to Tecplot10.0
def ini_mesh2tec
  IO_READ  =0
  IO_WRITE=1
  IO_FISH  =0
  IO_ASCII=1
  N_RECORD=8
  array buf(10),buf1(1)
```

```
      tec_file='3DEC500_Tecplot. dat'
end
@ini_mesh2tec
define zonenum
   bi=block_head
   znum=0        ;;;;单元数目
   bnum=0        ;;;;块体数目
   loop while bi ≠ 0
        p_z=b_zone(bi)
        loop while p_z ≠ 0
           p_z=z_next(p_z)
           znum=znum+1
        endloop
     bi=b_next(bi)
     bnum=bnum+1
     endloop
end
@zonenum        ;;;;;得出总块体数目,总单元数目
define gpgpnum
   bi=block_head
   gpnum=0        ;;;;所有的节点数目
   loop while bi ≠ 0
     p_gp=b_gp(bi)
        loop while p_gp ≠ 0
           p_gp=gp_next(p_gp)
           gpnum=gpnum+1
        endloop
     bi=b_next(bi)
   endloop
end
@gpgpnum        ;;;得到总的节点数目
define ggpp
   array ggppi(gpnum,3),num_beg_end(bnum,3)
;;;;;第一个数组为总节点存储地址与节点编号,对应块体的地址,第二个数组为块体
内节点在总节点中的起始与终止编号
     bi=block_head
     ii=1
     n_block=0
     num_beg_end(1,1)=1        ;;;;第一个块体节点开始编号默认为 0
```

```
    num_beg_end(1,2)=1        ;;;第一个块体节点结束编号
    loop while bi ≠ 0
      n_block=n_block+1
      if n_block >1   then
          num_beg_end(n_block,1)=num_beg_end(n_block-1,2)+1
      endif
      np00=0
      p_gp=b_gp(bi)
      loop while p_gp ≠ 0
          ggppi(ii,1)=p_gp           ;;;;第一行为第 ii 节点的地址
          ggppi(ii,2)=ii             ;;;;第二行为节点编号 ii
          ggppi(ii,3)=bi             ;;;;第三行为块体的地址
          p_gp=gp_next(p_gp)
          ii=ii+1                    ;;;;ii 为节点编号
          np00=np00+1                ;;;;节点总数目增加一个
      endloop
      num_beg_end(n_block,2)=num_beg_end(n_block,1)+np00-1
      bi=b_next(bi)
    endloop
    ii=ii-1
  end
  @ggpp
  def write_zone
    bi=block_head
    n_block=0
    loop while bi ≠ 0
      n_block=n_block+1
      p_z=b_zone(bi)
        loop while p_z ≠ 0
          num_beg=num_beg_end(n_block,1)
          num_end=num_beg_end(n_block,2)
          loop jj (num_beg,num_end)
            if ggppi(jj,1)=z_gp(p_z, 1)
                buf1(1)=''
                buf1(1)=buf1(1) + string(ggppi(jj,2)) + ' '
            endif
          endloop
          loop jj (num_beg,num_end)
              if ggppi(jj,1)=z_gp(p_z, 2)
```

```
            buf1(1)＝buf1(1) ＋ string(ggppi(jj,2)) ＋ ' '
          endif
        endloop
        loop jj (num_beg,num_end)
            if ggppi(jj,1)＝z_gp(p_z, 3)
              buf1(1)＝buf1(1) ＋ string(ggppi(jj,2)) ＋ ' '
            endif
        endloop
        loop jj (num_beg,num_end)
            if ggppi(jj,1)＝z_gp(p_z, 4)
                buf1(1)＝buf1(1) ＋ string(ggppi(jj,2)) ＋ ' '
            endif
        endloop
        status＝write(buf1,1)
        p_z＝z_next(p_z)
      endloop
    bi＝b_next(bi)
  endloop
end
;; 编写 tecplot 点文件
def write_mesh_head
  buf(1)='TITLE    ="3DEC500 Mesh to Tecplot Version 10"'
  buf(2)='VARIABLES="X" "Y" "Z" "DISP/mm" "XDISP/mm"'
  buf(2)=buf(2) ＋ ' "YDISP/mm" "ZDISP/mm" "SXX/MPa" "SYY/MPa" &.
"SZZ/MPa" "SIG1/MPa" "SIG2/MPa" "SIG3/MPa"'
  buf(3)='ZONE T="Tecplot v10"'
  buf(4)=' N=' ＋ string(gpnum) ＋ ','
  buf(4)=buf(4) ＋ ' E=' ＋ string(znum) ＋ ',' ＋ ' ZONETYPE=FETETRAHEDRON, '
  buf(5)=' DATAPACKING=BLOCK '
  buf(6)=' VARLOCATION=([6-11]=CELLCENTERED)'
  buf(7)=' DT=(SINGLE SINGLE SINGLE SINGLE SINGLE'
  buf(7)=buf(7) ＋ ' SINGLE SINGLE SINGLE SINGLE)'
  status＝write(buf,7)
end
;; 写入网格点坐标与位移
def write_dis
  bi＝block_head
  loop while bi ≠ 0
    p_gp＝b_gp(bi)
```

```
    loop while p_gp ≠ 0
      buf1(1)=''
      loop i (1,N_RECORD)
        if p_gp ≠ 0 then
          caseof  info_flag
          case 0
            buf1(1)=buf1(1) + string(gp_x(p_gp)) + ' '
          case 1
            buf1(1)=buf1(1) + string(gp_y(p_gp)) + ' '
          case 9
            buf1(1)=buf1(1) + string(gp_z(p_gp)) + ' '
          case 2
            dis_gp=gp_xdis(p_gp) * gp_xdis(p_gp)
            dis_gp=dis_gp + gp_ydis(p_gp) * gp_ydis(p_gp)
            dis_gp=dis_gp + gp_zdis(p_gp) * gp_zdis(p_gp)
            dis_gp=sqrt(dis_gp)
            buf1(1)=buf1(1) + string(dis_gp * 1000) + ' '
          case 4
            buf1(1)=buf1(1) + string(gp_xdis(p_gp) * 1000) + ' '
          case 8
            buf1(1)=buf1(1) + string(gp_ydis(p_gp) * 1000) + ' '
          case 10
            buf1(1)=buf1(1) + string(gp_zdis(p_gp) * 1000) + ' '
          endcase
            p_gp=gp_next(p_gp)
        endif
      endloop
      status=write(buf1,1)
    endloop
    bi=b_next(bi)
  endloop
end
;; 写入相关区域数据,例如应力
define write_stress
  bi=block_head
  znum=0
  loop while bi ≠ 0
    p_z=b_zone(bi)
    loop while p_z ≠ 0
```

```
    buf1(1)=''
    loop i (1,N_RECORD)
      if p_z ≠ 0 then
        caseof  info_flag
        case 0
          buf1(1)=buf1(1) + string(z_sxx(p_z) * 0.000001) + ' '
        case 1
          buf1(1)=buf1(1) + string(z_syy(p_z) * 0.000001) + ' '
        case 2
          buf1(1)=buf1(1) + string(z_szz(p_z) * 0.000001) + ' '
        case 4
          buf1(1)=buf1(1) + string(z_sig1(p_z) * 0.000001) + ' '
        case 5
          buf1(1)=buf1(1) + string(z_sig2(p_z) * 0.000001) + ' '
        case 6
          buf1(1)=buf1(1) + string(z_sig3(p_z) * 0.000001) + ' '
          endcase
        p_z=z_next(p_z)
      endif
    endloop
    status=write(buf1,1)
  endloop
  bi=b_next(bi)
endloop
end
;; 单元连接结构
;; 主函数
def mesh_to_tec10
  status=open(tec_file,IO_WRITE,IO_ASCII)
  if status=0 then
    write_mesh_head
    info_flag=0
    write_dis
    info_flag=1
    write_dis
    info_flag=9
    write_dis
    info_flag=2
    write_dis
```

```
            info_flag=4
            write_dis
            info_flag=8
            write_dis
            info_flag=10
            write_dis
            info_flag=0
            write_stress
            info_flag=1
            write_stress
            info_flag=2
            write_stress
            info_flag=4
            write_stress
            info_flag=5
            write_stress
            info_flag=6
            write_stress
            write_zone
          status=close
          ii=out('bu zhidao neng bu neng yong'+ tec_file)
        else
          ii=out('Open File Error! Status=' + string(status))
        endif
      end
  @mesh_to_tec10
```

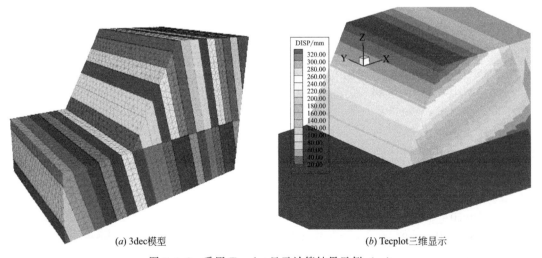

(a) 3dec模型   (b) Tecplot三维显示

图 3.4.2 采用 Tecplot 显示计算结果示例（一）

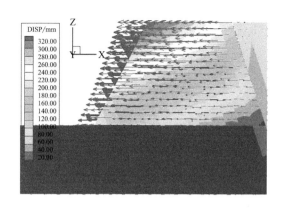

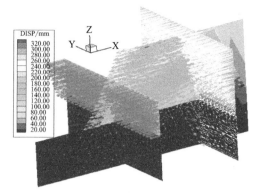

(c) tecplot切面显示　　　　　　　　　　　(d) 切面组合显示

图 3.4.2　采用 Tecplot 显示计算结果示例（二）

该例采用 fish 中的内变量，展示了如何通过内部函数提取变量，并将之写为 ASCII 文件，以方便后面的输出。通过 fish 语言，使用者可以提取数据，并利用 Tecplot 等软件显示，如果想同时绘制等值线、云图、并提取一些数据，采用 Tecplot 进行结果显示是重要的可选途径。

例 3.4.4 提取所有块体单元的塑性状态，并在 AUTOCAD 中进行显示

```
def initialization        ;;;文件状态变量定义
    GK='Plastic_zone'
    IO_READ  =0
    IO_WRITE=1
    IO_FISH  =0
    IO_ASCII=1
    FileName=string(GK + '.txt');
end
@initialization
DEF_getbnum;块体数目
array blockinfo(1)
blocknum=0
FileName='01_Blockinfo.dat'
status=open(FileName,IO_WRITE,IO_ASCII)
blockinfo(1)='order b_id b_region b_mat b_cons b_x b_y  b_z  b_zone_list'
status=write(blockinfo,1)
bid0=block_head
loop while bid0 ≠ 0
blocknum=blocknum + 1
blockinfo(1)=string(blocknum) + ' ' + string(b_id(bid0)) + ' ' +  string(b_re-
gion(bid0)) + ' ' + string(b_mat(bid0))
blockinfo(1)=blockinfo(1) + ' ' + string(b_cons(bid0)) + ' ' + string(b_x(bid0))  +
```

```
      ' ' + string(b_y(bid0))
    blockinfo(1)＝blockinfo(1) + ' ' + string(b_z(bid0)) + ' ' + string(b_zone(bid0))
    status＝write(blockinfo,1)
    bid0＝b_next(bid0)
  endloop
  status＝close；
END
@_getbnum
DEF_GetResult；
  FileName＝'02_EleNodeinfo. dat'
  array block1_x(blocknum)
  array block1_y(blocknum)
  array block1_z(blocknum)
  array zonevalue(5)
  array gpcoor(4)
  array gpdisp(4)
  array gpforc(4)
  status＝open(FileName,IO_WRITE,IO_ASCII)
  bid＝block_head      ;---- block index address
  b_total   ＝0        ;---- block number
  z_total   ＝0        ;--- zone number of block
  n_total   ＝0        ;--- node number of block
  loop while bid ≠ 0
    b_total   ＝b_total + 1
    block1_x(b_total)＝b_x(bid)
    block1_y(b_total)＝b_y(bid)
    block1_z(b_total)＝b_z(bid)
    zid＝b_zone(bid)      ;--- zone index address of each block
    loop while zid ≠ 0
    z_total＝z_total + 1
    n_total＝n_total + 4
    zonevalue(1)＝string(z_total) + ' ' + string(b_region(z_block(zid))) + ' ' +
    string(z_mat(zid))
    zonevalue(1)＝zonevalue(1)  + ' ' + string(b_cons(z_block(zid)))  + ' ' +
    string(z_state(zid))
    zonevalue(2)＝'11 ' + string(z_x(zid))   + ' ' + string(z_y(zid))   + ' ' +
    string(z_z(zid))
    zonevalue(3)＝'12 ' + string(z_sig1(zid)) + ' ' + string(z_sig2(zid)) + ' ' +
    string(z_sig3(zid))
```

zonevalue(4)＝'13 ' + string(z_sxx(zid)) + ' ' + string(z_syy(zid)) + ' ' + string(z_szz(zid))

zonevalue(5)＝'14 ' + string(z_sxy(zid)) + ' ' + string(z_syz(zid)) + ' ' + string(z_sxz(zid))

gpcoor(1)＝'21 ' + string(gp_x(z_gp(zid,1))) + ' ' + string(gp_z(z_gp(zid,1))) + ' ' + string(gp_y(z_gp(zid,1)))

gpcoor(2)＝'22 ' + string(gp_x(z_gp(zid,2))) + ' ' + string(gp_z(z_gp(zid,2))) + ' ' + string(gp_y(z_gp(zid,2)))

gpcoor(3)＝'23 ' + string(gp_x(z_gp(zid,3))) + ' ' + string(gp_z(z_gp(zid,3))) + ' ' + string(gp_y(z_gp(zid,3)))

gpcoor(4)＝'24 ' + string(gp_x(z_gp(zid,4))) + ' ' + string(gp_z(z_gp(zid,4))) + ' ' + string(gp_y(z_gp(zid,4)))

gpdisp(1)＝'31 ' + string(gp_xdis(z_gp(zid,1))) + ' ' + string(gp_zdis(z_gp(zid,1))) + ' ' + string(gp_ydis(z_gp(zid,1)))

gpdisp(2)＝'32 ' + string(gp_xdis(z_gp(zid,2))) + ' ' + string(gp_zdis(z_gp(zid,2))) + ' ' + string(gp_ydis(z_gp(zid,2)))

gpdisp(3)＝'33 ' + string(gp_xdis(z_gp(zid,3))) + ' ' + string(gp_zdis(z_gp(zid,3))) + ' ' + string(gp_ydis(z_gp(zid,3)))

gpdisp(4)＝'34 ' + string(gp_xdis(z_gp(zid,4))) + ' ' + string(gp_zdis(z_gp(zid,4))) + ' ' + string(gp_ydis(z_gp(zid,4)))

status＝write(zonevalue,5)　　;;;;输出 zonevalue 数组前 5 个单元

status＝write(gpcoor,4)　　;;;;输出 gpcoor 数组前 4 个单元

status＝write(gpdisp,4)　　;;;;输出 gpdisp 数组前 4 个单元

zid＝z_next(zid)

endloop

　　bid＝b_next(bid)

endloop

status＝close　　;;;;关闭读写

o1＝'.........................'

o2＝'..... The total num of block is：' + string(b_total) + ' .....'

o3＝'..... The total num of Zones is：' + string(z_total) + ' .....'

o4＝'..... The total num of Nodes is：' + string(n_total) + ' .....'

o5＝'.........................'

END

@_GetResult

本例是将块体中单元信息直接写成 txt 文件，而不是 TECPLOT 文件，因此可以在文本信息中选取可用的信息，进而可将这些信息写成 AUTOCAD 等显示。本例中选取各种类型的塑性屈服单元，并利用单元形心计算其到开挖边界的范围，以得到塑性区深度。

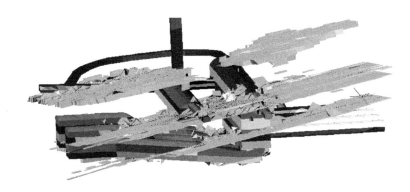

图 3.4.3　剪拉塑性区分布

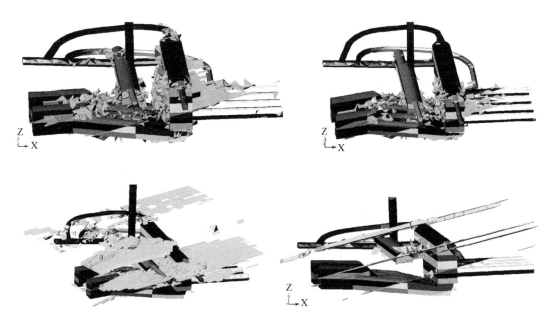

图 3.4.4　利用 3DEC 计算结果计算点抗滑安全系数

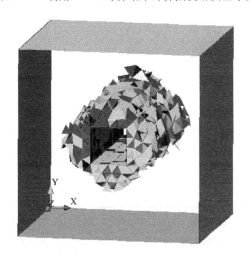

图 3.4.5　3DEC 矩形隧洞塑性区导出及 AUTOCAD 显示

例 3.4.5　点抗滑安全系数计算与导出实例

点安全系数或局部抗剪安全系数考虑滑动面上的实际应力分布和基岩与上部结构相对变形对抗滑稳定的影响。从理论上说，只要整个滑动面上每个点（或局部）$K_p \geq 1$，则整个滑动面是稳定的。但实际计算中往往出现个别点的破坏，由于拱座作为超静定结构对应力有一定的调整作用，可忽略不计，当出现整片破坏区时，可定义出破坏面。点安全系数公式一般形式为：

$$K_p = \frac{\sigma f' + C'}{\tau} \tag{3.4.1}$$

由于空间应力为二阶张量，因此点安全系数具有空间矢量性，对于工程来说，需找出不利剪切面上的抗剪安全系数。这里从空间线弹性力学公式及破坏屈服准则上推导点安全系数公式。

由空间线弹性力学公式可知：

$$\sigma_n = l^2 \sigma_1 + m^2 \sigma_2 + n^2 \sigma_3 \tag{3.4.2}$$

$$\tau_n = \sqrt{l^2 \sigma_1^2 + m^2 \sigma_2^2 + n^2 \sigma_3^2 - \sigma_n^2} \tag{3.4.3}$$

将式 2.4.4 和 2.4.5 带入 2.4.3，可得：

$$K_p = \frac{(l^2 \sigma_1 + m^2 \sigma_2 + n^2 \sigma_3) f' + C'}{\sqrt{l^2 \sigma_1^2 + m^2 \sigma_2^2 + n^2 \sigma_3^2 - (l^2 \sigma_1 + m^2 \sigma_2 + n^2 \sigma_3)^2}} \ , (l^2 = 1 - m^2 - n^2) \tag{3.4.4}$$

式 3.4.4 中：σ_1 和 σ_3 分别为单元的最大和最小主应力（以压为正）；c 和 φ 分别为单元的粘聚力和内摩擦角；l、m、n 为剪切面外法线对于应力主方向的方向余弦。

式 3.4.4 为二元函数，自变量为 m，n，对其求极值，可得到最小安全系数：

$$(K_p)_{min} = \frac{2\sqrt{(f' \sigma_1 + C')(f' \sigma_3 + C')}}{\sigma_1 - \sigma_3}, \left(m = 0, n = \pm\sqrt{\frac{f' \sigma_1 + C'}{f'(\sigma_1 + \sigma_3) + 2C'}}\right) \tag{3.4.5}$$

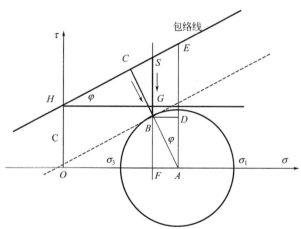

图 3.4.6　空间应力状态及摩尔库伦强度包络线

以上推导了线弹性空间应力状态下点安全度公式，但实际上岩体并不是完全都处于线弹性状态，因此需根据计算所采用的强度屈服准则来推导岩体的点安全系数。这里采用工程中普遍应用的抗拉摩尔库伦本构关系，判定岩体中任意一点的应力状态与强度包络线的距离，可分为强度储备型（SB）和最小距离型（CB）。其中投影型更符合强度储备的思想，即将强度包络线向下平移（对应储备安全裕度）。对应点安全度公式推导如下：

① 强度储备型点安全度：

$$K_p = \frac{|FS|}{|BF|} = \frac{|FS|}{|AB|\cos\varphi} = \frac{[(\sigma_1+\sigma_3)-(\sigma_1-\sigma_3)\sin\varphi]\tan\varphi+2C}{(\sigma_1-\sigma_3)\cos\varphi} \quad (3.4.6)$$

② 最小距离型点安全度：

$$F_s = \frac{|AC|}{|AB|} = \frac{|AE|\cos\varphi}{|AB|} = \frac{[2C+(\sigma_1+\sigma_3)\tan\varphi]\cos\varphi}{\sigma_1-\sigma_3} \quad (3.4.7)$$

由于岩体中一点的应力状态不完全是受压，因此当一点受拉时，应改用抗拉屈服准则判定。

③
$$K_t = \frac{tension}{\sigma_3} \quad (\sigma_3 \leqslant 0,为拉应力) \quad (3.4.8)$$

关于点安全系数的标准，规范上未指明具体的评判标准，只能在各工程中相互比较，但可以看出低安全系数的部位，项目采用的基于带抗拉摩尔库伦屈服准则的点安全度，与计算采用的力学本构一致，可以从塑性区的分布及强度折减方法相互验证，具有较好的合理性。

采用 fish 函数调用内变量可实现点抗滑安全度计算与采用 TECPLOT 显示，同时可采用 zone_extra 函数实现 3DEC 自定义变量的显示：

其原理如例 3.4.1 所示，只需要对部分函数修改一下即可

```
define write_stress        ;;;安全系数基于单元数据进行输出
  bi＝block_head
  znum＝0
  loop while bi ≠ 0
    p_z＝b_zone(bi)
   loop while p_z ≠ 0
     z_ss1＝z_sig1(p_z) * 0.000001 ;;此处转化为 Mpa,如果已经是 Mpa,不需转化
     z_ss2＝z_sig2(p_z) * 0.000001
     z_ss3＝z_sig3(p_z) * 0.000001
     z_fri＝z_prop(p_z,'friction')
     z_coh＝z_prop(p_z,'cohesion')
     z_tens＝z_prop(p_z,'tension')
     buf1(1)＝''
     loop i (1,N_RECORD)
      if p_z ≠ 0 then
        caseof  info_flag
        case 0
          buf1(1)＝buf1(1) + string(z_sxx(p_z) * 0.000001) + ' '
        case 1
          buf1(1)＝buf1(1) + string(z_syy(p_z) * 0.000001) + ' '
        case 2
```

```
                buf1(1)＝buf1(1) ＋ string(z_szz(p_z) * 0.000001) ＋ ' '
            case 4
                buf1(1)＝buf1(1) ＋ string(z_sig1(p_z) * 0.000001) ＋ ' '
            case 5
                buf1(1)＝buf1(1) ＋ string(z_sig2(p_z) * 0.000001) ＋ ' '
            case 6
                buf1(1)＝buf1(1) ＋ string(z_sig3(p_z) * 0.000001) ＋ ' '
            case 21     ;;;偏导数得出计算安全系数，公式(7.1.7)
SKc0＝2.0 * (sqrt((tan(z_fric * degrad) * z_ss1＋z_coh) * (tan(z_fric * 
z_ss3＋z_coh)))/(z_ss1-z_ss3)
                buf1(1)＝buf1(1) ＋ string(SKc0) ＋ ' '
            case 22     ;;;M-C 准则最小距离型安全系数定义
            SKc2＝(2 * Z_coh＋(z_ss1＋z_ss3) * tan(z_fric * degrad)) * cos(z_fric * 
            degrad)/(z_ss1-z_ss3)
                buf1(1)＝buf1(1) ＋ string(SKc2) ＋ ' '
            Case 23     ;;;拉应力安全系数
                if Z_ss3＜0
                    SKc3＝Z_tens/abs(Z_ss3)
                else
                    SKc3＝15
                Endif
            buf1(1)＝buf1(1) ＋ string(SKc3) ＋ ' '
            case 24     ;;;强度储备型安全系数
                    SKc4＝(2 * Z_coh＋((z_ss1＋z_ss3)-(z_ss1-z_ss3) * sin
                    (z_fric * degrad)) * tan(z_fric * degrad))/((z_ss1-z_ss3) * 
                    cos(z_fric * degrad))
            buf1(1)＝buf1(1) ＋ string(SKc4) ＋ ' '
            endcase
            p_z＝z_next(p_z)
        endif
      endloop
      status＝write(buf1,1)
    endloop
    bi＝b_next(bi)
  endloop
end
```

修改 mesh_to_tec10 函数改变输出的变量，选取 4 个安全系数变量与最大最小主应力作为应力输出数据。

```
def mesh_to_tec10     ;;;
```

```
status=open(tec_file,IO_WRITE,IO_ASCII)
if status=0 then
    write_mesh_head
    info_flag=0
    write_dis
    info_flag=1
    write_dis
    info_flag=9
    write_dis
    info_flag=2
    write_dis
    info_flag=4
    write_dis
    info_flag=8
    write_dis
    info_flag=10
    write_dis
    info_flag=21
    write_stress
    info_flag=22
    write_stress
    info_flag=23
    write_stress
    info_flag=24
    write_stress
    info_flag=4
    write_stress
    info_flag=6
    write_stress
    write_zone
    status=close
    ii=out('bu zhidao neng bu neng yong'+ tec_file)
  else
    ii=out('Open File Error! Status='+ string(status))
  endif
end
@mesh_to_tec10
```

当然如果为了在 Tecplot 软件中方便观察，还应该将表头文件的变量名称等进行修改，但这已经不影响数据的输出。

3.5　本章小结

离散单元法与连续数值模拟方法相比，其优点在于块体之间采用接触方式进行分析，因此块与块之间网格并不需要连续，这使得离散单元法进行数值模拟具有自己的特点。

如果对各块体的空间关系非常熟悉，自然可以方便的进行模型构建，如复杂块体的生成，空间荷载的施加，锚固措施的施加等。但对普通人而言，这一过程非常困难。

此时，如果能利用 AUTOCAD/3DEC 模型/fish 及其他语言，就能快速的实现这些功能，获得想要的模型。

另外，fish 语言为使用者提供了快速处理数据的桥梁，熟练应用 fish 规则及内变量的提取与调用，就可以随心所欲实现复杂块体离散元模型的计算与数据处理。

第四章 利用 3DEC 进行非连续块体运动分析

一些工程问题如节理岩体边坡、深埋大跨度洞室围岩潜在破坏形式主要体现为结构面控制型块体破坏，岩块的变形可以忽略。从大量结构面切割形成的数以万计的块体中自动搜索出稳定性最差的块体，是工程设计希望获得的信息，也是对现代数值分析的要求。

3DEC/UDEC 除具备非线性求解能力以外，其非连续功能尤其强大。这两者除了联合在一起实现非连续非线性问题的求解外，更能够视问题的需要单独使用，而单纯针对岩体非连续性的模拟能偶模拟几百万的结构面单元，为解决这类工程问题提供了强大的工具。

4.1 刚性块体运动模拟实例分析

3DEC 中的刚性块体，不需要划分网格，因此接触主要在块体间进行，边界必须以块体进行。为了演示如何采用刚性块进行分析，采用一楔形体实例进行说明。

实例为一楔形体，坡面的坡比 1：0.65，其基本几何参数如命令流所示。为加快运动速度，节理面强度设置得非常小。

计算结果表明：边坡失稳后，崩塌物质的搬运距离为 103.9～104.2m。坡高和崩塌物质搬运距离比值为 1：1.04。

例 4.1.1 楔形体滑动命令流实例

```
New          ;清空内存
poly brick (-300,200) (-50,150) (-30,100)      ;大块体生成；
jset dip 90 dd 180 origin 0.0,0.0,0.0          ;倾向 180,倾角 90,过原点节理
jset dip 90 dd   0 origin 0.0,100.0,0.0        ;倾向 0,倾角 90,过原点节理
mark reg 3
hide dip 90 dd 180 origin 0.0,0.0,0.0    above
hide dip 90 dd   0 origin 0.0,100.0,0.0 above
mark reg 1
plot bl colorby region axe
;切割出水平滚动滑道
jset dip 0 dd 270 origin 0.0,0.0,0.0
;;切割出边坡面
jset dip 57 dd 270 origin 0.0,0.0,0.0
hide dip 57 dd 270 origin 0.0,0.0,0.0 below
hide rang z -30 0
mark reg 4
```

166

```
seek
hide reg 3 4
hide range z -30 0
;切割出后延拉裂面
jset dip 75 dd 270 origin 150 0 100
hide dip 75 dd 270 origin 150 0 100 below
;掉块预留高度
jset dip 0 dd 0 origin 0,0,10    ;;比滑道高 10m
mark reg 1
jset id 10 dd    329.5519 dip      52.7602 ori      0.0000    50.0000      0
hide dd    329.5519 dip      52.7602 ori      0.0000    50.0000      0 below
jset id 10 dd    210.4481 dip      52.7602 ori      0.0000    50.0000      0
hide   dd    210.4481 dip      52.7602 ori      0.0000    50.0000      0 below
mark reg 2     ;;;已经切割出楔形体
;;;节理 id11 将楔形体切割为碎块体
jset id 11 dip 75 dd 270 spacing 10.0 num 300 origin 0 50 0
jset id 11 dip  0 dd 270 spacing 10.0 num 300 origin 0 50 0
jset id 11 dip 90 dd 180 spacing 10.0 num 300 origin 0 50 0
seek
hide region 3 4
plot block colorby block axes
seek
fix range z -30 0        ;;;约束滑道以下的块体
fix range x 0 500        ;;;约束块体
fix range region 3       ;;;
hide range region 3
remove range region 4    ;;删除 region 4 的块体
gravity 0 0 -10          ;;施加重力
prop mat＝1 dens＝2700
prop jmat＝1 jkn＝1e9 jks＝1e9 jfri＝10 jcoh＝0.0
prop jmat＝2 jkn＝1e9 jks＝1e9 jfri＝0.0 jcoh＝0.0
seek
change jmat＝1 range joint 10     ;;;修改参数
change jmat＝2 range joint 11     ;;;改变参数
hide range region 3
hist zvel (15,50,10.2)     ;;;监测变量
hist type 1
step 30000
ret
```

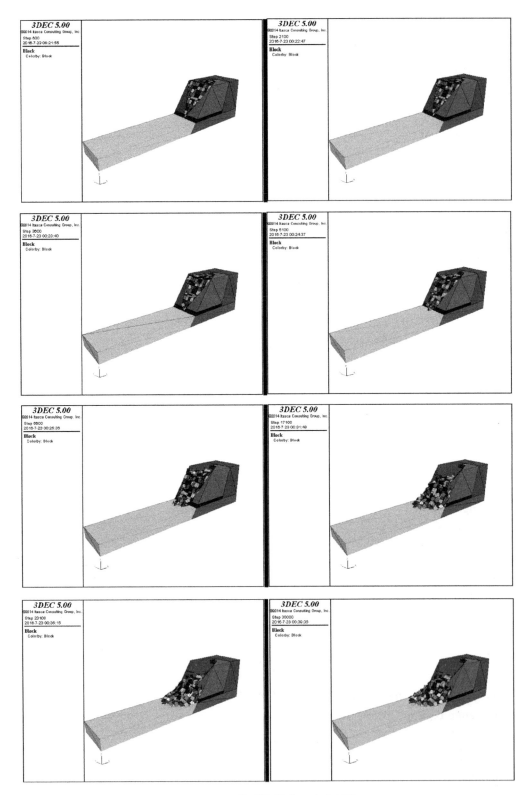

图 4.1.1　楔形体滑动运动过程图

4.2　DEC 变形体模拟建筑物倒塌实例

某小区裙楼爆破拆除工程包括 1 栋 17 层框剪结构和 2 栋 9 层框架结构建筑物，总建筑面积约 38000m²。其中，1 号楼为 17 层框剪结构楼房，2 号、3 号楼为 9 层框架结构楼房。3 栋楼房相邻分布。其中，1 号、2 号楼沿中山大道呈东西向分布，2 号楼位于 1 号楼西侧 10.0m。3 号楼呈东西向分布，位于 1 号、2 号楼南侧，二者近似平行。3 号楼分别距 1 号、2 号楼 8.8m、12.0m。

图 4.2.1　待拆除楼房地理位置图

裙楼北侧紧邻中山大道，东侧、南侧和西侧均为拆迁后空地，周边环境极其复杂（图 4.2.1）。

4.2.1　模型描述

为了采用 3DEC 进行分析，在 ANSYS 中将楼层简化为多个矩形拼接的块体模型，然后编写程序将每个块体写为 3DEC 标准命令流，并借助 AUTOCAD 中的界面操作，设置块体 Region，以便于模拟爆炸倒塌。

爆炸拆除作用简化为在不同时刻将不同 Region 内的块体删除，各 Region 内块体删除采用如图 4.2.2 和图 4.2.3 所示，需要拆除的楼层部分，汇总如图 4.2.4 所示。

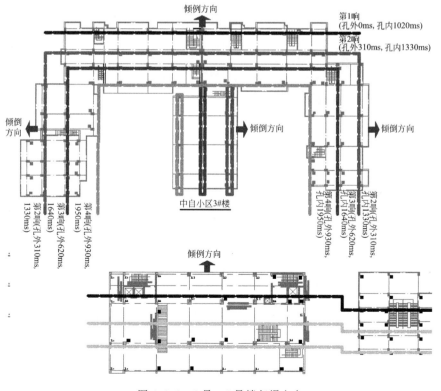

图 4.2.2　1 号～2 号楼起爆方向

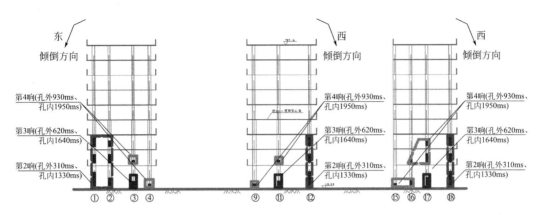

图 4.2.3　3 号楼设计起爆方向

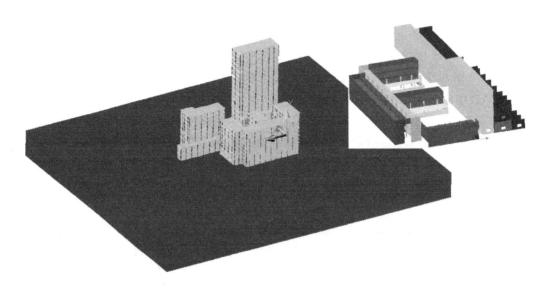

图 4.2.4　不同 Region 控制块体删除的时间（图中数值为 region）

4.2.2　计算模型与方案

在此尝试采用变形块体模拟楼房的倒塌（如果只看块体堆积，完全可以采用刚性块体），在爆炸开始前，首先计算各单元在自重作用下达到平衡的过程，计算结果见图 4.2.5。

4.2.3　倒塌过程模拟结果

模拟结果主要为结构倒塌过程（位移变化过程）、结构在地面投影轮廓范围、单元受力的变化过程，在每个输出步长，分别输出相应数据文件，经后处理模块加工后生成图片，见图 4.2.6。

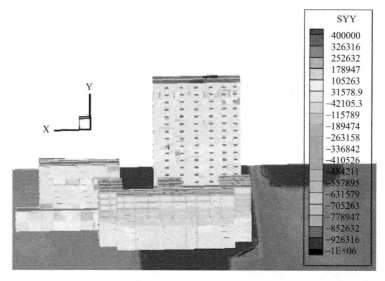

图 4.2.5　自重作用下达到平衡状态时的应力分布（Pa）

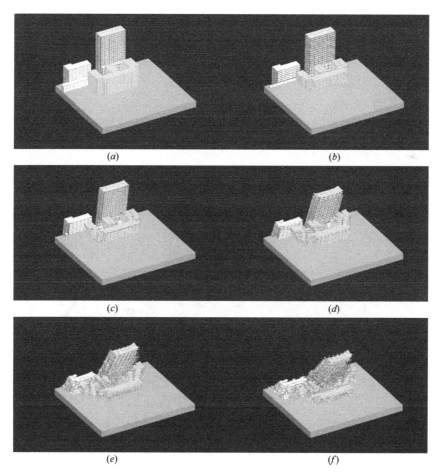

图 4.2.6　模拟裙楼拆除爆破结构倒塌过程的网格实体模型模拟结果（一）

（a）0.00s；（b）0.62s；（c）1.24；（d）1.50s；（e）2.17s；（f）3.24s

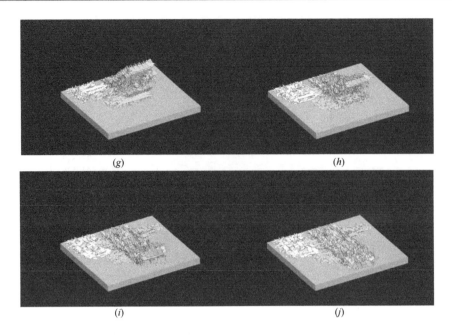

(g)   (h)

(i)   (j)

图 4.2.6 模拟裙楼拆除爆破结构倒塌过程的网格实体模型模拟结果（二）

(g) 4.32s；(h) 5.39s；(i) 6.75s；(j) 7.72s

4.2.4 爆堆形态

根据模拟结果，确定了结构倒塌后形成爆堆的分布范围，图 4.2.7（a）为爆堆轮廓线，图 4.2.7（b）为爆堆尺寸。

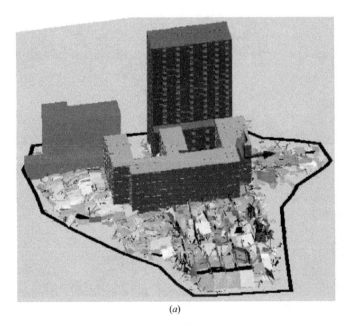

(a)

图 4.2.7 爆堆轮廓（一）

（a）爆堆轮廓线

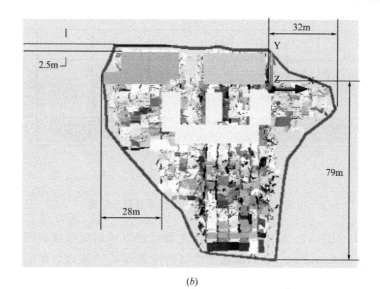

(b)

图 4.2.7　爆堆轮廓（二）

(b) 爆堆尺寸

4.2.5　触地冲击与振动模拟

拆除工程中，建筑物的倒塌将会堆积地基地面产生动力冲击响应，该响应的大小与建筑物高度、倒塌物重量、地基的软硬程度、冲击时间等密切相关。在此，为了对某宾馆建筑物拆除过程中可能造成的冲击振动有所了解，在银丰宾馆倒塌方向设置一监测剖面（图4.2.8），在地表布设了 12 个数值测试点（间距 10m），并在可能产生的最大振动速度处自上而下每 4m 布设一个测点，以分析地面不同深度所承受的冲击力（见图 4.2.9）。

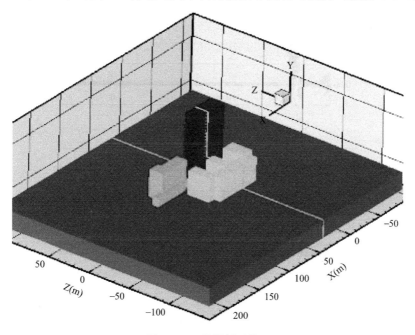

图 4.2.8　监测剖面位置

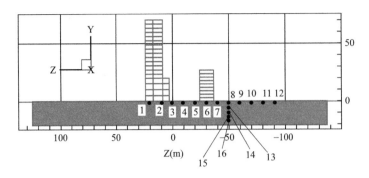

图 4.2.9　数值计算中的振动监测点位置

模拟结果表明（图 4.2.10），1 点-2 点间主要受银丰宾馆拆除爆破倒塌的影响，其竖向冲击速度在 4～5cm/s 之间。3 点位置受楼房拆除倒塌旋转落点的影响，在地面可能产生 24cm/s 的局部冲击速度，而 4-6 点区主要受局部倒塌物撞击影响，振动速度在 1～2cm/s 之间。在 3 号楼倒塌前方的测点，由于受拆除倒塌多阶段影响，其振动持续时间较长，尤其是银丰宾馆顶部坠落时，容易产生较大的冲击力，导致岩土地面产生超过 30cm/s 的振动速度。但岩土介质中的振动速度，随着深度衰减剧烈，8 点振动速度为 18cm/s，在地下 4m 处，已经衰减为 3.8cm/s，其下各点类同，已经处于弹性波的范围。根据 8、13-16 点的竖向应力时程（图 4.2.11），楼房拆除过程中产生的最大冲击力振幅约在 20kPa，发生于地表单元（单元中心距地面 0.5m），振幅自上而下逐步衰减。图 4.2.10 为根据数值模拟结果部分测点位置的竖向振动波形，图 4.2.11 为部分测点的竖向应力变化。

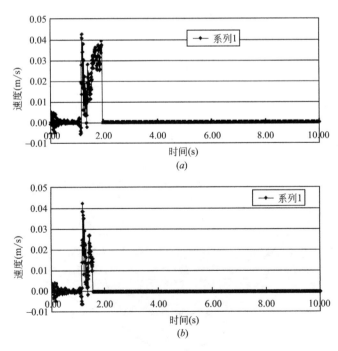

图 4.2.10　根据数值模拟结果部分测点位置的竖向振动预测波形（一）

（(a)～(b) 分别为 1、2、3、4、5、6、8、11、13、14、15、16 测点位置的竖向振动预测波形）

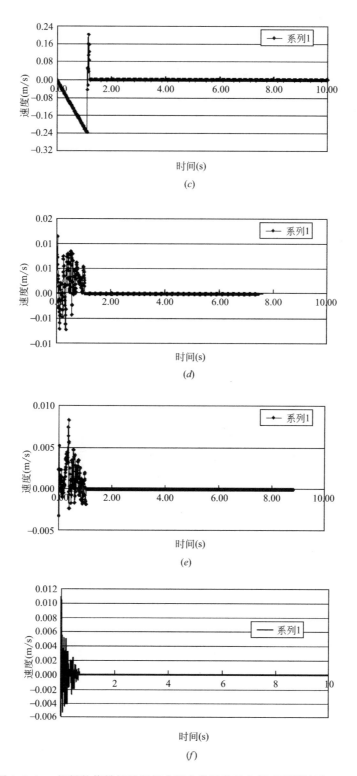

(c)

(d)

(e)

(f)

图 4.2.10 根据数值模拟结果部分测点位置的竖向振动预测波形 (二)

((c)～(f) 分别为 1、2、3、4、5、6、8、11、13、14、15、16 测点位置的竖向振动预测波形)

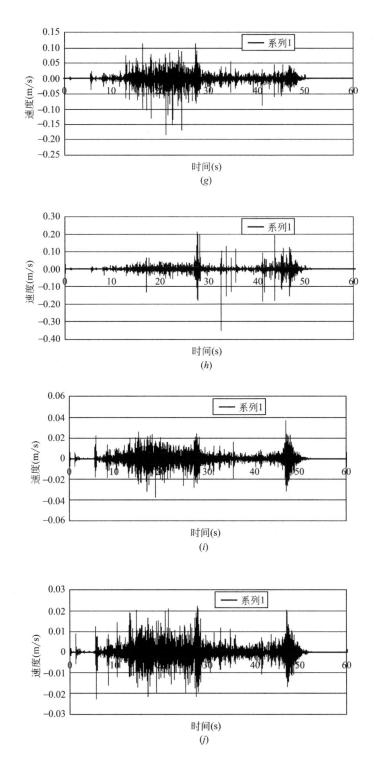

图 4.2.10 根据数值模拟结果部分测点位置的竖向振动预测波形（三）

（(g)～(j) 分别为 1、2、3、4、5、6、8、11、13、14、15、16 测点位置的竖向振动预测波形）

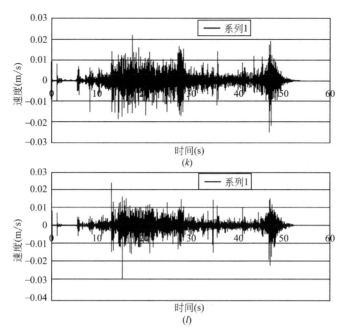

图 4.2.10　根据数值模拟结果部分测点位置的竖向振动预测波形（四）

（(k)～(l) 分别为 1、2、3、4、5、6、8、11、13、14、15、16 测点位置的竖向振动预测波形）

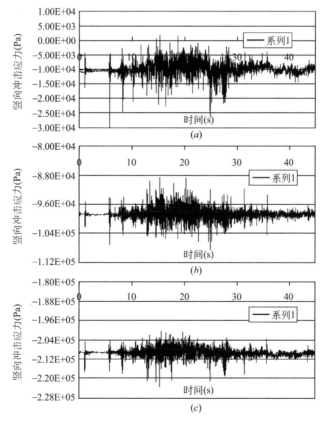

图 4.2.11　根据数值模拟结果部分测点位置的竖向应力变化（一）

（(a)～(c) 分别为 8、13、14、15、16 测点位置的竖向应力变化）

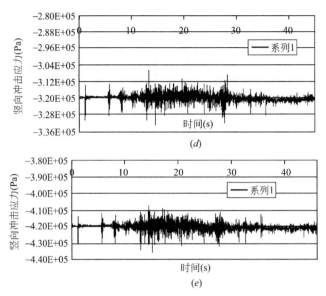

图 4.2.11　根据数值模拟结果部分测点位置的竖向应力变化（二）

（（d）~（e）分别为 8、13、14、15、16 测点位置的竖向应力变化）

4.2.6　命令流解释

例 4.2.1 楼房倒塌模拟命令流

```
New
Config dyn
;……导入建筑物块体
prop mat＝3 den＝2500 k＝11.01e9 g＝9.42e9   kn 1e9 ks 1e9      ;;;;楼板
prop mat＝2 den＝2500 k＝15.01e9 g＝12.8e9   kn 1e9 ks 1e9      ;;;;梁
prop mat＝1 den＝2500 k＝29.07e9 g＝17.44e9  kn 1e9 ks 1e9      ;;;;柱子
prop mat＝5 den＝2200 k＝1e9 g＝0.4e9    kn 1e9 ks 1e9         ;;;;基础
prop jmat＝1 kn 1e9 ks 1e9 fri 60 coh 10e6 ten 5e6
fix -120 250   -52.200   0.00   -150    150 xvel 0 yvel 0 zvel 0
damp 0.0 0.0
grav 0 0.0 -9.8   ;;;设置加速度方向
step 10000
save ini_state222. sav
reset time hist disp vel
fix -120 250   -52.200   0.00   -150    150 xvel 0 yvel 0 zvel 0
damp 0.00 0.00      ;;;设置为无阻尼体系
reset time hist vel
del reg 1          ;;;第一段起爆,炸掉 reg 1 块体,以下相同
cyc time 0. 31     ;;;第一段延迟时间
save blast_1111. sav
```

```
del reg 2              ;;;第二段起爆,炸掉 reg 2 块体
cyc time 0.31          ;;;第二段延迟
save blast_211.sav
del reg 3
cyc time 0.31
save blast_311.sav
del reg 4
cyc time 0.09
save blast_411.sav
del reg 5
cyc time 0.31
save blast_511.sav
del reg 6
cyc time 0.31
save blast_611.sav
del reg 7
cyc time 0.31
save blast_711.sav
cyc time 2.0
save blast_811.sav
cyc time 2.0
save blast_911.sav
cyc time 2.0
save blast_1011.sav
cyc time 2.0
save blast_1111.sav
cyc time 2.0
save blast_1211.sav
cyc time 2.0
save blast_1311.sav
cyc time 2.0
save blast_1411.sav
cyc time 2.0
save blast_1511.sav
cyc time 2.0
save blast_1611.sav
cyc time 2.0
save blast_1711.sav
```

针对倒塌过程进行仿真模拟，从模拟结果可以发现所提出的模拟方法具有以下特点：

(1) 可以给出爆破开始时接触力的分布情况；

(2) 可以直观地给出结构倒塌后爆堆的轮廓，这对于拆除爆破数值模拟至关重要。

4.3 刚性块体信息导出与写入

4.3.1 将刚性块体信息导出

在使用刚性块体分析时，如果采用刚性块体，此时不需要划分单元，因此没有单元存在，但每一个顶点都可以作为一点节点存在。如果需要跟踪块体位置并将其位置数据导出，只需要将块体顶点即围成的面写数据导出即可。

例 4.3.1 将三维刚性块体信息数据导出 fish 子函数

```
def initialization
    GK='3dec_'
    IO_READ  =0
        IO_WRITE=1
    IO_FISH  =0
    IO_ASCII=1
    FileName=string(GK + 'block. txt')
end
@initialization
def_shichong
 array blockcoor(1)
 array gpcoor(1)
 status=open(FileName,IO_WRITE,IO_ASCII)
 bid=block_head
 b_total  =0
 g_total  =0
 ne_total  =0
 loop while bid # 0
   b_total  =b_total + 1
   bid=b_next(bid)
 end_loop
 blockcoor(1)='3dec zone output------Code by shichong2016-05-12'
 status=write(blockcoor,1)
 blockcoor(1)=string(b_total)+' The number of rigid blocks'
 status=write(blockcoor,1)
 bnum=0
 bid=block_head;          ---- block index address
```

```
loop while bid ≠ 0
  bnum   = bnum + 1
  blockcoor(1) = string(bnum) + ' ' + string(b_x(bid)) + ' '
  blockcoor(1) =    blockcoor(1)   + ' ' + string(b_y(bid)) + ' '
  blockcoor(1) =    blockcoor(1)   + ' ' + string(b_z(bid)) + ' '
  blockcoor(1) =    blockcoor(1)   + ' ' + string(b_id(bid)) + ' '
  blockcoor(1) =    blockcoor(1)   + ' ' + string(b_mat(bid)) + ' '
  blockcoor(1) =    blockcoor(1)   + ' ' + string(b_region(bid))
  status = write(blockcoor,1)
  gpnum = 0
  gid = b_gp(bid)        ;--- zone index address of each block
  loop while gid ≠ 0    ;;;判断该块体中的节点数目
    gpnum = gpnum + 1
    gid = gp_next(gid)
  end_loop
  genum = 0                    ;该块体内单元数目
  gid = b_zone(bid);      --- zone index address of each block
  loop   while gid ≠ 0
    genum = genum + 1
    gid = z_next(gid)
  end_loop
  fanum = 0
  fid = b_face(bid)
  loop while fid ≠ 0
    fanum = fanum+1
    fid = face_next(fid)
  endloop
  gpcoor(1) = string(genum) + ' ' + string(gpnum) + ' ' + string(bnum)
  gpcoor(1) = gpcoor(1) + '单元数目,节点数目,块体编号'
  status   = write(gpcoor,1)
  gid = b_gp(bid);--- zone index address of each block
  loop while gid ≠ 0
    g_total = g_total + 1
    gpcoor(1) = string(gp_x(gid)) + ' ' + string(gp_y(gid)) + ' ' + string(gp_z(gid))
    status = write(gpcoor,1)
    gid = gp_next(gid)
  end_loop
  eid = b_zone(bid);--- zone index address of each block
  loop while eid ≠ 0
```

```
ne_total=ne_total + 1
gpcoor(1)=string(z_gp(eid,1)) + ' '+ string(z_gp(eid,2))
gpcoor(1)=gpcoor(1) +' '+ string(z_gp(eid,3))+' '+ string(z_gp(eid,4))
status=write(gpcoor,1)
;;;;;;;;;;;;;;;;;;;;;;;;;;;;;;以上为读出节点编号
gpcoor(1)=string(gp_x(z_gp(eid,1)))+' '+string(gp_y(z_gp(eid,1)))
gpcoor(1)=gpcoor(1)+' '+string(gp_z(z_gp(eid,1)))
gpcoor(1)=gpcoor(1)+' '+string(gp_x(z_gp(eid,2)))
gpcoor(1)=gpcoor(1)+' '+string(gp_y(z_gp(eid,2)))
gpcoor(1)=gpcoor(1)+' '+string(gp_z(z_gp(eid,2)))
gpcoor(1)=gpcoor(1)+' '+string(gp_x(z_gp(eid,3)))
gpcoor(1)=gpcoor(1)+' '+string(gp_y(z_gp(eid,3)))
gpcoor(1)=gpcoor(1)+' '+string(gp_z(z_gp(eid,3)))
gpcoor(1)=gpcoor(1)+' '+string(gp_x(z_gp(eid,4)))
gpcoor(1)=gpcoor(1)+' '+string(gp_y(z_gp(eid,4)))
gpcoor(1)=gpcoor(1)+' '+string(gp_z(z_gp(eid,4)))
status=write(gpcoor,1)
eid=z_next(eid)
end_loop
fid=b_face(bid)
nnn333=0
loop while fid ≠ 0
    nump=face_ngp(fid)
    nnn333=nnn333+1
    loop n (1,nump)
        fgp=face_gp(fid,n)
        gpcoor(1)=string(nnn333)+' '+string(gp_x(fgp))+' '+string
        (gp_y(fgp))+' '+string(gp_z(fgp))
        status=write(gpcoor,1)
    endloop
    fid=face_next(fid)
endloop
bid=b_next(bid)
end_loop
status=close
s1='.........................................'
s2='..... The total num of block is: ' + string(b_total) + '......'
s3='..... The total num of Nodes is: ' + string(g_total) + '......'
s4='..... The total num of faces is: ' + string(fanum) + '......'
```

```
end
@_shichong
list @s1 @s2 @s3 @s4
```

运行该命令后，即可按顺序将块体的顶点坐标及构成面导出，自然也可将 3DEC 生成的块体写成其他软件的操作命令文件。

4.3.2　将有限元网格写成 3DEC 块体

在很多情况下，需要观察块体间的滑移、错动，此时需要将块体划分得很小才行。但如果在 3DEC 中进行节理切割，又需要节理的分布，因此结果常常受节理产状的影响。

一种替代办法是借助有限元等连续数值模拟方法，将连续数值网格的单元写成 3DEC 块体形式，则单元（块体）间视作接触，往往能获得良好的模拟效果。

每个单元形状均采用 POLY face 命令进行构建，据此编制了"有限元网格写成 3dec 块体、四面体或六面体"程序（详见第 12 章介绍，程序可通过 12 章所叙方法获取）。该程序可根据节点与单元构成将之写成 3DEC5.0 的块体命令，从而进行块体体系的破坏数值模拟。

导入后的块体数值模拟命令如例 4.3.2 所示，该例是将一个 1m×1m×2m 的范围先用 ansys 软件划分为连续单元网格，然后将单元逐个写成块体，以进行更复杂的块体间破裂研究，为了方便加载，在模型上下分别作用了两个刚性承压板（刚度相当于块体的 20 倍以上）。

例 4.3.2 截面矩形长方体压缩数值模拟

```
New
;;;导入有限元网格(每个单元作为单独块体)作为块体的构建,模型尺寸1m×1m×2m
hide
poly brick -0.2 1.2 -0.2 1.2 2.0 2.1        ;;;上部载荷板
poly brick -0.2 1.2 -0.2 1.2 -0.1 0.1       ;;;下部载荷板
mark reg 2      ;;;定义为 region 2
seek
gen edge 0.5      ;;;采用较粗的网格进行计算
prop mat＝1 dens＝2700 bulk 5e9 g 3e9 phi 50    ;默认材料
Prop mat＝2 dens＝7800 bulk 2.0e11 g 1.5e11
Change cons 2    range reg 1    ;;;m-c 准则
Change jcons 1   jmat 1   ;;;库伦滑移模型
prop jmat＝1 jkn＝1e9 jks＝1e9 jfri＝40 jcoh＝0.5e6
prop jmat＝2 jkn＝1e9 jks＝1e9 jfri＝10.0 jcoh＝0.1e6
set grav 0 0 -9.8
;;;施加边界条件,在刚性承压板上,施加常数应力
Boundary stress 0.0 0.0 -10e6 0.0 0.0 0.0 range z 2.1
Boundary stress 0.0 0.0 -10e6 0.0 0.0 0.0 range z -0.1
```

```
;Plot create plot ¡®axis_compress¡
plot reset
plot set eye 2.5 -2.6 2.6 center 0.5 0.5 1.0
Plot block colorby region
plot add   cont disp
Hist zvel 0.5 0.5 2.0
Hist zvel 0.5 0.5 0.0
Hist type 1
Step 10000
Save axis_compress.sav
```

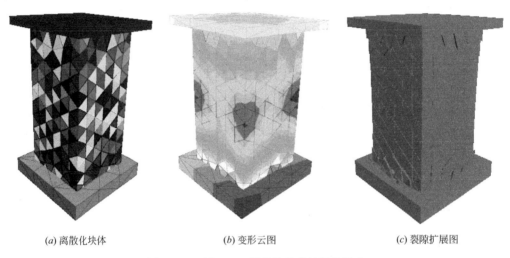

(a) 离散化块体　　　　　　　(b) 变形云图　　　　　　　(c) 裂隙扩展图

图 4.3.1　例 4.3.2 所示块体单轴压缩试验

如果采用 Delaunay 化网格生成 Voronoi 多面体，也可将多面体作为复杂构形颗粒组合破坏分析，如图 4.3.2 所示。

图 4.3.2　将 Voronoi 网格导入 3DEC 变成块体进行数值模拟的实例

4.4　块体运动数值模拟探讨

（1）即使采用弹塑性模型，由于块体内部只能屈服，不能断裂，因此块体运动的时间一般要大于真实时间，第 4.2 节爆破倒塌实例表明，其倒塌过程所需时间（约 1 分钟）要高于实际倒塌时间（10 多秒），因此如果关心时间问题，应进行换算。

（2）在模拟岩石块体运动时，往往开始发展速度非常缓慢，因此如果对块体能给予初始速度，计算效果往往更好。

（3）运动过程中的阻尼选项非常重要，不能设置质量阻尼项，且如果无法给出刚度阻尼的值，可采用无阻尼体系进行试算。

（4）要研究复杂的节理岩体破坏，完全可以将岩体块体化，使其尺寸接近细观尺度，此时模拟块体系统的破裂、破坏往往有较好的效果。这可以借助逐个块体生成、有限元网格转化块体、多组 jset 切割、DFN 随机节理切割等方法实现，但是块体的构形及节理的空间分布，往往对结果影响非常显著。

第五章 边坡稳定性离散元数值模拟及工程应用

边坡包括天然斜坡和人工边坡，是地球岩石圈表面天然或工程地质作用范围内具有露天侧向临空面的地质体。它的形式和演变与人类生产、生活及生存活动有着极为密切的关系。尤其一些大型水电工程多数兴建于高山峡谷中，两岸边坡的稳定性对大坝安全有直接影响；一些露天采矿工程，由于采掘技术发展，采深越来越大，边坡的坡角对矿山经济效益影响明显；此外一些交通、深基坑工程中的边坡稳定问题也非常突出。在这些工程中，如何评价边坡的变形和强度稳定是工程中最关心的问题。

由于岩石介质的结构性对边坡的稳定性影响非常明显，3DEC方法在岩石边坡工程的计算中有重要应用前景。

5.1 边坡数值模拟考虑的因素

影响边坡稳定的因素有岩土性质、岩体结构、水的作用、风化作用、地貌地形、地震、地应力及人为因素等。

（1）岩土性质：岩土的成因类型、组成矿物成分、岩土结构和强度等是决定边坡稳定性的重要因素。有坚硬、密实、矿物稳定、抗风化好、强度高的岩土介质边坡，其稳定性一般较好，反之则较差。

（2）岩体结构：岩体的结构类型、结构面性状及其与坡面的关系是岩质边坡稳定的控制因素。

（3）水的作用：水的渗入增大了岩土体质量，造成岩土软化，抗剪强度降低，使得孔隙水压力升高；地下水的渗流对岩土产生水动力，水位的升高将增大浮托力；地表水对岸坡的侵蚀使其失去侧向或者底部支撑等，这些都对边坡的稳定不利。

（4）风化作用：风化作用使岩土体的裂隙增多、扩大、透水性增强，抗剪强度降低。

（5）地貌地形：临空面的存在以及边坡的高度、坡度等都是直接与边坡稳定有关的因素，平面上成凹形的边坡较凸形的稳定。

（6）地震：地震循环作用使得边坡岩土体的剪切应力增大，裂隙逐渐扩展，抗剪强度降低，向临空面不断变形。

（7）地应力：开挖边坡使边坡岩体内初始应力状态改变，坡脚附近出现剪应力集中带，坡顶和坡面的一些部位可能出现张拉应力区。在新构造运动强烈的高地应力地区，开挖边坡能使岩体内残余构造应力释放，可直接引起边坡的卸荷变形破坏。

（8）人为因素：边坡不合理设计、开挖或者加载，施工用水深入，爆破等都能造成边坡失稳。

因此进行边坡稳定分析时，必须首先确定需要考虑的因素，每种因素采用何种方法分析等。

5.2　3DEC 强度折减安全系数计算

在 3DEC 中，对任意给定参数的节理岩体，通过给定条件下强度折减至破坏状态计算，可以求出一个安全系数。如下公式所示：

$$F_L = \frac{使介质处于临界破坏的荷载}{设计荷载} \qquad (5.2.1)$$

$$F_\varphi = \frac{\tan(真实摩擦角)}{\tan(破坏临界摩擦角)} \qquad (5.2.2)$$

应该注意的是，由于假定在真实情况下并未破坏，如上公式分子项一般是大于分母项。而破坏状态的定义标准需要研究者来把握，最常见的即岩土工程中强度折减法（利用变形趋势突变或者计算收敛条件）来判断。

3DEC 中强度折减安全系数计算通过 SOLVE fos 命令进行。该命令采用 Dawson（1999）提出的"包围方法"自动寻找安全系数，可以在 3DEC 运行的任意阶段执行，适用于非开挖（null）单元模型如摩尔-库伦模型。在求解过程中，力学参数不断发生变化，除非安全系数计算终止或者按<esc>键退出，否则初始状态模型会不断被调用。

其求解流程可解释如下：

（1）首先程序先确定求解步数代表值（N_r），该值表征系统的响应时间。一般是将粘聚力设置为大值，使得内部影响产生较大变化，从而找出系统恢复平衡所需要的迭代步数目，即为该值。

（2）然后，对给定的安全系数 F，执行 N_r 个求解步，如果不平衡力比大于 10^{-5}，再次计算 N_r 步，直到不平衡力比小于 10^{-5}，跳出循环。当前 N_r 个迭代步的不平衡力比平均值与先前 N_r 步的不平衡力比的均值相比较，如果差别小于 10%，则认为系统处于不平衡状态，激活新不平衡态 F 的计算。如果上述差别大于 10%，则开始块体 N_r 步迭代求解，直到如下条件满足：1）差别小于 10%；2）6 个块体开始块体迭代求解；3）不平衡力比小于 10^{-5}。其中对 1）的判别准则是：平均不平衡力比收敛于一个稳定值，而该值应大于平衡态的不平衡力比，系统处于连续运动模式。

当 3DEC 执行 SOLVE fos 命令时，安全系数 F 的收敛值会不断显示在屏幕上，以方便使用者了解计算的进展情况。如果通过<esc>键停止计算，屏幕会显示当前最优的安全系数。同时对最后的稳态和不稳定状态分别产生 Save 文件，从而可绘制速度矢量等图形。这可帮助生成可视化的破坏模式，直观对破坏范围进行估计。但稳定与非稳态的判定，使用者必需小心谨慎，因为有些破坏模式，3DEC 无法探测到，这需要使用者自我判断。

建议在采用 SOLVE fos 求解安全系数时，初始状态采用达到力学平衡态的模型，这可以减少计算时间。

SOLVE fos 计算中默认调整单元和节理的强度参数，对摩尔-库伦破坏准则而言主要是摩擦角与粘聚力。如果本构模型不采用摩尔-库伦准则，这一命令求解不一定适用，如采用 CY 节理模型就不会生成安全系数。Mhoekbrown 模型可以采用该命令计算，而标准

Hoekbrown模型则不适用，单元或节理的抗拉强度是可选项，可以考虑在内，也可不考虑。

如果使用者自己设计强度折减的变量、各参量间的折减比例，则计算将会更加方便。

例5.2.1：节理边坡强度折减安全系数求解

```
New
Poly brick 0 20 0 1 0 12
Plot create plot blocks
Plot block
Plot reset
jset dip 0 dd 180 or002
hide range plane dip 0 dd 180 or002 below
jset dip 45 dd 270 or 12 0 12
hide range plane dip 45 dd 270 or 12 0 12 below
del
seek
jset dip 60 dd 90 or 14 0 12 spac 3.6 num 10
jset dip 20 dd 270 or 20 0 12 spac 2.2 num 10
gen edge .7
change cons 2
prop mat 1 dens 2000.0
prop mat 1 bulk 1.0e8 shear 3.0e7 bcohesion 1e20
prop mat 1 bfriction 20.0 bdilation 20.0 btens 1e10
prop jmat 1 jkn 1e10 jks 1e9 jfric 30 jcoh 1e20
gravity 0,0 -10.0
boun zvel 0 range z 0
boun xvel 0 range z 0
boun xvel 0 range x 20
boun xvel 0 range x 0
boun yvel 0 range y 0
boun yvel 0 range y 1
damp auto
solve
plot clear
plot contour velocity
plot add velocity
plot reset
prop jmat 1 jcoh 1e4
prop mat 1 bcoh 12380.0
solve fos associated
ret
```

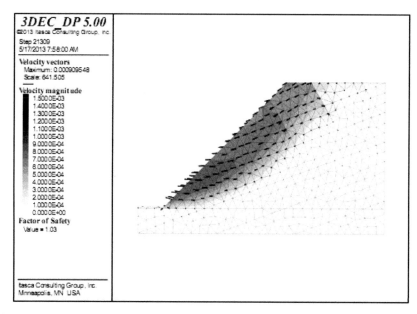

图 5.2.1　强度折减显示的边坡破坏面

5.3　河谷地应力场模拟分析实例

工程建设中需要了解地应力是因为地应力是一个基本荷载，工程规模和尺度决定了需要了解的不是厘米和分米这种尺度下的地应力分布，而是更大尺度下的地应力场特征。地应力测量基本上都是在前一种尺度条件下了解地应力，与工程尺度要求差别较大，如果小尺度上的地应力分散性很大，那么，除非是进行了非常大量的测试，否则，测试结果总会存在"以点代面"的隐患。

获得工程区域的地应力场定量认识，往往采用综合的方法，即参考地应力测试结果并结合区域构造特征、现场围岩破坏特征进行分析。比如当现场地质构造特征和高应力破坏特征具有强烈的指示意义时，根据这些现场迹象展开的分析往往可以提供更值得信赖的结果，这种分析结果在尺度上也更接近工程设计要求。依据现场现象的分析需要对这些现象的成因有很好的了解和把握，现场条件千变万化，良好的地质知识、清晰的力学概念和必要的现场工作经验是从现场现象获得地应力认识的基本要求。

此外，地应力场分布特征研究中应用较广的另一类方法即为数值分析方法。在初始地应力场定量计算分析中，主要有以下几种方法：①以岩体自重应力场作为初始地应力场；②海姆法则；③测压系数法（金尼克的弹性理论计算法）；④边界荷载调整法；⑤应力函数法；⑥回归反演法等。前 3 种方法相对简单，常用于一些小型工程，后几种方法比较复杂，需要借助数值分析程序进行分析模拟，其中以回归反演方法应用最广。地应力数值模拟分析的方法虽然很多，但均有其局限性，对于复杂工程环境如岩性不均一、地质构造复杂等对地应力场的影响均难以通过数值模拟加以真实反映，必要的现场地应力实测资料是数值方法的基础性资料，应该说任何数值分析方法都不能脱离现场实测结果。

实际工程中，区域地应力场往往比较复杂，使得地应力分析评价工作难度极大。因此，在进行地应力数值分析时，就需要工程设计人员能够综合多方面的资料和信息进行工程区域地应力场的分析。

深切河谷地区在现代地质历史上遭受了强烈的地表侵蚀作用，形成急剧起伏的地形。形成一个特殊的局部地应力场。一般表现出显著的分区特征（图5.3.1），沿表面到深部可以描述为：

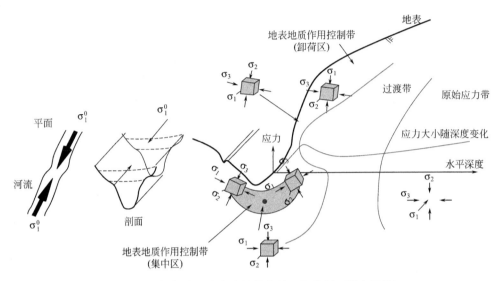

图 5.3.1　河谷地区地应力场分布的一般特征（横向河谷）

1）地表附近的应力松弛区；

2）深部基本不受河流地质作用影响的原岩应力区；

3）二者之间的过渡地区。

在河流地质作用控制区内自上至下又可以大体地分成三个带，即上部的应力松弛带、下部尤其是谷底附近的应力集中带以及二者之间的过渡地带。在松弛带内，岩体的最大主应力基本上表现为自重应力场的特征，而在应力集中带内，特别是在河床，最大主应力与河谷走向垂直的水平状为主，往坡脚向上，最大主应力的方位也顺应地形特征发生变化。

河谷地应力场分布比较复杂，考虑到地应力实测点偏少，由上述少量测点还难以推断出地下厂房区域的地应力场分布情况，且地应力实测值的代表性问题也不易确定，因此需要采用河谷下切的数值模拟方法分析卡拉地下厂房区域地应力场。该方法从区域构造应力场特征着手，能够反映河谷地形地貌、河谷演化规律等对岸坡岩体地应力场分布规律的影响，不求对某一测点的精确符合，但可根据有限的少量地应力实测值进行适当的调整，以获得符合区域地应力整体分布特征的地应力场。

此外，由于采用数值分析方法进行地应力场分布规律的模拟时，一般很难考察局部地应力场的差异性，因此对地应力实测点的代表性要求较高。因此进行数值模拟之前确定一定数量的具有代表性的测试数据，便于开展模拟研究工作。

除新构造运动强烈的地区以外，一个地区岩体的构造形迹一般都形成在新生代以前，而河谷一般都主要形成在第四纪晚期。河谷发育是在构造运动格局基本确定以后的地表地质作用，相应地，河谷地应力场也是在数十万年前原始地应力场的基础上受河谷发育强烈改造的结果。河谷地区的地应力场可以看成是在原始地应力场基础上，随河谷发育过程不断改造的局部地应力场，地表剥蚀和水流下切是其中最主要的两个改造作用。整个过程与人工边坡开挖形成边坡应力场的过程相似。因此，现今河谷地应力状态受如下四个主要因素的影响：

1）河谷形成前原始地应力场的大小；

2）地表夷平的高度；

3）原始地应力场方位与河谷走向的相对关系；

4）河谷的形态特征。

河谷地应力反演分析的模拟方法见图 5.3.2，首先假设原始地形接近水平，然后采用开挖逐层形成当前的边坡地形，在此期间河谷边坡应力场不断调整，形成当前应力场。

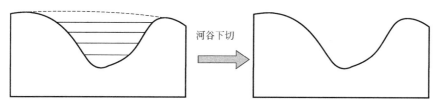

图 5.3.2　河谷地应力场模拟方法简图

数值计算选定模型区域如图 5.3.3 所示，模型包含了龙潭河两侧的岸坡以及地下厂房区域，模型水平方向的尺寸为 1140m，垂直方向尺寸为 1560m。采用深切河谷地应力方法进行数值模拟时，虚拟顶面高程的确定也较为关键，它反映了河谷侵蚀下切前的地表形

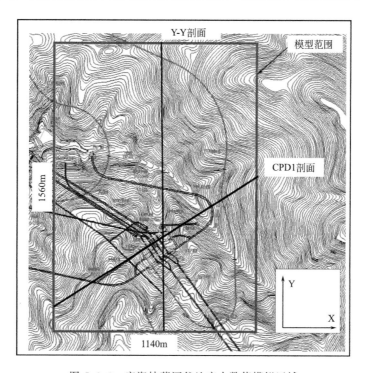

图 5.3.3　宁海抽蓄河谷地应力数值模拟区域

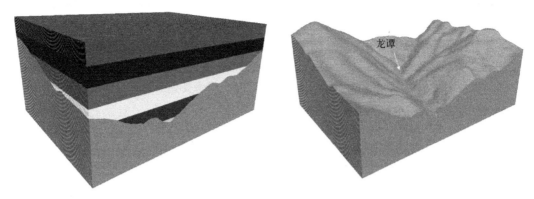

图 5.3.4　数值模拟模型（左图为某历史时期虚拟高程下河谷形态，右图为现阶段河谷形态）

态，需要根据经验与实际情况进行合理的选择，并通过反复试算调整后选定。

根据国内外各种文献的地应力统计值，中国地区的初始地应力可按如下规律取值：

$$\sigma_H = (0.021 \pm 0.003)h + (8 \pm 4)$$
$$\sigma_h = (0.017 \pm 0.003)h + (6 \pm 4) \tag{5.3.1}$$
$$\sigma_V = \gamma h$$

上式中 σ_H、σ_h 分别代表最大水平主应力和最小水平主应力；σ_V 为垂直主应力。式中地应力分布规律一般适合于无大型断裂构造发育的平缓地层区域，对于此次模拟河谷区域地应力场的情况，应将其作为该河谷发育过程中某历史时期的地应力条件进行施加，再通过模拟河谷发育过程来获得当前河谷区域地应力场。根据对区域构造应力场，可以确定河谷下切之前的初始水平大主应力 σ_H 的方位角可取为 N45°E $\pm$ 10°。

依据以上分析拟定试算方案，在反复对比计算的基础上，确定了各关键参数的取值：σ_H 的方位角取为 N50°E，初始地应力梯度如下（式中 h 为埋深）：

$$\sigma_H = 0.01961h + 3.4741$$
$$\sigma_h = 0.01932h + 0.8 \tag{5.3.2}$$
$$\sigma_V = \gamma h$$

在模型中选定两个剖面 CPD1 剖面（该剖面沿着 CPD1 勘探平洞）和 Y-Y 剖面（该剖面平行于 Y 轴，并穿过 CZK5 测点位置）。根据模型区域正北向为 y 正轴对三个主应力进行坐标旋转，转换公式如下：

应力旋转转换公式表

表 5.3.1

坐标轴	x	y	z
x'	$l_{11} = \cos(x', x)$	$l_{12} = \cos(x', y)$	$l_{13} = \cos(x', z)$
y'	$l_{21} = \cos(y', x)$	$l_{22} = \cos(y', y)$	$l_{23} = \cos(y', z)$
z'	$l_{31} = \cos(z', x)$	$l_{32} = \cos(z', y)$	$l_{33} = \cos(z', z)$

应力在不同坐标系下的转化为一个二阶张量，有 $\sigma'_{ij} = l_{im} l_{jn} \sigma_{mn}$，将之展开则如下所示：

$$\begin{cases} \sigma_{x'} = \sigma_x l_{11}^2 + \sigma_y l_{12}^2 + \sigma_z l_{13}^2 + 2\tau_{xy} l_{11} l_{12} + 2\tau_{yz} l_{12} l_{13} + 2\tau_{zx} l_{13} l_{11} \\ \sigma_{y'} = \sigma_x l_{21}^2 + \sigma_y l_{22}^2 + \sigma_z l_{23}^2 + 2\tau_{xy} l_{21} l_{22} + 2\tau_{yz} l_{22} l_{23} + 2\tau_{zx} l_{23} l_{21} \\ \sigma_{z'} = \sigma_x l_{31}^2 + \sigma_y l_{32}^2 + \sigma_z l_{33}^2 + 2\tau_{xy} l_{31} l_{32} + 2\tau_{yz} l_{32} l_{33} + 2\tau_{zx} l_{33} l_{31} \\ \tau_{x'y'} = \sigma_x l_{11} l_{21} + \sigma_y l_{12} l_{22} + \sigma_z l_{13} l_{23} + \tau_{xy}(l_{11} l_{22} + l_{12} l_{21}) + \tau_{yz}(l_{12} l_{23} + l_{13} l_{22}) + \tau_{zx}(l_{13} l_{21} + l_{11} l_{23}) \\ \tau_{y'z'} = \sigma_x l_{21} l_{31} + \sigma_y l_{22} l_{32} + \sigma_z l_{23} l_{33} + \tau_{xy}(l_{21} l_{32} + l_{22} l_{31}) + \tau_{yz}(l_{22} l_{33} + l_{23} l_{32}) + \tau_{zx}(l_{23} l_{31} + l_{21} l_{33}) \\ \tau_{z'x'} = \sigma_x l_{31} l_{11} + \sigma_y l_{32} l_{12} + \sigma_z l_{33} l_{13} + \tau_{xy}(l_{31} l_{12} + l_{32} l_{11}) + \tau_{yz}(l_{32} l_{13} + l_{33} l_{12}) + \tau_{zx}(l_{33} l_{11} + l_{31} l_{13}) \end{cases}$$

$$(5.3.3)$$

转换后的应力采用初始状态施加到模型上：

insitu stress -14.16315072 -13.66930376 -16.335 -1.403511658 0.0 0.0 zgrad 0.01949412 0.019443861 0.027 0.000143 0. 0.

进行剥蚀自平衡后，即可提取关键点的相关数据：

pl ster stress rang x 645 665 y 345 355 z 115 125 ; 该点主应力的赤平投影

pl ster stress rang x 645 665 y 345 355 z 15 30

pl ster stress rang x 645 665 y 345 355 z 185 195

```
define find_stress
    local zone_id=z_near(654.3，351.62，20)   ;;;高程190 埋深270
    point_1=z_sxx(zone_id);六个应力分类
    point_2=z_syy(zone_id)
    point_3=z_szz(zone_id)
    point_4=z_sxy(zone_id)
    point_5=z_sxz(zone_id)
    point_6=z_syz(zone_id)
    point_7=z_sig1(zone_id);最大主应力
    point_8=z_sig2(zone_id);中间主应力
    point_9=z_sig3(zone_id);最小主应力
end
@find_stress
list point_1 point_2 point_3 point_4 point_5 point_6 point_7 point_8 point_9
```

图 5.3.5 沿着 CPD1 剖面切片生成的最大主应力矢量图，从图中可以看到，厂房 CPD1 勘探洞底板位置的最大主应力约为 10MPa，从量值角度与 CZK1、CZK3 和 CZK5 这 3 个测点的最大主应力量值相吻合。

图 5.3.6 是数值模拟的 CPD1 勘探平洞底板 CZK5 测点位置的主应力方向赤平投影图，其中数值反演获得的最大主应力 σ1 方向为 N52°E，倾角 14°，这与 CZK5 的测试成果（方向 N49°E）吻合度较高，地应力反演获得 σ2 方向为 S53°E，倾角 46°，与测试成果（方向 S26°E）差别不大。

图 5.3.7 和图 5.3.8 是沿着 CPD1 轴线方向切片生成的最大主应力云图和最小主应力云图，数值模拟获得的 CZK5 测点部位的最小主应力约为 6.7MPa，考虑 CZK5 孔口埋深为 270m，该部位的自重达到 7.5MPa，实测的 σ_3 与自重应力之比 $\sigma_3/\sigma_h = 0.58$，考虑到该

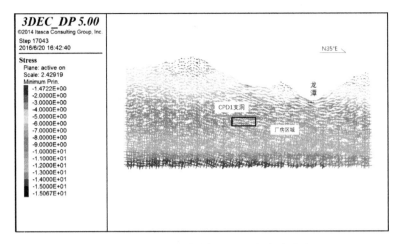

图 5.3.5　CPD1 勘探平洞轴线剖面最小主应力分布（MPa）

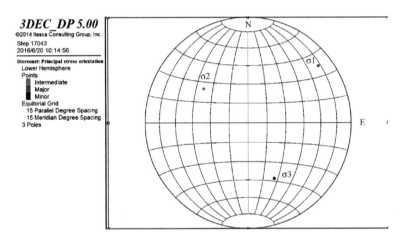

图 5.3.6　数值模拟 CPD1 勘探平洞底板 CZK5 位置主应力方向

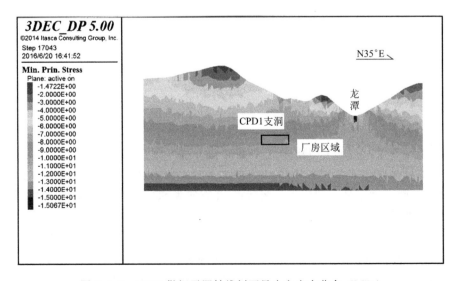

图 5.3.7　CPD1 勘探平洞轴线剖面最小主应力分布（MPa）

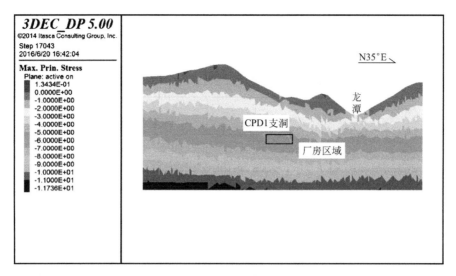

图 5.3.8　CPD1 勘探平洞轴线剖面最大主应力分布（MPa）

测点区域埋深相对较大，并且地表岸坡较为平缓，判断测试成果可能低估了实际的最小主应力。因为从经验角度，这类埋深相对较大的河谷岸坡区域 σ_3/σ_h 比值一般应在 $0.7\sim0.9$ 之间。数值模拟获得的 $\sigma_3/\sigma_h=0.89$，比较符合一般性的认识。

图 5.3.9 是 Y-Y 剖面的最大主应力分布特征，模型包含左右两岸的地应力数值分析成果，可以看到总体上，厂房区域的岸坡较为平缓，并且厂房高程低于河谷底部高程，因此也可以判断厂房的区域的最小主应力与自重应力之比不应太小。

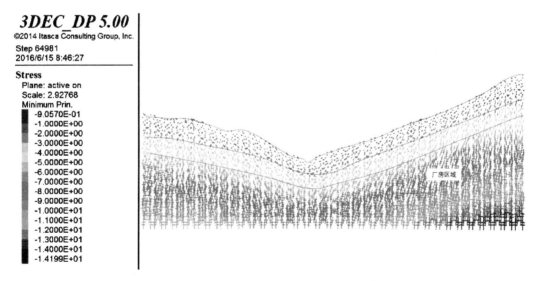

图 5.3.9　Y-Y 剖面最大主应力分布（MPa）

三维数值分析获得的厂房区域主应力方向和倾角如下：

s1 N52°E　NE∠14°

s2 S53°E　NW∠46°

s3 S26°E   SE∠41°

表5.3.2是地应力实测成果与数值计算成果之间的对比，总体上，最大主应力s1的量级和方向与测试成果吻合度较高，中间主应力s2和最小主应力s3量值较符合。

实测应力值与数值分析值对比（CZK5测点）   表 5.3.2

监测点	主应力	量值			倾角		倾向	
		实测值/MPa	模拟值/MPa	绝对误差/MPa	实测值/°	模拟值/°	实测值/°	模拟值/°
CZK5	σ_1	10.15	10.70	0.55	−25	14	49	52
	σ_2	5.66	8.13	2.47	50	46	116	127
	σ_3	4.42	6.70	2.28	−29	41	114	154

表5.3.3是厂房布置区域不同高程部位的地应力特征，对该表进行线性拟合可以获得如公式5.3.2所示的厂房区域地应力分布特征，该公式可用于后续数值分析的初始地应力条件。

地下厂房区域不同高程部位的地应力统计   表 5.3.3

高程（m）	埋深（m）	σ_1			σ_2			σ_3		
		量值/MPa	倾角/°	倾向/°	量值/MPa	倾角/°	倾向/°	量值/MPa	倾角/°	倾向/°
120	270	10.70	14	52	8.13	46	127	6.70	41	154
20	370	12.78	14	52	10.68	46	127	9.16	41	154

宁海抽水蓄电站地下厂房区域的地应力按线性规律拟合的表达式如下（单位：MPa），h 表示埋深：

$$\sigma_1 = 0.020h + 5.07$$
$$\sigma_2 = 0.025h + 1.25 \qquad (5.3.4)$$
$$\sigma_3 = 0.024h + 0.27$$

图5.3.10是根据公式5.3.4绘制的厂房区域3个主应力随着埋深的变化规律，后续地下厂房围岩稳定的数值分析采用该回归分析成果。

根据上述厂房附近的主应力方向，以如图5.3.11中y轴再次进行坐标旋转，进行厂房模型的校核计算。

命令流如下：

insitu stress − 10.46265998 − 12.92862138 − 9.682974725 − 0.389343076 − 0.451551074 −0.650800204 &

zgrad 0.024121306 0.021521729 0.024123152 − 0.00151963 0.000591923 −0.000988231

所得的最大主应力及最小主应力矢量图，符合实际情况。如图5.3.12、图5.3.13所示。

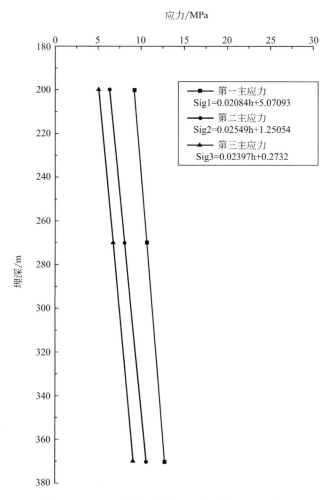

图 5.3.10　反演分析获得的厂房区域地应力特征

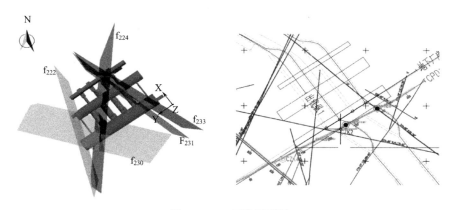

图 5.3.11　厂房模型图

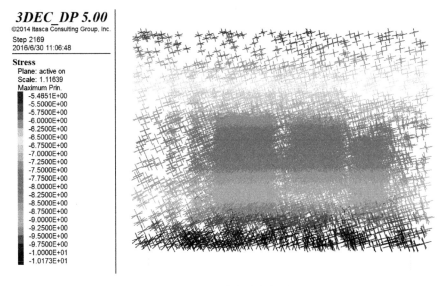

图 5.3.12 最小主应力矢量图

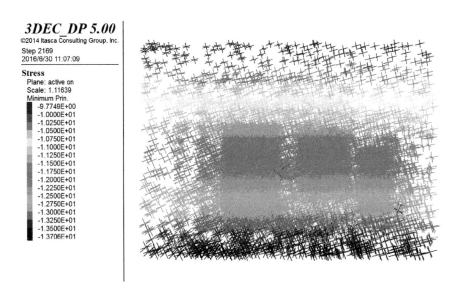

图 5.3.13 最大主应力矢量图

5.4 3DEC 在边坡工程中应用探讨

边坡工程中需要重点考虑地形、结构面、应力场、稳定性等。边坡稳定的判断与设计必须基于安全规范的规定,分别考虑不同工况开展运算,不同工况下荷载的施加与力学特性、力学参数的确定必须慎之又慎。

如在水电水利工程领域,针对岩土边坡通常可借鉴《水电水利工程边坡设计规范》DL/T 5353—2006,根据主要建筑物级别然后确定边坡的稳定性控制标准。如属于 1 级建

筑物、边坡失稳影响大，则可将边坡归属为 A 类 I 级。则边坡设计安全系数可按照表
5.4.1 控制。

边坡设计安全系数　　　　　　　　　　　　　　　表 5.4.1

类别及工况 级　别	A 类枢纽工程区边坡		
	持久状况	短暂状况	偶然状况
I 级	1.25	1.15	1.05
II 级	1.15	1.05	1.05

在该表中，共分为三类工况，而实际工程中的工况要远比这三类工况更为复杂，不同
工况所考虑的荷载也不相同。但按照每种工况所持续的时间，均可转化为这三类情况控
制。持久工况其持续时间较长、可能贯穿整个服务期，满足这一条件的情况有：

（1）自然斜坡稳定：需要考虑边坡自重、地表持久荷载等；

（2）人工边坡稳定：需要考虑边坡自重、地表持久荷载、锚固措施等。

短暂工况其持续时间较短，可能只有几小时、几天或者几个月，满足该类情况的条
件有：

（1）开挖工况（开挖期）：需要考虑边坡自重、开挖坡型、活荷载等；

（2）水位变化工况：在持久荷载基础上，考虑水位上升或下降的影响。

（3）短暂蓄水期：在考虑持久荷载条件下，水位维持在某一高度如死水位、校核水位
等或水位骤升、骤降等。

偶然工况其产生具有随机性，通常指地震工况。我国水电工程边坡多采用地震基本烈
度下的超越概率法进行设计，如采用 50 年超越概率 10％的地震烈度进行控制，50 年超越
概率 5％进行复核。

由于当前的边坡设计规范中都是采用刚体极限平衡法，因此 3DEC 计算结果应该与其
他方法等多做验证对比，方能得出合理的结论。在进行具体工况分析时，需要仔细研究该
工况下存在哪些载荷，水力效应等，然后选择合适的方法进行研究。在确定性分析基础
上，要考虑参数确定的误差，进行敏感性分析、可靠性分析等。

第六章 大型洞室群变形稳定性离散元分析及应用

对于不同地质条件和工程类型，在了解岩土体的基本性质和工程要求的基础上，设计施工时原则上都必须同时考虑稳定或平衡问题，如地下工程中地下水与渗流问题、水与土（岩）相互作用问题、土（岩）与结构相互作用问题、土（岩）的动力特性问题等。

3DEC 在模拟地下大型洞室群的开挖效应、稳定性等问题，特别是需要考虑复杂结构面的交叉影响时，由于采用块体接触进行模拟，因此无论是建模还是力学分析都具有很好的优越性。本章基于某大型水电站地下洞室群工程，介绍利用 3DEC 进行大型洞室群模型构建、分析、后处理方法，并探讨工程中存在的问题。

6.1 浅埋洞室群存在的问题

洞室开挖前岩体处于自然应力平衡状态，随着洞室的开挖，岩体受到干扰，平衡状态遭到扰动破坏，在浅埋地段扰动范围会延伸到地面，并会在洞室顶部产生一个较大的破坏区，导致岩体的成拱能力降低，容易引起岩体坍塌、浅埋地层发生整体滑动和坍塌等现象，如图 6.1.1 所示。

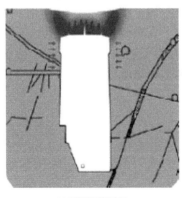
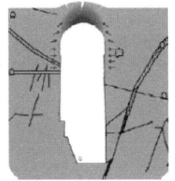

(a) 顶拱坍塌破坏   (b) 顶拱隆起破坏

图 6.1.1 浅埋地下洞室顶部岩体破坏形式

在浅埋地层中选择厂房位置时，首先要考虑洞顶覆盖层的厚度，洞顶以上应留有足够厚的新鲜岩体，以便顶拱能够自承。地下厂房洞室群各洞室顶部以上的岩体厚度或傍山洞室靠边坡一侧的岩体厚度，应当根据岩体完整性程度、风化程度、地应力大小、地下水活动情况、洞室规模及施工条件等综合因素分析确定。主洞室顶部岩体厚度不宜小于洞室开挖宽度的 2 倍。但在围岩完整区域，埋深可以不受该经验准则的限制。

国内最大水利工程三峡水电站地下厂房岩壁吊车梁以上开挖跨度需 32.6 m，高度 87.3 m，而主厂房洞室上覆岩体一般埋深 50～75 m，最薄处仅为 32 m，不足厂房跨度的 1 倍，已突破现行规范中的相关规定，但工程实践表明，三峡地下厂房的整体稳定性良好。

由于水电站大型地下厂房大多修建在较坚硬完整的岩体中，传统的塌落拱理论无法合理地揭示岩石地下工程洞室顶拱围岩的成拱机制及拱效应。折减法和松动模型更多的也只是一种概念，难以直接应用于工程设计。

实际设计和建设的浅埋洞室，其顶拱的围岩稳定性，受控于开挖跨度、埋深、岩体质量、节理密度、性状、地应力特征等一系列的因素，并且施工方案和支护设计，乃至于支护的及时性对维持顶拱部位的围岩稳定都具有直接的影响。因此，评价顶拱围岩稳定性，现阶段比较成熟的技术方案是依托数值分析综合考虑多个因素，评价顶拱的围岩稳定。

本章通过实例演示地下厂房的建模，地应力初始化，开挖分析以及最后的数据处理。网格划分过程中可能出在内存不够的情况，如果内存不够，可以增大网格划分，减少单元数目。

6.2　工程地质条件

卡鲁玛（Karuma）水电站坝址位于乌干达 Kiryandongo 区的吉奥格（Kyoga）尼罗河上。本工程为引水式发电站，总装机容量 600MW。主要建筑物由挡水闸坝、引水系统、地下厂房、尾水洞等建筑物组成。首部拦河闸坝，最大坝高约 14m，正常蓄水位 1030.0m；发电厂房布置在地表以下，安装 6 台单机容量为 100MW 的发电机组，尾水主洞长约 8.6km。

地下洞室群工程区域地层岩性为前寒武系（An∈）变质岩，以及上覆的第四系残积土。其中前寒武纪变质岩以花岗片麻岩为主，局部分布黑云母花岗片岩、角闪岩及角闪片麻岩。就本工程而言，地下洞室群具有如下主要特点：

（1）地下洞室群规模较大。由引水隧洞、地下厂房、主变洞、尾水调压室、尾水隧洞、施工支洞等组成的地下洞室群，洞群纵横交错布置。

（2）地下洞室群上覆岩体厚度小，洞室群埋深浅，岩体厚度与洞跨比低。强风化带下限距离主副厂房洞顶的厚度仅为 48～52m，上覆岩体厚度为 2.29～2.48 倍洞宽。主变洞上覆岩体厚度为 2.28～2.44 倍洞宽，尾水调压室上覆岩体厚度为 1.52～1.8 倍洞宽。洞顶上覆岩体厚度基本满足工程经验要求，但安全裕度较小。大型浅埋洞室群的洞室围岩稳定性、开挖响应特征、爆破控制及系统支护结构体系、安全监测监控等，直接关系到其安全稳定和正常运行，有必要开展施工期快速智能监测反馈分析，实时监控，进行动态优化设计等研究。施工过程中采取必要措施降低对洞顶上部围岩的扰动影响，顶拱围岩变形、应力监测等工作比较关键。

（3）水平向构造应力场为主，侧压力系数较大。虽然地下洞室群埋深较小，但现场实测地应力数据分析表明，地下洞室群区域以构造应力场为主，其侧压力系数 λ 变化较大，一般为 2.24～4.12。这一特征与陡倾角断层、长大裂隙、优势裂隙等组合，对洞室围岩尤其是高边墙围岩稳定不利。大型浅埋洞室群在构造应力水平较高的条件下，洞室围岩的整体稳定性、局部稳定性表现得较为复杂，需要在施工开挖期根据现场实际揭示的地质条件，对其进行更深入系统的研究和评估。

6.3 数值模拟过程

6.3.1 模型的构建

卡鲁玛水电站数值模拟的模型构建包括地下厂房、主变室以及尾水调压室，计算模型如图 6.3.1 所示，图中右侧是尾水调压室的局部放大图。

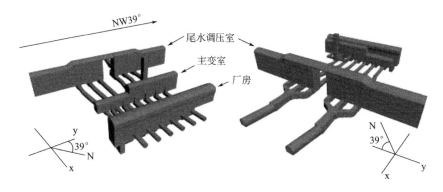

图 6.3.1 洞室群三维模型图

模型的开挖顺序与实际开挖顺序一致，从上到下，尾水调压室分七层开挖，开挖顺序如图 6.3.2 所示，区域的设置可在计算过程中直接进行 exc ＜reg 区域号＞，即可开挖该块区域。

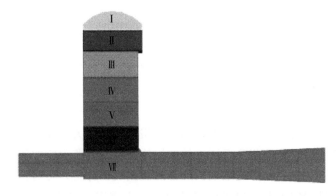

图 6.3.2 尾水调压室开挖顺序

以尾水调压室为例，要建好模型，先要对整个模型有大致的了解，进一步进行剖面控制。如图 6.3.3 为主要控制剖面，进行拉伸后，可以进一步地进行修改。

图 6.3.3 控制剖面 CAD 图

图 6.3.4 拉伸体生成地下洞室模型

先通过 CAD 对尾水调压室的切面进行剖分控制，再通过自编软件（第三章）3dec5. 0 三轴拉伸软件得到，软件读取 dxf 文件中的多段线数据，进而通过 prism 棱柱拉伸命令得到拉伸体。

之后对拉伸体进行进一步的切割

```
new
set fish safe off
set case_sensitivity off
;set warning off
set atol 0. 02
call clip3. dat      ;;;该 dat 文件为自编软件所得
;;;;;;;;;;;;;;;;;;;;;;;;;;;;;zhong ge dun 中隔墩的主要切割过程
hid reg 32 31
jset dd 0 dip 90 ori   50 99 50
jset dd 0 dip 90 ori   50 129 50
jset dd 0 dip 90 ori   50 35. 4 50
jset dd 0 dip 90 ori   50 44. 5 50
jset dd 0 dip 90 ori   50 61. 9 50
jset dd 0 dip 90 ori   50 71 50
jset dd 0 dip 90 ori   50 88. 4 50
jset dd 0 dip 90 ori   50 97. 5 50
jset dd 0 dip 90 ori   50 130. 5 50
jset dd 0 dip 90 ori   50 139. 6 50
jset dd 0 dip 90 ori   50 157 50
jset dd 0 dip 90 ori   50 166. 1 50
jset dd 0 dip 90 ori   50 183. 5 50
```

```
jset dd 0 dip 90 ori    50 192.6 50

hid rang y -200 99
hid rang y 129 500
hid reg 41 30
mark reg 10          ;;切出来的中隔墩命名为围岩区域
;;;;;;;;;;;;;;;;;;;;;;;;;;;;;di ge dun 底隔墩的主要切割过程
seek
hid reg 32 30 31
hid rang x -100 243
hid rang x 243 264. 3 z 937. 5 1200
hid rang z 950 1200
hid rang y 35. 4 44. 5
hid rang y 61. 9 71
hid rang y 88. 4 97. 5
hid rang y 130. 5 139. 6
hid rang y 157 166. 1
hid rang y 183. 5 192. 6
mark reg 10             ;;切出来的底隔墩命名为围岩区域 10
;;;;;;;;;;;;;;;;;;;;;;;;;;;;;导入另外 4 个控制剖面
call clip4. dat
call clip5. dat
call clip6. dat
call clip7. dat
tunnel reg 42    a   &
(243. 000，  33. 900, 985. 100) &
(243. 000，  33. 900, 975. 100) &
(265. 800，  33. 900, 975. 100) &
(265. 800，  33. 900, 985. 100) &
(262. 514，  33. 900, 987. 806) &
(258. 616，  33. 900, 989. 515) &
(254. 400，  33. 900, 990. 100) &
(250. 184，  33. 900, 989. 515) &
(246. 286，  33. 900, 987. 806) &
b   &
(243. 000，  19. 900, 978. 846) &
(243. 000，  19. 900, 975. 100) &
(264. 300，  19. 900, 975. 100) &
(264. 300，  19. 900, 978. 900) &
```

```
(261.295,    19.900, 981.602) &
(257.636,    19.900, 983.318) &
(253.637,    19.900, 983.900) &
(249.641,    19.900, 983.298) &
(245.991,    19.900, 981.563)
tunnel reg   42    a    &
(243.000,    194.1, 985.100) &
(243.000,    194.1, 975.100) &
(265.800,    194.1, 975.100) &
(265.800,    194.1, 985.100) &
(262.514,    194.1, 987.806) &
(258.616,    194.1, 989.515) &
(254.400,    194.1, 990.100) &
(250.184,    194.1, 989.515) &
(246.286,    194.1, 987.806) &
b    &
(243.000,    208.1, 978.846) &
(243.000,    208.1, 975.100) &
(264.300,    208.1, 975.100) &
(264.300,    208.1, 978.900) &
(261.295,    208.1, 981.602) &
(257.636,    208.1, 983.318) &
(253.637,    208.1, 983.900) &
(249.641,    208.1, 983.298) &
(245.991,    208.1, 981.563)
```

对控制剖面生成的拉伸体进行连接

```
;;三岔管的拉伸及切割过程
call clipsancha. dat
hid
seek mat 39
mark reg 49
hid
seek mat 10
mark reg 10
seek
hid reg 31 10
hid rang x 0 300
hid rang y -100 33.9
hid rang y 194.1 400
```

```
;jset dd 0 dip 0 ori    50 50 947
;jset dd 0 dip 0 ori    50 50 917. 3
hid dd 0 dip 0 ori    50 50 947 above
hid dd 0 dip 0 ori    50 50 917. 3 below
mark reg 30
jset dd 90 dip 90 ori 335. 15 50 50
hid dd 90 dip 90 ori 335. 15 50 50 above
jset dd 0 dip 90 ori    50 145 50
jset dd 0 dip 90 ori    50 180 50
jset dd 0 dip 90 ori    50 83 50
jset dd 0 dip 90 ori    50 48 50
hid rang y 0 48
hid rang y 83 145
hid rang y 180 300
mark reg 10
tunnel reg49    a &
(300. 15，59. 45，927. 3）&
(300. 15，59. 45，937. 5）&
(300. 15，73. 45，937. 5）&
(300. 15，73. 45，927. 3）&
b &
(335. 15，59. 45，925. 8）&
(335. 15，59. 45，939）&
(335. 15，73. 45，939）&
(335. 15，73. 45，925. 8）


tunnel reg49    a &
(300. 15，154. 55，927. 3）&
(300. 15，154. 55，937. 5）&
(300. 15，168. 55，937. 5）&
(300. 15，168. 55，927. 3）&
b &
(335. 15，154. 55，925. 8）&
(335. 15，154. 55，939）&
(335. 15，168. 55，939）&
(335. 15，168. 55，925. 8）
;;    尾水洞的导入过程
hid
seek reg 10 30
```

```
hid rang x 243 400
hid rang y -100 33. 9
hid rang y 194. 1 400
jset dd 0 dip 0 ori   50 50 937. 5
jset dd 0 dip 0 ori   50 50 927. 3
hid dd 0 dip 0 ori   50 50 937. 5 above
hid dd 0 dip 0 ori   50 50 927. 3 below
call weishuidong2. dat
;;     边墙围岩的切割设置
seek
hid reg 32 31
jset dd 0 dip 90 ori   50 -56. 15 50
jset dd 0 dip 90 ori   50 -66. 15 50
jset dd 0 dip 90 ori   50 284. 15 50
jset dd 0 dip 90 ori   50 294. 15 50
hid rang y -66. 15 294. 15
mark reg 30
seek rang y -66. 15 -56. 15
seek rang y 284. 15 294. 15
hid reg 32 31 30
mark reg 10
hid
poly brick 138,369. 3 -106. 15,-81. 15 872. 3,1056
poly brick 138,369. 3 309. 15,334. 15 872. 3,1056
mark reg 32
densify nseg 5 1 5
seek
hid reg 32 31 30
jset dd 0 dip 90 ori   50 109 50
jset dd 0 dip 90 ori   50 119 50
jset dd 90 dip 90 ori   310 50 50
jset dd 90 dip 90 ori   325 50 50
hid rang y 19. 9 208. 1
hid rang y -66. 15 -56. 15
hid rang y 284. 15 294. 15
densify nseg 1 6 1      ;;进行区域细分,有助于后续网格划分的速度
hid rang z 927. 3 1056
densify nseg 4 1 1
hid
seek reg 30
```

```
jset dd 90 dip 90 ori   233 50 50
jset dd 90 dip 90 ori   274. 3 50 50
jset dd 90 dip 90 ori   254. 4 50 50
jset dd 90 dip 90 ori   289. 3 50 50
jset dd 90 dip 90 ori   319. 3 50 50
hid rang y 19. 9 208. 1
hid rang y -300 -56. 15
hid rang y 284. 15 400
densify nseg 1 4 1
seek reg 30
jset dd 0 dip 0 ori   50 50 956
jset dd 0 dip 0 ori   50 50 975. 1
jset dd 0 dip 0 ori   50 50 937. 5
hid
seek reg 31
hid rang z 800 902. 3
hid rang z 1015. 1 1056
densify nseg 1 1 5
seek reg 31
hid rang y 19. 9 33. 9
hid rang y 194. 1 208. 1
densify nseg 1 5 1
seek reg 31
hid rang z 902. 3 1015. 1
densify nseg 5 1 1
hid
seek reg 32
hid rang y 19. 9 33. 9
hid rang y 194. 1 208. 1
hid rang y -200 -81. 15
hid rang y 309. 15 400
densify nseg 1 5 5
seek reg 32
hid rang y -100 19. 9
hid rang y 33. 9 194. 1
hid rang y 208. 1 400
densify nseg 1 1 5
seek
save weitiao
```

处理完模型后，进行下一步，网格划分。

6.3.2　网格的划分

网格划分的疏密，直接影响计算的精度以及计算的时间，所以划分网格是可采取由内到外网格控制，这样既能节省计算时间，也不影响计算精度。

尾水调压室的模型网格划分分为四个区域，开挖洞室的围岩为Ⅰ区，其网格划分的密度最大，为1.5m；外围的围岩分为3个区域，网格的密度逐渐稀疏，分别为3m、5m、10m。网格划分如图6.3.5所示。

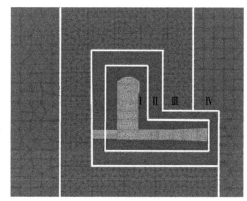

网格划分
Ⅰ区1.5m
Ⅱ区3m
Ⅲ区5m
Ⅳ区10m

图6.3.5　网格划分示意图

```
new
res weitiao
; dele range vol 0 0.02
; set atol 0.02
hid
seek reg 32
gen edge 10   ；最外层网格为10m
hid
seek reg 31
gen edge 5   ；该层网格为5m
hid
seek reg 30
gen edge 3   ；该层网格为3m

seek
hid reg 30 31 32
gen edge 1.5   ；最内层网格为1.5m
save zone
```

6.3.3 初始地应力及边界条件设置

在土木工程或采矿工程领域中，初始地应力场的存在和影响不容忽略，它既是影响岩体力学性质的重要控制因数，也是岩体所处环境条件下发生改变时引起变形和破坏的重要力源之一。因此，想要比较真实地进行工程模拟仿真，必须保证初始地应力场的可靠性。初始地应力场生成的主要目的是为了模拟所关注分析阶段之前岩土体已存在的应力状态。

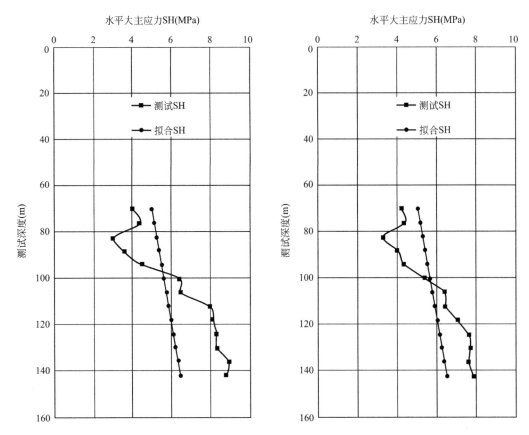

图 6.3.6 ZK39 号钻孔水平地应力测试成果与拟合成果

KARUMA 的地应力特征的分析可以从世界应力图、区域地质构造等方面的资料着手分析。KARUMA 工程区域的地应力特征可以首先根据世界地应力图（WSM2008）进行初步分析。

以看到钻孔 ZK41 在厂房区域，拟合成果不会出现低估实测地应力的情况，而 ZK39 拟合成果与实测成果在 $50 \sim 140m$ 深度均吻合较好。

ZK41 和 ZK39 钻孔的拟合系数如公式 6.3.1 所示，其中 h 表示埋深，总体上拟合成果显示 KARUMA 地区水平主应力的斜率系数与全球范围内的斜率系数平均值相接近。

$$\begin{cases} \sigma_H = 0.020h + 3.63 \\ \sigma_H = 0.016h + 2.90 \end{cases} \qquad (6.3.1)$$

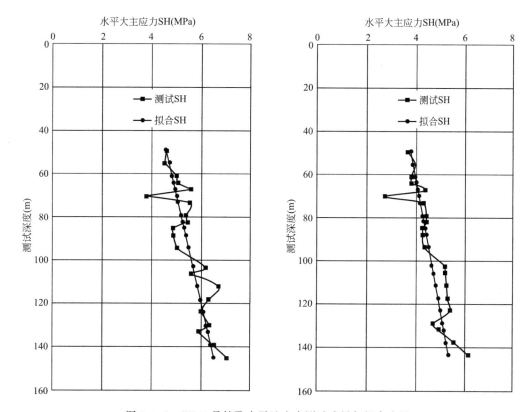

图 6.3.7　ZK41 号钻孔水平地应力测试成果与拟合成果

结合 KARUMA 区域构造分析、世界地应力图成果和工程区域的地应力测试成果，对地下厂房区域的地应力特征进行了分析，主要结论如下：

（1）世界地应力图、区域构造分析和现场实测地应力成果，这三者所揭示的 KARUMA 工程区域的地应力特征在规律上是高度一致的；

（2）地下厂房工程区域（地表以下 50～150m）属于逆断型地应力格局，即符合 $S_H > S_h > S_v$ 的规律；

（3）水平大主应力的方向约为 NE60°，两个水平主应力倾角近似水平；

（4）经过多次反演计算，发现采用的围岩参数为：Em＝15Gpa，泊松比 ν＝0.25，粘聚力 C＝1.0MPa，摩擦角 φ＝48°时，数值分析成果与现场实测成果吻合较好。

命令流编制如下：

```
new
res zone
set nodal on
set fish safe off;
set safe_conversion off;
set echo on
see
mark mat 1
```

```
;;;边界约束(由于是浅埋模型,模型区域直接设置到了地表,所以顶部不加约束)
bound xvel=0. yvel=0.    range x  137.8  138.2
bound xvel=0. yvel=0.    range x  369.1  369.5
bound xvel=0. yvel=0.    range y  -106.35 -105.95
bound xvel=0. yvel=0.    range y  333.95  334.35
bound xvel=0. yvel=0. zvel=0.   range z  872.1  872.5
def _sk
    _Em  =15e3
    _pos=0.27
    _bu  =_Em/3/(1 - 2 * _pos)
    _sh  =_Em/2/(1 +_pos)
end
_sk
;;;;;赋材料属性
see
prop mat 1  bulk_bu she_sh phi 48 bcoh 1 bten 0.6
prop mat 1 dens 2700e-6
change mat 1 cons 2
;;;;;赋节理属性(该模型中的节理均为虚拟节理,所以摩擦角取90°)
see
chan jcons 1
prop jmat 20 jkn 200. e3 jks 200. e3 jfric 90. jcoh 1. e3 jten 1. e3 ;fictious joint
chan jmat 20
;;;;;初始地应力设置,具体格式详见第二章
insitu stress-24.59243821-19.88696552-28.512 0.762777288 0 0 zgrad 0.019872756
0.016073424 0.027 -0.000615888 0 0
;;;;赋值重力
gravity 0., 0.,  -10
damp auto
mscale on
set small on
solve elas
save ini. sav
```

通过上述建模,网格划分和初始化后,就可以进行开挖计算。

6.3.4 布设监测点及开挖运行

计算前需布设监测点,以便导出开挖过程,监测点所需的各项数据。卡鲁玛水电站布设了位移监测点,相应在模型中布设(disp)以便较好地进行反演分析。

其切面监测点布局如图6.3.8所示。

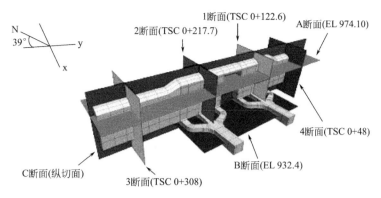

图 6.3.8　监测控制面示意图

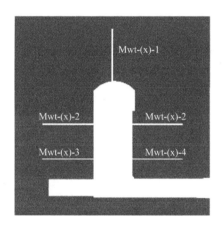

图 6.3.9　位移监测点布置位置

new

res ini. sav

see

reset dis vel jdis hist

seek

;;;;;;;;;;;;;;;;;;;;;;;;;;　1　;　一号点位

his id 1011 disp 254. 4 161. 55 992. 1

his id 1012 disp 254. 4 161. 55 998. 1

his id 1013 disp 254. 4 161. 55 1012. 1

;;;;;;;;;;;;;;;;;;;;;;;;;;　2　;　二号点位

his id 2011 disp 254. 4 66. 45 992. 1

his id 2012 disp 254. 4 66. 45 998. 1

his id 2013 disp 254. 4 66. 45 1012. 1

;;;;;;;;;;;;;;;;;;;;;;;;;;　3　;　三号点位

his id 3011 disp 253. 65 -23. 85 985. 9

his id 3012 disp 253. 65 -23. 85 991. 9

```
his id 3013 disp 253.65 -23.85 1005.9   ;;;;;;;;;;;;;;;;;;;;;;;;;;;;   4   ;   四号点位
his id 4011 disp 253.65 236.15 985.9
his id 4012 disp 253.65 236.15 991.9
his id 4013 disp 253.65 236.15 1005.9
exc re 41   ;;   开始开挖第一层
solve
cycle 3000
save exc1
exc re 42   ;;   开始开挖第二层
solve
cycle 3000
save exc2
exc re 43   ;;   开始开挖第三层
solve
cycle 3000
save exc3
exc re 44   ;;   开始开挖第四层
solve
cycle 3000
save exc4
exc re 45   ;;   开始开挖第五层
solve
cycle 3000
save exc5
exc re 46   ;;   开始开挖第六层
solve
cycle 3000
save exc6
exc re 47 48 49   ;;   开始开挖第七层
solve
cycle 3000
save exc7
```

开挖计算完成后，即可进行数据后处理。

6.3.5　结果后处理

```
;;;;;;;;;;;;;;; state   ;   塑性区
plot clear
plot res
```

pl set orien（90,90,0）center 0. ，－24. ，0.

plot cut add plane dip 90 dd 0 origin（86.8,55,942.345）　；　设置切面

plot add block colorby state　wireframe off

plot set projection parallel magnification 3.5 center（86.8,100,942.35）eye

（86.8,－372.03,942.35）&

plot bitmap file 5state_1;导出以 5state_1 为文件名的 bmp 格式图片

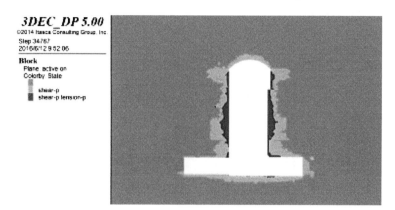

图 6.3.10　典型剖面塑性区

;;;;;;;;;;;;;;;dis　;位移区

plot clear

plot res

plot cut add plane dip 90 dd 0 origin（86.8,55,942.345）

plot add contour displacement wireframe off

plot set projection parallel magnification 3.5 center（86.8,100,942.35）eye

（86.8,-372.03,942.35）

plot bitmap file 5dis_1

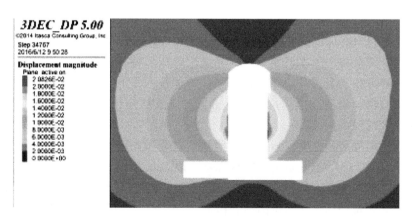

图 6.3.11　典型剖面位移图

；；；；；；；；；；；；；最小主应力（相对）

plot clear

plot res

plot cut add plane dip 90 dd 0 origin（86.8,55,942.345）

plot add blockcontour smininum wireframe off

plot set projection parallel magnification 3.5 center（86.8,100,942.35）eye

（86.8,-372.03,942.35）

plot bitmap file 5max_1

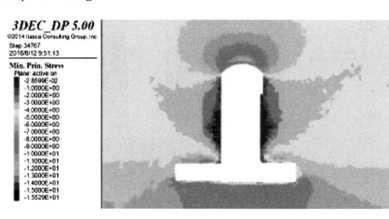

图 6.3.12　典型剖面最大主应力图

；；；；；；；；；；；；；最大主应力（相对）

plot clear

plot res

plot cut add plane dip 90 dd 0 origin（86.8,55,942.345）

plot add blockcontour smaximum wireframe off

plot set projection parallel magnification 3.5 center（86.8,100,942.35）eye

（86.8,-372.03,942.35）

plot bitmap file 5min_1

最终结果可以对相应的控制剖面进行组合，如下图所示：

　　三维数值计算获得的尾水调压室开挖完成后的变形特征如图 6.3.13 所示，最大围岩变形出现在边墙部位，量值约 20mm，两侧端墙部位的最大围岩变形约为 7.8mm。由此可以对比监测数据，提醒数值模拟的辅助价值，以及超前预报，以达到提前做好支护措施，避免不必要的经济损失。

　　尾水调压室第Ⅶ层开挖完成后，围岩的塑性区分布如图 6.3.14 所示。顶拱部位的塑性区深度为 2.0～2.5m，高边墙的塑性区深度一般为 3～5m，局部位置达到 8m。

　　底部岔管区域的塑性区分布较为普遍，现实中，岔管部位的开挖也需要采用弱爆破和及时支护的方式，帮助确保该部位的围岩稳定。

　　尾水调压室开挖完成后，应力集中的部位未发生变化，仍出现在顶拱和底板，如图 6.3.15。具体地：从 B 断面的计算成果来看，应力集中量值约 12MPa；尾水调压室底部

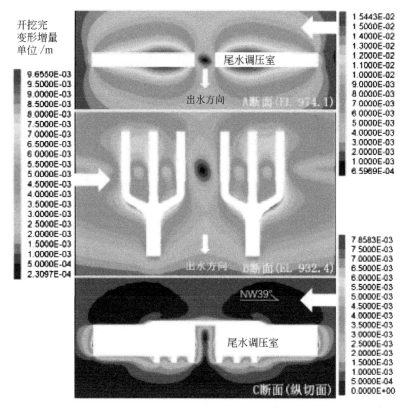

图 6.3.13　A-C 切面位移图

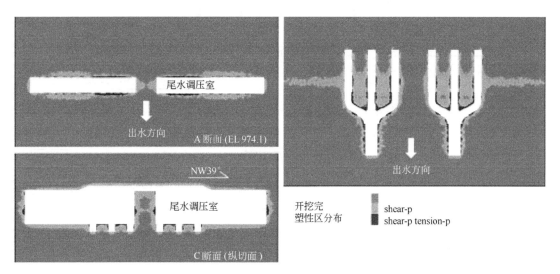

图 6.3.14　A-C 切面塑性图

附近的围岩的二次应力最大达到 12.5MPa。

导出的数据可以通过其他软件进行处理，如图 6.3.16 为 1-5 号监测点，7 层开挖过程中的位移变形纪录。

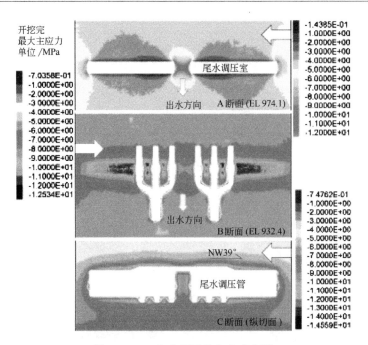

图 6.3.15   A-C 切面最大主应力图

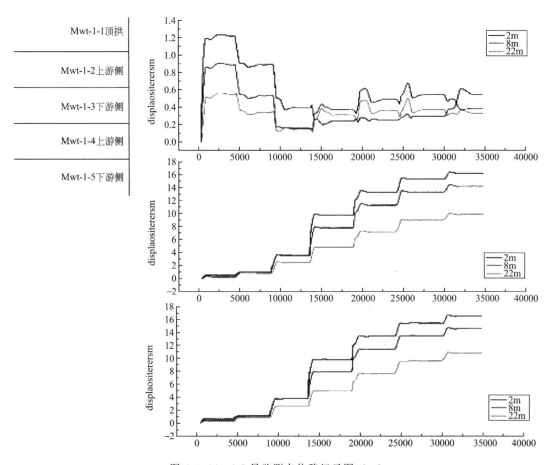

图 6.3.16   1-5 号监测点位移纪录图（一）

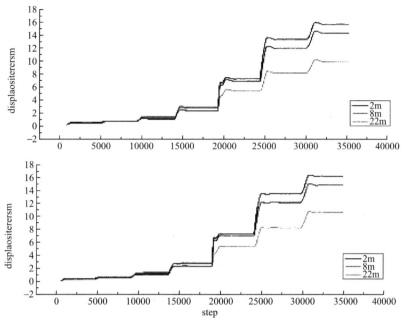

图 6.3.16　1-5 号监测点位移纪录图（二）

6.3.6　研究结论

KURUMA 尾水调压室开挖完成后总体上监测数据揭示的围岩稳定特征如下：

（1）地应力格局决定了尾调开挖后的应力集中部位主要出现在顶拱和底板部位，顶拱在 IV 层开挖后，最大主应力达到 11MPa；后续开挖对顶拱应力调整的影响较小；

（2）尾水调压室开挖完成后，数值计算预测的顶拱部位围岩变形约为 2mm，边墙部位的最大围岩变形为 18～20mm。由于地应力较低，岩体完整性较好，开挖导致的围岩变形以卸荷回弹为主，因此总体变形量较小；

（3）主厂房开挖过程中，顶拱的塑性区深度约为 2～2.5m，高边墙部位的塑性区深度一般为 3～5m，局部位置达到 8m。岔管交部位的塑性区明显增加，实际开挖过程中，这些交叉部位需要注意及时支护，并注意块体问题；

（4）从围岩变形、塑性区特征和二次应力分布特征来看，KARUMA 尾水调压室整体开挖过程，具有良好的整体稳定性。

通过卡鲁玛水电站地下厂房开挖，从建模到计算分析出图，可以较好地还原地下洞室开挖的过程，并对接下来要开挖的洞室，进行超前预报分析，有助于工程的整体进展。

6.4　本章小结

在地下工程分析时，影响洞室稳定性的地质因素是岩土体赋存的内在因素，可分为岩体结构特征、岩体强度、地下水、地应力，还需要考虑外部环境与工程活动等外部因素，如洞室埋深、形状、跨度、轴向、间距及所采用的施工方法、开挖顺序、支护型式，是在进行数值模拟前必需摸清的。尤其需要注意如下问题：

（1）地应力场的模拟。在地下工程分析时，由于岩体周围均受约束，其开挖变形一般不能采用自重考虑，泊松效应不明显，变形主要由应力场控制。如何根据现场实测结果，获得符合实际的地应力场，是地下工程数值模拟结果好坏的最重要因素，在必要条件下可选择地应力反演分析。

（2）必须深入现场实地考察收集地形、地质构造、地层岩性及物理力学试验资料，气象、水文、地震烈度资料，类似地下洞室的使用经验等，这对模型构建时不同结构面的空间交切关系、判断计算结果是否合理是非常有必要的。

（3）对于地下建筑物，地下水如何考虑是非常重要的，建在干燥或少水岩层内的构筑物，一般在洞室内外都设置一定的排水措施，所以通常不计地下水的静水压力。但在富含地下水岩层中修建地下洞室，洞室衬砌应考虑外水压力的影响；在有压隧洞分析时还要考虑内水压力影响。

（4）针对地下工程开展数值模拟，可用于变形预测分析或者方案比较论证。各向因素或指标都满意的方案是少有的，必需在两个或多个可行方案下，通过计算分析比较，提出意向性方案，并进一步试验、研究、广泛听取专家意见，才能最终作出决策。

第七章　裂隙岩体渗流离散元分析及工程应用

渗流是一门与水力学和岩土力学密切联系的学科，目前已经用来解决各种复杂工程问题。根据我国 241 座大型水库曾发生的 1000 件工程安全问题的统计，其中 37.1% 由于渗流引起。在岩土工程中，渗流分析的主要任务包括如下：

（1）通过计算建、构筑物及其地基的渗流量，以确定建构筑物上游水库的渗透损失水量，分析其对水库蓄水的影响，以及论证是否需要采取其他防渗措施。

（2）计算坝体、边坡等介质内的浸润线，分析其稳定性。

（3）计算建、构筑物及其他地基内各点处的水头或压力，以确定应力变化与分布，用以预测产生渗透变形的可能性。

（4）计算作用在建、构筑地面上的扬压力，以分析建构筑物的稳定性及采取的防渗、排渗措施。

（5）计算岩土介质内各点处的渗透流速和水力坡降，特别是渗流溢出处的渗透速度和水力坡降，以分析渗透稳定性，确定相应工程措施。

在岩石工程中完整岩块的渗流速度较小，相比裂隙渗透可忽略不计，因此岩体工程多属于裂隙渗流，由于相关理论发展较迟，过去计算中经常把岩体渗流当作各向同性的多孔介质渗流考虑问题，这种假设只有在裂隙系统不存在或裂隙分布混乱而没有固定方向，或已经风化为离散体，或当所有裂隙被充分细的颗粒填满固结而具有与岩石本身相似的透水性时才能符合实际。然而天然观测的大量资料表明，由于岩体构造上的节理性，会形成定向的裂隙系统，其渗流的主要特点为强烈的各向异性，甚至裂隙水流不完全服从达西定律，这样如果采用多孔介质渗流方法，就会造成不合理的结果。

总体上，两种渗流理论均有其适用范围，前者可以考虑结构面在渗流-应力耦合条件下的结构面开度变化导致的渗透率剧变，但裂隙渗流计算涉及大量随机分布的结构面网络时（如数千条），由于需要对种种细节进行处理，计算难度陡增，计算效率降低。裂隙渗流特别适用于处理含有确定导水裂隙的抗滑稳定分析，比如大坝基础下面隐伏性状较差的导水性断层，分析运行期大坝稳定性时，需要考虑断层上的水压力分布，此时裂隙渗流方法较为适用。

7.1　3DEC 裂隙渗流模拟原理

岩体中的渗流问题实质为水力耦合问题，即渗透压力影响力学变形，同时力学变形亦影响渗透压力。裂隙岩体中的水力耦合包含以下三个方面：

1）裂隙岩体中孔隙压力对变形和强度的影响；

2) 力学变形对裂隙渗透性的影响；

3) 力学变形对孔隙压力的影响。

裂隙渗流研究中最为核心的内容包括：单裂隙面的渗流规律、裂隙渗流的数值模拟技术。裂隙渗流假设岩体不透水，渗流只发生在裂隙面，裂隙面渗流规律符合立方定律或类似的法则；立方定律是描述单裂隙面的著名定律，即认为单条裂隙的渗流率与裂隙开度的 3 次方成正比。在离散裂隙网络的水力耦合公式中，力学变形对裂隙渗透性的影响，主要反映在裂隙张开度变化。

立方定律作为早期的研究成果获得了大量的应用，但 Tsang（1987）指出由于裂隙面开度的变化和非贯通区域的存在，裂隙中的渗透实际上是沟槽流，而非立方定律所假设的层流。Gentir（1989）通过随后的试验证实了 Tsang 的观点。速宝玉（1994，1997）通过充填裂隙渗流和交叉裂隙渗流的试验得出该类渗流不满足立方定律的结论。Engelder，Scholz，Raven 等人的进一步试验说明立方定律仅适用描述两壁光滑、开度较大、无填充物的单裂隙。为了考虑裂隙粗糙度、开度变化对渗透性的影响，诸多学者通过引入水力隙宽（hydraulic conducting aperture）来修正立方定律。Witherspoon（1980）建议用典型结构面测得的最大开度、裂隙面开度概率函数进行修正，并建议如下形式的广义流动定律：

$$\frac{Q}{\Delta h}=\frac{C}{f}(b)^{n} \qquad (7.1.1)$$

其中 f 是结构面粗糙度系数，$C=\rho_{f}gw/12\mu_{f}$。当 n 取 3 时，公式 7.1.1 退化为立方定律。显然水力隙宽和力学隙宽存在如下关系 $b=f^{1/3}b_{h}$。Barton 和 Bandis（1985）则基于结构面粗糙系数和节理平均开度提出经验公式

$$b_{h}=\frac{b_{E}^{2}}{JRC^{2.5}}; \ b_{E} \geqslant b_{h} \qquad (7.1.2)$$

其中 b_{E} 是结构面的真实隙宽。Barton 推荐的水力隙宽和力学隙宽是非线性关系，进而 Δb_{h} 和 Δu_{n} 也是非线性关系，其他模型大多采用线性关系（Wtiherspoon 1980，Elliot 1985，Rutqvist 1995）。相比之下，Barton 模型与试验吻合程度更高，然而 Hudson（1988），Brown（1993）等人指出在工程应力范围内（小于 10MPa），线性关系和非线性关系差别不大。

多数试验证明：当开度减小到一定的程度时，立方定律失效，此时广义立方定律（$n=3$，$f \neq 1$）仍成立，开度继续减小广义立方定律失效，此时应采用广义流动定律。Boinott（1991）总结出广义立方定律失效的临界水力隙宽是 $50\mu m$。

就数值模拟方法而言，3DEC 软件是目前市面上唯一能够模拟三维裂隙渗流的成熟离散元程序。3DEC 关于裂隙渗流假定如下：

a) 岩体不透水，结构面透水；

b) 结构面服从立方定律；

c) 考虑结构面上渗流-应力耦合，即结构面在不同应力环境下，由于裂隙宽度的变化，导致的渗流率的变化可以在程序中内在地考虑。

关于裂隙渗流的原位验证性试验可以参考 F.Cappa 在 2005 年的试验成果，图 7.1.1 是原位试验场地，试验区域密集布置了渗压计。对断层 F12 进行注水试验，并测量了 F12 在注水过程中隙宽（结构面开度）的变化。

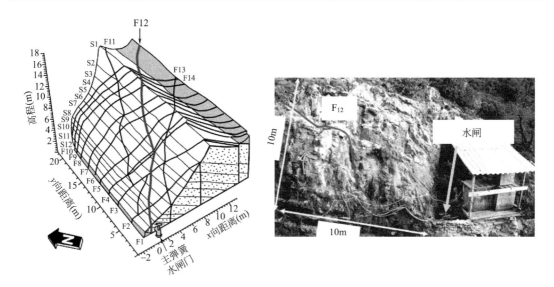

图 7.1.1　结构面渗流-应力耦合试验场地（法国）

图 7.1.2 是采用 3DEC 模拟的压水试验区域结构面上的水压力与裂隙宽度变化的成果。显然在注水过程中，随着裂隙面上水压力的升高，裂隙宽度增大，渗透率增大；而裂隙面水压力降低，裂隙宽度减小，渗透率减小。

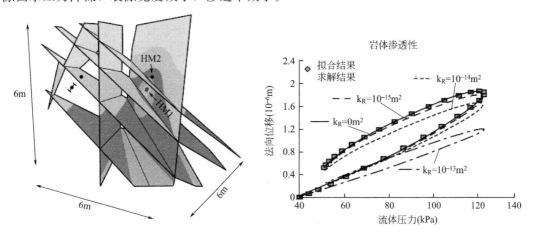

图 7.1.2　3DEC 模拟成果与实测成果对比

从图 7.1.2 可以看到，裂隙渗流过程随着水压力的变化，往往伴随着裂隙宽度的变化，由于裂隙面的渗透率与隙宽是 3 次方的关系，因此隙宽的变化也势必伴随着结构面渗透率的显著变化。从图 7.1.2 的验证性算例来看，3DEC 软件可以准确地模拟裂隙渗流中的本质现象。

7.2　3DEC 裂隙渗流命令流汇总

在许多情况下，（例如，流体压力的改变引起了使裂隙开度变化较大的岩块变形），需要完全的水力耦合仿真。在这种情况下，固体变形影响流体压力，流体压力也影响力学的应力和应变。该解是通过力学和流体之间频繁交替的计算得到的，用户可以设置单位流体步长所执行的力学循环数量。

7.2.1 定义流体参数

仿真计算所需要的流体材料参数有密度、粘聚力和体积模量（相关命令分别为：FLUID dens，FLUID visc 和 FLUID bulk）。节理水力参数 azero，ares 和 amax 分别代表零应力时的开度、残余开度和最大水力开度，响应数值通过 PROPERTY jmat 命令来指定。

7.2.2 求解初始状态

使用命令 INSITU 指定地应力和孔隙压力，为求解初始状态，首先激活力学模型，关闭流动模式（SET mech on flow off），流体弹性模量设置为 0（FLUID bulk 0）。上述步骤可保证应力解是在不改变流体压力的情况下得到的。得到平衡状态后，关闭力学模式，打开流动模式（SET mech off fow on），同时，体积模量重新设置为真实值，仿真过程将再次平衡并获得初始稳态压力。在初始化期间，我们的目标是得到模型的初始化平衡应力和稳态压力。在此步骤中发生的位移通常是无意义的（即，它不是一个物理过程的结果），因此，一旦获得初始状态，位移应当重新设置（reset disp jdisp）。

指定应力时可以同时使用 INSITU 和 nodisp 命令，nodisp 可阻止由初值应力引起的法向位移在零应力下的水力开度中被减去。因此，azero 应是初始开度而非零应力时的开度。

7.2.3 运行耦合分析

为了得到耦合解，力学与流动模式都应处于开启状态。3DEC 在运行一定力学步长的同时，也运行一系列的流动步长。单位流动步长的力学循环数目或单位力学步长的流动循环数目可由用户指定。

在大多数情况下，与力学变形相关联的时间比与流体流动相关联的时间少很多。事实上，3DEC 耦合流体力学模型的假设是准静态的。力学模型处于当前孔隙压力分布均衡下。因此，虽然流动和力学模型都明确与时间因素相关，但只有流动时间是物理时间。此外，流动和力学模型不需要同步。对于每个流动时间步，它足以执行为达到力学稳恒状态所需的力学循环。稳定状态的得到是由最大不平衡力低于某一给定的阈值判定。默认情况下，该阈值是 1×10^{-5}，操作者可以用 SET fobu 命令来改变该数值。

有时，每个流动时间步长达到不平衡力阈值是非常耗时的。因此，用户可以使用命令 SET nmech 指定每个流动时间步需要执行的最大力学循环次数，此命令只简单地防止了过度的执行每流体步骤的机械步骤数。

在某些情况下，特别是在模型初始扰动较长时间后，单位流动时间步内模型的压力变化和扰动相对较小，此时执行一次或多次力学循环将是不必要和低效的。在这种情况下，可使用命令 SET ngw 设置单位力学时间步长所执行的流动时间步长的最大数目，默认值为 1。

7.2.4　常用命令汇总

裂隙渗流分析模式常用命令汇总　　　　　　　　　　表 7.2.1

命　令	说　明
CONFIG keyword ＜keyword...＞	
fluid	流体分析；裂缝流动逻辑化。当使用 CONFIG fluid 时不更新子接触的位置。当使用 CONFIG fluid 设定为小应变模式
gw	裂隙渗流分析，老版本 3DEC 的渗流计算模式，5.0 版本仍可用
BOUNDARY keyword＞＜$value...$＞＜hist keyword＞＜range＞	流体边界条件设置
disch　　q	设置流量边界条件。流量是边界表面上节理迹线的单位长度
kndis　　q	指定在指定范围内的流动节点的点源
pgrad　　fn	指定边界孔隙压力梯度；假定向上为 z 轴的正方向
ppressure fn	指定边界上的孔隙压力
HISTORY ＜id id＞ ＜nstep n＞ $fluid\_pp$ $x\ y\ z$	记录 x,y,z 位置的孔隙水压力
INSITU keyword...＜range...＞	
pp p0 ＜gradient px py pz＞	按照梯度初始化孔压，$p = po + (px)x + (py)y + (pz)z$
PROPERTY jmat n keyword v ＜keyword $v...$＞	节理结合参数设置，其他参数参见节理属性设置
amax	流量计算中许可的最大的节理水力开度
ares	许可的最小的节理水力开度
azero	法向应力为零时的水力开度
FLUID ＜keyword＞	定义流体参数
area_min v	指定在流体流计算中使用的最小面积（流动平面区域）。这是为了避免非常小的时间步
bulk　v	指定流体的体积弹性模量
cowater　v	指定非牛顿流体的黏度
density　v	指定流体的密度
empa	指定渗透系数开度指数。默认值为 3.0
empb	指定渗透系数的"b"因子。默认值是 1.0
fhide＜range...＞	隐藏流体流动平面
fhtcoe v	指定流体传热系数
fseek＜range...＞	还原流体流动平面
fspec heat v	指定特定流体热能
fth cond　v	指定流体的热导率
visc$v$	指定流体的黏度
volmin v	定义最小的流动节点体积。这是为了避免基于小开度面积的极小时间步
SETkeyword	设置参数与模式

续表

命　令	说　明
aunb value	快速流量计算中平均不平衡体积的界限值
crack flow off / on	SET crack flow on 确保流动仅发生在相关子接触失效部分的流动平面。SET crack flow is off，流动将会发生在整个平面中。默认值为 off
Fast flow off / on	不可压缩流体快速流动计算的开关（默认值为 off）。当仅计算流体流动的情况，不能使用快速流动（默认值为 off）
flow off / on	流体流动计算开关，默认值为 off
fobu value	用来控制蠕变时间步长和裂隙流步长。默认值是 1×10^5
fpcoef value	快速流动计算的相关参数。当 fpcoef < 1 时可给出稳态解，默认值为 0.1
mechanical on / off	力学计算的开启或关闭。力学计算默认情况为开启
munb value	快速流量计算中平均不平衡体积的界限值。此限值用以完全耦合计算达到 nmech 之前停止单向流动时间步长的机械迭代。默认值为 0.0
ngw n	单位力学计算循环过程的流体计算循环次数，默认值为 1
nmech n	更新流体时间步长之间的周期数。默认值是 1
nup fluid timestep	单位力学计算循环过程的流体计算最大循环次数，默认值为 1
time value	设置目前的力学时间。这将影响 APPLY 和 BOUNDARY 历史的行为
SOLVE keyword . . .	执行时间步长指定的限制。在执行过程中，如果使用了<Esc>按键，那么 3DEC 将在目前的循环执行完毕后返回界面
ftime value	指定流体流动的时间限值
WATER　keyword value <keyword value> . . .	水位定义
table keyword value . . .	WATER table 命令设置孔隙水位以下的所有网格点的孔隙压力。孔隙压力梯度是由重力矢量的方向给定的，其方向可以任意 地下水位平面可以被定义为两种形式：单一无限平面，或平面凸多边形的组合
tableclear	清除地下水位的定义，其中孔隙压力是不变
Tableface　x1，y1，z1 . . . xn，yn，zn <face . . .>	面多边形是有节点 x1，y1，z1 至 xn，yn，zn 定义。这些节点必须构建一个凸多边形。面可以具有任意数量的节点，但被分成三角形进行存储。只有沿重力方向的面"内部"的格点被指定孔隙压力。不执行任何面部重叠或交叉点的检查。每个面顶点的三维坐标必须位于相同的命令行上
Tablegeometry setname	使用几何集（导入或创建）来定义地下水位。如 face 命令所述，几何多边形被用于计算孔隙压力
Tablenormal nx ny nz	平面的法线方向由单位矢量 nx，ny，nz 和孔隙水压增加的方向定义
origin x y z	平面某点的坐标位置（x，y，z）

　　如例 7.2.1 所示，通过执行命令 SET fobu 1e2 以降低力学循环终止时的最大不平衡力。在这个简单的例子中，使用默认值（1×10^{-5}）可产生很少的力学循环步骤，因为不平衡力是相当低的。

例 7.2.1 全耦合分析计算实例

```
;fully coupled analysis
new
config fluid
poly brick -1 1 -1 1 -1 1
jset dip 0 dd 90
fluid bulk 2e9 density 1000 viscosity 1e-3
prop jmat 1 jkn 1e10 jks 1e10
prop jmat 1 azero 1e-4 ares 1e-5 amax 1e-3
prop mat 1 density2500 g 2e9 bulk 5e9
gen edge 0.25
bound xvel 0.0 range x -1.0
bound xvel 0.0 range x 1.0
bound yvel 0.0 range y -1.0
bound yvel 0.0 range y 1.0
bound zvel 0.0 range z -1.0
bound zvel 0.0 range z 1.0
insitu stress -1e7 -1e7 -1e7 0 0 0 nodis
insitu pp 2e6 nodis
; initial equilibrium - mechanical
set flow off mech on
fluid bulk 0.0
hist unbal
cyc 100
; inital equilibrium - fluid
set flow on mech off
fluid bulk 2e9
cyc 100
reset jdisp disp
bound pp 3.0e6 range x -1.0
bound pp 2.0e6 range x 1.0
;; uncomment the next two lines for fast flow
;set fastflow on
;set aunb 0.001 munb 0.01
set flow on mech on
fluid bulk 2e9
set fobu 1e2
set nmech 200
his time
```

```
his fluid_pp 0 0 0

cy 20000

ret
```

运行这个示例后，可以看到系统执行了超过 500，000 个步数。这是因为每个流动步数会执行多个力学步数（该示例中指定执行了 20，000 个流动步数），总时间仅为约 0.047 秒。图 7.2.1 显示了节理处的压力等值线分布，很显然模型尚未达到稳态解，压力仍在改变。图 7.2.2 为节理开度等值线变化示意图，可通过 Fluid Flow / Contours / Aperture 命令调出本图。最后，块体位移等值线如图 7.2.3 所示，该曲线表明块体变形响应于流体压力的变化，因此该模型确属耦合。

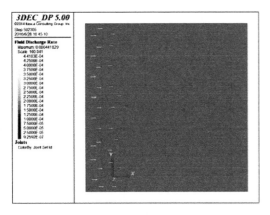 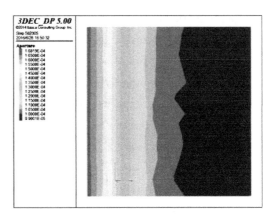

图 7.2.1　压力等值线分布　　　　　图 7.2.2　节理开度等值线示意图

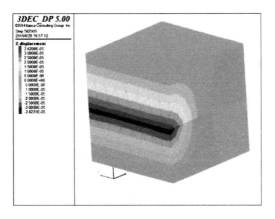

图 7.2.3　块体 Z 向位移云图

例 7.2.2　利用离散裂隙网络（DFN）模拟流体流动

```
new

config gw                    ;;;设置裂隙渗流分析模式/老版本

poly brick -1 1 -1 1 -1 1    ;;;创建块体

;创建单一圆形裂隙
```

```
domain extent -1 1 -1 1 -1 1        ;;;在块体范围内生成 DFN 裂隙
DFN addfracture dip 0 size 1          ;;;裂隙水平,半径 1
jsetDFN 1                             ;;;利用 DFN 切割块体
gen edge 0.15                       ;;;划分网格
bound xvel 0 yvel 0 zvel 0 range x -1        ;;;速度边界条件
bound xvel 0 yvel 0 zvel 0 range x 1
bound xvel 0 yvel 0 zvel 0 range y -1
bound xvel 0 yvel 0 zvel 0 range y 1
bound xvel 0 yvel 0 zvel 0 range z -1
bound xvel 0 yvel 0 zvel 0 range z 1
fluid bulk 2e9 density 1000 visc 1e-3        ;;;定义流体参数
prop mat 1 dens2500 g 2e9 b 5e9            ;;;定义实体参数
; jmat 1 为内部裂隙
prop jmat 1 kn 1e10 ks 1e10 jfric 30        ;;;节理材料1,为内部裂隙
prop jmat 1 azero 1e-4 ares 1e-4 amax 1e-3
; jmat 2 为外部裂隙
prop jmat 2 kn 1e10 ks 1e10 jfric 30 jcoh 10000 jten 1000      ;;;外部裂隙,参数高
prop jmat 2 azero 1e-4 ares 1e-4 amax 1e-3
changeDFN 1 jmat 1 2     ;;;将 DFN 切出的裂隙内部定义为 1,外部定义为 2
; turn on crack flow and 'crack' subcontacts inside fracture
SET crack_flow on       ;;;打开裂隙流分析
def crack_frac
    local ci＝contact_head
    loop while ci ≠ 0
        local cxi＝c_cx(ci)
        loop while cxi ≠ 0
            if cx_mat(cxi)＝1 then      ;;;接触为节理材料 1
                cx_state(cxi)＝3 ;将接触状态设置为拉坏,以保证可以渗流
            endif
            cxi＝cx_next(cxi)
        end_loop
        ci＝c_next(ci)
    end_loop
end
@crack_frac
saveDFN_initial
; inject into center
bound kndis 0.0001 range x -0.1 0.1 y -0.1 0.1      ;;;设置节点渗流边界
his time
```

```
his fluid_pp 0 0 0
set flow on mech on
set fobu 1e2
set nmech 200
cyc 10000
```

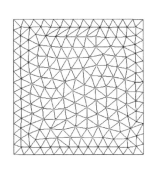
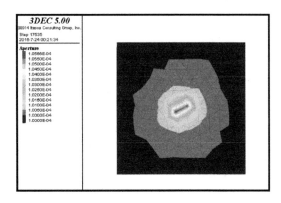

图 7.2.4　计算后接触状态　　　　　　　　图 7.2.5　计算后孔压分布

7.3　工程实例分析

7.3.1　工程概况

Capulin San Pablo 水电站位于哥斯达黎加 Tarcoles 河上，电站总装机容量 50MW。电站枢纽主要由挡水建筑物、泄水建筑物、左岸输水系统和左岸地面厂房等组成。其中挡水建筑物为碾压混凝土重力坝，最大坝高 48.5m，坝顶宽度 7.4m。大坝坝顶高程 196.50m，最大坝高 48.5m，坝轴线长 165.5m，共 9 个坝段。

Capulin-San Pablo 水电站坝址区出露地层主要为火山角砾岩及第四系残坡积碎石土、崩坡积碎石、块石夹少量黏土。火山角砾岩广泛分布于坝基及两岸。第四系残坡积碎石土、崩坡积碎石和块石夹少量黏土主要分布于两岸及河床的浅表层。

河床坝段下游分布缓倾角黏土质凝灰岩层（UG7），其性状差、强度低，分布范围广，大坝的整体抗滑稳定很大程度受制于 UG7 的力学参数。此外坝体地基中还广泛发育有缓倾角断层（F11、F12、F2、F3）、裂隙等软弱结构面。

影响大坝整体稳定的 UG7 和左岸的十几条结构面均属于导水结构面，在大坝运行期间，不同蓄水位的变化必然导致这些结构面上的水压力的变化，进而影响大坝的抗滑稳定。因此计算大坝的抗滑稳定系数，需要获得结构面上的裂隙水压力，并通过强度折减方法，计算大坝的在各工况条件下的抗滑稳定系数。

在多数情况下，一些数值分析人员倾向于采用多孔介质渗流理论来模拟岩体渗流。对于 San Pablo 项目而言，基于多孔介质渗流的计算成果，分析大坝抗滑稳定可能会内在地存在如下缺陷：

（1）由于多孔介质理论并不适合描述裂隙渗流，因此该方法模拟的 UG7 等结构面上的水压力可能与实际有较大的差别；

（2）根据多孔介质理论获得的三维渗流场，难以合理模拟 UG7 面上的扬压力，因为如果将力直接施加在单元节点上，则由于 UG7 下盘岩体的拖拽作用，低估了实际的扬压力。

San Pablo 所关注的工程问题，需要深入分析不同工况条件下（包括灌浆），缓倾断层 UG7 上的裂隙水压力，并计算沿着 UG7 发生深层滑动的抗滑稳定安全系数。鉴于所研究问题的特点，采用 3DEC 的裂隙渗流模块进行相关分析。裂隙渗流假定如下：

（1）岩体不透水，结构面透水；

（2）结构面服从立方定律；

（3）考虑结构面上渗流-应力耦合，即结构面在不同应力环境下，由于裂隙宽度的变化，导致的渗流率的变化可以在程序中内在地考虑。

7.3.2　数值模型与计算条件

图 7.3.1 所示为 Capulin San Pablo 电站大坝及坝基 3DEC 模型，模型对大坝形态和坝基岩体结构进行了精细模拟，根据大坝的结构断面图，模型还考虑了坝段之间的施工缝。

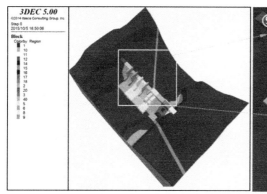

(a) 大坝整体模型图　　　　　　　　(b) 13# 坝段精细模型图

图 7.3.1　Capulin-San Pablo 电站大坝及坝基三维数值模型图

图 7.3.1、图 7.3.2 所示分别为 Capulin San Pablo 电站坝基垂直于河流向横剖面图（1～1 剖面，图 7.3.3）和顺河流向横剖面图（2～2 剖面，图 7.3.4）；图 7.3.5 所示为 Capulin-San Pablo 电站坝基主要结构面分布特征，可以看到缓倾的 UG7 的分布范围较大，大坝的深层抗滑稳定，很大程度受制于该长大软弱断层。

图 7.3.6 所示为大坝建基面以及各坝段之间的分缝，由于 1～3 号坝段结构面发育，局部稳定性较差，因此模型对影响 1～3 号坝段局部稳定性的结构面进行了精细模拟，模型中考虑了Ⅲ1B、Ⅲ2B、Ⅳ1B、Ⅳ2B、Ⅲc、Ⅳ1c、Ⅳ2c、Ⅴ等多个岩层分布和 C01、C05、C06、C10、C18、C20、C11、C13、C14、C15、C16、C25 等结构面影响。

图 7.3.7、图 7.3.8 所示分别为坝体上下游及 UG7（黏土质凝灰岩）上下盘两侧监测点布置图。

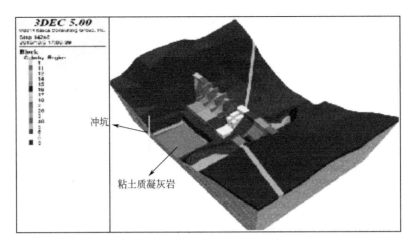

图 7.3.2 Capulin-San Pablo 电站大坝及坝基三维数值模型图（考虑下游冲坑影响）

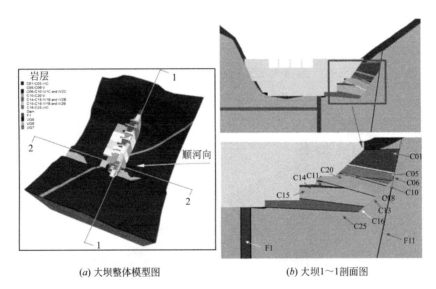

(a) 大坝整体模型图　　　　　　　　(b) 大坝1~1剖面图

图 7.3.3 Capulin-San Pablo 电站坝基横剖面图（1~1 剖面）

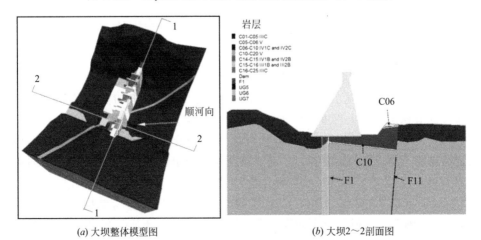

(a) 大坝整体模型图　　　　　　　　(b) 大坝2~2剖面图

图 7.3.4 Capulin-San Pablo 电站坝基横剖面图（2~2 剖面）

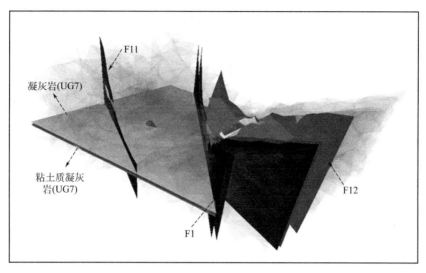

图 7.3.5　Capulin-San Pablo 电站坝基主要结构面分布特征

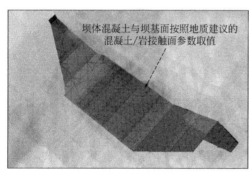

(a) 坝体与坝基之间结构面

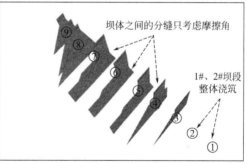

(b) 坝体之间结构面

图 7.3.6　Capulin-San Pablo 电站坝基、坝体之间结构面布置

(a) 大坝上游监测点布置图

(b) 大坝下游监测点布置图

图 7.3.7　坝体上下游监测点布置图

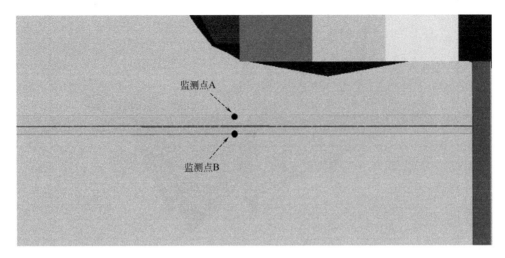

图 7.3.8　UG7（黏土质凝灰岩）监测点 A、B 布置图

该大坝抗滑稳定性分析，涉及多个工况：1）正常蓄水位；2）校核洪水位；3）校核洪水位，并考虑下游冲坑影响；4）地震工况。限于篇幅，这里主要介绍校核洪水位条件下，大坝抗滑稳定系数的计算。数值分析基本流程如下：

（1）首先进行力学计算，此时不考虑裂隙渗流分析。考虑自重和大坝上下游水位面力作用（面力分布如图 7.3.9 所示），让模型计算至平衡；

（2）关闭力学计算模块，打开渗流计算模块。开展大坝坝基裂隙渗流分析，考虑灌浆的影响。获得校核洪水位工况条件下，各结构面的裂隙水压力；

（3）关闭渗流计算模块，打开力学计算模块，此时，各结构面上的裂隙水压力仍维持定值，计算至模型达到平衡状态；

（4）在大坝表面以及 UG7 布置监测点，对坝基岩体和结构面强度进行折减，记录折减过程中监测点位移的变化，根据位移发生突变时所对应的折减系数确定。

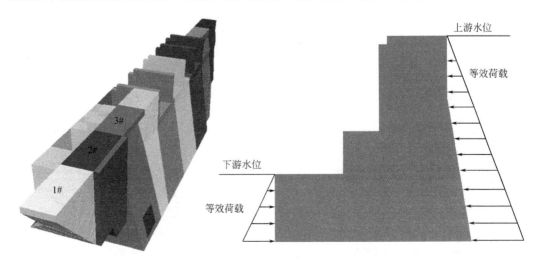

图 7.3.9　坝体上下游静水压力作用示意图

需要指出的是强度折减方法获得安全系数与《混凝土重力坝设计规范》NB/T 35026—2014 采用针对确定性的贯穿滑动面采用公式计算获得的安全系数具有可比性。在简单的情况下，二者的安全系数是一致的，复杂情况下有一定的差别，具体表现为：

（1）《混凝土重力坝设计规范》中对扬压力的分布有两种假设，分别为三角形假设（图 7.3.9 左），以及考虑灌浆帷幕（图 7.3.9 右）折线型分布。对于 San Pab 坝基部位的 UG7，这两种扬压力分布都可以通过裂隙渗流计算直接获得，并且渗流计算获得的结构面裂隙水压力可以自动地考虑多组结构面的影响，与规范方法相比，数值模型所模拟的情形更加贴近实际；

（2）规范方法本质上是刚体法，不考虑坝基岩体以及结构面的变形特征，数值方法可以充分坝基岩体参数和结构面参数差异导致的变形差异，这可能会影响局部坝段的安全系数；

（3）规范方法适用计算确定的单滑面安全系数，而基于强度折减方法可以自动搜索实际结构面组合条件下，最小安全系数以及与之对应的破坏形态。

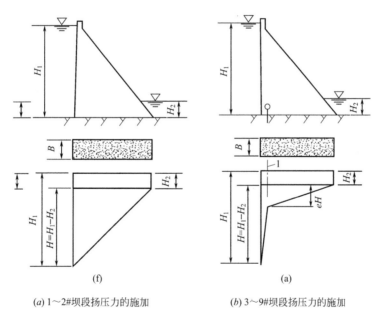

(a) 1～2#坝段扬压力的施加　　　　(b) 3～9#坝段扬压力的施加

图 7.3.10　坝体上下游静水压力作用示意图

7.3.2　计算成果分析

图 7.3.11 给出了校核洪水位工况坝体监测点变形随强度折减系数的变化关系曲线，图 7.3.12 给出了校核洪水位工况 UG7（黏土质凝灰岩）A、B 监测点变形随强度折减系数的变化关系曲线，其纵坐标为位移大小，横坐标为强度折减系数。

从变形特征看，监测点在强度折减系数为 2.80 时，变形仍能收敛；当岩体以及结构面的强度参数进一步折减，折减系数为 3.00 时，监测点的变形开始出现不收敛的特征，因此可以判断校核洪水位工况坝基整体安全系数在 3.00 左右。从计算结果还可以

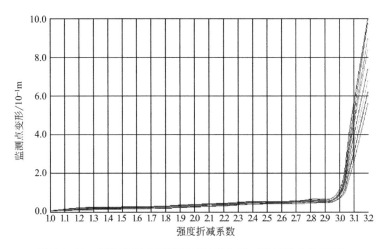

图 7.3.11　坝体监测点变形折减过程曲线（校核洪水位工况）

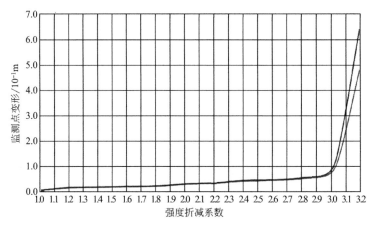

图 7.3.12　UG7（黏土质凝灰岩）A、B 监测点变形折减过程曲线（校核洪水位工况）

看出，UG7（黏土质凝灰岩）A、B 监测点的变形特征与坝体监测点的变形特征基本保持一致。

图 7.2.13 是不同强度折减系数下坝体变形随折减过程的合位移分布特征，图 7.3.14 为坝基变形分布特征（fos＝3.00），图 7.3.15 为 1～1 剖面坝基变形分布特征（fos＝3.00）；由图可知，在强度折减系数为 2.00 时，坝体整体变形均处于 10～20mm 的较低水平，坝基随着折减过程变形明显区域位于 4～7 号坝段顶面及 UG7（黏土质凝灰岩）影响范围附近岩体，当折减系数增加至 2.80 时，坝体总体变形增加至 50～60mm 的水平，同时，4～7 号坝段及 UG7（黏土质凝灰岩）影响范围附近岩体的变形特征更加显著，折减系数为 3.00 时坝体整体变形在 90～105mm，表现出潜在的整体失稳特征。4～7 号坝段受 UG7 黏土质凝灰岩软弱岩层影响，坝基随着结构面强度参数的折减最先发生破坏，3 号坝段次之；4～7 号坝段破坏模式是沿着 UG7（黏土质凝灰岩）缓倾结构面发生整体剪切滑动破坏，3 号坝段破坏模式是沿着 2 号、3 号坝段之间施工缝和底滑面发生滑动破坏；由前面位移和速率分析判断可知该工况下坝基安全系数在 3.00 左右。

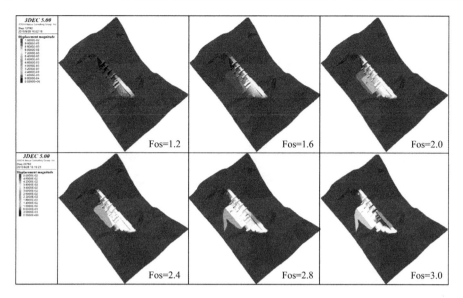

图 7.3.13　校核洪水位工况坝体变形随折减过程的合位移分布特征

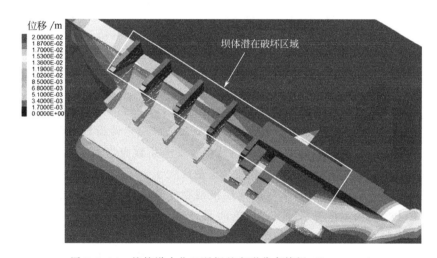

图 7.3.14　校核洪水位工况坝基变形分布特征（fos＝3.00）

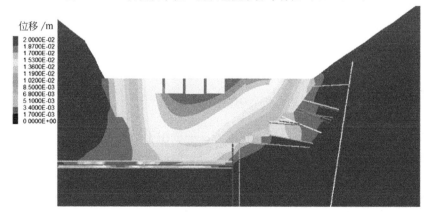

图 7.3.15　校核洪水位工况坝基变形分布特征（1～1 剖面，fos＝3.00）

图 7.3.16 给出了校核洪水位工况下主要结构面的水压力分布云图，在给定的渗流边界条件下，经过长时间的渗流计算，获得了模型中所有结构面的裂隙水压力分布特征，上游侧结构面由于水头较高，其裂隙水压力最大为 0.588MPa。

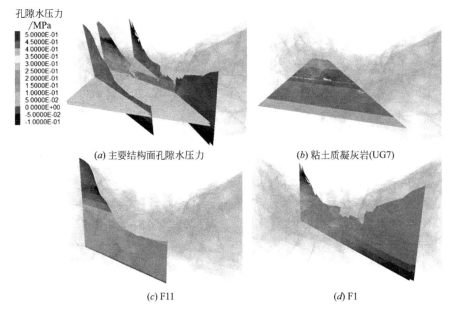

(a) 主要结构面孔隙水压力　　　　　　　　(b) 粘土质凝灰岩(UG7)

(c) F11　　　　　　　　　　　　　　　(d) F1

图 7.3.16　校核洪水位工况坝基主要结构面裂隙水压力云图

中国《混凝土重力坝设计规范》规定岩体和结构面采用抗剪断强度时，在基本荷载组合条件下，安全系数需要超过 3.0。国外坝体坝基面抗滑稳定性设计主要参考《美国垦务局报告 REC-ERC- 74-10》，其规定对正常荷载组合安全系数应当大于 4.0；对非常荷载组合安全系数应大于 2.7；对极端荷载组合安全系数应大于 1.3。

校核洪水条件下，San Pablo 大坝的深层抗滑稳定基本满足中国规范标准，但基本没有安全余量；不满足美国垦务局标准。根据前面对 Capulin San Pablo 水电站坝基稳定性分析成果，黏土质凝灰岩层（UG7）是影响控制坝基稳定的最重要的因素，从确保大坝顺利建设角度，需要采取较为可靠的处理措施对 UG7 进行局部置换处理，增加大坝的整体抗滑稳定，使其满足设计标准。此外，结构面裂隙水压力的升高导致坝基底部扬压力增大，也是影响坝基稳定的主要因素，因此帷幕灌浆方案也有必要进一步深入研究。

7.4　本章小结

对于复杂坝基深层抗滑稳定问题，规范方法一般用于平面抗滑稳定计算，计算得到的安全系数由于无法考虑两岸坝肩的"坎固"效应，倾向于低估实际安全系数。对于大坝底部存在确定性滑动面时，采用裂隙渗流和强度折减少方法，可以较好地综合考虑各种因素，并获得大坝的三维整体抗滑稳定系数，为评估大坝整体抗滑稳定性提供依据。

第八章　节理岩体动力特性离散元分析及应用

动力分析主要针对岩土工程中地震荷载、爆炸或冲击荷载、采矿引起的能量释放振动、重力作用下的颗粒（圆形或不规则形状）流动等问题。这些问题与时间密切相关，求解持续时间可能只有 1 分钟，甚至只有 1 秒钟（爆破冲击等），在这些过程中需要考虑阻尼、网格、时间步的特殊设置，并关注块体的运动过程、应力波的波动效应等。

8.1　3DEC 中有关阻尼设置

由于块体在运动时动能转变为热能耗散掉，运动时并不发生弹跳，因此岩体的运动是不可逆过程。为了避免弹性系统由于具有动能后在平衡位置振荡，就要采用加阻尼的办法来耗散系统在振动过程中的动能。在任何动力分析程序中，必需说明物理系统中的能量损耗，而这在数值算法中并没有考虑。

通常，在高度弹性系统中采用较小的阻尼，而土层等岩土介质中则取较大阻尼。在弹性系统中加黏性阻尼，在物理上可用 Voigt 模型表示。其自由振动微分方程为：

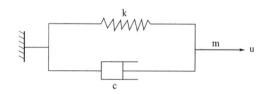

图 8.1.1　黏性阻尼 Voigt 模型

$$ii + 2\xi\omega_n\dot{u} + \omega_n^2 u = 0 \tag{8.1.1}$$

式中　$\xi = c/c_0$，为阻尼比；$\omega_n = \sqrt{k/m}$ 为固有频率；m 是集中质量；c 是黏性阻尼系数；k 弹性刚度系数；u 是位移；$\dot{u}$ 是速度；$\ddot{u}$ 为加速度。

当 $\xi < 1$ 时系统为欠阻尼体系；$\xi > 1$ 为过阻尼体系；$\xi = 1$ 为临界阻尼体系。

8.1.1　动力系统的阻尼设置

常用的阻尼可分为 Rayleigh 阻尼、自适应阻尼和摩擦阻尼等：

（1）Rayleigh 阻尼

用 UDEC/3DEC 解决动力问题时，阻尼常采用 Rayleigh 阻尼。Rayleigh 阻尼最初应用于结构和弹性体的动力计算中，以减弱系统的自然振动模式的振幅。在计算时，假设动力方程中的阻尼矩阵 C 与刚度矩阵 M 和质量矩阵 K 有关：

对于线性系统而言，Rayleigh 阻尼可写为：

$$[C] = \alpha[M] + \beta[K] \qquad (8.1.2)$$

式中 $[C]$ 为黏性阻尼矩阵；$[M]$ 为质量矩阵；$[K]$ 为刚度矩阵；α、β 分别为质量阻尼比例系数与刚度阻尼比例系数，由下式确定：

$$\alpha = \xi_{min}\omega_{min}; \beta = \xi_{min}/\omega_{min} \qquad (8.1.3)$$

式中 ξ_{min} 为临界阻尼比，ω_{min} 为圆频率，其意义如下图 8.1.2 所示：

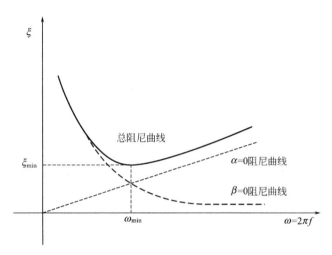

图 8.1.2　Rayleigh 线性比例阻尼曲线

基频定义如下：

$$f_{min} = \omega_{min}/2\pi \qquad (8.1.4)$$

对于某一振型，圆频率为 ω 的振动系统，Rayleigh 阻尼的作用效果可用下式表示：

$\xi = \dfrac{1}{2}\left(\dfrac{\omega}{\omega_{min}} + \dfrac{\omega_{min}}{\omega}\right)\xi_{min}$，进一步化简可得

$$\xi = \dfrac{1}{2}\left(\dfrac{\alpha}{\omega} + \beta\omega\right) \qquad (8.1.5)$$

可以看出，对于低频率振动的系统，质量阻尼比比较有效，而刚度阻尼则适用于快速高频振动的系统。由于非连续系统随着块体之间的滑移或分离，其振型是不确定的，因此 Rayleigh 阻尼对于非连续介质系统不完全适用。

设置瑞利阻尼应该尽量选择中间频率 ω_{min}。对于地质体，阻尼一般是独立于频率的，中间频率 ω_{min} 选择出现在数值模拟中频率范围的中间值（自振频率或者输入频率的主频），这可以根据谱分析获得。

如果在 3DEC 中使用 Rayleigh 阻尼来研究动力问题，调用格式如下：

Damp freq fcrit

其中 freq 对应公式 8.1.4 中基频 f_{min}，fcrit 对应 ξ_{min}，而不是直接输入 α，β 值。

但是 Rayleigh 阻尼参数的给出是一个相当麻烦的问题，通常动力分析中的阻尼假定为频率不相关，而 Rayleigh 阻尼属于频率相关模型，在频谱曲线中有一个水平区（图 8.1.3），跨度约为频域的 1/3，该图可以基于速度时程的傅立叶变换分析获得。

如图 8.1.3，如果上限优势频率值大于下限优势频率值三倍，那么即可认为存在一个 3：1（频域范围/优势频段）跨度，该范围可涵盖能量谱中的绝大多数动能。此时在进行

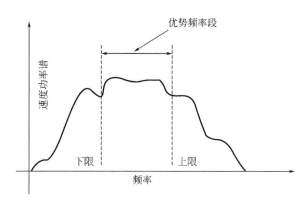

图 8.1.3　速度频谱图

动力分析时可调整 Rayleigh 阻尼中 $\omega_{\min}$，使其如图 8.1.3 中的优势频率平直段一致，$\xi_{\min}$ 与准确的物理阻尼比一致。在这里优势频率既不是输入频率，也不是系统的自振模态，而是二者的综合结果。其目的是在问题求解时对重要频率设置正确的阻尼值，而忽略其他频率影响。

在一定圆频率下，质量阻尼和刚度阻尼各贡献一半阻尼力。若单独使用质量阻尼或刚度阻尼，则必须将 $\xi_{\min}$ 值扩大一倍才能得到关键阻尼。根据相关经验，在选择 Rayleigh 阻尼参数时，对于地质材料，比如岩石或土，$\xi_{\min}$ 取 2%～5%即可；对于结构系统，$\xi_{\min}$ 取 2%～10%可得到满意效果。在分析中若采用块体的塑性模型（比如 Mohr-Coulomb）时，有相当大一部分能量会在塑性流动中耗散掉。此外，块体的节理面也会耗散掉一部分能量。因而，在动力分析中，涉及块体的大变形或节理的大位移时，$\xi_{\min}$ 只需取很小的值即可，比如 0.5%。

需要注意的是：对涉及块体大变形问题，采用任意参数的质量阻尼都不合适，因为这样做人为限制了块体的运动。因此对自重作用下的颗粒流动、块体掉落，块体承受爆破冲击荷载等工程问题，建议将质量阻尼项取零（$\alpha=0$），仅考虑刚度比例阻尼（β）。

Rayleigh 阻尼中的刚度比例（β）项，显著影响 3DEC 显式求解的临界时间步。因此要控制时间步，随着刚度阻尼比例的增加，需要降低临界时间步（利用 fraction 命令）。对自由落体或者块体碰撞基础反弹问题，恢复系数需要精确界定，此时阻尼参数的设置（Onishi，1985 等）非常重要。

至于最小频率的获得比较麻烦，较为繁琐的方法是先对模型做弹性无阻尼的计算，记录某处的速度或位移，由曲线得到最小频率，然后在恢复正常计算，其实这样的过程就是有限元软件中的模态的计算过程。

（2）自适应阻尼

为了克服阻尼施加的困难，Cundall 提出了两种自适应阻尼。其中第一种仍然采用黏性阻尼，只是阻尼所吸收的能量与系统的动能变化率之比是定值，采用伺服机理对黏性阻尼系数进行自适应控制。具体方法是先计算能量比率 R：

$$R = \Sigma E_{\mathrm{D}} / \Sigma \dot{E}_{\mathrm{k}} \tag{8.1.6}$$

式中，E_{D} 为阻尼所吸收的能量；$\dot{E}_{\mathrm{k}}$ 为系统动能变化率；根据能量比率大小来调整阻尼系数。实验表明，当 R 在 0.5 左右时，阻尼效果接近于临界阻尼。因此，当 R 值大于 0.5 时，应减小阻尼系数 c 的值；反之应加大阻尼系数。

第二种自适应阻尼称为局部自适应阻尼。该阻尼力的大小与块体所受的不平衡力成正比，其方向取于块体振动衰减的方向，而不是作稳定运动的方向，即

$$F_d \propto |F| \, sign(\dot{F}) \tag{8.1.7}$$

式中，F_d 是块体所受的阻尼力；F 是块体所受的不平衡力。应用局部自适应阻尼时：对于稳定状态，体力消失；阻尼系数既无量纲，又与边界条件及性质无关；阻尼力在系统内不同地方不同。但是，局部自适应阻尼总是使系统处于过阻尼状态。

该阻尼模型通常用于静力学分析。

(3) 库仑阻尼

当两个表面产生相对滑动时，假定运动一开始就有摩擦，其库仑阻尼力为

$$F_s = C + F_n \tan\varphi \tag{8.1.8}$$

8.1.2 时间步

理论证明，系统的最小固有周期总是大于其中任何一个单元的最小固有周期 T_{min}，将后者用于时步计算其结果是安全的。因此离散单元法通常取时步为：

$$\Delta t \leqslant T_{min}/10 \approx 2\pi \cdot \min_{1 \leqslant i \leqslant n}\left(\sqrt{\frac{m_i}{k_i}}\right)/10 \tag{8.1.9}$$

式中，min 为最小值，n 表示单元数。

应用显示中心差分求解微分方程时，阻尼会降低解的时步值。一般认为通常结构大多数属于欠阻尼系统，中心差分法稳定计算时步为：

$$\Delta t \leqslant \frac{2}{\omega_{max}}(\sqrt{1+\lambda^2} - \lambda) \tag{8.1.10}$$

$$\omega_{max} = \sqrt{\lambda} \tag{8.1.11}$$

式中，λ 是系统振动圆频率取极大值时 ω_{max} 时的临界阻尼比。λ 为系统最大特征值。

因此，3DEC 系统会根据以上算法估算出最合适的时间步，而这一时间步在计算过程中会不断更新，如果认为指定时间步，则计算过程中可能部分时段时间步过大，导致计算结果失真，因此并不建议人为给定时间步。

8.1.3 网格尺寸要求

原位节理的物理刚度对应力波的传播有决定性影响。根据 Myer 等开展的场地与室内试验结果，干自然裂隙有高频滤波效应，并改变了应力波的传播时间。因此在不连续模型分析时，如果要精确的模拟应力波传播，就需要精确的不连续接触模型。然而，必须注意不要造成应力波的数值畸变，因为它会掩盖了应力波传播中的节理效应。

不管是基于连续还是不连续数值程序，在动力分析时，应力波传播造成的畸变都会存在。输入波的频谱、岩土介质中应力波传播速度等都会影响波传播的数值精度。在离散元计算中，网格单元的尺寸对计算结果有很大影响。一般而言，网格单元的尺寸越小，计算精度越高，但会占用更多的内存和消耗更多的计算时间。在 UDEC/3DEC 模拟中，一般将岩块切割成大量的有限差分三角形网格单元。为了精细研究应力波传播规律，空间单元

尺寸必须足够小，Kuhlemeyer 和 Lysmer 建议网格单元的尺寸应不大于最高频率波长的 $1/8\sim1/10$。

$$\Delta l \leqslant \left(\frac{1}{10}\sim\frac{1}{8}\right)\gamma \qquad (8.1.12)$$

式中，γ 通过介质最高频率波分量的波长。对不连续介质计算，γ 也指节理间距、块体尺寸。其本意是最高频率的波，在一个波形内只要有 8～10 个点，才能控制记录的波形不失真。

由于任何离散单元都有其允许通过的峰值频率的限制，因而当输入动力荷载波形具有尖脉冲（即高峰值且短时间起跳）特征时，为满足 Kuhlemeyer 和 Lysmer 对网格的要求，就必须采用非常精细的网格划分以及非常小的时步，这就会耗费大量的计算时间以及占用大量的内存。在这种情况下，可以采用 FFT（快速傅里叶变换）技术，过滤掉高频率波，而不会显著影响模拟结果，因为能量绝大部分集中在低频率波上，滤掉的高频率波携带的能量是非常少的。

8.1.4　动力边界条件设置

（1）无反射边界

岩土力学问题的建模边界，从分析尺度上而言应该是无界的。因此深埋地下开挖问题，可以假定洞室被无限围岩介质空间包围，而地表或近地表结构则认为是处于半无限空间。数值方法依靠有限空间离散网格来分析问题，必须在人工截断边界上施加合适的边界条件。在静态分析时，可在关注区域一定范围外设置约束边界或者采用弹性边界单元技术实现。

但在动力问题分析时，无论是固定边界还是自由边界，都会产生应力波的反射，这些反射波在模型内相互叠加，无法耗散。虽然采用较大的模型可以减少边界条件的影响，因为材料阻尼会吸收远处边界反射的能量，但这会导致模型很大，计算速度很慢。此时最实际的是采用无反射边界条件，该方法通过设置独立的阻尼器，在边界上波入射角超过 30°时基本能完全吸收体波能量，而对面波只能近似，能量吸收并不完全。但该方法在时域分析时不失为一种有效方法，已经广泛用于各类数值模拟技术。

根据 Lysmer 和 Kuhlemeyer（1969）提出的黏滞边界理论，在模型边界法向与切向分别设置独立的阻尼器，来提供黏性法向与切向牵引力。

$$t_n = -\rho C_p v_n \qquad (8.1.13)$$

$$t_s = -\rho C_s v_s \qquad (8.1.14)$$

式中，v_n、v_s 分别为边界速度的法向与切向分量；ρ 为质量密度；C_p、C_s 为纵波、横波速度。

黏滞项可以嵌入边界节点的运动方程中。但 3DEC 采用了另外一种策略：在每一个时间步计算牵引力 t_n、t_s，同时施加边界荷载，这使得黏滞边界同样适用于刚性块体，试验表明这种策略是相当有效的。唯一需要关心的问题是数值稳定性，因为黏滞力通过速度计算且滞后半个时间步，但目前为止并没有发现因为无反射边界而需要降低时间步的要求，显然考虑高刚度节理或者小尺寸的块体单元尺寸来限制时间步更重要。

（2）自由场边界

在进行地表结构（坝体、边坡等）地震响应分析数值模拟时，需要对相毗邻基础范围进行离散化。地震波可以用平面波自下部材料向上传播来模拟。此时模型两侧的边界必须引起结构内存在但缺失的自由场运动。有些情况下，单元化侧向边界就足够了，如图8.1.4所示，如果只考虑在 AC 边界上施加剪切应力波，那么就可以约束 AB 和 CD 边界的垂直方向。这些边界需要设置在足够远的位置，以减少反射，并得到自由场条。对土体等高阻尼材料，自由场可以在较短的距离内即可（Seed，1975），而在阻尼较低的材料中，这个距离必须很大，这可能导致不切实际。一种替代方法是：强迫边界保持为无反射特性（结构引起的向外传播的应力波被吸收掉）。3DEC 即自带了这种自由场与主网格平行计算的技术。

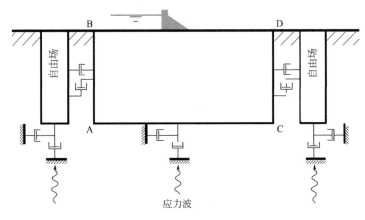

图 8.1.4　自由场边界示意图

如图 8.1.4 所示，主网格模型的侧向边界与自由场网格通过黏性阻尼器耦合在一起，来模拟静止边界。自由场网格上的不平衡力将施加到主网格边界上，3 个坐标方向上的力如下式子所示：

$$F_x = -\rho C_P (v_x^m - v_x^{ff})A + F_x^{ff}$$
$$F_y = -\rho C_s (v_y^m - v_y^{ff})A + F_y^{ff} \qquad (8.1.15)$$
$$F_z = -\rho C_s (v_z^m - v_z^{ff})A + F_z^{ff}$$

式中，ρ 为质量密度；C_p、C_s 为纵波、横波速度；A 为自由场网格影响的面积；v_x^m、v_y^m、v_z^m 分别为主网格侧向边界节点的三个方向速度分量；v_x^{ff}、v_y^{ff}、v_z^{ff} 自由场网格节点的三个方向速度分量；F_x^{ff}、F_y^{ff}、F_z^{ff} 自由场网格上的节点力。

这样处理后，平面波向上传播不会受边界条件带来的失真影响，因为自由场网格提供的条件与无限域模型完全一样。如果主网格均一且无地面结构，侧向阻尼器不会发挥作用，因为自由场网格与主体网格运动一致，但如果主网格运动与自由场网格不一致（地表结构的影响等），阻尼器就可以理想的吸收能量，使该边界类似于静止边界。

为了在 3DEC 中施加自由场边界，模型的底部必需水平，法向为 y 轴，侧向边界必须垂直，且法向平行于坐标轴 x 或 z。如果入射地震波不是竖向，必须旋转坐标轴使得应力波传播方向与 y 轴方向一致。

注意：如果模型竖直方向为 z 轴，不能采用 3DEC 默认的自由场边界条件。

自由场模型四周边界上的 4 组平面网格，及模型 4 角的柱状网格，因此主体网格与自由场网格点点相对应。平面自由场网格假定平面法向是无限扩展区域，进行二维计算；角柱自由场网格假定两个水平方向均为无限域，进行一维计算。这些自由场网格都由 3DEC 标准的单元（zone）构成，其网格点如上所述进行约束，最终实现无限域扩展假定。

在自由场施加前，模型需要首先计算至静态平衡。静态平衡条件自动早于动力分析传递至自由场网格。当调用 FF apply 命令时，在模型侧向边界施加自由场条件，所有的临近自由场网格的单元信息，包括模型类型和当前状态参量同时复制至自由场区域。自由场的应力则指定为相邻节点单元的平均应力。而模型底部的动边界必须在施加自由场边界前施加。自由场网格是连续的，如果主网格内含有接触面延伸到边界，自由场内并不出现。

FF apply 自由网格施加后，自由场的网格会自动显示于块体绘图中，并可利用 LIST ff 查看。如图 8.1.5 所示即为施加自由场边界的块体模型。

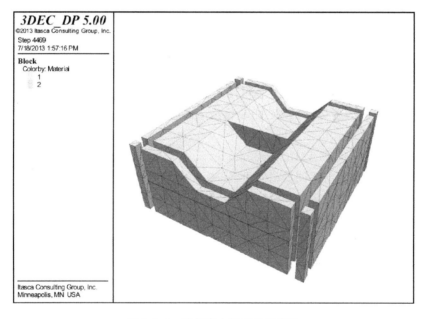

图 8.1.5　施加自由场边界的模型

（3）动力荷载输入

3DEC/UDEC 中，动力输入可以采用两种方法：（a）输入预处理过的速度时程；（b）输入应力时程。对前者，如果是加速度时间序列，则需要进行数值积分转化为速度序列，如果是位移序列，则需要数值微分转化为速度序列。下面为几种具体的输入形式：

1）由正弦和余弦函数定义的简谐波函数；

2）由 TABLE 命令定义的数据表；

3）由 BOUNDARY hread 命令输入的速度（加速度或应力）历时曲线；

4）用户自编的 FISH 函数。

可采用 BOUNDARY stress 或 BOUNDARY vel 命令输入动力波荷载。

但是，3DEC 中模型边界默认为自由边界（反射边界），应力波在这些位置会发生反射，将应力波反射回模型内部，而不是能量吸收边界（无反射边界），因此第一种方法的荷载输入，模型范围需要足够大，使得关心区域远离边界才可能得到较为理想结果。为了避免这种情况，可以将速度记录转化为应力时程，并在边界上施加无反射（黏性）边界条件。

$$\sigma_n = 2(\rho c_p) V_n \tag{8.1.16}$$

或者 $\sigma_s = 2(\rho c_s) V_s$

式中，σ_n、σ_s 为施加的法向、剪切应力；ρ 为密度；c_p、c_s 为纵横波速度；V_n、V_s 为施加的法向与剪切向速度。

注意，公式中施加的应力均为 2 倍应力波振面上的应力，这是由于施加动荷载的边界上同时施加了无反射边界，需要克服黏滞边界效应。此时如果在黏滞边界上施加的不是应力时间序列，而是速度时间序列，则不能乘倍数 2。即使施加的是应力时间序列，在边界上监控质点的速度响应与原始输入速度也不相同，这是因为以上公式是基于一维应力波传播的近似公式，而真实的应力波传播要复杂得多。

同时，作为输入的时间序列必须进行基线修正、抑制零漂，以保证岩土介质的变形破坏为动荷载引起。

8.1.5　自振频率与模态分析

3DEC 主要用于模拟结构破坏。也可用于精确模拟弹性领域的结构动态响应。在小幅振动范围内，承受动力激励时 3DEC 中块体模型的力学行为可通过计算自振频率和相应振动模态来反映。

3DEC 中的命令：DYNAMIC eigenmode

该命令可用于块体系统不同振动模式下自振频率计算。但注意：该命令只能用于刚性块体模型，且结构系统的自振频率和振动模式必须是弹性的。刚性块体系统的动态变量主要是每个块体 6 个自由度（3 个平动、3 个旋转）。在刚性块体模型中，变形主要由节理刚度引起，考虑相邻块体的变形与旋转，考虑引起的力和弯矩，最终组装形成刚性块体系统的总刚度矩阵。对每个块体而言，假定矩阵对角线上分别为 3 个块体质量，3 个坐标方向的惯性矩，这种假定是一种近似，因为三个坐标方向上的惯性矩通常并不等于块体惯性矩。

采用矢量迭代程序来计算刚度矩阵的特征值。虽然，特征值的顺序有时候并不准确，例如：对称的结构分布，存在多个特征值相等情况，但该算法只给出前 N 个特征值。在计算时，至少要固定一个块体，且确保系统内无孤立块体存在，模态分析前要先计算动态质量。因此，需要先用

SET dynamic on

CYCLE 0

强制计算动态质量矩阵。由于刚度矩阵往往容量很大，因此不要计算先不要进入特征值计算后的动力分析（在特征值计算后粗处文件，每次动力分析都从该存储文件开始）。

如下例分析：采用一个 10m 高，截面 1m * 1m，10 个块体构成，底部支座锁定。命令流如下：

例 8.1.1 利用 3DEC 进行块体系统模态分析

```
new
title
Elastic vibration modes of a square pillar
config dyn       ;;;动力计算选项打开
poly brick 0 1 0 1 0 10       ;;;;;;;块体及节理结构面生成
jset dip 0 dd 0 origin 0 0 1
jset dip 0 dd 0 origin 0 0 2
jset dip 0 dd 0 origin 0 0 3
jset dip 0 dd 0 origin 0 0 4
jset dip 0 dd 0 origin 0 0 5
jset dip 0 dd 0 origin 0 0 6
jset dip 0 dd 0 origin 0 0 7
jset dip 0 dd 0 origin 0 0 8
jset dip 0 dd 0 origin 0 0 9
facetriangle   rad8      ;;对块体间的接触进行精细划分,改善块体间屈服弯矩的计算精度
poly brick -1 2 -1 2 -1 0 region 10
prop mat 1 dens 2500
prop jmat 1 jkn 1e9 jks .4e9 jcoh 1e20 jtens 1e20
grav 0 0 -10
fix reg 10      ;;;约束块体
hist unbal      ;;;记录不平衡力
hist zdis 0 0 10      ;;;记录 z 向位移
set dyn off          ;;;关闭动力
cyc 0
save sqp1
cyc 1000
save sqp2
;计算前 6 个模态的特征值
set dyn on
cyc 0
dynamic eigen modes 6
save sqpmodes      ;此处要存储,后续的动力分析在此基础上进行
```

该实例结果前三阶频率分别为 1.13，6.78，15.0，与 Timoshenko 梁理论的解析，1.02，6.09，16.1 误差很小，有一定的可信度。

8.2 一维应力波节理面传播理论分析

岩体中分布着大量不连续面，包括岩层交界面和软弱结构面，如断层、节理裂隙等，

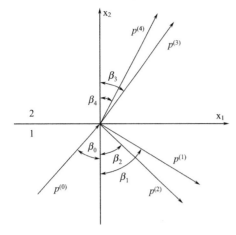

图 8.2.1　弹性波在岩体面上一次散射

使得岩体成为一种由结构面和完整岩块组成的复合地质材料，作为传输运动和变形的中介，其性质直接影响到材料或结构的宏观力学行为和稳定性，也决定了应力波传播的动力响应。

线性节理通常用于模拟接触型结构面，界面上允许有一定程度的法向或切向变形，且法向（或切向）应力与法向（或切向）刚度有关。如图 8.2.1 所示，若 1-2 接触面为线性节理，则在节理界面上，各波场叠加后需满足应力连续条件和位移不连续条件：

$$\begin{cases} (\sigma_{22})_1 = (\sigma_{22})_2 \\ (\sigma_{12})_1 = (\sigma_{12})_2 \\ u_1 - u_2 = \dfrac{\sigma_{12}}{K_s} \\ w_1 - w_2 = \dfrac{\sigma_{22}}{K_n} \end{cases} \tag{8.2.1}$$

式中　(σ_{12}) 等的下标 1、2 分别表示节理面反射、透射一侧；K_n，K_s 为节理面法向、切向刚度。

记反射 P 波、反射 SV 波、透射 P 波、透射 SV 波位移系数分别为：

$R_p = A_{位移1} / A_{位移0}$，$R_{sv} = A_{位移2} / A_{位移0}$；

$T_p = A_{位移3} / A_{位移0}$，$T_{sv} = A_{位移4} / A_{位移0}$。

基于式（8.2.1）可建立单一线性节理面的 Zoeppritz 方程：

$$My = q \tag{8.2.2}$$

$$M = \begin{bmatrix} -\dfrac{c_d^2}{c_s^2}\cos(2\beta_2) & \dfrac{c_d}{c_s}\sin(2\beta_2) & \dfrac{c_d}{c_d'}\dfrac{\mu'}{\mu}\left(\dfrac{c_d'}{c_s'}\right)^2\cos(2\beta_4) & \dfrac{c_d}{c_s'}\dfrac{\mu'}{\mu}\sin(2\beta_4) \\[2ex] \sin(2\beta_1) & \dfrac{c_d}{c_s}\cos(2\beta_2) & \dfrac{c_d\mu'}{c_d'\mu}\sin(2\beta_3) & -\dfrac{\mu'}{\mu}\dfrac{c_d}{c_s'}\cos(2\beta_4) \\[2ex] \sin\beta_1 & \cos\beta_2 & -\sin\beta_3 - \dfrac{i\omega\mu'}{c_d'K_s}\sin(2\beta_3) & \cos\beta_4 + \dfrac{i\omega\mu'\cos(2\beta_4)}{c_s'K_s} \\[2ex] \cos\beta_1 & -\sin\beta_2 & \cos\beta_3 + \dfrac{i\omega\mu'(c_d')^2}{c_d'K_n(c_s')^2}\cos(2\beta_4) & \sin\beta_4 + \dfrac{i\omega\mu'\sin(2\beta_4)}{c_s'K_n} \end{bmatrix}$$

式中　$y = \{R_p, R_{sv}, T_p, T_{sv}\}^T$；其他参数同上。

该式为考虑节理面不连续变形的 Zoeppritz 方程，求解该式可以得到节理面反射系数及透射系数的表达式，在岩体性能及节理面刚度已知条件下各系数均为入射角 β_0 的函数。与上节岩层界面 Zoeppriz 方程不同的时，节理 Zoeppriz 方程求解出的系数均为复数，需取其模。

当 P 波垂直入射时，即 $\beta_0 = 0°$，且线性节理面两侧岩体性能一致，借助关系式

$\dfrac{\lambda + 2\mu\cos^2 2\beta_1}{\mu} = \dfrac{c_p^2}{c_s^2}\cos^2 2\beta_2$ 和 $\dfrac{\lambda' + 2\mu'\cos^2 2\beta_3}{\mu'} = \dfrac{c_p'^2}{c_s'^2}\cos^2 2\beta_4$ 可得弹性波穿越节理面时位移

透、反射系数如下：

$$y = \left\{ \begin{array}{c} \dfrac{-i}{i+2\left(\dfrac{K_{n}}{z\omega}\right)} \\ 0 \\ \dfrac{2\left(\dfrac{K_{n}}{z\omega}\right)}{i+2\left(\dfrac{K_{n}}{z\omega}\right)} \\ 0 \end{array} \right\} \tag{8.2.3}$$

式中 $z = \rho c_{p}$ 为纵波波阻抗。则透反射系数分别为：

$$\left\{ \begin{array}{c} R_{p} \\ R_{sv} \\ T_{p} \\ T_{sv} \end{array} \right\} = \left\{ \begin{array}{c} \left[\dfrac{1}{4\left(\dfrac{K_{n}}{z\omega}\right)^{2}+1}\right]^{\frac{1}{2}} \\ 0 \\ \left[\dfrac{4\left(\dfrac{K_{n}}{z\omega}\right)^{2}}{4\left(\dfrac{K_{n}}{z\omega}\right)^{2}+1}\right]^{\frac{1}{2}} \\ 0 \end{array} \right\} \tag{8.2.4}$$

当 SV 波垂直入射，即 $\beta_{0}=0°$，且节理面两侧岩体性能一致时可得到：

$$y = \left\{ \begin{array}{c} 0 \\ -\dfrac{i}{i+2\left(\dfrac{K_{s}}{z\omega}\right)} \\ 0 \\ \dfrac{2\left(\dfrac{K_{s}}{z\omega}\right)}{i+2\left(\dfrac{K_{s}}{z\omega}\right)} \end{array} \right\} \tag{8.2.5}$$

式中 $z = \rho c_{s}$ 为横波波阻抗。则透反射系数分别为：

$$\left\{ \begin{array}{c} R_{p} \\ R_{sv} \\ T_{p} \\ T_{sv} \end{array} \right\} = \left\{ \begin{array}{c} 0 \\ \left[\dfrac{1}{4\left(\dfrac{K_{s}}{z\omega}\right)^{2}+1}\right]^{\frac{1}{2}} \\ 0 \\ \left[\dfrac{4\left(\dfrac{K_{s}}{z\omega}\right)^{2}}{4\left(\dfrac{K_{s}}{z\omega}\right)^{2}+1}\right]^{\frac{1}{2}} \end{array} \right\} \tag{8.2.6}$$

这与 L. J. Pyrak-Nolte 给出的结果一致，利用 Zoeppritz 方程可以方便的求出不同入射角下的透反射性能。

不同倾角下节理面透反射性能变化如图 8.2.2 和图 8.2.3 所示，不同刚度下节理面的位移透、反射性能如图 8.2.4～图 8.2.7 所示。显然，法向或切向刚度越小越容易阻隔波的传播，当入射角接近 90°时波的透反射系数发生突变。

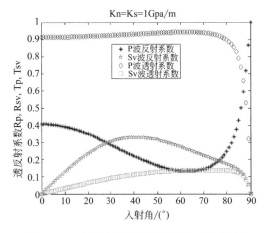

图 8.2.2　P 波透射性能随入射角变化趋势

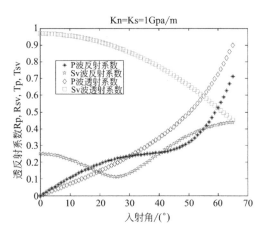

图 8.2.3　SV 波散射性能随入射角变化趋势

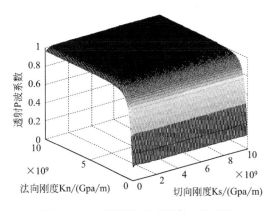

图 8.2.4　不同刚度节理透射 P 波性能

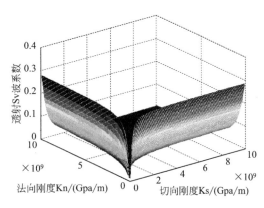

图 8.2.5　不同刚度节理透射 SV 波

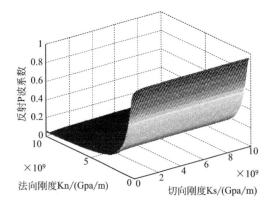

图 8.2.6　不同刚度下反射 P 波变化趋势

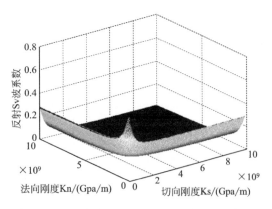

图 8.2.7　不同刚度下反射 SV 波变化趋势

不同入射频率波穿越倾角15°节理时各透反射系数如图8.2.8所示：

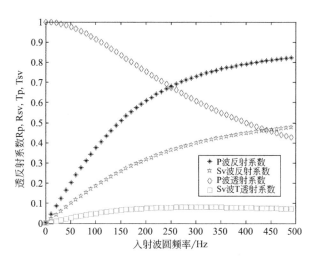

图 8.2.8　不同频率入射 15°节理透反射性能变化

这些结果都可以借助 3DEC 软件进行验证。

8.3　二维波穿越节理面的波动效应数值模拟研究

　　二维振动波在节理岩体中的传播是研究岩体动力响应的一个重要方面，研究不同形式振动波穿越节理面的透射性能，是搞清节理岩体动力稳定性的基础，具有广泛的工程应用背景。一维波动问题中，用透射波与入射波幅值之比定义透射系数可用于评价节理、断层的透射性能，由于没有阻尼，一维波在理想弹性岩石中传播时，其波幅是不衰减的，对此已有大量的相关研究。但工程中大多数波动问题不能简化为一维波来处理，如柱状波、球状波等。有别于一维波动问题，位于岩体内各质点的振动既有纵波亦有横波，均为几个运动分量的叠加，此时的合成波更具有工程意义。由于几何阻尼的存在，在理想弹性岩体中传播时，波幅随着径向距离的增加而衰减，这种波的传播等效为点源二维波更合理。

　　在研究二维振动波穿越节理面、断层面时要区别于一维波，其透射系数除受节理的无量纲刚度影响外，还受射线角、径向距离、节理参数等的影响。在此采用 3DEC 为工具，研究二维波穿越垂直非线性节理的波动现象，根据研究结果对多节理分布的二维波透射性进行了有益探讨。

8.3.1　二维波穿过节理面数值模拟研究

　　当一个弹性波传播到两种不同介质的接触面（如节理面）上时，会发生透射和反射。根据二维波动理论，二维波自作用半径向外传播，一般要经过如图 8.3.1 所示几个过程：

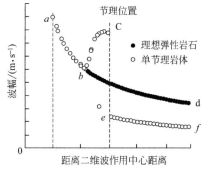

图 8.3.1　二维波传播至接触面作用过程

振动波幅随径向作用半径的变化曲线为 $abcef$；自振动作用面至接触面前的某一点，接触面的影响很小，此阶段完全符合弹性波在理想弹性介质内的衰减规律（$a-b$）；距离接触面前的某一范围内（$c-b$），由于入射、反射波叠加导致振幅大于完整岩体的振幅；经过接触面后，由于波在透射过程中有能量损失，二维波振动幅值小于不含接触面的弹性介质振幅（$e-f$），在此中研究的即为节理面作用下 $e-f$ 过程的透射性能。

8.3.2 节理计算模型

对于二维波的传播，仅采用弹性参数很难模拟节理面的力学行为，必须充分考虑其非线性特性。因此节理面采用非线性的库仑滑移模型，描述节理非线性的参数主要有节理面法向、切向刚度，粘聚力（c），内摩擦角（φ）。其基本原理如下：

法向应力-位移关系处理为线性的：

$$\Delta\sigma_n = k_n \Delta u_n \tag{8.3.1}$$

式中 $\Delta\sigma_n$ 为有效法向应力增量；Δu_n 为法向位移增量；k_n 为节理法向刚度。

极限切向应力 τ_{max} 定义为 $\tau_{max} = c + \sigma_n \tan\varphi$，当切向应力 τ_s 小于 τ_{max} 时有：

$$\Delta\tau_s = -k_s \Delta u_s^e \tag{8.3.2}$$

当切向应力 τ_s 大于 τ_{max} 时有：

$$\tau_s = sign(\Delta u_s) \cdot \tau_{max} \tag{8.3.3}$$

式中 k_s 为节理的切向刚度；Δu_s^e 为切向位移增量的弹性位移分量，Δu_s 为切向位移增量；$sign$ 为符号函数。

岩体采用弹性材料，表 8.3.1 为研究中采用的岩体力学参数。节理面法向、切向刚度的取值变化幅度一般较大，对于充填节理约几十～几百 MPa/m，对于花岗岩、玄武岩中的闭合节理则可能达到 100GPa/m。

岩体力学性能表 表 8.3.1

岩石性能	数　　值
密度 ρ(kg/m³)	2650
体积模量 K(Gpa)	16.667
剪切模量 G(Gpa)	10.000

本研究中节理面的力学参数，节理面法向、切向刚度处于 2～10MPa 之间，粘聚力位于 0～2.5MPa 之间，内摩擦角位于 $10°～70°$ 之间。

计算模型 C，D 如图 8.3.2、8.3.3 所示，其中模型 C 用于计算单节理下的透射率，模型 D 用于计算多节理下的透射率。除左侧边界设为对称边界外，其余三个侧面均设为水平和垂直向的黏滞阻尼边界。

由于二维波在弹性介质内的传播随径向距离的增大呈指数形式衰减，一维波研究中的透射系数定义为透射波与入射波振幅比值不再适用，此时通过对比质点在有无接触面情况下的振幅即可体现接触面的透射性能。

$$T = \frac{A_{joint}}{A_{intact}} \tag{8.3.4}$$

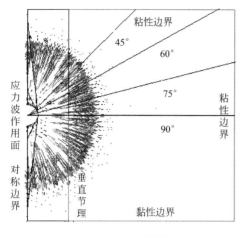

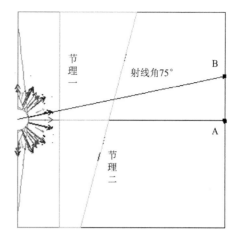

图 8.3.2　3DEC 计算模型 C　　　　　　　图 8.3.3　3DEC 计算模型 D

式中　T 为二维波穿过节理后的透射率；A_{joint} 为有节理某节点的速度波幅值；A_{intact} 为完整岩体相应节点的波动幅值。为保证有节理、无节理模型的节点位置一致，无节理模型可用有节理模型等效，在计算过程中将节理设置一较高的参数并粘结处理。

单一参数变化引起的透射率变化，可以采用透射率比来衡量，其定义如下：

$$\eta = \frac{T}{T_0} \tag{8.3.5}$$

式中　T 为当前参数的透射率，T_0 为当前参数的透射率。

8.3.3　节理面参数对不同几何点的透射率影响

研究二维波穿过多节理的透射性能，必须对单节理波动传播有全面了解。在此，单节理下应力波传播在模型 C 上计算进行，左侧入射振动波作用半径为 5m，振幅 1m/s、频率 100Hz。

在计算中共记录透射线 90°、75°、60°、45°及径向半径 30m、50m、80m 上共 90 个节点 x 向与 y 向速度波，由于二维波传播任意质点的速度均为纵波与横波的叠加结果，其振幅可通过水平波与垂直波的叠加公式得到。

$$A_v = \max\left(\sqrt{v_{xi}^2 + v_{yi}^2}\right) \tag{8.3.6}$$

式中　A_v 为振幅；v_{xi}、v_{yi} 为记录第 i 时刻的速度分量。

（1）强度参数 c，φ 对透射率的影响

粘聚力 c 是影响节理面透射性能的一个重要因素。当粘聚力较小时，波动作用下节理面可能发生开裂、滑移变形，这些能量损失使振动波振幅迅速降低、透射率下降，其幅度随径向距离增大而增大。当粘聚力足够大时，透射率保持为较高的常值。

不同节点的透射率随摩擦角 φ 变化趋势各不相同。c 值较小，摩擦角的提高有助于提高节理的透射率（图 8.3.6、图 8.3.8），但当摩擦角增大到一定程度后透射率即保持为常数。相同射线角上透射率随径向距离增加而升高；径向距离相同，90°射线角上的透射率与内摩擦角无关，距离 90°射线角越远则透射率随内摩擦角增大而升高。

253

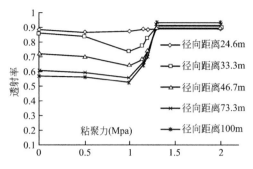

图 8.3.4　射线角 90°透射性随 c 变化曲线

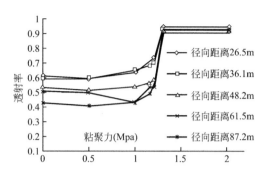

图 8.3.5　射线角 60°透射性随 c 变化曲线

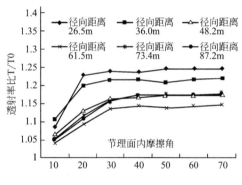

图 8.3.6　射线角 60°透射率比随 φ 变化
（c＝0.3Mpa）

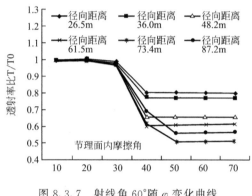

图 8.3.7　射线角 60°随 φ 变化曲线
（c＝2.5Mpa）

当 c 值足够大时（图 8.3.7、图 8.3.9），节理后各点的透射率均随摩擦角的增大表现出两阶段性，小摩擦角透射率与无摩擦角一致，摩擦角增大，透射率突然下降到一个较小水平（基准为 φ＝0°对应的透射率）。

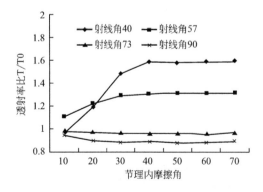

图 8.3.8　径向距离 50m 透射率比变化
（c＝0.3Mpa）

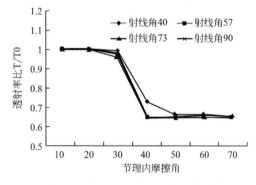

图 8.3.9　径向距离 50m 透射率比变化
（c＝2.5Mpa）

（2）节理面刚度对透射率的影响

二维波传播仍然符合透射率随无量纲刚度变化的规律。在此，根据切、法向刚度同时变化，切向固定、法向刚度变化和法向固定、切向刚度变化三种情况下的透射率变化发现：三种情况下的变化规律相似，当节理面强度参数 c 足够大时，同一射线角上透射率保持为常数（图 8.3.10、图 8.3.11）；当 c 较小时，同一射线角上透射率随径向距离增大而变小（图 8.3.12、图 8.3.13）。

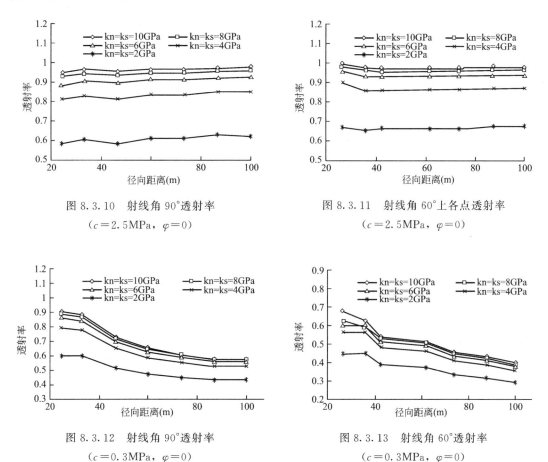

图 8.3.10 射线角 90° 透射率
（$c=2.5$MPa，$\varphi=0$）

图 8.3.11 射线角 60° 上各点透射率
（$c=2.5$MPa，$\varphi=0$）

图 8.3.12 射线角 90° 透射率
（$c=0.3$MPa，$\varphi=0$）

图 8.3.13 射线角 60° 透射率
（$c=0.3$MPa，$\varphi=0$）

非线性参数 c，φ 的取值决定了相同径向距离上透射率变化规律，粘聚力足够大，透射角越接近 90° 透射率越小，其变化曲线随射线角变化是上凹的（图 8.3.14），反之若粘聚力较小，则透射角越接近 90° 透射率越大，其变化曲线是上凸的（图 8.3.15）。

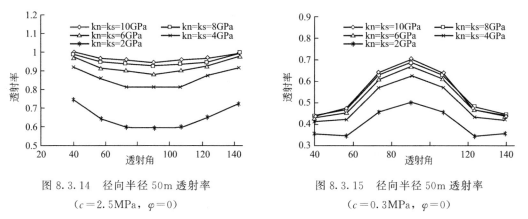

图 8.3.14 径向半径 50m 透射率
（$c=2.5$MPa，$\varphi=0$）

图 8.3.15 径向半径 50m 透射率
（$c=0.3$MPa，$\varphi=0$）

但如果把式（8.3.4）中 A_{intact} 变为带节理岩体（c，φ 采用计算值，刚度设置为一较高参数）下的振动幅值，则其变化趋势保持与无 c，φ 状态一致，节理后各点透射率只与透射角有关，刚度变化下透射率仍然保持为常数。

（3）入射波频率对节理透射率的影响

与弱化材料透射性一致，节理岩体的动态响应对入射波的频率有依赖性（图 8.3.16）。

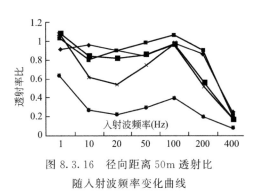

图 8.3.16　径向距离 50m 透射比随入射波频率变化曲线

频率越高，透射率越低，能量被吸收的程度越高。对于有限带宽的爆破地震波，节理表现为低通滤波器特性，使爆破地震波的主频向低频移动。但这种依赖性与建立的模型有关，低频入射波可能导致共振现象。

由于节理面对入射波频率的选择性，节理后各点的透射率随入射波频率不断变化，距模型自振频率越近透射率越可能出现波动，当入射波不引起系统谐振时，由于高频波更易被吸收，透射率随频率升高迅速降低，图 8.3.16 中频率大于 100Hz 即属于这一阶段。

（4）多条节理分布下几何节点的透射率

从以上单条垂直节理研究结果可知：二维波在传播过程中是不断衰减的，当节理面 c，φ，入射波频率确定时，不同刚度相同射线角上的透射率相等。这样若单节理的透射率由 $T_1 = f(c, \varphi, k_n, k_s, \alpha, x)$ 确定，且节理之间的相互影响可以忽略不计，则对于分布有多条节理的质点透射率可由单条节理不同射线角的透射率叠加得到。

$$T = \prod_{i=1}^{n} T_1 = \prod_{i=1}^{n} f(c, \varphi, k_{\text{ni}}, k_{\text{si}}, \alpha_i, x_i) \tag{8.3.7}$$

式中　T_1 为单条垂直节理作用下某点的透射率；c，φ 节理面粘聚力、摩擦角；k_n，k_s 为节理面法向、切向刚度；α 射线角；x 为点坐标矢量；f 二维波垂直节理作用下各节点透射率计算函数；下标 i 为第 i 条节理下在单节理下的各参数。

如模型 D，两条节理作用下 A 点的透射率，可以由单条节理作用下的 A 点与 B 点透射率相乘得到，c，φ 取值对此影响甚小。不同 c，φ 组合下直接计算结果与对应叠加结果如图 8.3.17 所示：

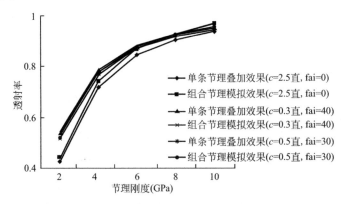

图 8.3.17　多节理直接模拟与单节理叠加结果对比图

模拟结果显示采用单条节理计算然后根据计算点位置叠加的结果比组合节理直接计算的透射率偏大约 3%，具有明显的一致性。因此 c，φ 确定、不考虑节理相互影响，多条节理组合下的动力响应完全可以用单条节理计算叠加得到。

8.3.4　结论

（1）c，φ 是决定非线性节理透射性能的重要因素。

当粘聚力足够大时，射线角相同的节理后各点具有相同的透射率；当粘聚力较小时，射线角相同的节理后点随径向距离增加而不断降低。但无论粘聚力如何取值，射线角越接近 90° 透射率越大；

（2）若计算完整岩体的振幅时，节理面即赋予实际强度值，仅刚度取较高参数。则 c，φ 确定，节理面透射性随节理面的刚度增加而增加；

（3）与弱化材料一致，节理面对入射波的频率有选择性，不考虑系统共振现象时节理面表现出低通滤波器的功能；

（4）若 c，φ 参数确定且不考虑节理间相互影响，多条闭合节理的透射性可以用单条节理计算结果叠加得到，这对于计算多条节理面尤其是大尺度节理面的透射性非常有用。

8.4　基于节理面波场等效的刚度参数取值研究

应力波在充填节理面的传播规律，通常是假设界面上具有连续性条件，但实际情况常存在两界面可滑移的情况，当振动波入射到这种界面就可能导致界面层的相互滑动。Newmark 修正了完全粘结界面条件，允许滑动在界面间产生，而 Murty 则认为振动波与松散粘结面间的相互作用，界面允许有位移的间断，但面力是连续的。对于界面间有充填粘结物质的情况，Myer 认为弹性固体界面上存在位移间断的同时还存在速度的不连续性。Zhao 和 Cai 根据节理面法向非线性变形特征，用不连续非线性变形模型与特征值法相结合，研究节理界面波动传播问题，均取得了较好的成果。节理面的位移会产生波场的分解，与软弱断层一样是能够起到隔振作用的。以往的隔振模型多针对软弱夹层，有关节理结构面的隔振模型研究甚少，在解析方面尚没有完善的成果，同时由于节理面切向及法向刚度参数难以确定，这严重制约了节理波动问题的发展。

其中，大多数节理面一般具有较小的厚度，约几毫米～几厘米。在宏观数值模拟分析时很难构造薄层单元，通常是采用无厚度的线性节理面代替。然而，虽然相对厚度较小，有厚度岩体界面与线性节理面应力波的传播机理是不一样的，节理面应力波的散射受制其刚度参数，如何通过合理的刚度参数取值，使波动效应与实际节理的影响一致，是值得深入研究的课题。

此处尝试基于应力波传播原理，分析无厚度线性节理面上的波动效应，并基于无厚度与有厚度节理后波动效应匹配原理，探讨节理刚度参数的取值问题，可为数值计算中的节理参数确定提供参考。

8.4.1 应力波穿越节理面波场

如图 8.4.1 所示节理面，假设节理面两侧的岩体性能一致，与界面层等弱化材料相比，岩体变形模量与剪切模量不会引起界面上波场的变化。但由于节理面上变形的不连续性，地震波穿过节理面时仍然会产生反射和折射现象波传播路径的改变，而且引起波场能量的改变。应力波部分被反射，从而起到隔振作用。

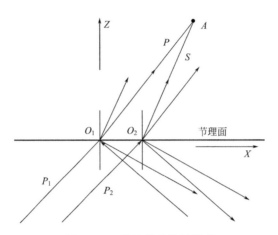

图 8.4.1 线性节理透射模型

对于弹性介质，节理面隔振作用是由刚度引起不连续位移产生的反射引起的，根据波传播的几何学原理，通过线性节理面的射线只有 2 条，即透射 P 波和 S 波。如 8.4.1 所示，通过 A 点的射线路径只有两条 O_1A 和 O_2A，其中 O_1A 为折射纵波的传播路径，O_2A 为折射横波的传播路径。于是，节理面后 A 点的位移波场 $\vec{u}$ 可由以上两类波场相互叠加。

$$\vec{u}=\vec{u}_S+\vec{u}_D \tag{8.4.1}$$

式中 $\vec{u}_p=T_p s_{tp}\,(\vec{p}_1)$，$\vec{u}_s=T_S s_{ts}\,(\vec{p}_2)$，$T_p$、$T_s$ 为入射波透过节理面的透射 P 波系数透射 S 波系数，由节理面 Zoeppritz 方程确定[14]与入射波及传播路径相关的延迟波函数；$\vec{p}_1$、$\vec{p}_2$ 分别为透射纵波与横波的偏振方向，与图 8.4.1O_1A，O_2A（垂线）相对应。

设入射波波函数为 $f(t)$，且节理面入射波束同时入射，则根据射线理论有：

$$S_{tp}=f(t-t_p) \tag{8.4.2}$$

$$S_{ts}=f(t-t_s) \tag{8.4.3}$$

式中 t_p 为透射纵波经路径 O_1A 传播至 A 点的延迟时间；t_s 为透射横波经路径 O_2A 传播至 A 点的延迟时间。

不妨设入射波函数为正弦函数：

$$f(t)=A_0\sin\omega t \tag{8.4.4}$$

式中 $f(t)$ 为地震位移时程函数，A_0 为振幅，ω 振动圆频率，为便于清楚的再现叠加场，取入射波频率为 100Hz 的纵波，持续时间取两个周期 $t_{max}=0.126s$。纵波入射角 $\beta_0=15°$。岩体动力参数采用 Miller（1978）所用参数，岩体纵波、横波波速 $c_d=3365m/s$，$c_s=1943m/s$，岩体密度 $\rho=2650kg/m^3$。节理面法向与切向刚度取值为 $K_z=1GPa$，$K_s=1GPa$。

由于透射后波场由透射 P 波与透射 S 波构成，根据 A 点与节理面的距离不同，透射 P 波与透射 S 波的延时也各不相同，绘出了距离节理面 100m 处透射波位移场与入射波场的位移时程曲线。

由于透过节理面的波场相互干涉，传播距离与波速的不同使各波场到达的延迟时间不同。与入射波相比，透射 P 波与透射 S 波的合成波振幅有所减少，持续时间增加。不同的延迟时间使合成波在达到尾段时波形有畸变现象。

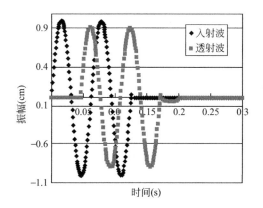

图 8.4.2　垂向距离 100m 时波形变化图

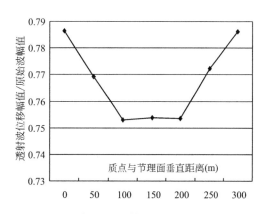

图 8.4.3　透射波与入射波幅比随垂直距离变化

节理面上波的衰减是由于不连续位移造成的。对于线性模型，法向刚度增加透射纵波系数亦增加，而切向刚度变化下透射纵波系数基本保持不变，这表明切向位移对透射纵波的振幅影响甚小。与节理面垂直距离不同的点由于波传播路径的不同，两个方向的合振幅与输入波相比并非保持为常数，而是略有变化。

法向与切向刚度对 S 波透射系数均有影响，二者的规律基本一致，切向（或法向）刚度增加，透射 S 波的振幅均有所减少，逐步逼近于零。当法向与切向刚度均接近零时，S 波透射系数为零，此时节理面是断开的，不会产生转换 S 波。

线性节理模型的波的透射具有以下特点：

（1）节理透射波由透射 P 波与透射 S 波叠加而成，平面波入射至节理面能量分配服从 Zoeppritz 方程；

（2）节理面上波的衰减是由于不连续位移造成的。对于线性模型 P 波入射，法向刚度增加透射纵波系数亦增加，切向刚度对透射纵波的振幅影响甚小，刚度增加透射纵波系数保持不变。法向与切向刚度对透射 S 波系数均有影响，切向（或法向）刚度增加，透射 S 波的振幅有所减少，并逐步逼近零透射。刚度均为零，不产生透射 S 波；

（3）透过节理面的波场相互干涉，不同波场延时不同。从而导致透射合成波与入射波相比，振幅有所减少，持续时间增加，合成波在达到尾段时波形有畸变；

（4）由于非线性位移的存在，波传播过节理时能量会发生衰减，入射角越大能量被消耗的比例越高。

8.4.2　节理刚度确定的波场等效法

根据线性节理弹性波的散射研究，节理面散射系数与节理刚度有关，因此非线性节理面波动效应首先需要获取节理面切向刚度、法向刚度、节理面的粘聚力、内摩擦角和抗拉强度指标。其中动法向刚度和切向刚度是衡量动荷载作用下切向和法向荷载作用下发生法向和切向位移的指标，很难通过试验方法获取到，即使获取到也难以考虑应力状态、非线性状态、动应变率的影响。对于多条节理作用下，一般是采用下式对节理面的法向刚度 k_n 和切向刚度 k_s 进行估计：

$$K_n = \frac{E_m E_r}{d(E_r - E_m)} \tag{8.4.5}$$

$$K_s = \frac{G_m G_r}{d(G_m - G_r)} \tag{8.4.6}$$

式中 E_m，E_r 分别为岩体和完整岩石的弹性模量；d 是结构面间距；G_m，G_r 分别是岩体和完整岩石的剪切模量。

但实际上，节理面的力学参数尺寸效应很突出，小尺寸试样的尺寸试验结构与实际偏差较大，一般是实际值应该小于小尺寸的试样值。在采用节理面刚度的上述计算式时，实践中并不一定都能要求的已知参数，对估计的节理面刚度是否正确也缺乏判断依据，而过低的节理刚度可能导致计算收敛时间增长。

Barton 等人曾经对不同情况的节理面刚度特征进行的研究，发现节理面刚度具有明显的尺寸效应，长度每增加一个数量级，节理面刚度就降低一个数量级；围岩增高时节理面刚度会明显增加；含岩桥的不连续面可比完全充填弱面刚度高两个数量级。

对于大量分布的小尺度节理，难以计算每一条结构面的动力效应，采用上述方法计算节理岩体的等效刚度是可行的。但对于大尺度的节理，尤其是有充填厚度的节理，若不考虑弹性波的传播因素就会引起较大的误差。在波场动响应等效基础上，对大尺度的结构面动刚度的计算，提出了波场等效法，其结果具有很好的稳定性。

由于大部分节理为充填的薄层，在数值模拟中采用薄层单元模拟时由于单元形状的畸形易造成结果失真，从而造成沿节理结构面的应力、变形不合理，在进行数值计算时应该尽量避免。弹性波弱面效应表明，充填节理与线性节理均会造成弹性波场的分解，而线性节理面的散射正是由于节理面刚度的差异造成的。因此只要调整线性节理面法向与切向刚度的数值，使透射波场与充填节理面透射波场最优化逼近，就可以得出线性节理面的刚度参数。以此可以反演线性节理面的动刚度参数。

采用充填节理模型的网格应该尽量加密以防止单元畸形，造成计算工作量巨大；同时又不能因尺寸太小改变了波的传播规律；综合两种效应，数值模型取 $10m \times 10m$ 的正方体。入射波采用正弦谐振速度波，振幅为 $0.2m/s$，入射频率为 $1Hz$。

其中，完整岩体采用线弹性模型，节理面采用库仑滑移模型，节理充填厚度取 10cm，与水平向倾角 $\alpha = 36.5°$。采用的参数如下：

计算采用的物理力学参数 表 8.4.1

	弹性模量（GPa）	泊松比	粘聚力（MPa）	内摩擦角（°）
完整岩体	10	0.25	2	42
充填介质	0.1	0.30	0.02	14
线性节理面			0.02	14

8.4.3　线性节理刚度等效模拟

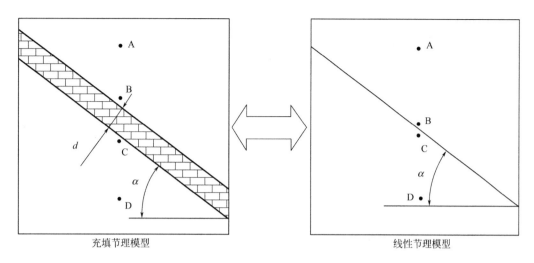

图 8.4.4　节理模型波场等效图

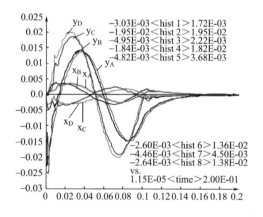

图 8.4.5　充填节理各点振动波形

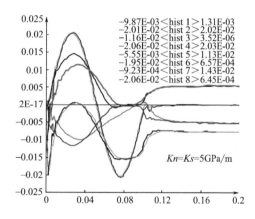

图 8.4.6　线性节理各点振动波形

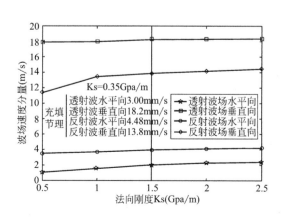

图 8.4.7　法向刚度变化下透反射波场变化

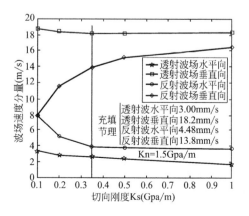

图 8.4.8　切向刚度变化下透反射波场变化

根据弹性波理论，充填节理与线性节理均会造成波场的分解，产生波的相互叠加。因此波场等效的原理为：线性节理造成透、反射波场的振动合速度（或位移、加速度）与充填节理的造成的合速度波场一致（可分水平、垂直方向），由于线性节理的散射是由节理面刚度决定的，通过波场等效就可以计算出节理面的刚度参数。

从表8.4.2、表8.4.3可知，根据弹性波弱面动力效应，节理面的刚度可以采用波场等效的方法近似给出。这种等效基于弹性力学理论，其准确性受节理面强度参数控制，在计算中为去除非线性波的影响，节理面的强度参数需要给予足够高的强度或者降低输入的载荷强度即可。

相同刚度不同强度参数下各波场速度分量　　　　　　　　表 8.4.2

状态	c（MPa）	φ（°）	V_{hc}（m/s）	V_{vc}	V_{hb}	V_{vb}
充填模型			3.00	18.2	4.48	13.8
线性节理	0.020	24	3.77	18.5	3.91	12.9
线性节理	0.028	24	3.75	18.3	3.91	13.5
线性节理	0.032	24	3.73	18.2	3.91	13.7
线性节理	0.036	24	3.73	18.1	3.91	13.8
非线性	0.02	14	6.36	19.6	7.56	10.8
非线性	0.00	14	8.12	19.7	9.78	10.6
非线性	0.02	0	9.74	20.0	11.7	9.51

不同强度参数下最优等效节理面刚度　　　　　　　　表 8.4.3

序列\参数	粘聚力 c（MPa）	摩擦角 φ（°）	K_n（GPa/m）	K_s（GPa/m）
1	0.024	42	1.5	0.35
2	0.024	36	1.5	0.35
3	0.024	30	1.5	0.35
4	0.024	24	2.0	0.4

8.4.4 影响因素分析

（1）节理面倾角

由弹性波的传播可知，结构面的波动效应与入射角度有关，不同的入射角同样造成了节理面刚度参数的差异。为了对比倾角不同节理面波场等效参数的变化，计算垂直向节理的刚度参数与倾斜节理对比。根据平面波理论，波垂直入射时仅产生同类反射波和同类透射波，而垂直入射P波的透反射仅与节理法向刚度 K_n 有关，垂直入射SV波仅与节理面切向刚度 K_s 有关，因此必需借助P波和SV波入射情况方能等效出节理面的刚度参数。

根据波场误差最小原理进行反演可得到垂直节理的刚度参数为 $K_n=1.3$GPa/m，$K_s=0.3$GPa/m。这与有限元计算得到的波场非常接近。由于结构面倾角不同，波场分解后的强度与倾角成正比，倾角越大反演算出的节理刚度参数略大，但变化的幅度较小。

（2）相对充填厚度

由于软弱充填介质的物理力学参数较弱，弹性波的衰减与夹层厚度成正比，充填越厚则波的衰减程度越大，此时得到的节理刚度参数必然越小。另一方面，软弱介质的厚度对不同频率的波具有选择性，一般认为充填节理的透射性与充填相对厚度有关（夹层厚度与入射波场之比）。

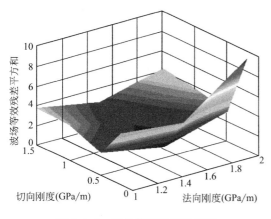

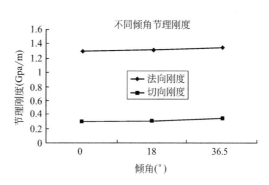

图 8.4.9　波场等效残差平方和　　　　　图 8.4.10　不同入射角等效节理面刚度

相对厚度 $\xi = d/\lambda = d\omega/C$

式中 ξ 为相对厚度；d 为夹层实际厚度；λ 为波长；ω 为入射波的圆频率；C 为波速。通过调整入射波的频率即模拟不同相对厚度的影响。波在充填介质中的传播速度 $c_P = 241.2\text{m/s}$，$c_s = 111.8\text{m/s}$。计算出不同相对充填厚度下等效节理动刚度如图 8.4.11 所示。

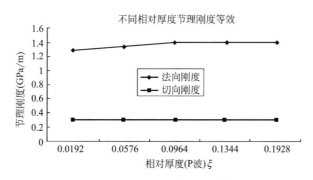

图 8.4.11　不同相对充填厚度下等效刚度

结果表明，等效刚度的计算与输入波的频率、相对充填厚度变化关联性很小，仅是取决于充填介质的性质。因此可以判断、线性节理面的刚度参数是节理岩体的固有属性，与外界荷载无关，采用波场等效法计算刚度参数是可行的。在弹性波范围内，这种等效参数与入射波频率、入射角等因素关系不大。

8.4.5　研究结论

节理面与材料分界面一样，同样具有隔振的功能。通过研究线性节理模型的透射波，建立了节理面透射模型，研究了节理面的隔振效应，进而对动刚度取值规律进行了反演探讨，得到了主要结论如下：

（1）采用库仑滑移模型对线性节理面与充填弱面的透射场进行模拟，发现二者有相似的弱面波动效应。在缺少试验资料的情况下，根据弹性波传播理论可以等效计算节理面的动刚度参数。

（2）由于结构面倾角不同，波场分解后的强度与倾角成正比，倾角越大反演算出的节理刚度参数略大，但变化的幅度较小。

（3）线性节理面的刚度参数是节理岩体的固有属性，与外界荷载无关，采用波场等效法计算刚度参数是可行的。在弹性波范围内，这种等效参数与入射波频率、入射角等因素关系不大。

（4）节理面刚度取值是岩石力学中的难点，其动力作用下的刚度取值更为不易，此处建立的方法基于弹性波动力学，用波场等效方法对动刚度取值提供了参考。

8.5　爆破施工对倾倒变形体影响研究

8.5.1　岩石边坡爆破分析中考虑的问题

爆破作为岩质高边坡等的主要开挖方式，存在着爆破振动对高边坡稳定性的动力扰动问题。边坡开挖爆破施工引起的震动效应和附加位移，作为一种影响边坡稳定的外部因素，它直接影响着工程开挖进度及边坡工程的安全。一般认为，爆破荷载对岩质边坡的稳定性影响主要表现在以下两个方面：

1）由于动荷载的反复作用，引起结构面的张开、扩展以及岩体结构的松动变形，导致岩体结构面抗剪强度指标的降低，降低了边坡的稳定性系数；

2）爆破振动引起的惯性力导致边坡整体下滑力加大，也降低了边坡的安全储备。因此，在开挖爆破规模大、边坡高陡、地质条件差的情况下，爆破振动对边坡的动力稳定性影响会显得尤为突出，研究爆破荷载下岩石边坡的动力响应特征，并据此提出相应的控制措施，对于实际工程有重要的指导意义。

爆破振动对高陡岩质边坡稳定性的影响是个极其复杂的动力学问题，涉及工程地质学、爆炸力学及岩石动力学等多个科学领域，属于多学科交叉的力学边缘问题。掌握爆破振动荷载对岩质边坡稳定性的扰动机制，提出边坡爆破动力稳定性的分析与评价方法，制定合理的安全控制标准是边坡施工中一项重要内容。

西部某水电工程，其进水口边坡为典型的倾倒变形边坡，并且施工的监测数据显示，爆破振动对边坡变形影响较大，本节结合块体离散元程序介绍相关的数值模拟工作。

数值模拟的目标为分析边坡的变形及稳定特性，因此现阶段将主要精力放在爆破振动作用下的边坡稳定性分析上，并不打算模拟实际的爆炸过程。在数值模拟中，将采用简化的爆破动力荷载，以应力波的形式输入到边坡模型中。根据相关研究成果，爆破振动荷载的作用模式可采用现场实测爆破地震波或简化为简谐荷载的形式作用在边坡之上。现阶段考虑到相关爆破监测资料匮乏，因此暂时采用简谐荷载的输入方式进行动力计算。

在数值计算中，将爆破荷载分为法向应力荷载（压缩波）σ_n 和切向应力荷载（剪切波）σ_s。具体形式为如下的正弦地震波：

$$\sigma_n = A \times \sin(2.0\pi \times Freq \times time) \tag{8.5.1}$$

$$\sigma_s = B \times \sin(2.0\pi \times Freq \times time) \tag{8.5.2}$$

式中振幅系数 A 和 B 根据给定的质点速度按前述的方法进行转换获得。此处分析中由于还未获得相关的爆破监测数据，整个取值过程需根据现阶段边坡的变形监测、锚索应力监测和前期工程经验积累进行反馈分析获得。

边坡爆破动力荷载的频率与持续时间也需要进行假定。爆破荷载不同于常规的地震荷载，爆破荷载的频率高、波长短得多，且历时很短，往往几十至几百毫秒。一般情况，边坡爆破开挖的频率范围可根据现场实测波形确定或按如下数据选取：露天深孔爆破 $f =$ 10～60Hz；露天浅孔爆破 $f = 40～100$Hz。此处应力波的主频取为45Hz。

在爆破地震动对结构的影响中，爆破地震动持时，有时也不容忽视。根据爆破地震动对结构的破坏机理，爆破地震动持续时间对结构破坏所起的作用，主要体现在结构的变形超出弹性极限后，爆破地震动持续时间的延长导致塑性变形的累积破坏。可以说，对于线性体系，震动持时使体系震动反应出现较高反应峰值的概率增加，但这种影响通常是不大的。而对于非线性体系，震动持时的影响使结构出现较大永久变形的可能性很大。此阶段针对某水电站进水口边坡的爆破开挖模拟，结合相关经验并通过大量试算后将主波段的持续时间取为0.15s。

另外，考虑到预裂爆破的隔振效果，输入的动荷载并不直接作用在保留岩体上，而是预留一定的保护层厚度进行爆破荷载的输入。由于此过程仅为简化的等效模拟，因此该厚度取值并没有特殊要求。

8.5.2　计算模型

通过数值方法模拟进水口边坡 EL.1385 以下的开挖响应。计算选择 II-II 剖面作为主要研究对象，剖面位置如图 8.5.1 所示。

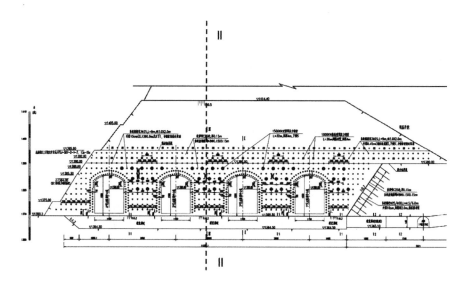

图 8.5.1　计算模型截面

图 8.5.1 是二维块体离散元模型，各类倾倒变形岩体（A 类、B 类、C 类和未倾倒岩体）在模型中均有所体现，主要断层如 F144、F121、F122 等通过节理接触面模拟。

图中给出了进水口边坡爆破开挖计算的边界条件，动力计算时左侧边界和底面边界采用粘性边界，阻尼采用 Rayleigh 阻尼。爆破荷载以输入到图中示意的开挖面上的正弦剪切

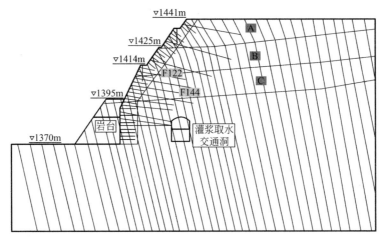

图 8.5.2　Ⅱ-Ⅱ截面计算模型

波和压缩波加以体现。为便于后续分析，在模型中布置了多个监测点，如图中所示：点 O 为震源监测点；点 A 高程为 1400.0；点 B 高程为 1414.4；点 C 高程为 1425.0；点 D 高程为 1435.6。其中 B、C、D 均为马道内侧点。

8.5.3　计算结果分析

1）开挖至 EL.1380m 高程

此前已经对 EL.1395m-EL.1385m 高程开挖进行了数值模拟分析。下面将延续上一阶段的工作，对最近开挖的 EL.1385m-EL.1380m 高程进行了模拟计算，此次模拟中考察爆破动力作用对边坡的影响。图 8.5.3 显示了冲击源监测点 O 的振动速度时程曲线，振幅约为 60～80cm/s，频率约为 45Hz，持续时间为 0.15s，之后快速衰减。由于模型中实际施加的动力荷载为应力边界条件，因此，图中的速度时程曲线由输入的正弦地震波产生，即二者具有等效性。

图 8.5.5 是 EL.1385m-EL.1380m 之间岩体开挖后，边坡出现的附加变形，坡表总体

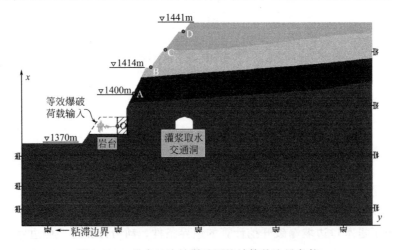

图 8.5.3　进水口边坡爆破开挖计算的边界条件

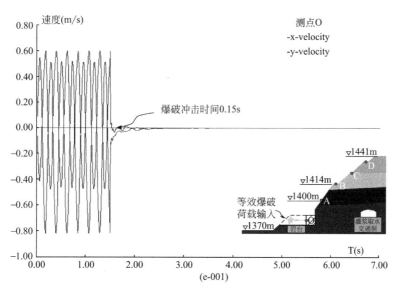

图 8.5.4　冲击源监测点 O 的振动速度时程曲线

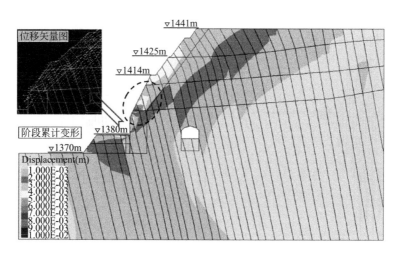

图 8.5.5　EL.1385-EL.1380m 高程开挖后边坡附加变形

的变形量值约为 4～5mm。最大变形出现在 F144 前缘，量值约为 9mm，开挖部位的变形也相对较大。此处模拟所得的变形为卸荷回弹变形和爆破振动导致的变形综合，对比此前对不考虑爆破振动影响的开挖分析结果，可知总变形中爆破振动变形所占的比重很大，且为不可逆的塑性变形，对边坡稳定不利。

爆炸应力波在坡体内传播，边坡岩体将产生爆破振动响应。为分析爆破振动速度沿坡面变化规律及高程效应，在坡面不同高程选取一系列监测点进行统计分析。沿坡面向上依次选取，与爆源之间的水平距离、高程差依次增加，其中点 A 高程为 1400.0；点 B 高程为 1414.4；点 C 高程为 1425.0；点 D 高程为 1435.6。其中 B、C、D 均为马道内侧点。对所选取监测点垂直、水平方向振动速度进行监测，其中水平和垂直方向振动速度时程曲线如图 8.5.6 和图 8.5.7 所示。

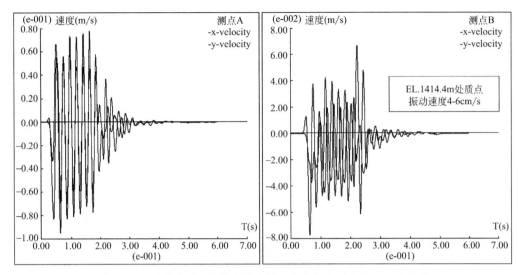

图 8.5.6　监测点 A、B 的水平和竖直方向上的振动速度时程曲线

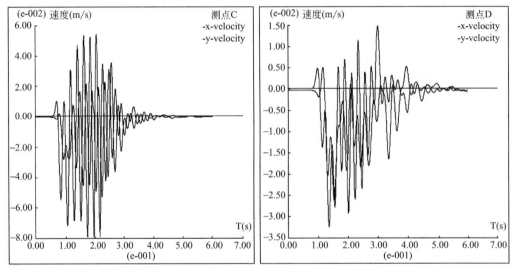

图 8.5.7　监测点 C、D 的水平和竖直方向上的振动速度时程曲线

总的来看，随着与爆源之间的水平距离、高程差的增加，监测点水平和垂直方向振动速度依次递减。但在高高程区域的衰减速度较缓慢，说明进水口边坡爆破振动速度的高程放大效应比较显著，并主要以垂直方向振动速度放大为主。另外，各测点的振动峰值出现时间的依次顺延表明爆炸应力波沿坡面传播的时间过程。垂直方向振动速度相比水平方向的振动速度要大。

EL.1414.4m 处质点水平和垂直峰值振动速度约为 4～6cm/s，根据我国《爆破安全规程》GB6722-2011 中建议的爆破质点振动的最大振速计算公式（萨道夫斯基经验公式）：

$$V = K \left(\frac{Q^B}{R} \right)^{\alpha} \qquad (8.5.3)$$

式中 R 取值 38m；Q 取值 $35kg$；B 取值 1/3；K，α 分别取 200 和 1.5。可获得 $V_{ppt}\approx 4.0cm/s$。对比并考虑到应力波的高程放大效应可知，当前在 EL.1414.4m 处质点峰值振动速度的计算值与经验公式计算值基本一致。实际上为了验证数值模拟计算结果是否合理，还需结合现场爆破振动测试数据进行数值模型的校正。

2）开挖至 EL.1375m 高程

此前已经对 EL.1385m-EL.1380m 高程的爆破开挖过程进行了数值模拟分析。下面将继续上一阶段的开挖，具体开挖范围为 EL.1380m-EL.1375m，同样在模拟中考察爆破振动的影响，并在开挖边界上输入与上一开挖步相同的爆破荷载。图 8.5.8 是 EL.1380m-EL.1375m 之间岩体开挖后，边坡出现的附加变形，坡表总体的变形量值约为 4～7mm。最大变形出现在开挖面，量值约为 10mm，1414m 高程以上部位的变形也相对较大，且边坡整体的变形深度较深。

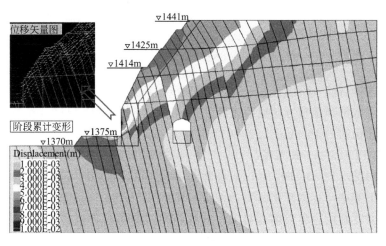

图 8.5.8　EL.1380-EL.1375m 高程开挖后边坡附加变形

图 8.5.9 和图 8.5.10 显示了监测点 A、B、C、D 的水平和垂直方向振动速度时程曲

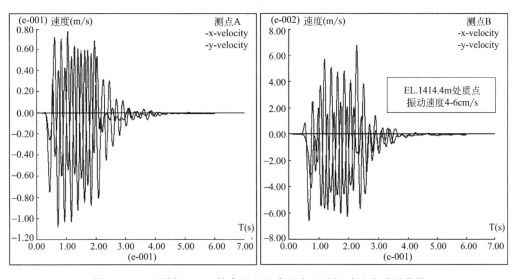

图 8.5.9　监测点 A、B 的水平和竖直方向上的振动速度时程曲线

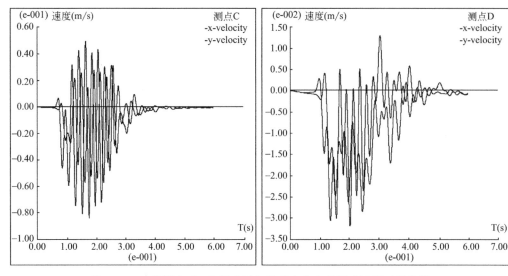

图 8.5.10　监测点 C、D 的水平和竖直方向上的振动速度时程曲线

线。总的变化规律与前一阶段具有一致性，仍表现为随着与爆源之间的水平距离、高程差的增加，监测点水平和垂直方向振动速度依次递减的规律。EL.1414.4m 处质点水平和垂直峰值振动速度仍约为 4～6cm/s。

3）开挖至 EL.1369.5m 高程

此前已经对 EL.1385m-EL.1375m 高程的爆破开挖过程进行了数值模拟分析。下面将继续上一阶段的开挖，具体开挖范围为 EL.1375m-EL.1369.5m，同样在模拟中考察爆破振动的影响，并在开挖边界上输入与上一开挖步相同的爆破荷载。图 8.5.11 是此阶段岩体开挖后，边坡出现的附加变形，坡表总体变形量值相对于前两个阶段有了较为明显的提升，量值约为 8～12mm。最大变形出现在坡体上部区域，量值约为 12mm，表现出了一定的倾倒变形特征。总的来看，边坡整体的变形深度较深，说明此开挖步对边坡稳定性较为不利，边坡的稳定性相对前几个阶段有了一定程度的降低。

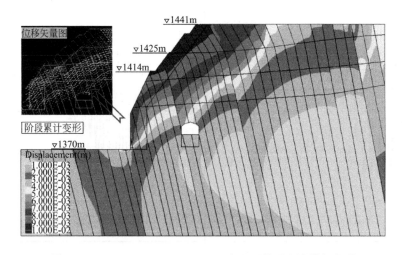

图 8.5.11　EL.1375-EL.1369.5m 高程开挖后边坡附加变形

图 8.5.12 和图 8.5.13 显示了监测点 A、B、C、D 的水平和垂直方向振动速度时程曲线，总的变化规律与前一阶段具有一致性。EL.1414.4m 处质点水平和垂直峰值振动速度约为 4～6cm/s。

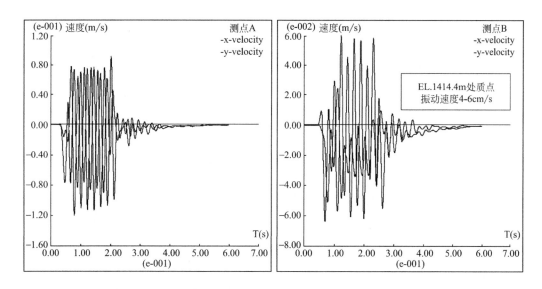

图 8.5.12　监测点 A、B 的水平和竖直方向上的振动速度时程曲线

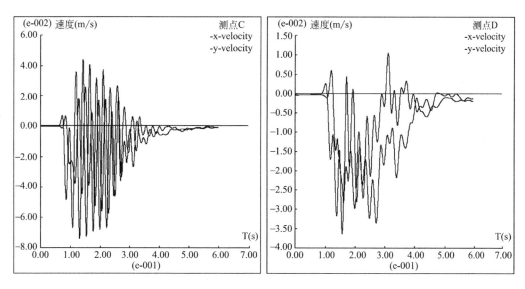

图 8.5.13　监测点 C、D 的水平和竖直方向上的振动速度时程曲线

图 8.5.14 是 EL.1385m-EL.1370m 之间岩体开挖前后的边坡塑性区分布对比情况，可以看到 F144 上、下盘的浅表层岩体及开挖面保留岩体都出现了一定剪切屈服，大致深度达到 10m。边坡向下开挖后，坡脚处应力调整，新增了较多的剪切屈服区和拉裂破坏区。

图 8.5.15 给出了坡体向下开挖过程中预应力锚索的受力变化特点，随着边坡由

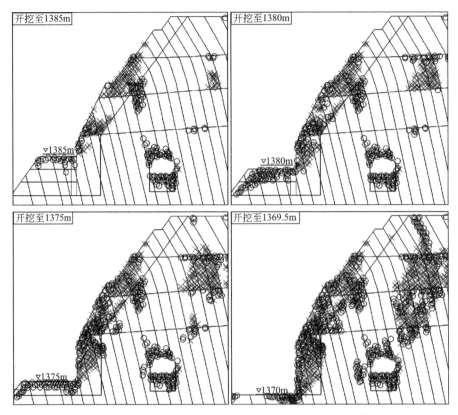

图 8.5.14　EL.1395-EL.1385m 高程开挖导致的围岩塑性区

锚索编号	预应力锚索轴力(kN)						
	开挖至1385m	开挖至1380m		开挖至1375m		开挖至1369.5m	
		轴力	增量	轴力	增量	轴力	增量
a	807.2	812.1	4.9	824.6	12.5	892.6	68.0
b	919.3	830.6	11.3	864.3	33.7	902.8	38.5
c	838.3	886.5	48.2	938.4	51.9	1000.0	61.6
d	877.0	920.2	43.2	984.4	64.2	1000.0	15.6
e	849.5	874.8	25.3	918.4	43.6	981.9	63.5
f	863.2	890.5	27.3	946.3	55.8	1000.0	53.7
g	843.0	888.9	45.9	911.1	22.2	959.2	48.1
h	800.0	910.8	110.8	980.3	69.5	994.0	13.7
i	800.0	840.3	40.3	859.9	19.6	914.7	54.8
j	1000.0	1192.0	192.0	1278.0	86.0	1355.0	77.0
k	-	-	-	1000.0	-	1085.0	85.0
l	-	-	-	1000.0	-	1085.0	85.0

图 8.5.15　开挖过程中预应力锚索的受力变化特点

1385m 高程向下开挖至 1369.5m，预应力锚索的受力将逐步增大，其中与开挖面较近的中等偏下高程区域的锚索应力增加相对明显，顶部的锚索荷载增加相对较小，但部分穿过 F144 和 F122 断层的锚索应力增加也相对较明显。总的来看，每一开挖阶段，锚索应力增加量大多约为设计荷载的 5% 左右，部分锚索轴力增加超过 10%。边坡开挖完成后，坡体中部区域的锚索应力均基本接近设计承载极限，部分锚索超限。

边坡的主要变形响应为开挖卸荷和爆破振动所引起，爆破振动对边坡变形的影响非常显著，目前的数值分析证明了这一点，尤其是数值模拟的锚索应力增长与现场较为吻合。总地来看，该进水口边坡的下部开挖仍具有一定的风险，需要继续密切跟踪现场和快速开展分析工作。

8.5.4 计算命令流解释

以下的 FISH 命令流，以该边坡 EL.1385～1380m 之间的开挖为例，介绍如何施加爆破冲击荷载，以及设置边界条件和阻尼。

例 8.5.1 模拟爆破之前的边坡应力状态（开挖边坡 EL.1385～1380m）

```
;;############################################
res exc2.sav
reset dis jdis vel
hist xdisp(86.47,1422.3)
hist xdisp(70.30,1400.0)
dele rang left table 404 y 1380 2000    ;开挖 EL.1385～1380m
call prop1.fis   ;包含岩体与结构面参数
;--------------------------------指定岩体材料参数
zo mod mohr den_d11 bu_bu11 sh_sh11 fri_f11 coh_c11 ten_t11 ran gro &
'z1' left tab 425 y 1380 1385;A
zo mod mohr den_d12 bu_bu12 sh_sh12 fri_f12 coh_c12 ten_t12 ran gro &
'z2' left tab 425 y 1380 1385;B
zo mod mohr den_d13 bu_bu13 sh_sh13 fri_f13 coh_c13 ten_t13 ran gro &
'z3' left tab 425 y 1380 1385;C
zo mod mohr den_d14 bu_bu14 sh_sh14 fri_f14 coh_c14 ten_t14 ran gro &
'z4' left tab 425 y 1380 1385;O
;;;;;
seek
;------------------------------------赋值结构面参数
chang jcons 2
prop jmat 12 jkn_jk2 jks_jk2 jfric_jfri2 jcoh_jco2;F144
prop jmat 13 jkn_jk3 jks_jk3 jfric_jfri3 jcoh_jco3;bed fault
prop jmat 14 jkn_jk4 jks_jk4 jfric_jfri4 jcoh_jco4;bedding A
prop jmat 15 jkn_jk5 jks_jk5 jfric_jfri5 jcoh_jco5;bedding B
prop jmat 16 jkn_jk6 jks_jk6 jfric_jfri6 jcoh_jco6;bedding C
prop jmat 17 jkn_jk7 jks_jk7 jfric_jfri7 jcoh_jco7;bedding O
prop jmat 18 jkn_jk8 jks_jk8 jfric_jfri8 jcoh_jco8;bedding O
;-----assign JMAT
```

```
chang jmat 12 range id   8   left table 425 y 1380 1385;F128
chang jmat 13 range id   7   left table 425 y 1380 1385;bed fault
chang jmat 14 range id   2   left table 425 y 1380 1385;bedding A
chang jmat 15 range id   3   left table 425 y 1380 1385;bedding B
chang jmat 16 range id   4   left table 425 y 1380 1385;bedding C
chang jmat 17 range id   5   left table 425 y 1380 1385;bedding O
chang jmat 18 range id   9   left table 425 y 1380 1385;bedding O
solve
save exc3. sav
;;;END
;;###################################################
rest exc3. sav
def convert                    ;;;定义爆破振动波形
   c_p=sqrt((b_mod +(4.0 * sh_mod / 3.0))/ m_dens)
   c_s=sqrt(sh_mod / m_dens)
norm_str  =0.6 * (2.0 * m_dens * c_p) * 1.2
shear_str=0.6 * (2.0 * m_dens * c_s) * 1.5
end
set m_dens=0.0026 b_mod=1.66e3 sh_mod=1.0e3
convert

;;;;;;;;;;;;;;;;;
def blvel
   whilestepping
   if time > env_time
     wave=0.0
   else
     wave=ampl *  sin(2.0 * pi * freq * time)
   endif
end
set freq=45 ampl=1.0 env_time=0.10
blvel

;;;;;;;;;;
;apply seismic load from top(peak velocity=0.04 m/sec)
;set up nonreflecting boundary
;;boundary ffield
     boundary xvisc ff_bulk=_bu4 ff_shear=_sh4 ff_density=0.0026 range &
      -0.5,0.5 1320. ,1369.5
     boundary xvisc ff_bulk=_bu4 ff_shear=_sh4 ff_density=0.0026 range &
      214.5,215.5 1320. ,1441.5
```

```
boundary yvisc ff_bulk=_bu4 ff_shear=_sh4 ff_density=0.0026 range &
 -0,215.0 1319.5,1320.5
boundary xvisc ff_bulk=_bu4 ff_shear=_sh4 ff_density=0.0026 range &
 -0,215.0 1319.5,1320.5
boundary xvisc ff_bulk=_bu4 ff_shear=_sh4 ff_density=0.0026 range &
 62.5,63.5 1380.0,1385.0
boundary yvisc ff_bulk=_bu4 ff_shear=_sh4 ff_density=0.0026 range &
 62.5,63.5 1380.0,1385.0
boundary stress norm_str,0.0,0.0 history=wave range 62.5,63.5 1380.1,1385.0
boundary stress 0.0,shear_str,0.0 history=wave range 62.5,63.5 1380.1,1385.0
reset rot hist time
damping 0.010 10.0
history wave                    ;id 1
history xvelocity(63.00,1383.0) ;id 2
history yvelocity(63.00,1383.0) ;id 3
history xdisp(70.30,1400.0)     ;id 4
history ydisp(70.30,1400.0)     ;id 5
history xvelocity(70.30,1400.0) ;id 6
history yvelocity(70.30,1400.0) ;id 7
history xvelocity(79.00,1414.4) ;id 8
history yvelocity(79.00,1414.4) ;id 9
history xvelocity(88.96,1425.0) ;id 10
history yvelocity(88.96,1425.0) ;id 11
history xvelocity(98.90,1435.6) ;id 12
history yvelocity(98.90,1435.6) ;id 13
MSCALE PART 1.E-4
cycle   time 0.50
save seismic.sav
```

8.6　本章小结

　　动力学是 3DEC/UDEC 的重要分析领域，尤其在岩石工程领域，需要考虑岩体结构面对应力波传播影响时。在应用时需要考虑如下问题：

　　(1) 应力波（或振动）的输入，包括时间序列的前处理，输入方式，动力学边界等；

　　(2) 应力波在岩体中传播的率相关效应，由于岩石对不同加载速率下的性质不同，因此如何考虑这一特性，在进行动力破坏分析时至关重要；

　　(3) 如何考虑结构面的影响，岩体结构具有尺度效应，目前在模型中考虑所有尺度的裂隙不现实，如何简化模型，并获取合理规律并解释更为重要；

（4）有时候，利用 3DEC/UDEC 等块体离散元方法，目的是评价引起的灾害效应，此时必须对控制岩体破坏的因素进行试算，并与监测、地质判断相互验证，才能得到较为合理的结果。

第九章　深埋条件下高应力破坏与岩爆风险分析

在高山峡谷水电工程、深埋采矿工程中，经常遇到高地应力问题。而岩石力学特性与应力水平密切相关，本章基于该问题，探讨了深埋硬岩地下工程围岩破坏的基本特征，并着重介绍高应力破坏和岩爆相关数值分析技术。

9.1　深埋地下工程潜在问题与分析方法

图 9.1.1 是 Martin 等总结地下工程围岩破坏类型的概念图，图中以列表的形式描述了不同地应力条件和岩体质量所导致的围岩破坏形成的差别。顶端第一列中的完整岩体、块状岩体、破碎岩体是岩体完整性，在岩质条件下，这种差别受到结构面发育程度的控制，体现了岩体质量的差异。因此，岩体结构面发育程度的差异可以用国际上通用的岩体质量指标 RMR（或者 GSI）的取值体现，大体地，这三类岩体的质量指标对应为 RMR 大于 75、介于 50 和 75 之间以及小于 50。

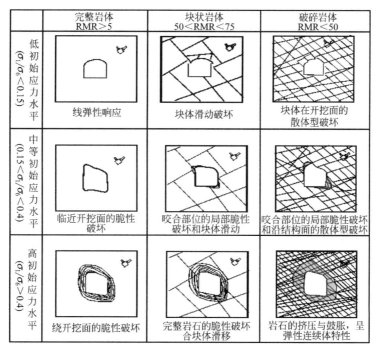

图 9.1.1　地下工程围岩初始条件与围岩稳定状态、破坏特征的一般关系图（Martin，2003）

图 9.1.1 中左侧第一列显示了不同的最大初始主应力和岩块单轴抗压强度之比，即侧重于应力因素，不过，对应力水平的考察不是按绝对应力大小来衡量的，而是侧重应力水

平和岩石承载力之间的矛盾程度。具体地，三种应力水平划分如下：

（1）低应力水平条件下（应力强度比 $\sigma_1/\sigma_c<0.15$），隧洞开挖后的重分布应力不超过岩体强度，因此岩体不发生高应力破坏，围岩开挖响应以弹性响应为主；

（2）中等地应力水平（$0.15<\sigma_1/\sigma_c<0.4$），完整岩体在中等地应水平条件下会出现轻微的应力型破坏，如片帮、板状剥落等；块状岩体的应力型片状破坏会明显地受到结构面的影响，但总体上破坏位置与地应力的特征存在联系；破碎岩体在中等应力条件下，较低应力水平更容易产生垮塌破坏，并且破坏的规模更大；

（3）高地应力水平（$\sigma_1/\sigma_c>0.4$）。完整岩体在高应力水平下以严重的高应力破坏为主要破坏形式，包括强烈的片帮、破裂、板状剥落、不同等级的应变型岩爆等；块状岩体的高应力破坏与结构面的展布特征密切相关，开挖后更多是表现为多种结构面-高应力组合型破坏、断裂型岩爆等；破碎岩体在高应力条件下的开挖响应表现为严重的坍塌和强烈的鼓胀变形。

图 9.1.2 中给出了依据结构面发育程度（图中水平方向描述的因素）和应力水平（图中垂直方向的三种条件）的 9 种组合情形。从力学的角度讲，围岩的应力型破坏是洞室开挖后，二次应力水平超过岩体强度，使得开挖面附近的围岩部分进入峰后强度的结果，从数值分析角度上讲，需要关注岩体的峰后强度，以便更好地把握应力型破坏的规模和程度。与之不同的是，结构面控制型问题则突出了结构面组合和结构性状的影响，此时岩体基本处于弹性，客观上也不需要过多地去关注峰后强度，研究的重点是结构面组合形成的潜在失稳块体的分布特征以及潜在破坏深度。

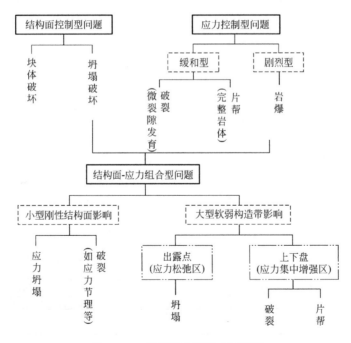

图 9.1.2　地下洞室围岩破坏类型

针对脆性硬岩的具体破坏类型而言，可以按照控制性因素区分为结构面控制性、应力控制型、结构面-应力组合型共三大类型；而以破坏的表现形式可以分为岩爆、片帮、破裂、坍塌和块体破坏等常见类型。

（1）片帮破坏

片帮破坏（Spalling）是岩石工程界对常见片状破坏的统称，由工程类比经验可知片帮破坏的一般特点：

① 片状破坏按照剥落厚度可以区分为薄片状、片状和板状破坏，如图 9.1.3 所示。片状破坏所产生的剥片较薄，一般以 1～2cm 居多，板状破坏的厚度较厚，一般超过 3cm，厚度较大的甚至可以超过 10cm；

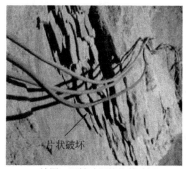

a.锦屏二级辅助洞的片状破坏　　　　　b.瑞士Gotthard隧道的板状破坏

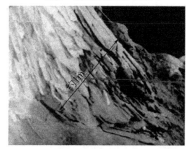
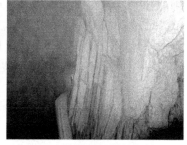

c.江边电站厂房母线洞的片帮破坏　　　d.丹巴电站勘探平洞的板状破坏

图 9.1.3　常见的片帮破坏特征示例

② 无论是片状还是板状剥落，本质上都是低围压条件下原生裂隙或微裂隙平行于开挖面扩展导致的宏观破坏模式，属于张性破坏；

③ 片帮破坏在开挖后数小时即发生，并且随着时间的推移可以导致一定深度的围岩发生普遍的损伤破裂，如图 9.1.3 所示，江边电站地下厂房母线洞拱脚部位片帮破坏累计深度达 1m；

④ 片帮裂纹扩展的长度与 σ_1/σ_3 的比值相关，如图 9.1.4 所示，比值越大裂纹扩展长度越长；最终的发育深度由 $\sigma_1/\sigma_3 =$ constant 控制，即从洞壁向围岩内部一定深度内，σ_1/σ_3 的比值会不断减小到裂纹扩展的阈值，相应片帮的发展也是由开挖面向内部发育到这个特定的深度。其中裂纹扩展的阈值受岩性和地应力状态等因素制约；

⑤ 破坏持续的时间与岩性和地应力水平有关，一些试验和工程案例表明：湿度变化也可能对片帮产生影响，主要表现为破坏时间延长，有些洞室的片帮破坏（如白鹤滩右岸厂房勘探平洞 PD62 片帮）可以持续数年乃至更长的时间；

⑥ 及时的喷射混凝土封闭有利于控制片帮破坏的时间效应。

白鹤滩左、右岸厂房在第 I 层开挖过程中都可以观察到明显的片帮破坏，且以左岸更

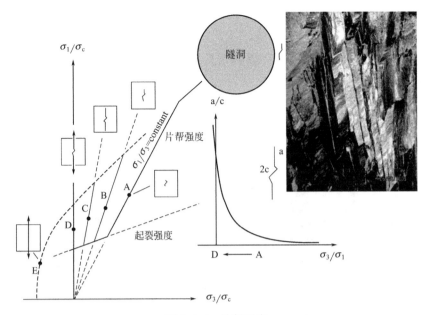

图 9.1.4　片帮强度

为普遍。图 9.1.5 是左厂 0+330 桩号附近的薄片状破坏，图 9.1.6 是左厂 0+330 桩号附近的板状破坏。是该断面中导洞上游侧扩挖位置附近的板状剥落，每一层板状破坏的岩体厚 3~5cm。对白鹤滩地下厂房而言，片状破坏比较严重时（如破坏深度超过 30cm），对支护及时性和支护形式的要求较高，普通砂浆锚杆或预应力锚杆需要及时施工，并且初喷的厚度也需要得到保证。

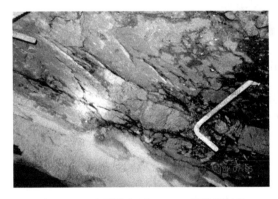

图 9.1.5　白鹤滩左厂 0+330 顶拱位置的
片帮破坏（薄片状）

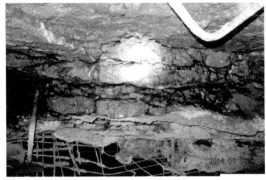

图 9.1.6　白鹤滩左厂 0+330 顶拱位置的
片帮破坏（板状）

（2）破裂破坏

围岩破裂指洞室开挖后，围岩的二次应力水平超过岩体启裂强度而产生的破裂现象，破裂可以是片帮的延续，也可以最后发展成应力坍塌，还可以保持破裂的继续发展。与片帮相比，破裂产生的裂纹没有明显的方向性。围岩破裂按照其产生裂纹的尺寸可以划分成宏观破裂和微破裂两种，前者可以通过肉眼观察到，后者可以通过围岩渗透率测试试验、波速测试试验、声发射/微震监测进行测量。

图 9.1.7 是右厂 0+115～0+118 上游侧拱肩的围岩破裂照片，从破坏特征可以看到围岩裂纹的扩展基本上不具备明确的方向性，这一点与片帮破坏有区别。片状破坏和围岩破裂均是比较典型的应力型破坏，二者表现形式的差异与岩性、地应力状态和开挖形态有关。目前的学术界尚未形成统一的认识和判据来确定何种条件以片帮为主，何种条件以破裂为主。但可以肯定的是，围岩破裂形式往往与岩块中的微裂隙关系非常密切。

图 9.1.7　白鹤滩右厂 0+115～0+118 上游侧拱肩围岩破裂

(3) 结构面-应力组合型破坏

结构面-应力组合型破坏是深埋大型洞室的主要围岩破坏形式之一，与片帮、破裂等不同，结构面-高应力组合型破坏体现了结构面对高应力破坏的影响。不少工程的勘探洞或交通隧洞中，可以观察到顶拱片帮破坏深度比较稳定，但在局部洞段片帮破坏深度明显增大，并且片帮加剧洞段未见对围岩破坏有明显影响的结构面分布，因此可以假定顶拱部位展布的隐伏缓倾结构面所导致片帮破坏深度的变化。

目前的颗粒离散元方法可以直接模拟围岩的破裂，因此提供了深入地认识这一问题的技术手段。图 9.1.8 是 PFC 模拟的锦屏二级引水隧洞 1350m 埋深条件，顶拱隐伏的刚性

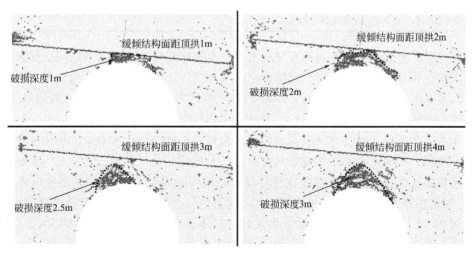

图 9.1.8　刚性缓倾结构面在顶拱不同深度展布时围岩损伤分布

结构面距离开挖面不同距离时，对顶拱围岩应力型破裂的影响。

岩体参数根据该洞段的声波测试成果（顶拱和两侧边墙的围岩破裂深度在 1.8m 左右）进行反演验证。结构面的迹长按 10m 考虑，结构面倾角为 5°，分别考虑刚性结构面距顶拱 1m、2m、3m 和 4m 的情形，隧洞直径为 13m。上述数值分析成果显示即是对初始地应力没有影响的刚性结构面，也可以在洞室开挖过程中影响围岩破裂的范围和深度，进而导致结构面-高应力组合型的破坏出现，但这种破坏模式比较复杂，与结构的产状、性状以及在洞室出露的部位有关。

现实中，对于深埋洞室，软弱结构面导致的组合型破坏可能更为普遍。比如白鹤滩左岸 1 号导流洞的中导洞开挖过程中就出现了层间错动带 C2 影响的坍塌破坏。

9.2 锦屏大理岩脆-延转换特征与 Hoek-Brwon 本构描述

岩石工程中常用的本构模型有三个：弹性模型、Mohr-Coulomb 弹塑性模型和 Hoek-Brown 弹塑性模型。按照对岩体参数的不同理解，弹塑性模型的峰值强度和残余强度存在两种取值方法：摩擦强化型和综合强度软化型。表 9.2.1 是 Mohr-Coulomn 模型和 Hoek-Brown 模型在两种岩体取值指导思想下的主要力学特征。

岩体弹塑性模型力学特征　　　　　　　　　　　　　　　　表 9.2.1

摩擦强化的强度描述方法	综合强度软化的描述方法
基于 Mohr-coulomb 模型的描述方法 • CWFS 取值方法 • 屈服后粘聚力 c 减小、摩擦角 φ 增大 • 仅适用于完整性好的脆性岩体 • 传统的参数取值方法不适用于峰值强度的描述	基于 Mohr-coulomb 模型的描述方法 • 屈服后粘聚力 c 和摩擦角 φ 均减小 • 适用于完整性好的脆性岩体和岩体质量一般的岩体 • 传统的参数取值方法适用于峰值强度的描述
基于 Hoek-Brown 模型的描述方法 • DISL 取值方法 • 屈服后 mb 和 s 均增大 • 仅适用于完整性好的脆性岩体 • 传统的参数取值方法不适用于峰值强度的描述	基于 Hoek-Brown 模型的描述方法 • 屈服后 mb 减小，s 可以保持不变 • 适用于完整性好的脆性岩体和岩体质量一般的岩体 • 传统的参数取值方法适用于峰值强度的描述

无论是哪种岩体参数，取值的指导思想均认为岩体屈服后，力学指标随着屈服程度的增加不断变化直至达到残余强度。摩擦强化的强度描述认为岩体屈服后的粘聚力不断降低而摩擦角不断增高（Mohr-Coulomb 本构描述），称之为 CWFS 取值方法；或者认为 m_b 增加而 s 减小（Hoek-Brown 本构描述），称之为 DISL 取值方法。

图 9.2.1 是采用 CWFS 和 DISL 取值方法模拟的 URL "V" 形破坏，图中灰色部分是塑性区，其形状和深度与实际的破坏具有良好的一致性。为了获得这种 "V" 形塑性区形态，采用 Mohr-Coulomb 进行数值分析时峰值粘聚力和峰值摩擦角的取值分别为 35MPa 和 22°，残余粘聚力和残余摩擦角分别 0.1KPa 和 50°。"V" 形破坏处岩体非常完整，GSI 评分达到 95 以上，因此可以近似地认为该处的岩体强度与小尺度强度相差不大。

图 9.2.2 是该处花岗岩的常规三轴试验曲线以及峰值强度的 Mohr-Coulomb 拟合和 Hoek-Brown 拟合，获得的峰值粘聚力和摩擦角分别是 44.4MPa 和 50°。CWFS 的峰值粘

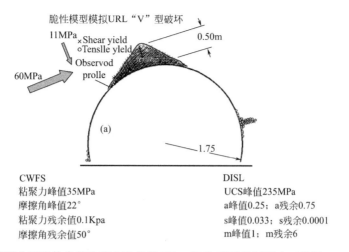

CWFS

粘聚力峰值35MPa

摩擦角峰值22°

粘聚力残余值0.1Kpa

摩擦角残余值50°

DISL

UCS峰值235MPa

a峰值0.25；a残余0.75

s峰值0.033；s残余0.0001

m峰值1；m残余6

图 9.2.1　摩擦强化型岩体参数取值方法获得 URL "V" 字形破坏形态（根据 Diederichs，2003）

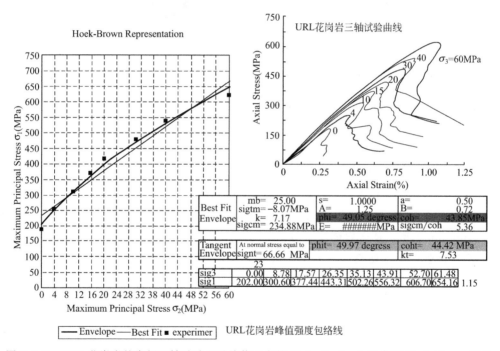

图 9.2.2　URL 花岗岩的常规三轴试验以及峰值强度的 Mohr-Coulomb 拟合和 Hock-Brown 拟合

聚力 35MPa 和试验值 44.4MPa 相差不大，CWFS 的峰值摩擦角取值仅 22°，与实验值和经验认识有一定差别。DISL 的峰值强度取值区别与传统的 GSI 推荐取值，按照经验方法估计 URL 的花岗岩强度，则峰值 $a=0.5$，$s=1$，$m_b=m=25$，DISL 的 Hoek-Brown 取值分别是 $a=0.25$，$s=0.033$，$m_b=m=1$，没有可比性。

图 9.2.3 是 CWFS 和 DISL 的峰值强度和残余强度的包络线，由于残余强度的斜率大于峰值强度，因此当围压超过 20MPa 以后残余强度包络线高于峰值强度包络线，意味着岩体在高围压下屈服后出现强度硬化行为。众所周知，硬岩的屈服破坏总是与裂隙的扩展相关，屈服只会增加岩体的裂纹尺度、间距和密度，使得岩体的强度不断降低，不会出现

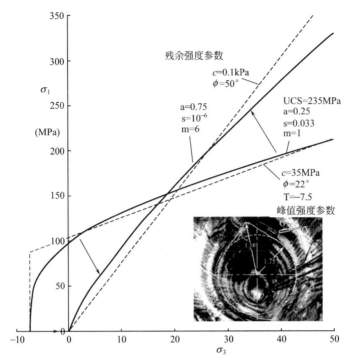

图 9.2.3 再现加拿大 URL "V" 字形破坏的摩擦强化
型岩体参数（CWFS 和 DISL）（根据 Diedierichs，2003）

"硬化"现象。CWFS 和 DISL 对岩体高围压条件屈服后的"硬化"描述与实际不相符合，也正是因为这个原因，CWFS 和 DISL 尽管可以比较完美地再现硬岩的"V"形高应力破坏形式，但仍存在一些技术上的缺陷。

鉴于上述的问题，有些学者开始采用软化模型再现"V"形高应力破坏。若使用 Mohr-Coulomb 模型，那么岩体屈服后粘聚力和摩擦角均降低，因而无论在什么围压条件下均不会出现强度硬化现象；若采用 Hoek-Brown 模型，则岩体屈服 m_b 和 s 均减小同样不会出现强度硬化。

图 9.2.4 是采用 Hoek-Brown 模型和 Mohr-Coulomb 模型，考虑屈服强度出现软化，从而再现的"V"形破坏，图中给出了具体残余强度取值。

以上对比了现阶段能够模拟"V"形高应力破坏的本构模型和数值方法，从模拟"V"形破坏形态和深度角度，两种岩体参数取值方法不存在差别，但关于强度的认识有区别：

1）CWFS 和 DISL 对脆性岩体屈服破坏后强度描述从规律上更符合试验室和现场的观察：即粘聚力降低，摩擦角增大。并且，C.D. Martin 进一步指出当粘聚力降低到 70% 时，摩擦角才开始增大；

2）CWFS 和 DISL 的缺陷在于无法很好解决高围压下岩体屈服后的"硬化"行为；

3）综合强度软化取值方法可以避免强度"硬化"现象，但可能没有在机制上反应粘聚力和摩擦角的实际变化特征，即随着裂纹的扩展，岩体粘结强度不断丧失，而摩擦强度不断提高。

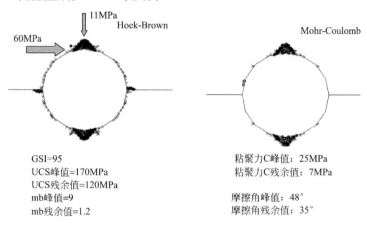

软化模型再现URL "V" 字形破坏

GSI=95
UCS峰值=170MPa
UCS残余值=120MPa
mb峰值=9
mb残余值=1.2

粘聚力C峰值：25MPa
粘聚力C残余值：7MPa

摩擦角峰值：48°
摩擦角残余值：35°

图 9.2.4　综合强度软化的参数取值方法获得 URL "V" 形破坏形态

9.2.1　埋深大理岩室内试验与力学特性

下面依托 Hoek-Brown 本构模型，讨论如何避免强度硬化的技术，并将该模型应用于大理岩力学特性的研究以及围岩损伤深度的模拟。

采用锦屏二级水电站辅助洞白山组 2000m 埋深的大理岩试样开展实验研究，试验在MTS 试验机上进行，围压按照应力加载，轴向压力按照应变加载，所有的试样均获得了应力-应变全过程曲线。白山组大理岩三轴试验的围压范围为 2~50MPa。图 9.2.5 为锦屏白山组大理三轴试验成果。

从图 9.2.5 中可以看出围压对白山组大理岩峰后力学特性的影响非常显著，表现在以下几个方面：

（1）围压增大，峰值强度和残余强度之间的差值随之减小。表 9.2.2 是不同围压条件下峰值强度、残余强度汇总表，可以看出峰值强度和残余强度的差值随着围压的增大呈单调减小趋势；

（2）当围压水平超过 10MPa 时，应力-应变曲线达到屈服阶段后并不会快速跌落，而是体现出明显的延性特征，即保持应力水平不变而发展一定的轴向应变，然后才开始发生跌落。应力-应变曲线在峰值附近平缓段的长度与围压水平密切相关，围压水平越高，平缓段越长，比如围压分别为 10，15，30MPa 时，峰值平缓段的轴向应变长分别为 0.20%，0.42%，0.75%；

（3）围压水平较高时，峰值强度向残余强度跌落曲线的斜率明显变缓。比如图 9.2.5 中，当围压达到 30MPa 时，应力-应变曲线由峰值强度 249MPa 降至残余强度 203MPa，此过程中曲线的斜率明显低于围压 2~15MPa 时峰值强度跌落过程的斜率；

（4）白山组大理岩的脆-延转换特征对围压水平非常敏感，一般围压超过 6MPa 时，即可以观察到一定的延性特征，图 9.2.5 中围压达到 10MPa 时，可以观察到比较明显的延性特征，显著区别围压 2MPa 时的典型脆性响应的应力-应变曲线；

（5）在较高的围压水平下，白山组大理岩屈服后的应力-应变曲线响应接近于理想塑性材料的力学特征，没有明显的残余强度阶段。

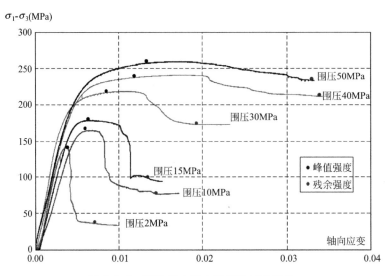

图 9.2.5　锦屏白山组大理三轴试验成果

　　锦屏白山组深埋大理岩后屈服阶段的应力-应变曲线与围压的关系非常密切，在低围压条件下，应力-应变曲线到达峰值强度后快速跌落，呈现出明显的脆性特征；随着围压的增高，试样到达峰值强度后并不会快速跌落，延性特征明显增强；围压进一步增高至50MPa时，试样的后屈服阶段接近于理想塑性材料的力学响应。因此可以用脆-延-塑转换来概括白山组深埋大理岩的随围压的变化所展现出来的峰后屈服特征。

锦屏白山组大理岩峰值强度和残余强度汇总表　　　　　　　表 9.2.2

编号	围压/MPa	峰值强度/MPa	残余强度/MPa	峰值强度-残余强度/MPa
A46-1	2	143	42	101
A19-3	10	174	90	84
A19-4	15	193	115	78
A23-1	30	249	203	46
A22	40	281	252	29
C23-2	50	309	283	26

　　加拿大 URL 针对 Lac du Bonnet 花岗岩开展了三轴试验，图 9.2.6（a）为一组花岗岩试样的轴向应力-应变曲线，图 9.2.6（b）为试验测得的花岗岩峰值强度和残余强度以及二者的拟合曲线。显然，花岗岩在围压条件下的应力-应变曲线与锦屏白山组深埋大理岩形成显著差别，主要表现在两个方面：（1）随着围压的增高，Lac du Bonnet 花岗岩并未显现出某种延性特征，而是始终保持强烈的脆性特征，即便围压达到 60MPa，岩块屈服后应力-应变曲线也未出现延性段，而是与低围压条件下相一致地发生快速跌落；（2）Lac du Bonnet 花岗岩峰值强度和残余强度之间的差值随着围压水平的增大而增大，而锦屏白山组大理岩以及 W. R. Wawersik 和 C. Fairhurst 所试验的大理岩其峰值强度和残余强度的差值随着围压的增大而减小，最后趋于相等。

　　图 9.2.7 为锦屏白山组大理岩峰值强度和残余强度拟合曲线，注意到残余强度的斜率要大于峰值强度，因此随着围压的增大，峰值强度和残余强度趋于相等，岩块屈服后呈现出接近理想塑性材料的力学响应特征。

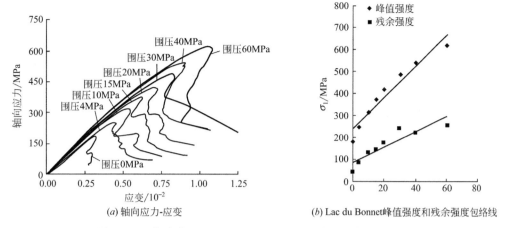

(a) 轴向应力-应变 　　　　　　　　(b) Lac du Bonnet峰值强度和残余强度包络线

图 9.2.6　加拿大 URL 的 Lac du Bonnet 花岗岩三轴试验成果

图 9.2.7 中 Lac du Bonnet 花岗岩残余强度线性拟合曲线的斜率始终小于峰值强度线性拟合曲线的斜率，因此峰值强度和残余强度的差值随着围压的增大，在 0～60MPa 的围压范围内，Lac du Bonnet 花岗岩始终表现出强烈的脆性特征，这一点显著区别锦屏白山组大理的三轴试验成果。

Lac du Bonnet 花岗岩和锦屏白山组大理岩的三轴试验均是按照正常应力路径进行试验（先施加围压，再施加轴压），图 9.2.8 为三峡花岗岩按照其他应力路径加载的峰值强度和残余强度的拟合曲线，可以看出峰值强度的斜率要大于残余强度的斜率，这一点与 Lac du Bonnet 花岗岩的试验成果是一致的。

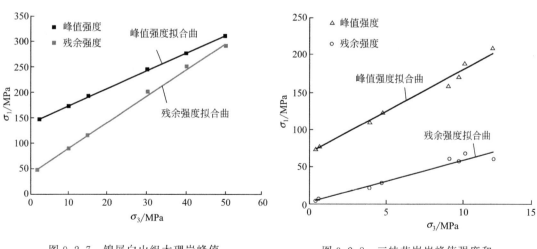

图 9.2.7　锦屏白山组大理岩峰值
强度和残余强度拟合曲线

图 9.2.8　三峡花岗岩峰值强度和
残余强度包络线（正常加载路径）

对比大理岩和花岗岩的试验成果可以看出两种类型的岩石在峰后强度特征存在着显著的差异，Lac du Bonnet 花岗岩和三峡花岗岩 2 种不同种类的花岗岩在不同应力路径下的三轴试验结果均表明，峰值强度和残余强度的差值随着围压的增大而增大，而锦屏白山组大理岩和 Wawersik 所试验的大理岩，其峰值强度和残余强度的差值随围压的增大而减小。

大理岩和花岗岩这种围压条件下峰后力学特征规律性的差异原因需要从试样细观破坏机制层面进行解释，可能与矿物颗粒界面附近的裂纹萌生和扩展规律相关。从机制角度解释上述差异性需要进一步补充超常规室内试验内容，例如三轴压缩过程中实时的 CT 扫描试验、三轴压缩过程中声发射（AE）定位等。此处暂不给出上述差异性的机制层面解释，而侧重于锦屏深埋大理岩脆-延-塑转换特征的数值方法描述和工程应用层面的研究。

9.2.2 脆-延-塑本构模型

DISL 和 CWFS 的优点在于对硬岩屈服破坏后摩擦角和粘聚力减小的本质特征给出了直接的描述，缺点在于高围压下岩体屈服后综合强度呈强化特征，这一点与实际不相符。

图 9.2.9 是脆性模型的强度包络线，由于岩体屈服后其摩擦角增大而粘聚力减小，因此残余强度的包络线的斜率高于峰值强度包络线的斜率，残余强度与 Y 轴的截距小于峰值强度。这种特征必然导致峰值强度包络线和残余强度包络线存在一个交点，在交点左侧（低围压情形）残余强度低于峰值强度，交点右侧（高围压情形）残余强度高于峰值强度。隧洞周边岩体的屈服过程总是首先达到峰值强度然后向残余强度方向发展。以图 9.2.10 的岩体强度参数为例，岩体在围压低于 5MPa 的应力条件下屈服后，岩体的强度不断降低直至残余强度，这符合一般性的认识；若岩体在围压高于 5MPa 的应力条件屈服，屈服后由于残余强度高于峰值强度，因此岩体在向残余强度的发展过程中综合强度不断提高，即出现了岩石材料不能有的硬化行为。

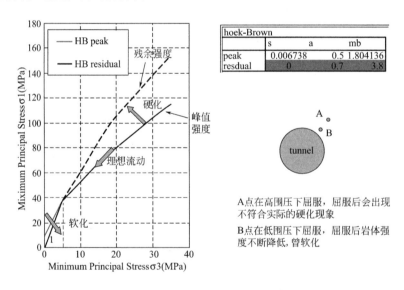

图 9.2.9 脆性模型的峰值强度包络线和残余强度包络线

为了更为直观地理解脆性模型的峰值强度和残余强度，采用图 9.2.9 中的峰值和残余强度参数模拟大体积岩体的三轴压缩试验。

试验尺寸取 1m×1m×1m，为了剔除应变局部化效应仅划分一个单元，因此计算获得完全是本构模型本身的响应。数值模拟按照实际试验流程进行，即先在三个方向施加围压，然后按应变控制施加轴向荷载。图 9.2.10 给出了围压 0MPa、4MPa、12MPa、

20MPa 条件下大体积试样的轴向应力-轴向应变曲线。由于峰值强度和残余强度的交点在 σ_3 轴上是 5MPa，因此围压低于 5MPa 时，岩体到达峰值强度后应力-应变曲线软化，图 9.2.10 中的围压 0MPa 和围压 4MPa 的应力-应变曲线在规律上和数值上与图 9.2.9 的强度参数相一致；而围压 8MPa、12MPa 和 20MPa 的应力应变曲线均出现了明显的强化现象，其变化规律也同样完全受控于图 9.2.9 中的岩体参数，显然这种应力-应变的强化现象对岩石材料是不可能出现的，这也是脆性模型受到诟病的主要原因。

采用图 9.2.11 中岩体参数来模拟 1350m 深度 1 号隧洞的开挖并监测北侧拱肩不同深度围岩的应力路径，图 9.2.11 是监测的应力路径和岩体强度在主应力平面上的表达，以 3m 深度的应力路径为例，隧洞开挖后径向应力不断降低，切向应力增大，岩体发生屈服时的围压水平是 10MPa，此围压水平下脆性模型的残余强度高于峰值强度，因此岩体由峰值强度向残余强度发展过程实际上是一种硬化行为，图中的蓝色应力路径线清晰地表明了这个硬化过程。

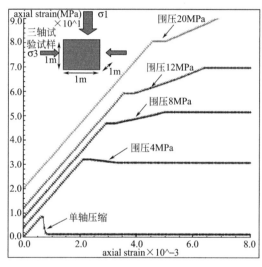

图 9.2.10　脆性本构模型无法避免
高围压下的强度硬化现象

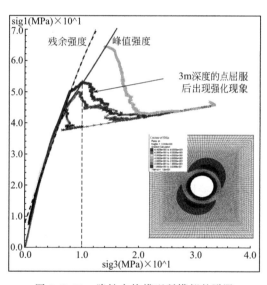

图 9.2.11　脆性本构模型所模拟的隧洞
开挖过程中关键点的应力路径

对于锦屏大理岩而言，围岩在低围压下屈服应力-应变曲线呈现出快速跌落的脆性特征，随着围压水平的升高，应力-应变曲线由脆性开始转延性，并且延性特征逐渐增强直至围压达到一定的水平而呈现出完全的塑性。因此，脆延塑的强度特征的峰值强度和残余强度在主应力平面上的表达应该如图 9.2.11 所示，残余强度和峰值强度的交点对应着围压 10MPa 的应力水平，在围压 0～10MPa 范围残余强度低于峰值强度，并且二者的差距随围压的增大不断减小，反映了锦屏大理岩的延性特征，当围压超过 10MPa 峰值强度包络线和残余强度包络线相重合，围岩展现完全塑性特征。

为了达到该目的，在 Peter. Cundall 院士 2003 年关于 Hoek-Brown 本构模型的工作的基础上，通过模型参数取值研究发展 BDP 模型（Brittle Ductile Plastic model）解决这一问题。Hoek-Brown 强度准测自 1980 年提出以来，一些学者致力于将强度准则转变为本构模型，这些努力包括 Pan. X. D 和 J. A. Hudson 的早期尝试以及 T. Carter 等在 90 年代初期的研究工作。P. Cundall 等指出"这些研究工作均假设流动法则与强度准则之间存在固定的关系，因此流动法则是各向同性的，但 Hoek-Brown 强度准测本质上却不是"。因此，P. Cundall 等发展了一种基于 Hoek-Brown 强度准则的非固定流动法则，流动法则除了与应力水平相关，还与岩石（体）损伤程度相关。

P. Cundall 等开发的 Hoek-Brown 本构模型，其屈服方程为：

$$F = \sigma_1 - \sigma_3 - \sigma_{ci} \left(m_b \frac{\sigma_3}{\sigma_1} + s \right)^a = 0 \tag{9.2.1}$$

模型假定最大塑性应变增量 $\Delta\varepsilon_1^p$ 和最小塑性应变增量 $\Delta\varepsilon_3^p$ 满足如下关系：

$$\Delta\varepsilon_1^p = \gamma \Delta\varepsilon_3^p \tag{9.2.2}$$

式中 γ 为与应力水平相关的因子，并且在每一步塑性应变增量计算中更新该数值。Hoek-Brown 模型视屈服时的应力水平引入了 4 种流动法则：

（1）关联流动，描述低围压条件下的屈服特征，此时岩块（体）的体积应变率增长最快，而关联流动准则可以从理论上确保体积应变得到最大程度地增长。关联流动的流动法则为：

$$\Delta\varepsilon_i^p = -\gamma \frac{\partial F}{\partial \sigma_i} \tag{9.2.3}$$

将式（9.2.1），（9.2.3）带入式（9.2.2）可以求得关联流动的因子 γ 为：

$$\gamma_{af} = -\frac{1}{1 + am_b \left(m_b \dfrac{\sigma_3}{\sigma_{ci}} + s \right)^{a-1}} \tag{9.2.4}$$

（2）等体积流动准则，当围压增大至较高水平（σ_3^{cv}），岩块屈服后在后续的加载过程中体积保持恒定，用于描述高围压下的屈服特征。流动法则表达式为：

$$\gamma_{cv} = -1 \tag{9.2.5}$$

（3）径向流动法则，描述岩块拉应力下的张性破坏。流动法则为：

$$\gamma_{rf} = \frac{\sigma_1}{\sigma_3} \tag{9.2.6}$$

（4）组合流动，当围压为 $0 \sim \sigma_3^{cv}$，岩块屈服后的流动法则应当介于关联流动和等体积流动之间，因此采用组合流动准则加以描述。组合流动法则为：

$$\gamma = \frac{1}{\dfrac{1}{\gamma_{af}} + \left(\dfrac{1}{\gamma_{cv}} - \dfrac{1}{\gamma_{af}} \right) \dfrac{\sigma_3}{\sigma_3^{cv}}} \tag{9.2.7}$$

仅上述 4 种流动法则仍不足以描述脆-延-塑转换特征。Hoek-Brown 本构模型中允许岩块（体）屈服后 m_b，s，a 等强度参数随着塑性应变 ε_3^p 的累积而变化，因此可以描述屈服后的材料强化和软化行为。P. Cundall 等进一步在软化和硬化描述中引入了一个与最小主应力 σ_3 相关的因子 μ，μ 用于描述不同围压水平下 m_b，s，a 等强度参数随塑性应变 ε_3^p 的变化特征，本质上属于一个缩放因子，但是通过合理设置不同围压下 μ 的值可以达到描述脆-延-塑转换特征的目的。

自 P. Cundall 等完成该本构模型的开发，M. S. Diederichs 首先将该模型应用于花岗岩脆性破坏的描述，成功再现了加拿大 URL 的 V 型破坏，相应的模型参数取值特规律称之为 DISL。由于 Hoek-Brown 模型包含了 4 种流动法则和软化（硬化）缩放因子 μ，因此普遍认为该模型适用于描述具有复杂峰后力学特征的硬岩的高应力破坏。

在不同围压水平下，锦屏白山组大理岩的峰后特征脆-延-塑较图 9.2.12 中的 Lac du Bonnet 的脆性特征要复杂，因此在描述脆-延-塑转换特征时除了需要正确设置好峰值强度参数和残余强度参数，还需要正确设置缩放因子 μ 。

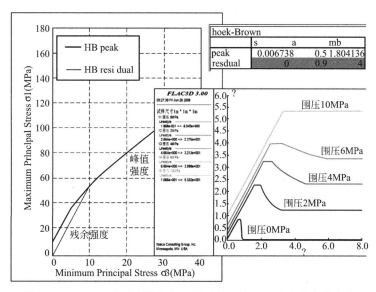

图 9.2.12　BDP 模型所模拟的三轴压缩试验以及对应的岩体参数

描述脆-延-塑转换特征一共需要 8 个参数，其中 4 个描述峰值强度，另外 4 个描述残余强度。除了给出峰值强度和残余强度外还需要给出峰值强度随塑性应变 ε_3^p 的变化过程和应变软化描述的缩放因子。

图 9.2.13 是 BDP 的峰值强度和残余强度岩体参数，注意 10MPa 是延-塑转换的围压阀值。采用 1m×1m×1m 尺寸的试样模拟三轴压缩试验，不同围压下的轴向应力-轴向应变曲线如上图所示。可以看到随着围压的增高，岩样到达峰值强度后，其跌落的曲线越发

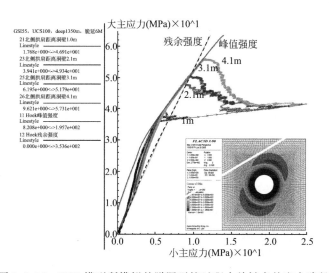

图 9.2.13　BDP 模型所模拟的隧洞开挖过程中关键点的应力路径

平缓，同时峰值强度和残余强度之间差值也不断减小。当围压水平到达 10MPa 时，岩体屈服后呈理想弹塑性响应。从三轴压缩的数值试验结果看 BDP 模型较为完美地描述了锦屏大理岩脆延塑转换的力学特征。

采用 BDP 模型和图 9.2.13 的岩体参数模拟 1350m 埋深 1 号引水隧洞的开挖响应，将不同深度的围岩应力路径、峰值强度、残余强度在主应力平面上进行表达。以 4.3m 深度的应力路径为例，围岩在 13MPa 的围压水平屈服，屈服后尽管残余强度高于峰值强度但围岩并未出现强化，BDP 模型的关键技术突破并避免了强化效应，我们可以看到 4.1m 深度围岩先是沿着峰值强度发生理想塑性流动，直至围压降低到 10MPa 以内才发生强度软化行为，如图 9.2.13 所示，这一点与图中岩体强度参数所描述的力学行为具有一致性。

9.2.3 围岩破损判别准则

尽管 BDP 模型可以描述大理岩屈服后的脆-延-塑转换特征，但要用它来预测现场围岩的破损区域和破损深度还需要解决判据的问题，即隧洞开挖后在应力调整过程中，根据围岩的应力路径和应力状态判断围岩破坏类别。

Diederich（2003）将近 20 年国际范围内关于硬岩强度的认识综合表达为图 9.2.14 所示，岩体的启裂强度、长期强度、片帮强度均在图中得到表达，几种强度包络线将主应力平面划分为不同的区域，对应着实际围岩中不同破坏形式。如果对围岩上述强度的认识是合理、满足工程实际的，那么根据隧洞开挖后应力调整过程中某一点的应力路径即可判断围岩所处的状态和具体的破坏形式，图 9.2.14 右侧即是上述思路的概念性展示。

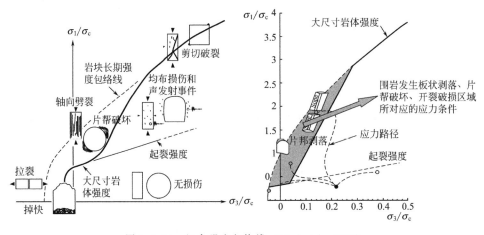

图 9.2.14 组合强度包络线（Diederichs 2003）

图中启裂强度、峰值强度和片帮强度围成的黄色区域即是围岩潜在破损区域所对应的可能应力状态。片帮强度可以通过室内试验获得，对于 Lac du Bonnet 花岗岩片帮强度为 $s_1/s_3 = 10 \sim 20$，锦屏大理岩初始裂隙较 Lac du Bonnet 发育，因此原则上片帮强度更低，再加上采用了片帮线包含了围岩破损，因此该值更低，初步的反分析成果表明数值接近 10。

总体上，关于 II 类岩体的破损区域的深度可以根据两个方面的信息进行判断：

1）应力路径落在片帮强度、启裂强度和峰值强度所围成的三角形区域则表明围岩破损比较严重，接近破坏状态；

2）高围压下围岩应力路径屈服后并开始向残余强度发展可以作为围岩最大破损深度的判据。

大理岩Ⅱ类岩体的峰值强度采用传统的 GSI 强度指标进行估计：单轴强度取 140MPa，GSI 分值取 75，大体积岩体相对岩块而言由于包含了更多的节理、裂隙因而其脆-延-塑转换的围压水平更低，这里假设围压达到 15MPa 时，岩体屈服即进入理想塑性状态，峰值强度和残余强度包络线如图 9.2.15 左侧所示，数值模拟的大体积岩样的应力-应变关系如图 9.2.15 右侧所示。

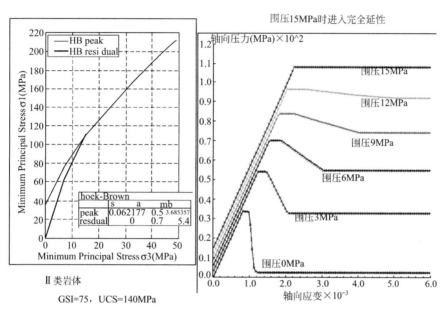

图 9.2.15　锦屏大理岩Ⅱ类岩体参数

锦屏二级电站 2 号、4 号引水隧洞采用钻爆法分上、下断面开挖，2 号引水隧洞在 1733m 埋深段是典型的Ⅱ类岩体，落底开挖之前在该断面的两侧拱脚布置了密集的声波测试孔，测试成果解译出的围岩破损范围和分布如图 9.2.16 左上所示：该断面隧洞左侧拱脚的破损深度约 1.8～2m。采用上一节的Ⅱ岩体强度进行数值分析，监测左侧拱脚 1m、1.5m、2.0m、2.5m、3m 深度的应力路径，并将计算得到的应力路径在主应力平面上进行表达，同时标上峰值强度、残余强度、启裂强度和片帮强度以示参考。启裂强度、片帮强度和峰值强度围成一个三角形区域（图 9.2.16 右侧黄色三角形）为围岩潜在破损区域所对应的应力状态，应力路径触及该区域即表明该点的围岩可能出现破损。该断面左侧拱脚 1.5m 深度的应力路径穿过黄色三角形，2.0m 接近三角形区域但并未穿过，因此数值计算获得的潜在破损深度超过 1.5m，但不到 2.0m，与声波监测获得的 1.8m 相接近。上述过程本质上是岩体地应力条件、岩体强度参数的综合验证，任何一个环节出现问题都不可能获得吻合现场认识又不违背国际范围内对硬岩强度研究的经验积累。

完成上述验证后即可按照上述参数和地应力条件来预测不同埋深段，隧洞断面不同部位的围岩破损深度。

图 9.2.17 预测的是全断面开挖的 TBM 隧洞在 1800m 埋深段右侧拱肩的破损深度：2.5～2.8m。

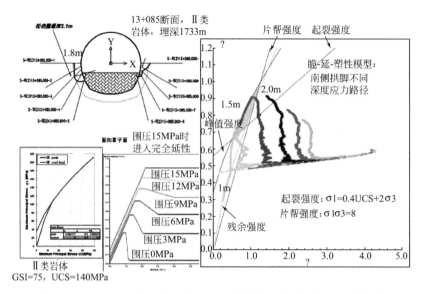

图 9.2.16　锦屏 2 号引水隧洞 1733m 埋深段 Ⅱ 类岩体破损深度验证

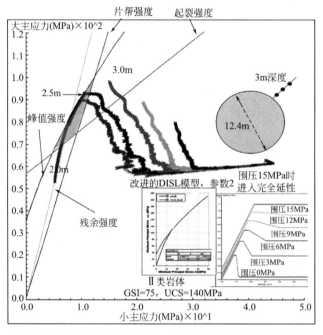

图 9.2.17　1 号引水隧洞 1800m 深度 Ⅱ 类岩体破损深度预测

9.2.4　案例分析（一）

利用 Hoek-Brown 本构模型模拟试样在不同围压条件下的压缩试验，再现锦屏大理岩随围压升高，应力-应变曲线的脆-延-塑转换特征。该例中采用四个表控制脆-延-塑性质的变化，并利用地质力学指标等估算 Hoek-Brown 模型的参数，从而模拟不同围压水平下的力学性质。命令流编制如下：

例 9.2.1 三轴压缩试验研究实例（3DEC5.0）

```
;############################################
;;主程序
new
cal ini. dat
set @_sig_conf＝0. ;;;;围压＝0
def_arr
array aa(1)
_f_n_1＝'confine_0MPa_axial_stress. tab';;;;;
_f_n_2＝'confine_0MPa_axial_strain. tab';;;;;
end
@_arr
cal cal. dat
cal out. dat
;;------------------------------------------------1
new
cal ini. dat
set @_sig_conf＝-3. ;;;;;围压＝3MPa
def_arr
array aa(1)
_f_n_1＝'confine_3MPa_axial_stress. tab';;;;;
_f_n_2＝'confine_3MPa_axial_strain. tab';;;;;
end
@_arr
cal cal. dat
cal out. dat
;;------------------------------------------------2
new
cal ini. dat
set @_sig_conf＝-6. ;;;;;围压＝6MPa
def_arr
array aa(1)
_f_n_1＝'confine_6MPa_axial_stress. tab';;;;;
_f_n_2＝'confine_6MPa_axial_strain. tab';;;;;
end
@_arr
cal cal. dat
cal out. dat
;;------------------------------------------------3
```

```
new
cal ini. dat
set @_sig_conf=-9. ;;;;;围压=9MPa
def_arr
array aa(1)
_f_n_1='confine_9MPa_axial_stress. tab';;;;;
_f_n_2='confine_9MPa_axial_strain. tab';;;;;
end
@_arr
cal cal. dat
cal out. dat
;;------------------------------------------------4
new
cal ini. dat
set @_sig_conf=-12. ;;;;围压=12MPa
def_arr
array aa(1)
_f_n_1='confine_12MPa_axial_stress. tab';;;;;
_f_n_2='confine_12MPa_axial_strain. tab';;;;;
end
@_arr
cal cal. dat
cal out. dat
;;------------------------------------------------5
new
cal ini. dat
set @_sig_conf=-15. ;;;;围压=15MPa
def_arr
array aa(1)
_f_n_1='confine_15MPa_axial_stress. tab';;;;;名称与围压不同没有关系,可以修改
_f_n_2='confine_15MPa_axial_strain. tab';;;;;
end
@_arr
cal cal. dat
cal out. dat
new      ;;;汇总应力应变曲线并输出
table 1 read confine_0MPa_axial_strain. tab
table 2 read confine_0MPa_axial_stress. tab
table 3 read confine_3MPa_axial_strain. tab
```

```
table 4 read confine_3MPa_axial_stress. tab
table 5 read confine_6MPa_axial_strain. tab
table 6 read confine_6MPa_axial_stress. tab
table 7 read confine_9MPa_axial_strain. tab
table 8 read confine_9MPa_axial_stress. tab
table 9 read confine_12MPa_axial_strain. tab
table 10 read confine_12MPa_axial_stress. tab
table 111 read confine_15MPa_axial_strain. tab
table 112 read confine_15MPa_axial_stress. tab
def_aa_1
_n＝table_size(1)
loop n(1,_n)
xtable(11,n)＝ytable(1,n)
ytable(11,n)＝ytable(2,n)
xtable(12,n)＝ytable(3,n)
ytable(12,n)＝ytable(4,n)
xtable(13,n)＝ytable(5,n)
ytable(13,n)＝ytable(6,n)
xtable(14,n)＝ytable(7,n)
ytable(14,n)＝ytable(8,n)
xtable(15,n)＝ytable(9,n)
ytable(15,n)＝ytable(10,n)
xtable(16,n)＝ytable(111,n)
ytable(16,n)＝ytable(112,n)
end_loop
end
@_aa_1
table 11 name 'sig3＝0MPa'
table 12 name 'sig3＝3MPa'
table 13 name 'sig3＝6MPa'
table 14 name 'sig3＝9MPa'
table 15 name 'sig3＝12MPa'
table 16 name 'sig3＝15MPa'
pl tab 11 12 13 14 15 16 &
xaxis min 0. max 6e-3 yaxis min 0. max 200 &
yaxis label 'stress(MPa)' xaxis label 'strain' &
alias 'block size1m * 1m * 1m'
plot bitmap file stress-strain
;;##################################
```

```
;;子程序文件 ini.dat
DEF_variables
_sig_conf=-.0;negative is compression
_max_ezz=-6.0e-3;<------------- maximum driving strain(contraction negative)
;;;-------- epscrit/zsize
epsCrit_2=0.0023/0.3
epsCrit_1=epsCrit_2 * 0.15
;;---plastic properties
_GSI=75.
_sig_ci=140.
_mi=9.
_mb=_mi * exp((_GSI-100.)/28.)
_s=exp((_GSI-100.)/9.)
_a=0.5
_hbs3_cv=275.
_sigtm2=-_s * _sig_ci/_mb
;;;---elastic properties
_Em=42.17e3
_pos=0.32 - 0.0015 * _GSI
_bulk=_Em/3/(1-2 * _pos)
_shear=_Em/2/(1+_pos)
;;;<---loading
_cyc=20000;<------------- number of steps in which load is to be applied
_tdel=3.91e-5;;;time step
_total=_tdel * _cyc
_delta_u=_max_ezz * 1.0
_z_vel=0.5 * _delta_u/_total
_minus_z_vel=-_z_vel
_mb_res=5.4
_a_res=0.7
END
@_variables
;;##########################################
;;子程序文件 cal.dat
poly brick 0 1 0 1 0 1
gen quad edge 10;划分网格
zone model hoek   ;;;H-B 本构,注意不是修正 H-B
zone shear=@_shear bulk=@_bulk   ;;赋参数
zone hbsigci=@_sig_ci hbs3cv=@_hbs3_cv  hbmb=@_mb hbs=@_s hba=@_a &
```

```
stable=11 mtable=12 atable=13 multabl=14
tab 11 0 @_s @epsCrit_1 @_s @epsCrit_2 0.100.0.
tab 12 0 @_mb @epsCrit_1 @_mb @epsCrit_2 @_mb_res 100.@_mb_res
tab 13 0 @_a @epsCrit_1 @_a @epsCrit_2 @_a_res 100.@_a_res
tab 14(0.,1.)(5,0.85)(8.,0.75)(12.,0.65)(14.9,.45)(15,0.)(100,0.)
prop mat 1 dens 2700e-6
boun stress @_sig_conf,@_sig_conf,@_sig_conf,0,0,0 range x -0.1 1.1
insitu stress @_sig_conf,@_sig_conf,@_sig_conf 0,0,0
bound xvel 0 range x 0
bound yvel 0 range y 0
def_locations
  _gp1=gp_near(0,0,0)
  _gp2=gp_near(1,0,0)
  _gp3=gp_near(1,1,0)
  _gp4=gp_near(0,1,0)
  _gp5=gp_near(0,0,1)
  _gp6=gp_near(1,0,1)
  _gp7=gp_near(1,1,1)
  _gp8=gp_near(0,1,1);;;|利用块体的8个顶点
  _iaz1=z_near(0.5,0.5,0.5)
end
@_locations
DEF_record_variables   ;;;每个平面上四个点取平均值,然后计算应变
  _disp_0=0.25*(gp_xdis(_gp1)+ gp_xdis(_gp4)+gp_xdis(_gp5)+ gp_xdis(_gp8))
  _disp_1=0.25*(gp_xdis(_gp2)+ gp_xdis(_gp3)+gp_xdis(_gp6)+ gp_xdis(_gp7))
  _eps_xx=-(_disp_0-_disp_1)/1.0
  _disp_0=0.25*(gp_ydis(_gp1)+ gp_ydis(_gp2)+gp_ydis(_gp5)+ gp_ydis(_gp6))
  _disp_1=0.25*(gp_ydis(_gp3)+ gp_ydis(_gp4)+gp_ydis(_gp7)+ gp_ydis(_gp8))
  _eps_yy=-(_disp_0-_disp_1)/1.0
  _disp_0=0.25*(gp_zdis(_gp1)+ gp_zdis(_gp2)+gp_zdis(_gp3)+ gp_zdis(_gp4))
  _disp_1=0.25*(gp_zdis(_gp5)+ gp_zdis(_gp6)+gp_zdis(_gp7)+ gp_zdis(_gp8))
  _eps_zz=-(_disp_0-_disp_1)/1.0
  _sig_zz=z_szz(_iaz1)
  _sig_xx=z_sxx(_iaz1)
  _sig_yy=z_syy(_iaz1)
  _record_variables=tdel;1.0
END
boun zvel @_z_vel range z=1
boun zvel @_minus_z_vel range z=0
```

```
hist id 1 @_record_variables
hist nc 100
his id 31 @_eps_xx;2
his id 32 @_eps_yy;3
his id 33 @_eps_zz;4
his id 41 @_sig_xx;5
his id 42 @_sig_yy;6
his id 43 @_sig_zz;7
plot hist -43 vs -33
plot add block vel
step @_cyc
;-----copy history to tables
hist write -43 vs -33 table 111
;;###########################################
;;out. dat
def_Data_Write_1
IO_WRITE=1
IO_ASCII=1
filename=_f_n_1
status=open(filename,IO_WRITE,IO_ASCII)
aa(1)='confining pressure Axial pressure'
status=write(aa,1)
_n=table_size(111)
aa(1)=string(_n)+ ' 0.002';;;;;0.002 是格式需要,无意义,动力计算时是时间步
status=write(aa,1)
loop n(1,_n)
aa_1=ytable(111,n)
aa(1)=string(aa_1)
status=write(aa,1)
end_loop
aa(1)='0. 0'
status=write(aa,1)
status=close
end
@_Data_Write_1
def_Data_Write_2
IO_WRITE=1
IO_ASCII=1
filename=_f_n_2
```

```
status＝open(filename,IO_WRITE,IO_ASCII)
aa(1)＝'confining pressure Axial strain'
status＝write(aa,1)
_n＝table_size(111)
aa(1)＝string(_n)＋' 0.002';;;;0.002 是格式需要,无意义,动力计算时是时间步
status＝write(aa,1)
loop n(1,_n)
aa_1＝xtable(111,n)
aa(1)＝string(aa_1)
status＝write(aa,1)
end_loop
aa(1)＝'0.0'
status＝write(aa,1)
status＝close
end
@_Data_Write_2
```

　　计算后不同围压下轴向应力应变曲线如图 9.2.18 所示。如果不考虑脆-延-塑性质的变化，即将上例中四个表格数据清零，可得图 9.2.19 应力-应变曲线，其显然属于理想弹塑性模型，这在低应力水平下显然是不合理的。

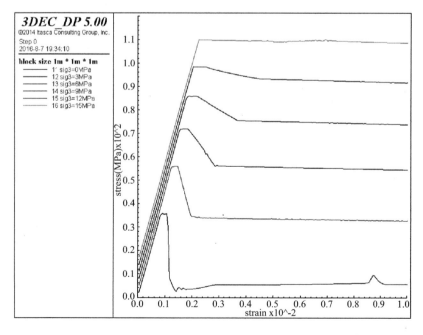

图 9.2.18　三轴压缩试验结果（BDP 性质转化）

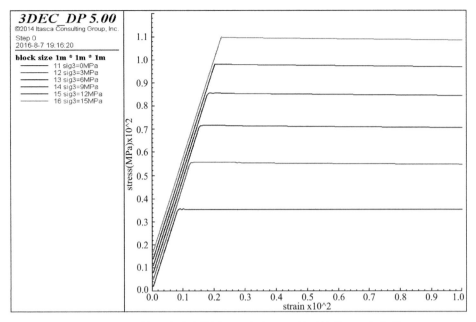

图 9.2.19 三轴压缩试验结果（不考虑 BDP 性质转化＝理想塑性）

9.2.5 案例分析（二）

该例模型范围为 40m×40m，中间为三心拱形隧洞，在此采用 9.2.4 例中 H-B 模型参数，进行隧洞开挖效应数值模拟，初始应力场采用常值，模型及计算的最大、最小主应力、塑性区如图 9.2.20 所示，不同深度质点的应力路径如图 9.2.21 所示，通过该图并结合围岩破损破坏准则可明显看出，不同深度可能发生的破坏现象明显不同。

(a) 块体模型(材料)

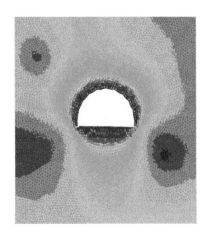

(b) 最大主应力(压为负)

图 9.2.20 开挖后主应力及塑性区分布（一）

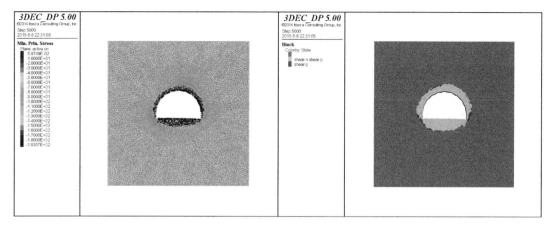

(c) 最小主应力　　　　　　　　　　　　　(d) 开挖塑性区分布

图 9.2.20　开挖后主应力及塑性区分布（二）

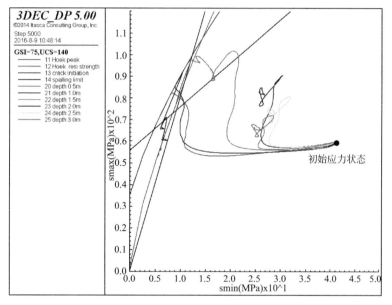

图 9.2.21　不同深度开挖应力路径演化

例 9.2.2　隧洞开挖案例

```
;;主程序
new
call 3dec50_shichong.dat;模型采用第三章方法拉伸得到,此处不赘叙
;join on
prop jmat=1 kn=10e6 ks=10e6 jfri=89 jcoh=5.0e3
DEF_variables
  ;;;--------- epscrit/zsize
    epsCrit_2   =0.0023/0.3
```

```
      epsCrit_1  =  epsCrit_2 * 0.15
  ;;---plastic properties
     _GSI=75.
     _sig_ci=140.
     _mi=9.
     _mb=_mi * exp((_GSI -100.)/28.)
     _s  =exp((_GSI -100.)/9.)
     _a  =0.5
     _mb_res=5.4
     _a_res=  0.7
     _hbs3_cv=270
;     _sigtm2=-_s * _sig_ci/_mb
   ;;;---elastic properties
     _Em  =42.17e3
     _pos=0.32-0.0015 * _GSI
     _bulk=_Em/3/(1-2 * _pos)
     _shear=_Em/2/(1+_pos)
END
@_variables
gen edge  0.5
zone model hoek
zone shear=@_shear bulk=@_bulk
zone  hbsigci=@_sig_ci hbs3cv=@_hbs3_cv hbmb=@_mb  hbs=@_s &.  hba=@_a  &.
;;;hbs3cv=@_hbs3_cv
stable=11    mtable=12    atable=13    multabl=14
zone dens 2700e-6
tab 11 0 @_s      @epsCrit_1  @_s     @epsCrit_2  0.      100.  0.
tab 12 0 @_mb     @epsCrit_1  @_mb    @epsCrit_2  @_mb_res  100.  @_mb_res
tab 13 0 @_a      @epsCrit_1  @_a     @epsCrit_2  @_a_res   100.  @_a_res
tab 14(0.,1.)  (5,0.85)(8,.0.75)  (12.,0.65)(14.9,.45)  (15,0.)(100,0.)
;;;stress insitu condition
def_insitu_s
      _sxx=-43.925/1500 * 1733
      _szz=-50.83 /1500 * 1733
      _syy=-38.53 /1500 * 1733
      _sxy=-2.36  /1500 * 1733
      _sxz=  3.04  /1500 * 1733
      _syz=-3.63  /1500 * 1733
end
```

```
@_insitu_s
insitu stress @_sxx @_syy @_szz @_sxy @_sxz @_syz
boun stress @_sxx @_syy @_szz @_sxy @_sxz @_syz   range x -30 -19.9
boun stress @_sxx @_syy @_szz @_sxy @_sxz @_syz   range x 19.9 21.
boun stress @_sxx @_syy @_szz @_sxy @_sxz @_syz   range z -30 -19.9
boun stress @_sxx @_syy @_szz @_sxy @_sxz @_syz   range z 19.9 21.
boun stress @_sxx @_syy @_szz @_sxy @_sxz @_syz   range y -1.0 0.1
boun stress @_sxx @_syy @_szz @_sxy @_sxz @_syz   range y 0.9 1.1
bound xvel 0 range x -20.1 -19.9
bound xvel 0 range x 19.9 20.1
bound yvel 0 range y -1 3
bound zvel 0 range z -20.1 -19.9
bound zvel 0 range z 19.9 20.1
set grav 0 0 -9.8
;plot reset
plot block colorby state bcont szz
cyc 2000
;save initial.sav
reset time hist disp vel
call monitor.dat
hide
seek mat 3
delete
seek
cyc 2000
;save excavation
call plot.dat
;;#########################
;;;;Moditor.dat 子程序
reset hist
hist   nstep 1
;;------------记录洞壁左侧测点------------------------
hist id 1   s1     -6.51,   0.5,   0.      ;;id 1    距离洞壁 0m
hist id 2   s3     -6.51,   0.5,   0.      ;;id 2
hist id 3   s1     -7.01,   0.5,   0.      ;;id 3    距离洞壁 0.5m
hist id 4   s3     -7.01,   0.5,   0.      ;;id 4
hist id 5   s1     -7.51,   0.5,   0.      ;;id 5    距离洞壁 1.0m
hist id 6   s3     -7.51,   0.5,   0.      ;;id 6
hist id 7   s1     -8.01,   0.5,   0.      ;;id 7    距离洞壁 1.5m
```

```
hist id 8    s3    -8.01，0.5，0.        ;;id 8
hist id 9    s1    -8.51，0.5，0.        ;;id  9    距离洞壁2.0m
hist id 10   s3    -8.51，0.5，0.        ;;id  10
hist id 11   s1    -9.01，0.5，0.        ;;id  11   距离洞壁2.5m
hist id 12   s3    -9.01，0.5，0.        ;;id  12
hist id 13   s1    -9.51，0.5，0.        ;;id  13   距离洞壁3.0m
hist id 14   s3    -9.51，0.5，0.        ;;id  14
hist id 15   s1    -10.01，0.5，0.       ;;id  15   距离洞壁3.5m
hist id 16   s3    -10.01，0.5，0.       ;;id  16
hist id 17   s1   -10.51，0.5，0.        ;;id  17   距离洞壁4.0m
hist id 18   s3   -10.51，0.5，0.        ;;id  18
;;;-------------记录洞壁右侧测点-------------------------------
hist id 19   s1    6.51，0.5，0.         ;;id 19    距离洞壁0m
hist id 20   s3    6.51，0.5，0.         ;;id 20
hist id 21   s1    7.00，0.5，0.         ;;id 21    距离洞壁0.5m
hist id 22   s3    7.00，0.5，0.         ;;id 22
hist id 23   s1    7.50，0.5，0.         ;;id 23    距离洞壁1.0m
hist id 24   s3    7.50，0.5，0.         ;;id 24
hist id 25   s1    8.00，0.5，0.         ;;id 25    距离洞壁1.5m
hist id 26   s3    8.00，0.5，0.         ;;id 26
hist id 27   s1    8.50，0.5，0.         ;;id  27   距离洞壁2.0m
hist id 28   s3    8.50，0.5，0.         ;;id  28
hist id 29   s1    9.00，0.5，0.         ;;id  29   距离洞壁2.5m
hist id 30   s3    9.00，0.5，0.         ;;id  30
hist id 31   s1    9.50，0.5，0.         ;;id  31   距离洞壁3.0m
hist id 32   s3    9.50，0.5，0.         ;;id  32
hist id 33   s1    10.00，0.5，0.        ;;id  33   距离洞壁3.5m
hist id 34   s3    10.00，0.5，0.        ;;id  34
hist id 35   s110.50，0.5，0.           ;;id  35   距离洞壁4.0m
hist id 36   s3    10.50，0.5，0.        ;;id  36
;;输出子程序
ef_draw
    loop n(1,30)
    ;;table 11    Hoek   peak
    ;;table 12    Hoek   residual
    ;;table 13    crack initiation
    ;;table 14    spalling limit
    var=80./30
    xtable(11,n)=var * (n-1)
```

```
        ytable(11,n)＝xtable(11,n)＋_sig_ci * sqrt(_mb * xtable(11,n)/_sig_ci +_s)
        xtable(12,n)＝var * (n-1)
        ytable(12,n)＝xtable(12,n)＋_sig_ci * (_mb_res * xtable(12,n)/_sig_ci + 0.001)^_a_res
        xtable(13,n)＝var * (n-1)
        ytable(13,n)＝xtable(13,n) * 2.＋_sig_ci * 0.4
        xtable(14,n)＝var * (n-1)
        ytable(14,n)＝xtable(14,n) * 8.
    end_loop
end
@_draw
table 11 name 'Hoek    peak⋯'
table 12 name 'Hoek    residual⋯'
table 13 name 'crack initiation'
table 14 name 'spalling limit⋯'
hist write -3 vs -4   table 20        ;;; 距离洞壁 0.5m
hist write -5 vs -6   table 21        ;;; 距离洞壁 1.0m
hist write -7 vs -8   table 22        ;;; 距离洞壁 1.5m
hist write -9 vs -10 table 23         ;;; 距离洞壁 2.0m
hist write -11 vs -12 table 24        ;;; 距离洞壁 2.5m
hist write -13 vs -14 table 25        ;;; 距离洞壁 3.0m
table 20 name ' 南侧拱脚 0.5m 深度 '
table 21 name ' 南侧拱脚 1.0m 深度 '
table 22 name ' 南侧拱脚 1.5m 深度⋯'
table 23 name ' 南侧拱脚 2.0m 深度⋯'
table 24 name ' 南侧拱脚 2.5m 深度⋯'
table 25 name ' 南侧拱脚 3.0m 深度⋯'
plot clear
plot table 11 12 13 14 1520 21 22 23 24   25   &
            xaxis min 0. max 50   yaxis min 0. max 120   &
            yaxis label 'smax(MPa)'  xaxis label 'smin(MPa)'   &
            alias   'GSI＝75,UCS＝140'
plot bitmap file BDP
plot create plot'picture'
plo cut add plane dd 0 dip 90 ori 0 0.5 0
plot add block colorby state   wireframe off
plot bitmap file state
pl clear
plot add blockcontour smininum wireframe off
plot bitmap file smin
```

```
plot clear
plot add blockcontour smaximum wireframe off
plot bitmap file smax
```

9.3 岩爆类型与岩爆风险评估方法

1982 年南非将岩爆定义为一种导致人员伤亡、工作面或设备发生破坏的微震，其基本特性是突然和剧烈。其中微震定义为岩石中积累的势能或应变能的突然释放导致的岩体瞬态颤动，震动波是能量释放的结果。由此可见，岩爆是微震的一种表现形式，是开挖导致的岩体内能量释放和通过震动波传播时产生的一种围岩破坏现象，岩爆控制就是努力避免这种破坏的产生。其中的途径有两个，一是降低能量释放的强度，二是加强围岩的抗冲击能力，在震动波的冲击下仍然保持良好的稳定状态。

9.3.1 岩爆类型

本节结合锦屏岩爆的表现形，分析不同岩爆类型，然后探讨用数值方法深入理解断裂型岩爆的方法。

（1）按岩爆机理进行分类

深埋地下工程实践中通常把岩爆按其类型特征大体分成三类，即应变型岩爆、岩柱岩爆、和断裂岩爆。其中关于应变型岩爆的认识最早也最普遍，国内的岩爆研究主要是围绕这种类型开展。对深埋长隧洞而言（如锦屏二级洞群），对施工安全和隧洞掘进进度影响最大的是断裂型岩爆，其次为岩柱型岩爆。

1）应变型岩爆（stain burst）：一般认为这种岩爆发生的必要而非充分条件是应力水平超过岩体强度，国内一些地质工作者习惯上也将片帮归为轻微的应变型岩爆。应变型岩爆主要发生在围岩较为完整的洞段，即导致应变型岩爆的微震事件一般不与特定的结构面相关。

2）断裂型岩爆（slip burst）：微震事件与断裂存在直接关系，这种微震导致的岩爆为断裂型岩爆。

3）岩柱型岩爆（pillar burst）：在矿山领域较为常见，指由于岩柱内强烈应力集中导致的岩爆现象，往往是两个或两个以上的开挖面形成应力集中区重叠的结果。深埋隧洞的贯通部位，在两个掌子面接近的过程中，也可能诱发岩柱型岩爆。需要指出的是并不是所有岩柱都一定会出现岩爆，这与具体的地应力场条件、岩柱及其周围的岩体特性、开挖布置等因素密切相关。

（2）按照岩爆动力源与围岩破坏位置进行分类

加拿大采矿工程的学者根据岩爆动力源和围岩破坏位置之间的关系，将岩爆分成自励型和远程激发型两种。当岩爆动力源与围岩破坏位置一致，即属于自身激发的破坏时，称为自励型；而当岩爆动力源与围岩破坏破坏位置不一致时属于远程激发型岩爆。一般而言"V"字形破坏、应变型岩爆都可以归类到自励型岩爆，而断裂型岩爆可能属于自励型岩爆也可能属于远程激发型岩爆，主要视开挖面、断裂的位置和岩爆破坏发生的位置而定。

自励型岩爆与远程激发型岩爆的分类方法需要结合岩爆动力源进行判断，因此给现场的判别工作带来了一定的难度，或许正是因为判别困难的原因，这种分类方法在深埋地下工程中应用较少。

（3）按照岩爆的破坏规模进行分类

中国水电工程中的岩爆分级主要根据岩爆的破坏力进行分级，即本质上是一种岩爆烈度分级，《水利发电工程地质勘查规范》GB 50287—2006 将岩爆根据其烈度分成 4 级：

轻微岩爆：围岩表层有爆裂脱落、剥离现象，内部有噼啪、撕裂声，人耳偶然可听到，无弹射现象；主要表现为洞顶的劈裂～松脱破坏和侧壁的劈裂、松胀、隆起等。岩爆零星间断发生，影响深度小于 0.5m；对施工影响较小；

中等岩爆：围岩爆裂脱落、剥离现象较严重，有少量弹射，破坏范围明显。有似雷管爆破的清脆爆裂声，人耳常可听到围岩内岩石的撕裂声；有一定持续时间，影响深度 0.5～1m；对施工有一定影响；

强岩爆：围岩大片爆裂脱落，出现强烈弹射，发生岩块的抛射及岩粉喷射现象；有似爆破的爆裂声，声响强烈；持续时间长，并向围岩深度发展，破坏范围和块度大，影响深度 1～3m；对施工影响大。

极强岩爆：围岩大片严重爆裂，大块岩片出现剧烈弹射，震动强烈，有似炮弹、闷雷声，声响剧烈；迅速向围岩深部发展，破坏范围和块度大，影响深度大于 3m；严重影响工程施工。

需要指出的是：岩爆的烈度并不直接代表岩爆所释放的能量，这一点与地震震级和地震烈度之间的关系相类似，地震震级度描述的是地震所释放的能量，地震烈度描述地震所引起的破坏规模。震级相对不高的浅源地震可以引起高烈度的地震破坏，高震级的深源地震也可以仅仅导致低烈度的地震破坏，因此地震烈度主要受震级和震源深度这两个因素影响。岩爆的动力源（微震事件）所释放的能量也可以用里氏震级来描述，这一点与地震震级的描述单位相一致，显然岩爆所导致的围岩破坏程度除了与微震的震级相关，还与微震的位置与开挖面的距离相关，同样震级的微震事件，微震事件距离开挖面越近引起的围岩破坏程度就越大。锦屏脆性大理岩的脆-性-塑转换特征，一方面使得深埋洞段开挖后的围岩损伤深度较浅，另一方面导致微震区距离开挖面较浅，因此一旦产生岩爆破坏力会较大。

9.3.2　岩爆风险评价方法

Mark. Board（1994）指出：由于地质信息的不完备性和不确定性，期望数值模型去预测单次岩爆发生的时间和位置是不切实际的。数值模型应当用来理解岩爆的力学机制，并且通过对比计算来帮助决策矿床开采方法和支持形式。因此尽管数值模型可能无法直接用于单次岩爆的预测，但它的作用可以体现在如下几个方面：

① 理解岩爆的力学机制；

② 通过敏感性分析成果的对比评估潜在岩爆的严重程度和岩爆发生后围岩破损程度；

③ 对比不同开挖方式的适用性，在隧洞设计中可以帮助评估潜在岩爆洞段的合理开挖进尺；

④ 提供了对比不同支护类型的方法。

数值模型通常用于回答特定的问题，下列问题可以通过深入的数值分析工作加以回答：

（1）岩爆风险评估

① 岩爆的力学机制是什么？即发生的岩爆属于何种类型。

② 明确岩体参数和开挖方法后，何种类型的地质结构最容易导致岩爆的产生。

③ 岩爆释放能量的量级如何？微震监测需要在多大的范围进行布置。

④ 明确开采方法和施工顺序后，一般性的岩爆风险如何？

（2）围岩损伤评估

① 确定开挖布置和断面性状后，哪个位置的围岩损伤最为严重，围岩损伤与岩爆能量、开挖布置和尺寸、地质结构三者之间的相关性如何。是否二次应力低于某个量级，围岩损伤和岩爆均不会出现。

② 何种类型的围岩破坏的主要类型是什么？

（3）支护设计

明确地质条件后何种类型和程度的支护形式最为适合。柔性（锚索、锚杆、网片和钢丝条带）和刚性（喷层、衬砌）。

总体上，岩爆的相关的数值模型可以分成 2 大类：非直接方法、直接方法。非直接方法并不模拟岩爆破坏的实际过程，而是通过弹性或弹塑性计算的应力转换为评判岩爆风险和围岩破坏程度的评价指标；直接方法试图模拟能量释放导致的围岩破坏过程。

1）非直接方法

① 能量释放率（Cook 等，1966）。隧洞或巷道每一个进尺都将爆破掉一定体积的岩石，这部分岩石包含了一定的应变能，同时开挖面周边的围岩由于变位和应力调整也将释放一定的能量，将这两部分能量相加再除以每一个进尺所挖岩体的体积即得到特定开挖进尺下的能量释放率。最初南非学者 Cook 提出基于弹性本构模型的 ERR，并根据现场案例的积累将 ERR 进行分级以对应不同级别的岩爆风险。Mark.Board（1993）将完备的 ERR 定义扩展到弹塑性本构和包含结构面的情形并在离散元程序 UDEC/3DEC 中加以实现。能量释放率这种方法可以帮助评估岩爆风险的等级，但是它不能指示可能的岩爆破坏位置。

② 超剪应力。超剪应力理论由 Ryder 提出，该方法考虑已知断裂或结构面的动态滑移所导致的岩爆。ESS 需要计算断裂面上的正应力和剪应力。ESS 和 ERR 的区别在于 ESS 所计算的能量水平通常与微震监测到的能量相对应，而且 ESS 可以指示高风险的岩爆区域。

③ 统计模型。统计模型需要详细的地质信息，比如区域结构面间距、迹长和方向的统计数据，首先按照统计数据生成包括地质构造的模型，然后计算开挖过程中各条结构面的 ESS，微震监测资料用来预测统计模型的正确性，当模型和实际监测获得了较高的一致性后，即统计模型验证后可以用于后续的预测工作。显然该方法所能提供的预测信息要远高于 ESS 和 ERR 方法。统计模型的思想最早由 Salamon（1993）提出。

2) 直接方法

直接方法"显式"地模拟岩爆导致的围岩破坏过程和区域,该方法可以是静态数值模拟,也可以是全动态数值模拟。静态模拟时认为断裂和岩体的屈服缓慢发生,即不考虑围岩破坏行为的时间尺度。静态模拟的假定和实际岩爆破坏过程差异很大,后者是一个瞬态完成的动力过程。尽管如此,静态模拟由于在计算环节上更容易实现,有时也能提供一定的参考信息。动力模型可以模拟岩爆动力源所产生应力波的传播过程,数值模拟的结果需要和微震监测数据相对照以验证数值模型的合理性。

9.3.3 案例分析(一)

2008 年 8 月 17 日晚,施工排水洞 SK14+390~SK14+410 发生岩爆与局部地应力场的关系密切。施工排水洞 TBM 逼近图 9.3.1 中的刚性结构面时围岩的高应力破坏由右侧拱肩(面向掌子面)转移到两侧边墙,指示该处的地应力由水平为主调整为垂直为主;在随后 100 多米范围内围岩破坏均以两侧边墙为主,直至桩号 SK14+330 围岩的高应力破坏重新调整至右侧拱肩,恢复为逆断型的宏观地应力格局。

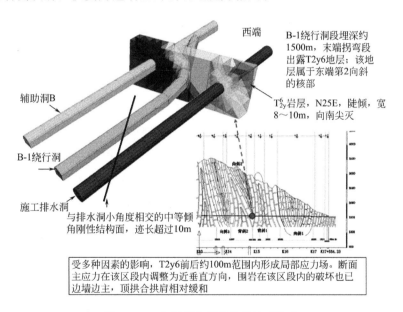

图 9.3.1 绕行洞末端岩性及地质构造

桩号 SK14+400~SK14+330 之间的洞段受东端第二向斜核部以及长大刚性结构面的影响形成局部地应力场,由于缺乏足够的地应力实测资料,难以论证向斜还是刚性结构面哪一个因素对局部地应力场的形成占据了主导因素。但这方面工作的缺失并不影响 B-1 绕行洞末端岩爆的分析工作,数值分析工作中局部地应力场作为输入的边界条件,工程更关心的是 TBM 通过刚性结构面前后的开挖响应。

在深埋地下工程中,结构面的存在体现为两方面的影响:

(1) 导致结构面附近一定范围内的岩体形成局部地应力场。B-1 绕行洞末端出露的结构面迹长超过 10m,面平直、闭合紧密,通常这种类型的刚性结构面对附近地应力的改变程度并不大。

（2）改变围岩开挖后的二次应力和破坏形式。B-1 末端的刚性结构面即便对形成局部地应力场贡献不大，但在 TBM 掘进的过程中，它可能会导致结构面两盘的二次应力出现截然不同的分布，换言之，对深埋工程而言，含特定结构面（长大、刚性）岩体的开挖响应和不含结构面隧洞的开挖响应在围岩的高应力破坏形式上存在差异，在潜在岩爆风险的表现上也有区别。

对 B-1 绕行洞末端岩爆的分析从深埋结构面的第二种效应入手，为了更好地对比数值分析的结果和现场岩爆的位置，下面对 2008 年 8 月 17 日的岩爆做一个简要的介绍。排水洞的岩爆发生于 8 月 17 日晚上 8：40 分，爆坑距掌子面约 17m，分布于两侧边墙，其中右侧边墙的破坏延伸至右侧拱肩（面向西端），但程度不如左侧边墙剧烈。图 9.3.2 表达了岩爆发生的部位和掌子面的位置，从图中可以看到岩爆发生部位已经越过 8m 岩柱的直线段。

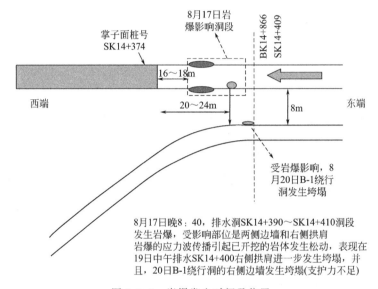

8月17日晚8：40，排水洞SK14+390～SK14+410洞段
发生岩爆，受影响部位是两侧边墙和右侧拱肩
岩爆的应力波传播引起已开挖的岩体发生松动，表现在
19日中午排水SK14+400右侧拱肩进一步发生垮塌，并
且，20日B-1绕行洞的右侧边墙发生垮塌(支护力不足)

图 9.3.2　岩爆发生时间及位置

左侧边墙的围岩破坏如图 9.3.3 所示，岩爆形成的裂缝深度超过 1.5m，部分拱架受岩爆冲击形成麻花状。

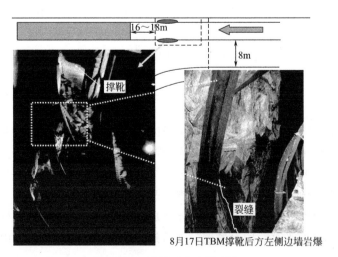

8月17日TBM撑靴后方左侧边墙岩爆

图 9.3.3　撑靴后方岩爆凹坑

岩爆发生时一定有围岩的振动现象，是振动的结果。由于振动是围岩破裂能量释放的结果（与地震完全一致），伴随着应力波在围岩中的传播，因而可以造成附近围岩支护不足区域的垮塌。17 号的排水岩爆引起的 B-1 绕行洞的塌方就是震动引起的坍塌破坏（图9.3.4）。这也是为什么即便是围岩质量良好的洞段，只要存在潜在岩爆风险就需要在支护设计方案中强调加强支护的原因。

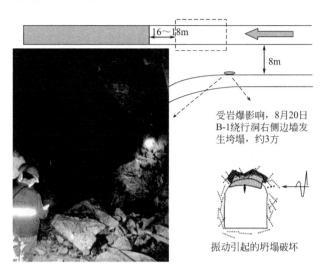

图 9.3.4　岩爆震动引起的 B-1 绕行洞垮塌

选取 $45 \times 30 \times 85$ 范围为分析对象（图 9.3.5），模型反映了 B-1 绕行洞末端的轴向变化，包含了该区域主要的地质结构，包括：

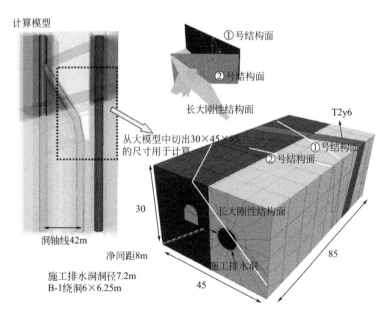

图 9.3.5　岩爆分析计算模型

ⅰ）长大刚性结构面。结构面与排水洞轴线 30°相交，倾 NE，倾角 60°。

ⅱ）①号结构面，由 4 号引水隧洞推测过来，在 4 号引水隧洞表现为：走向 N60°E，倾 NW∠85°，性状较差由碎裂岩和岩屑组成，宽 0.4m，沿面见擦痕，方向 S85W，倾角 35，拱顶局部溶蚀张开达 5mm，沿面出水，右侧底脚单点出水约 8L/s，局部影响带达 2-4m 宽。

ⅲ）②号结构面同样由 4 号引水隧洞推测过来，在 4 号洞②号走向 N20°E，倾 SE ∠75-85°，挤压破碎带，宽一般 50cm，局部 1.2m，充填碎裂岩和岩屑，铁锰质渲染，充填次生泥，黄色。②号结构面在排水洞展现为蚀变结构面，沿面未见渗滴水现象。

ⅳ）T_{2y}^6 夹层，灰黑-黑色薄层状大理岩，开挖后容易沿层理面展开，因而稳定性较差。排水洞出露的 T_{2y}^6 夹岩层走向 N25°E，倾 SE∠83°，为向斜核部地层，宽度约 8～10m，开挖后由于层理面与洞轴线大角度相交，现场未见围岩稳定问题。

取正断型的地应力场为数值计算的边界条件，即自重为主的地应力，侧压力系数取 0.8；经验地，侧压力系数越小，隧洞边墙的高应力破坏越明显。由于缺乏测量结果我们很难定量地评估该区域的地应力特征，因而数值分析工作转为论证即便该处的局部地应力场是相对缓和的正断型地应力场，由于长大刚性结构面等地质结构的存在，掘进过程中岩爆的风险将显著增加。

T_{2y}^5 的岩体参数采用 Mohr-Coulomb 应变软化模型的结果（Ⅱ类岩体），T_{2y}^5 夹层是Ⅲ类岩体，同样采用应变软化模型描述。数值计算过程中按实际施工顺序进行模拟，即先开挖完成 B-1 绕行洞，然后从排水洞桩号 SK14＋414 开始按照 10m 一个进尺，连续开挖 5 个循环，掌子面到达桩号 SK14＋374，即岩爆卡机发生时的桩号。直观上，10m 一个进尺和 TBM 连续掘进存在一定的差别；但从分析角度，关心的是 TBM 不同掌子面桩号时的围岩应力分布，因此这种开挖进尺上的差别只会对最终的应力分布产生轻微的影响，不足以影响最终的分析结论。

各掌子面桩号模型应力分布的平切图如图 9.3.6～图 9.3.10 所示，数值模型预测的高应力区域和岩爆发生部位具有良好的对应关系。值得注意的是尽管数值模型中未考虑刚性

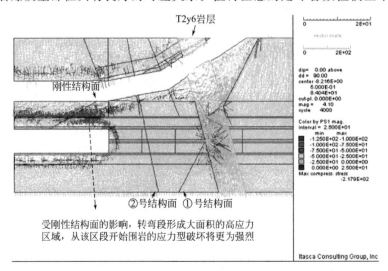

图 9.3.6　TBM 掌子面桩号 SK14＋414

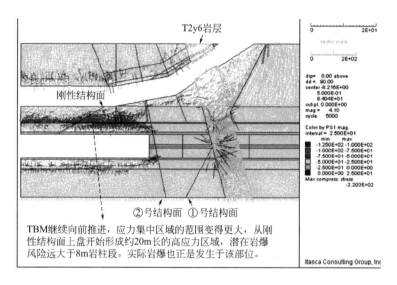

图 9.3.7 TBM 掌子面桩号 SK14＋404

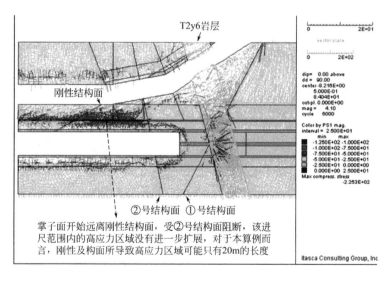

图 9.3.8 TBM 掌子面桩号 SK14＋394

结构面所造成的局部地应力，即含刚性结构面的计算模型在开挖前，结构面上盘和下盘的应力分布是均一；但开挖后结构面两盘的应力分布出现很大程度的差异。图中 TBM 通过结构后，结构面上盘一定长度范围内出现的高应力积聚现象与结构面这种开挖响应存在密切的联系。

①和②结构面性状较差，沿面两侧不具备积聚高应力的条件，因此它们的开挖响应倾向于隔断刚性结构面开挖后所形成的二次高应力。同时在岩性条件相对较弱的 T_{2y}^6 夹层（Ⅲ类岩体）不具备产生岩爆的岩石条件（单轴强度通常要超过 100MPa），数值模拟的结果在该区域也未见的较大范围的高应力区域，因而不具备潜在岩爆的风险。

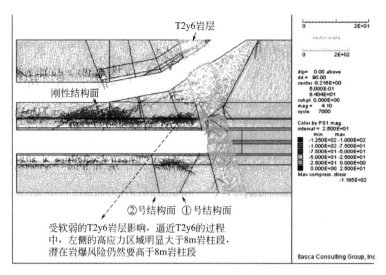

图 9.3.9　TBM 掌子面桩号 SK14＋384

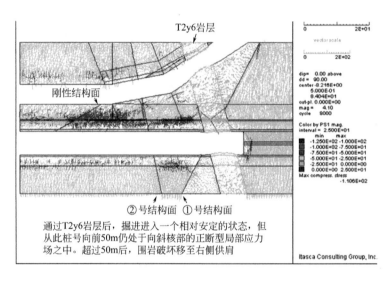

图 9.3.10　TBM 掌子面桩号 SK14＋374

　　图 9.3.11 或许最能说明岩爆与刚性结构面之间关联性，该图选取了位于刚性结构面上盘和下盘的位置两个横剖面，在刚性结构面的下盘排水洞右侧的岩柱仅见零星的高应力分布；TBM 掘进至结构面上盘，岩柱内部出现较大面积的高应力区域，形成岩爆冲击的动力源，这或许解释了为何直线段的 8m 岩柱未发生岩爆而 TBM 掘进至绕行洞末端却发生了剧烈的断裂型岩爆。

　　本小节应用离散元方法分析 B-1 绕行洞末端断裂型岩爆的形成机理，属于数值分析再现现场破坏的研究工作。在工程建设中，工程师一般希望现场典型的破坏现象都能通过数值方法加以再现，通过类似环节的积累可以加深对现场现象的理解，透过众多纷繁现象总结出规律性的结论。

　　例 9.3.1 计算命令流（3DEC3.1 版本）

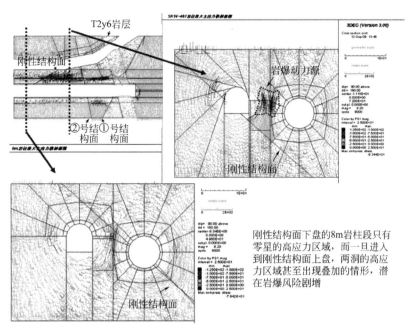

图 9.3.11　岩柱在刚性结构面上盘与下盘的高应力区域的差别

;;模型文件

new

;;-------generate dewater tunnel reg 11

poly tu dd 0 dip 0 len 0 150 ori 0 0 0 rad 3.6 nr 3 nt 2 nx 1 rm 3

hide

fin cylinder(0,0,0)　(0,0,150)　(0,3.6)

mark reg 11

seek

jset dd 90 dip 90 ori　15 0　0.

jset dd 90 dip 90 ori -7 0 0

jset dd 0 dip 0 ori 0　15 0

jset dd 0 dip 0 ori 0 -15 0

del dd 0 dip 0 ori 0　15 0　above

del dd 0 dip 0 ori 0 -15 0　below

del dd 90 dip 90 ori 15 0 0 above

del dd 90 dip 90 ori -7 0 0 below

see

hide reg 11

mark reg 1

hide

;;--------generate fuzhu tunnal B　reg 13

poly tu dd 0 dip 0 len 0 150 ori(-44.1346,3.2386,0)rad 3.0114 rat 5 nr 3 nt 2 nx 1 rm 3

mark reg 5

;;;mark reg 13 range cyl end1 -44.1346 0 3.2386 end2 -44.1346 150 3.2386 r 3.2

hide

fin cylinder(-44.1346,3.2386,0) (-44.1346,3.2386,150) (0,3.0114)

mark reg 13

seek reg 5 13

jset dd 0 dip 0 ori   0 3.5 0

jset dd 0 dip 0 ori   0 15 0

jset dd 90 dip 90 ori -60   0 0

jset dd 90 dip 90 ori -35   0 0

del dd 0 dip 0 ori   0 3.5 0 below

del dd 0 dip 0 ori   0 15 0 above

del dd 90 dip 90 ori -60   0 0 below

del dd 90 dip 90 ori -35   0 0 above

poly bri   (-60 -35)   (-15 3.5)(0 150)

tu reg13 a(-47.1346,0, 0)(-47.1346,3.5, 0) (-41.1346,3.5, 0) (-41.1346,0,0)&
          b(-47.1346,0,150)(-47.1346,3.5,150) (-41.1346,3.5,150) (-41.1346,0,150)

;;--------generate tunnal B-1 reg 12

;;--------generate tunnal B-1 reg 12

hide

poly tu dd 0 dip 0 len 0 70 ori(-14.5959,3.2386, 0)rad 3.0114 rat 7 nr 3 nt 2 nx 1 rm 3

mark reg 6

hide

fin cylinder(-14.5959,3.2386,0)(-14.5959,3.2386,70)(0,3.2)

mark reg 12

hide

seek reg 6 12

jset dd 0 dip 0 ori 0 3.5 0

jset dd 0 dip 0 ori 0 15 0

jset dd 90 dip 90 ori -7   0 0

jset dd 90 dip 90 ori -35   0 0

del dd 0 dip 0 ori 0 3.5 0 below

del dd 0 dip 0 ori 0 15 0 above

del dd 90 dip 90 ori -7   0 0 above

del dd 90 dip 90 ori -35   0 0 below

poly bri   (-35 -7)   (-15 3.5)(0 70)

tu reg12 a(-17.5959,0, 0)(-17.5959,3.5, 0) (-11.5959,3.5, 0) (-11.5959,0, 0)&
          b(-17.5959,0,70)(-17.5959,3.5,70) (-11.5959,3.5,70) (-11.5959,0,70)

```
po bri(-35,-7)(-15 15)(70,150)
seek
hide reg 11 12 13
tu reg12 a(-17.2355,0.,67.7705)(-17.2355,3.5,67.7705)(-16.7919,4.8838,  67.9480)&
    (-15.7725,5.8919,68.3560)(-14.4503,6.2500,68.8852)(-13.1129,5.8831,  69.4205)&
(-12.1018,4.8725,  69.8252)(-11.6651,3.5000,        70)(-11.6651,0.0000,  70.0000)&
b(-20.5259,0.0  ,  85.8851)(-20.5259,    3.5,  85.8851)(-20.0824,4.8838,  86.0626)&
  (-19.0629,5.8919,  86.4707)(-17.7407,  6.25,  86.9999)(-16.4033,5.8831,  87.5352)&
  (-15.3923,4.8725,  87.9398)(-14.9555,    3.5,  88.1146)(-14.9555,    0.0,  88.1146)
tu reg12 a(-20.5259,0.0,  85.8851)(-20.5259,3.5,85.8851)(-20.0824,4.8838,  86.0626)&
  (-19.0629,5.8919,  86.4707)(-17.7407,  6.25,  86.9999)(-16.4033,5.8831,  87.5352)&
  (-15.3923,4.8725,  87.9398)(-14.9555,    3.5,  88.1146)(-14.9555,    0.0,  88.1146)
b(-46.9198,    0.0,126.9410)(-46.9198,    3.5,126.9410)(-46.4762,4.8838,127.1185)&
  (-45.4568,5.8919,127.5265)(-44.1346,  6.25,128.0557)(-42.7972,5.8831,128.5910)&
  (-41.7861,4.8725,128.9957)(-41.3494,    3.5,129.1705)(-41.3494,    0.0,129.1705)
seek
;;hide dd 90 dip 90 ori -35 0 0 below
jset dd 165 dip 80 ori -9.6000   0.104.4511
jset dd 165 dip 80 ori -9.6000   0.  96.3515
hide dd 165 dip 80 ori -9.6000   0.104.4511 below
hide dd 165 dip 80 ori -9.6000   0.  96.3515 above
chan mat 2
save 30big_model.sav
;;;;;;;;;cut cal model
seek
jset dd 0 dip 90 ori  15   0.0 41.4245
hide dd 0 dip 90 ori  15   0.0 41.4245 above
delete
seek
jset dd 0 dip 90 ori 15.0   0.0 126.4245
hide dd 0 dip 90 ori 15.0   0.0 126.4245 below
delete
seek
jset dd 90 dip 90 ori -30.0   0.0   41.4245
hide dd 90 dip 90 ori -30.0   0.0   41.4245 above
delete
seek                        ;;;----cut for fine zone
tu reg21 a(-11.5959,-4,   0)(-11.5959,3,   0)(-7,3,   0)(-7,-4,   0)     &
        b(-11.5959,-4,150)(-11.5959,3,150)(-7,3,150)(-7,-4,150)
```

```
;;;;;;;;;;;----dewater tunnel excave-step
hide
see reg 11
jset    dd 0 dip 90 ori 3. 3113    0. 0000    60. 1446
jset    dd 0 dip 90 ori 3. 3113    0. 0000    70. 1446
jset    dd 0 dip 90 ori 3. 3113    0. 0000    80. 1446
jset    dd 0 dip 90 ori 3. 3113    0. 0000    90. 1446
jset    dd 0 dip 90 ori 3. 3113    0. 0000 100. 1446
jset    dd 0 dip 90 ori 3. 3113    0. 0000 110. 1446
seek
join on


hide dd    90 dip 90    ori -35            0      0        below
jset dd    60 dip 45    ori   19. 3142  0.    14. 0270    id 11    ;;;;长大刚性结构面
jset dd 348 dip 75    ori   23            0    87        id 13    ;;;;joint 2
jset dd    28 dip 80    ori   23            0    87        id 12    ;;;;joint 3
save 30cal_model. sav
;;END
;;#################################################
;;网格剖分
new
res 30cal_model. sav
pause
;;pl bl colorb reg
hide
see vo 0. 1
del
see reg 21;;;;---rock pill
gen edge 1
see vo 1
gen edg 0. 2
see vo 5
gen edg 0. 3
see vo 15
gen edg 0. 5
see vo 100
gen edg 1
see
gen edge 1. 5
```

```
save 30zone. sav
;;END
;;############################################
;;开挖
new
res 30zone. sav
see
chan cons 6
;;zone ssoftening
chan jcons 1
hide mat 2
chan mat 1
hide
see mat 2
chan mat 2
see
chan jmat 1
bound    xrange   (-30. 1,-29. 9)    xvel＝0
bound    xrange   (14. 9,    15. 1)   xvel＝0
bound    yrange   (-15. 5,-14. 5)    yvel＝0
bound    yrange   (14. 5,    15. 5)   yvel＝0
bound    zrange   (126    ,127   )   zvel＝0
bound    zrange   (41    ,   42   )   zvel＝0
prop mat 1 k 19. 52e3 g 12. 85e3   dens 2700e-6 bcoh 5. 97 fric 37    bten 1. 29    &    ;;;T2y5 II
        ctab 1       ftab 2      ttab 3 jtubs 1e20 jcubs 1e20 jfubs 89
tab 1 0 5. 97       0. 0023 1. 194          1000 1. 1
tab 2 0 37         0. 0023 29. 6          1000 29
tab 3 0 0. 50       0. 0023 0          1000 0
prop mat 2 k 5. 77e3 g 3. 46e3   dens 2700e-6 bcoh 3. 36 fric 29    bten 0. 2    &    ;;;T2y6 III
        ctab 4       ftab 4      ttab 6 jtubs 1e20 jcubs 1e20 jfubs 89
tab 4 0 3. 36       0. 0023 0. 67          1000 0. 65
tab 5 0 29         0. 0023 23. 2          1000 23
tab 6 0 0. 20       0. 0023 0          1000 0
chan jmat 1                                  ;;;;;;假节理
prop jmat 1 jkn＝80e3 jks＝80e3   jco＝2e20,jfr＝89 jte＝10e20
chan joint 11 jmat 2                        ;;;;;;刚性结构面
prop jmat 2 jkn＝80e3 jks＝20e3   jco＝1. 2,jfr＝33 jte＝0
chan joint 12 13 jmat 3
prop jmat 3 jkn＝5e3 jks＝2e3   jco＝0. 12,jfr＝20 jte＝0
```

```
chan jmat 1
chan jo 11     jmat 2
chan jo 12 13 jmat 3
gra 0 -9. 81 0
insitu stress   -32. 4 -40. 5 -32. 4 0 0 0
cyc 3000
save 30ini. sav
ini xdisp 0
ini ydisp 0
ini zdisp 0
hide
seek reg 12
delete
cyc 3000
save 30B1excaved. sav
ini xdisp 0
ini ydisp 0
ini zdisp 0
hide
see reg 11
del dd   0 dip 90 ori 3. 3113   0. 0000   60. 1446 below
cyc 1000
save 30TBM_ini. sav
del dd   0 dip 90 ori 3. 3113   0. 0000   70. 1446 below
cyc 1000
save 30TBM_step1. sav
del dd   0 dip 90 ori 3. 3113   0. 0000   80. 1446 below
cyc 1000
save 30TBM_step2. sav
del dd   0 dip 90 ori 3. 3113   0. 0000   90. 1446 below
cyc 1000
save 30TBM_step3. sav
del dd   0 dip 90 ori 3. 3113   0. 0000 100. 1446 below
cyc 1000
save 30TBM_step4. sav

del dd   0 dip 90 ori 3. 3113   0. 0000 110. 1446 below
cyc 1000
save 30TBM_step5. sav
```

;;END

9.3.4　案例分析（二）

本案例介绍采用能量释放率方法，评估锦屏二级施工排水洞遭遇 NE 向陡倾断裂时，在不断逼近该断裂过程中，岩爆发生风险的变化特征。

图 9.3.12 是 TBM 连续掘进通过 NE 断裂后，隧洞纵剖面上的位移特征。当 TBM 掘进至距 NE 断裂 10m 处时，围岩的变位特征开始受到 NE 断裂的控制而呈增大趋势，从位移矢量图中可以看到 NE 断裂上、下两盘的变位特征不一致，NE 断裂在顶拱出露其下盘的围岩变位更明显，NE 在底拱出露时其上盘的变位相对明显一些。节理两盘的围岩变位规律清晰地显示了 NE 断裂错动行为：下盘向下滑移而上盘向上抬升。

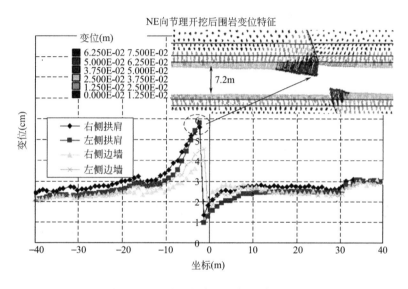

图 9.3.12　施工排水洞纵剖面位移特征

辅助洞和施工排水洞岩爆经验积累显示 NE 断裂是一种能够积聚能量的地质构造，断裂面的错动必然伴随着能量的剧烈释放。因此接下来需要回答的问题是 TBM 掘进至距离断裂附近什么位置时，NE 断裂开始剧烈释放能量，这也对应着较高的岩爆风险。能量释放率 ERR 和断裂面上的超剪应力都可以用作评价掌子面位置所对应潜在岩爆风险的指标。图 9.3.13 是 TBM 连续逼近 NE 断裂时，每一个掘进进尺（1m）的 ERR，图中同样列出了每个进尺所开挖出的围岩包含的应变能密度。ERR 包含两大部分：

（1）被开挖岩体所包含的能量密度；

（2）单次掘进过程中，围岩和结构面所释放能量除以开挖体积。

图中的横坐标表示隧洞掌子面距 NE 断裂的长度，数值为负时表示掌子面尚未开挖到 NE 断裂；数值为正时表示掌子面已掘进通过 NE 断裂。从图中可以看出当隧洞掌子面距 NE 断裂的长度超过 9m 时，NE 断裂对隧洞处于稳定状态，没有能量释放，此时 ERR 和开挖岩体的能量密度基本保持不变。当掌子面推进至距 NE 断裂 7～9m 时候，ERR 开始

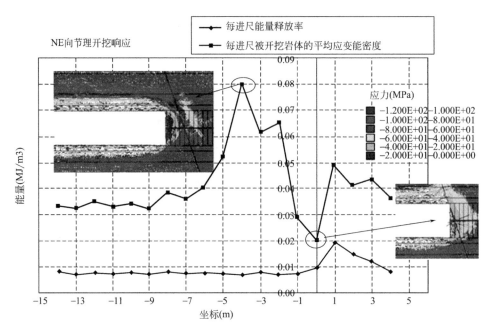

图 9.3.13　TBM 逼近 NE 断裂时每进尺的能量释放率

增大，但增大的幅度不大；掌子面推进至 NE 断裂面 5m 左右的位置，ERR 急剧增大，此时 ERR 比断裂未扰动的情形大了 2.4 倍，NE 断裂释放了大量的能量。

上述分析表明 NE 断裂错动将伴随着能量的剧烈释放，并且当掌子面距离 NE 断裂 4～5m 时断裂能量释放最为猛烈，现场也对应着最高风险的掌子面岩爆发生条件。相应地，引水隧洞开挖洞径较施工排水洞大，受尺寸效应影响出现掌子面岩爆时其掌子面距离 NE 断裂面的长度可能要超过 4～5m。

例 9.3.2 计算命令流（3DEC3.1 版本）

```
;;生成模型
new
po brick(-40,40)(-40,40)(-50,50)reg 1
tu reg2 a(20,-20,-50)(20,20,-50)(-20,20,-50)(-20,-20,-50)&
        b(20,-20,50)(20,20,50)(-20,20,50)(-20,-20,50)
del reg 2
hide
po tu dd 0 dip 0 len 0 100 ori(0,0,-50)rad 3.6 rat 8 nr 5 nt 2 nx 1 rm 1.5 reg 3
jset dd 0 dip 0 ori(0,20,0)
del   dd 0 dip 0 ori(0,20,0)        above
jset dd 0 dip 0 ori(0,-20,0)
del   dd 0 dip 0 ori(0,-20,0)       below
jset dd 90 dip 90 ori(20,0,0)
del   dd 90 dip 90 ori(20,0,0)      above
jset dd 90 dip 90 ori(-20,0,0)
```

```
del    dd 90 dip 90 ori(-20,0,0)below
jset dd 0 dip 90 ori(0,0,-30)
jset dd 0 dip 90 ori(0,0, 30)
hide dd 0 dip 90 ori(0,0,-30)below
hide dd 0 dip 90 ori(0,0, 30)above
mark reg 4        ;;;;;;block used to cut NW joint
hide
fin cylinder(0,0,-50)   (0,0,50)(0,3.6)
mark reg 11                  ;;;;;tunnel
hide
see reg 11
hide dd 0 dip 90 ori(0,0,-30)below
hide dd 0 dip 90 ori(0,0, 30)above
jset dd 0 dip 90 ori(0,0,-30)n 200 s 1
see
join on
hide
see reg 4 11
jset dd 0 dip 70 ori(0,0,0)id 11      ;;;;;;;;;;;NE joint stiffness
save model. sav
;;END
;;################################################
;;剖分网格
new
res model. sav
hide
fin vo 0.1
del
see vo 5
gen edge 0.3
hide
fin cylinder(0,0,-50)   (0,0,50)(0,3.6)
gen edge 1
hide
fin cylinder(0,0,-50)   (0,0,50)(0,5)
gen edge 0.5
hide
fin cylinder(0,0,-50)   (0,0,50)(0,7.2)
gen edge 0.8
```

```
hide
fin cylinder(0,0,-50)   (0,0,50)(0,12)
gen edge 1
hide
fin cylinder(0,0,-50)   (0,0,50)(0,20)
gen edge 2
see
gen edge 5
save zone. sav
;;END
;;############################################
;;计算
new
res zone. sav
see
chan cons 6
bound    xrange    (-40. 1,-39. 9)    xvel=0 yvel=0 zvel=0
bound    xrange    (39. 9,  40. 1)    xvel=0 yvel=0 zvel=0
bound    zrange    (-50. 1,-49. 9)    xvel=0 yvel=0 zvel=0
bound    zrange    (49. 9,50. 1)    xvel=0 yvel=0 zvel=0
bound    yrange    (-40. 1,-39. 9)    xvel=0 yvel=0 zvel=0
bound    yrange    (39. 9,  40. 1)    xvel=0 yvel=0 zvel=0
def crips
    zone_size=0. 5
    cri_ps=0. 0023/0. 5
end
crips
prop mat 1 k 18. 49e3 g 13. 01e3   dens 2700e-6 bcoh 8. 86 fric 35. 04   bten 1. 45   &    ;;;T2bⅡ
        ctab 1     ftab 2     ttab 3 jtubs 1e20 jcubs 1e20 jfubs 89
tab 1 0 8. 86    cri_ps 1. 78        1000 1. 78
tab 2 0 35. 04    cri_ps 32        1000 32
tab 3 0 1. 45    cri_ps 0        1000 0
chan jcons 1
prop jmat 1                              ;;;;;;;;;;;fictitious joint
prop jmat 1 jkn=3. 4e5 jks=1. 4e5   jco=2e20,jfr=89 jte=10e20
chan joint 11 jmat 2                      ;;;;;;;NW stiffness joint
prop jmat 2 jkn=8. e3 jks=3. e3   jco=0. 25,jfr=35 jte=0. 1
gra 0 -9. 81 0
;;depth from surface is2000m
```

```
insitu stress -57.67 -51.37 -67.77 4.05 -4.83 3.15
hist unbal
cyc 500
save ini. sav
new
res ini. sav
hide
seek reg 11
delete dd 0 dip 90 ori(0,0,30)above
cyc 1500
save exc0. sav
ini xvel＝0 yvel＝0 zvel＝0
;;;————————————————
hist s1(    4.,4.,       -18)ncyc 50    ;;his_id＝2,    sec_-18,point A
hist s3(    4.,4.,       -18)ncyc 50    ;;his_id＝3,    sec_-18,point A
hist s1(    6.,6.,       -18)ncyc 50    ;;his_id＝4,    sec_-18,point C
hist s3(    6.,6.,       -18)ncyc 50    ;;his_id＝5,    sec_-18,point C
hist s1(5.297,0,         -18)ncyc 50    ;;his_id＝6,    sec_-18,point B
hist s3(5.297,0,         -18)ncyc 50    ;;his_id＝7,    sec_-18,point B

hist s1(    4.,4.,       -18)ncyc 50    ;;his_id＝8,sec_-14,point A
hist s3(    4.,4.,       -18)ncyc 50    ;;his_id＝9,sec_-14,point A
hist s1(    6.,6.,       -18)ncyc 50    ;;his_id＝10,sec_-14,point c
hist s3(    6.,6.,       -18)ncyc 50    ;;his_id＝11,sec_-14,point c
hist s1(4.750,0,         -14)ncyc 50    ;;his_id＝12,sec_-14,point B
hist s3(4.750,0,         -14)ncyc 50    ;;his_id＝13,sec_-14,point B

hist s1(-1.830,4.400,    -2)ncyc 50     ;;his_id＝14,sec_-2,point A
hist s3(-1.830,4.400,    -2)ncyc 50     ;;his_id＝15,sec_-2,point A
hist s1(-0.678,4.678,    -2)ncyc 50     ;;his_id＝16,sec_-2,point B
hist s3(-0.678,4.678,    -2)ncyc 50     ;;his_id＝17,sec_-2,point B
hist s1(-4.750,0,        14)ncyc 50     ;;his_id＝18,sec_14,point A
hist s3(-4.750,0,        14)ncyc 50     ;;his_id＝19,sec_14,point A
hist s1(-4,        4,    18)ncyc 50     ;;his_id＝20,sec_18,point A
hist s3(-4,        4,    18)ncyc 50     ;;his_id＝21,sec_18,point A
hist s1(-5.452,    0,    18)ncyc 50     ;;his_id＝22,sec_18,point B
hist s3(-5.452,    0,    18)ncyc 50     ;;his_id＝23,sec_18,point B

;;;;;;;;;;;;;;;;;;;;;;;;;;;;;;;;;;;;;;;;;;;;;;;;;;;;;;;;;;;;;;;;;;
;;计算能量释放率ERR
```

```
set log FEenergy. txt
set energy on
hide
see reg 11
def exc_
  loop n(1,15)
  rou＝30 - 4 * n
  file＝'FE_rou_' ＋ string(n)＋ '. sav'
    command
      del dd 0 dip 90 ori(0,0,rou)above
      cyc 1500
      print energy
      save file
    end_command
  end_loop
end
exc_

del reg 11
step 1200
save excaved. sav
set log off
```

9.4 本章小结

本章介绍了深埋地下工程建设中，围岩高应力破坏的发生条件和主要类型，并依托锦屏二级深埋隧洞群，重点介绍了涉及峰后强度的本构模型和具体的使用方法。

对于深埋地下工程的岩爆问题，通过两个实际案例，介绍了岩爆的基本概念以及数值分析中的主要技术环节。

第十章　倾倒变形体破坏机制离散元分析及应用

倾倒变形破坏（Toppling）是岩质边坡的一种典型破坏失稳形式。倾倒变形对边坡岩体结构的要求是普遍发育的反倾层面或反倾结构面，边坡变形时除了沿着反倾结构面错动外，边坡上部的浅表层可能会向临空方向产生弯曲、折断，俗称"点头现象"。该类岩体结构主要受结构面的力学性质影响，因此本章采用 3DEC 建立不同结构面及边坡几何参数的力学模型，分析不同因素对边坡变形破坏机制的影响。

10.1　工程中的倾倒变形破坏

倾倒变形按照其力学模式可以分成块状倾倒、弯曲倾倒和块状-弯曲组合式倾倒（如图 10.1.1 所示）。块状倾倒发生在硬质岩中，反倾层面间距较大，通常发育与层面垂直的节理。弯曲倾倒在较软岩和软岩中比较普遍，如片岩、千枚岩、板岩等，通常反倾层面的间距较小，并且与反倾层面垂直的节理不发育。弯曲倾倒边坡变形发展一般比较缓慢，但一旦形成破坏规模通常比较大。块状-弯曲组合式倾倒破坏发育在软硬互层的岩层中，如砂岩、泥板岩互层。块状-弯曲倾倒兼具两种倾倒变形的特点。

块状倾倒　　　　　　　　　弯曲倾倒　　　　　　块状-弯曲组合式倾倒

图 10.1.1　倾倒边坡分类

倾倒变形体失稳破坏范围受岩体结构和岩性条件控制，往往表现出很强的差异性。但总的来说，无论是块状倾倒变形边坡还是弯曲倾倒变形边坡都具有如下特点：

（1）倾倒变形基本趋于稳定的边坡，边坡力学平衡条件的改变可以使倾倒变形重新激活并快速发展；

（2）影响倾倒变形的多种因素中，坡脚软化在许很多情况下是最不利的因素。工程案例显示坡脚遇水软化可以导致软化部位以上 100～200m 高程位置的倾倒变形持续发展。即坡脚的"小"扰动可以引起中上高程倾倒变形体的"大"变形；

（3）边坡的形态、反倾层面密度、性状和产状对倾倒变形的量级起控制作用。这几个

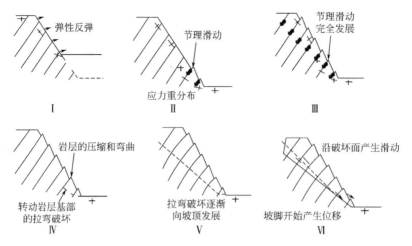

图 10.1.2　大规模弯曲倾倒破坏演化过程的数值模拟

因素越不利，边坡受扰动后，倾倒变形也就越大。

　　应该说，目前非连续数值方法的发展使得对复杂边坡问题的把握成为可能。无论是块状倾倒变形、弯曲倾倒变形都可以通过离散元方法来进行深入研究。以理想状态的弯曲倾倒变形为例，从历史形成过程的角度，弯曲倾倒变形首先表现在坡脚位置的反倾结构面发生剪切滑移（阶段Ⅱ），然后逐渐向坡顶发展（阶段Ⅲ），此过程中边坡浅表层中反倾结构面之间岩板的受力状发生改变，因此此过程也将伴随着岩板的压缩变形，边坡高高程位置产生"点头"现象。上述倾倒变形过程一般是缓慢增长的，这也是弯曲倾倒变形边坡的基本特征。对于发生弯曲倾倒变形的高边坡，坡脚是应力集中最严重的部位，该处的软弱岩体在不良应力以及可能的风化、降雨软化条件影响下，可能产生破裂，破裂面进一步向边坡上部发展可以为滑动破坏提供底滑面。此时弯曲倾倒变形边坡可能表现为位移突增，产生滑动变形，对边坡的整体稳定性极其不利。判断边坡是否存在由缓慢的弯曲倾倒变形向突变性的滑动变形转变，可以在边坡内布置一些垂直钻孔，通过测斜仪的观测数据来回答上述问题。

　　总的来说，初始应力场、天然边坡形态、开挖范围与开挖方式、岩体与结构面力学参数、地下水、降雨入渗都可能对倾倒变形边坡稳定性和变形特征产生影响。对于具体的边坡，上述多个因素都可能会对倾倒变形体的稳定状态产生影响，但各影响因素的权重一般不同，可能存在某一个或某两个关键不利因素。这也是苗尾坝址区儿处倾倒变形边坡稳定分析的重点工作内容。

10.2　倾倒变形边坡各影响因素分析

　　本节采用离散元数值方法对这些影响因素进行敏感性分析，帮助认识倾倒变形边坡的稳定性对哪些因素比较敏感；以及倾倒变形开始发生时，不同体型和岩体结构的边坡所可能体现出的差异性。敏感性分析围绕如下 5 个因素展开：

　　（1）坡高；

（2）坡面倾角；

（3）反倾层面倾角；

（4）反倾结构面强度参数；

（5）坡面与反倾层面之间的夹角。

10.2.1　计算模型与岩体参数

为分析倾倒变形边坡中坡高、坡角、反倾结构面倾角、反倾结构面强度等因素对边坡稳定性的影响，采用离散元程序模拟反倾层面，离散元允许层面之间发生拉张破坏和剪切滑移，层间岩体可以发生屈服破坏，因而可以较好地模拟倾倒变形边坡的变形特征。图是倾倒变形边坡影响因素分析的简化模型，其中 h 表示边坡坡高，β 表示边坡坡角，γ 表示边坡反倾结构面倾角。

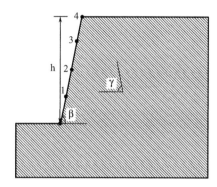

图 10.2.1　反倾边坡计算模型

敏感性分析中需要建立一个基本模型，各种因素的影响的敏感性分析则在基本模型的基础上改变各因素的具体量值。基本模型的坡高取为 $h=100\mathrm{m}$、边坡坡角取为 $\beta=60°$、边坡反倾结构面倾角取为 $\gamma=70°$，基本模型的安全系数是 1.42。计算过程中，在边坡坡面上等间距布置了编号为 1~4 的 4 个监测点，用以监测边坡岩体和结构面参数弱化后，各部位的变形差异性，进而分析各因素对倾倒变形量级的影响。

计算中对边坡岩块和结构面均采用了理想弹塑性本构关系，即岩块和结构面屈服以后不考虑其强度衰减。边坡岩体参数见表 10.2.1，结构面的相关力学参数取值见表 10.2.2。

岩体力学参数表				表 10.2.1
容重（kN/m³）	泊松比	内摩擦角（°）	粘聚力（MPa）	抗拉强度（MPa）
24	0.3	51	0.8	0.1

结构面力学参数表			表 10.2.2
法向刚度（GPa/m）	切向刚度（GPa/m）	粘聚力（MPa）	内摩擦角（°）
0.5	0.2	0.15	45

10.2.2　坡高影响分析

图 10.2.2 给出了几组典型的坡高模式计算模型，分别为 100m、125m、150m 和 175m。图 10.2.3 是采用强度折减法获得的各坡高条件下的安全系数，计算结果显示坡高对边坡的安全系数有明显的影响，基于给定的岩体和结构面力学指标，当边坡坡高 $h<75\mathrm{m}$，边坡的安全系数较大，边坡发生倾倒破坏的特点并不显著，当边坡坡高 $h>75\mathrm{m}$

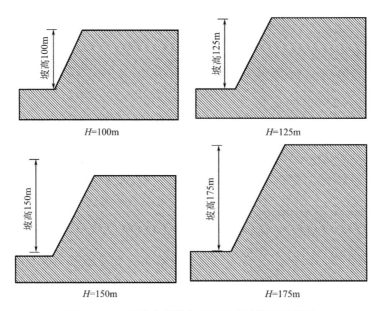

图 10.2.2 几种典型坡高的反倾边坡模型示意图

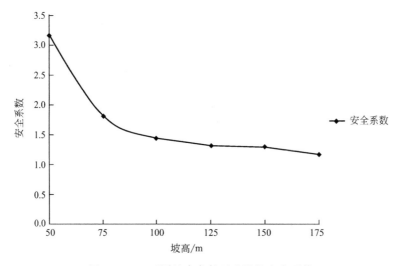

图 10.2.3 不同坡高条件下边坡的安全系数

后，随着坡高增加，边坡安全系数将显著地减小，直至临界稳定状态，边坡倾倒破坏的特征也越来越明显。

总体来看，边坡的安全系数随着坡高增大而单调减小。边坡具体的安全系数与层面倾角、层面力学参数、岩体参数关系密切，我们不需要过多地去关注具体坡高条件下的安全系数。但是，坡高对倾倒变形边坡的稳定性的影响显然是存在的，并且坡高达到一定量级以后，再增加坡高安全系数减小的幅度相对较小。

图 10.2.4 和图 10.2.5 给出了 4 种坡高条件下，进行岩体和结构面强度折减的计算结果。监测点 4 对应着坡顶，监测点 2 对应着边坡中部，计算结果显示，强度折减同样的程度，不同变形的倾倒变形量值存在明显的差异性：坡高较大边坡的倾倒变形要明显大于坡

高较低边坡的倾倒变形，无论是坡顶的监测点和边坡中部的监测点都显示出这种规律。以坡高 75m 的边坡和坡高 150m 的边坡为例，岩体和结构面参数折减 1.2 倍，二者在坡顶的变形差异可以相差接近 8～10 倍。这种差异性也揭示出一些较高的倾倒变形边坡可以经历较大的变形而继续保持稳定，比较典型的案例是拉西瓦果卜边坡。

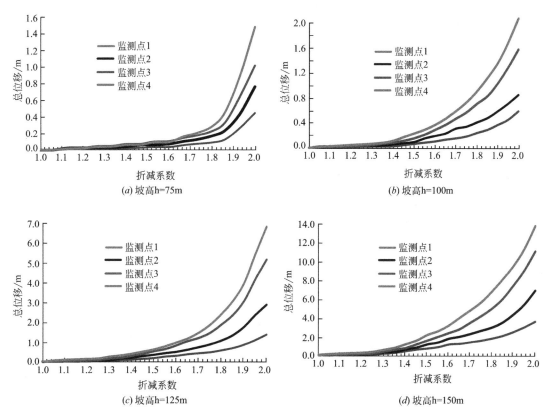

图 10.2.4　不同坡高影响下边坡各监测点在强度折减计算中的位移变化情况

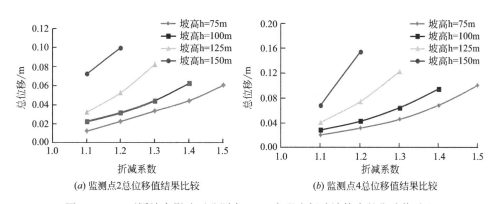

图 10.2.5　不同坡高影响下监测点 2、4 在强度折减计算中的位移值对比

图 10.2.6 为不同坡高下边坡倾倒破坏形态，可见边坡的破坏范围和深度随着坡高的增加呈现增大趋势。在当前岩体参数下，通过强度折减法获得的边坡潜在破坏模式为弯折倾倒破坏，破坏面为典型的层面折断带。

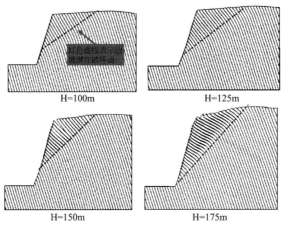

图 10.2.6　不同坡高下边坡倾倒破坏形态

10.2.3　坡角影响分析

图 10.2.7 给出了几组典型的坡满面倾角模型，分别是 30°、40°、50°、60° 和 70°，这 5 种坡面倾角计算模型所对应的坡高都是 100m。图 10.2.8 是 5 种坡角条件下安全系数，随着坡角的增加，边坡的安全系数呈现单调减小趋势。

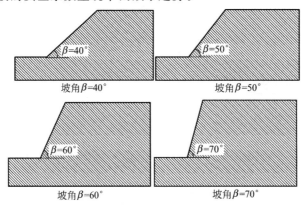

图 10.2.7　几组典型坡角的反倾边坡模型

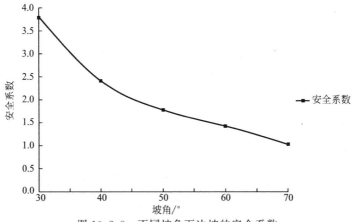

图 10.2.8　不同坡角下边坡的安全系数

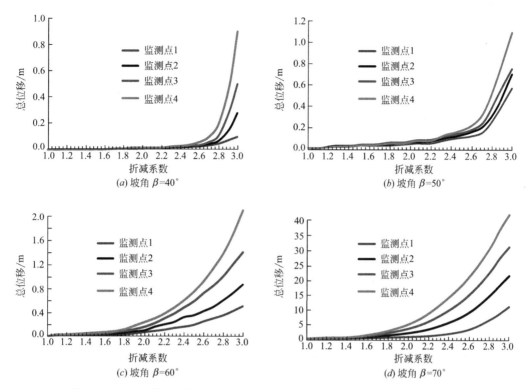

图 10.2.9　不同坡角影响下边坡各监测点在强度折减计算中的位移变化情况

图 10.2.10 显示了 5 中坡角边坡的各监测点位移在强度折减过程中的相应，边坡坡角越大，岩体和结构面软化导致的变形增加越明显。

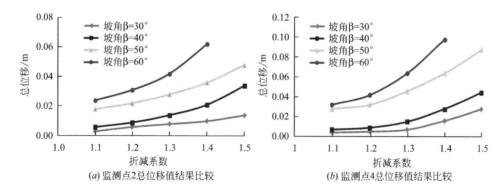

图 10.2.10　不同坡角影响下监测点 2、4 在强度折减计算中的位移值对比

图 10.2.11 为不同坡角下边坡倾倒破坏形态，可见随着边坡坡角的增加，边坡倾倒变形特性也越显著，同时潜在破坏范围也呈现增大趋势。

10.2.4　反倾结构面倾角影响分析

图 10.2.12 为反倾层面倾角敏感性分析模型，反倾层面倾角考虑 40°、50°、60°、70° 和 80°。反倾层面倾角对边坡的稳定性影响比较显著：

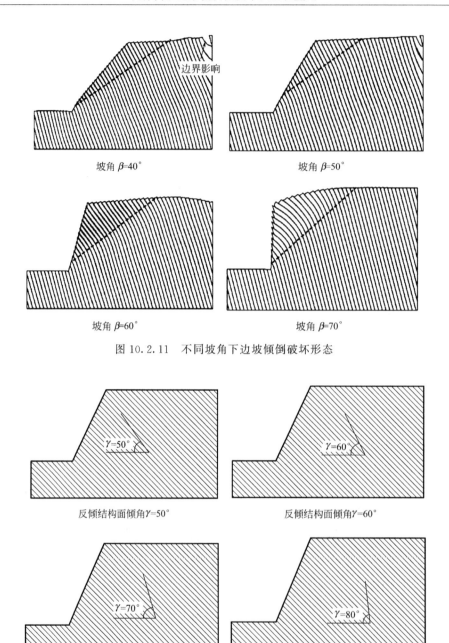

图 10.2.11　不同坡角下边坡倾倒破坏形态

图 10.2.12　几组典型反倾结构面倾角的边坡模型

（1）层面倾角小于 50°时，层面倾角降低边坡的稳定系数提高非常明显，层面倾角小于 40°时，边坡的倾倒变形特征可能已经非常不明显；

（2）层面倾角超过 50°时，此时边坡已经具备有强烈倾倒变形的力学机制。增大层面倾角，边坡的安全系数会降低，但降低的幅度不显著。在实际工程中，层面倾角超过 50°的高边坡都需要重视其倾倒变形特征。苗尾边坡 B2 类和 C 类岩体的层面倾

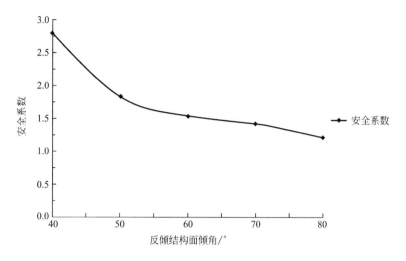

图 10.2.13　不同反倾结构面倾角下边坡的安全系数

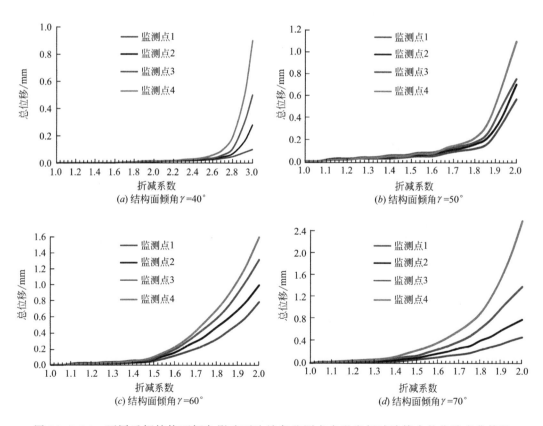

图 10.2.14　不同反倾结构面倾角影响下边坡各监测点在强度折减计算中的位移变化情况

角 $54°\sim78°$。

图 10.2.15 是边坡各监测点在强度折减过程中的变形情况，其规律总体上与坡高和坡角对变形的影响是一致的。

图 10.2.16 为不同反倾结构面倾角条件下边坡倾倒破坏形态，破坏从坡角位置先出

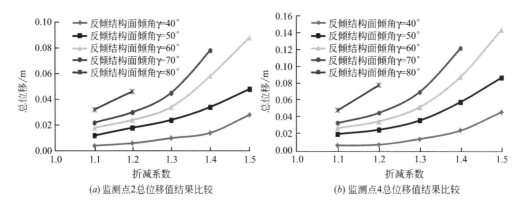

(a) 监测点2总位移值结果比较　　　　(b) 监测点4总位移值结果比较

图 10.2.15　不同反倾结构面倾角影响下监测点 2、4 在强度折减计算中的位移值对比

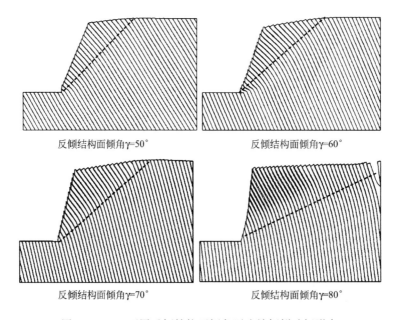

反倾结构面倾角γ=50°　　　　　　反倾结构面倾角γ=60°

反倾结构面倾角γ=70°　　　　　　反倾结构面倾角γ=80°

图 10.2.16　不同反倾结构面倾角下边坡倾倒破坏形态

现,然后向上发展,最后形成弯折倾倒破坏面。随着反倾结构面倾角的增加,边坡弯折倾倒破坏的潜在破坏面的倾角在降低,进而导致破坏的区域明显增大。

从图中我们还可以观察到,随着层面倾角从 50°增大到 80°,尽管安全系数的差异性不大,但潜在破坏区域出现了明显增大。这是我们在对待不同层面倾角的边坡时,尤其需要注意的问题。

10.2.5　反倾结构面强度参数的影响分析

(1)反倾结构面内摩擦角敏感性分析

图 10.2.17 为根据强度折减法获得的不同反倾结构面内摩擦角条件下的安全系数。反倾结构面内摩擦角对边坡的稳定性影响显著,随着结构面内摩擦角的增加,边坡的安全系数呈近似线性增长趋势。

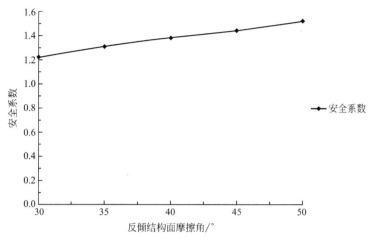

图 10.2.17　不同反倾结构面摩擦角条件下边坡的安全系数

图 10.2.18 为不同反倾结构面内摩擦角下边坡倾倒破坏形态变化情况，随着结构面内摩擦角的减小，边坡的潜在破坏范围和深度呈现增大趋势。

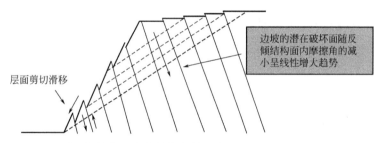

图 10.2.18　不同反倾结构面内摩擦角条件下边坡破坏范围和破坏深度的变化情况

（2）反倾结构面黏聚力敏感性分析

图 10.2.19 为根据强度折减法获得的不同反倾结构面粘聚力条件下的安全系数。反倾

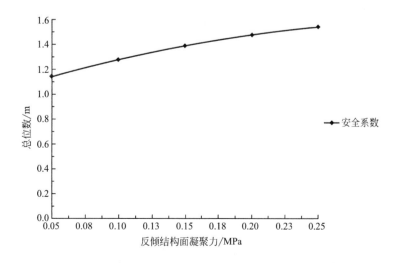

图 10.2.19　不同反倾结构面粘聚力条件下边坡的安全系数

结构面内粘聚力对边坡的稳定性影响同样显著，随着反倾结构面倾角的增加，边坡的安全系数呈近似线性增长趋势。这一结论与反倾结构面内摩擦角对边坡稳定性的影响具有一致性。

图 10.2.20 为不同反倾结构面粘聚力下边坡倾倒破坏形态变化情况，随着结构面粘聚力的减小，边坡的潜在破坏范围和深度呈现增大趋势。其变化规律与反倾结构面内摩擦角对边坡稳定性影响具有一致性。

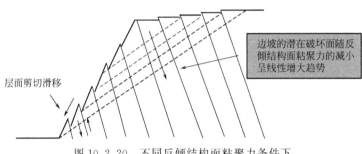

图 10.2.20 不同反倾结构面粘聚力条件下
边坡破坏范围和破坏深度的变化情况

10.2.6 坡面与反倾层面走向夹角影响分析

基本计算模型如图 10.2.21 所示：边坡坡高 $h=125\text{m}$，边坡坡角 $\beta=60°$，边坡反倾结构面倾角 $\gamma=70°$，Ψ 表示坡面走向与层面走向的夹角，此处主要分析 Ψ 的变化对边坡稳定性的影响。边坡岩体力学参数与结构面参数取值依据表 10.2.1，表 10.2.2。图 10.2.22 给出了几组典型坡面与层面走向夹角的三维边坡计算模型图。

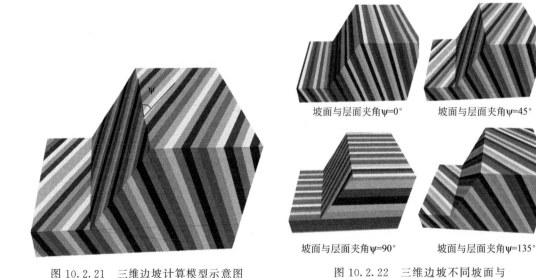

图 10.2.21 三维边坡计算模型示意图

图 10.2.22 三维边坡不同坡面与
层面走向夹角的计算模型图

图 10.2.23 为根据强度折减法获得的不同坡面与层面走向夹角条件下的安全系数变化情况。计算结果表明：

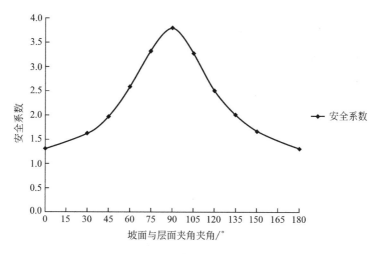

图 10.2.23 不同坡面走向与反倾结构面走向夹角
条件下边坡基于强度折减法的安全系数

（1）当 Ψ 在（0～90°）变化时，边坡的安全系数随着 Ψ 值得增大而增大；

（2）当 $\Psi=90°$ 时，层面走向与坡面正交，此时不出现倾倒变形破坏模式；当 $\Psi=0°$ 时，层面走向与坡面平行，此时对倾倒变形最为不利。

图 10.2.24 给出了边坡强度折减后的速度矢量分布和潜在破坏形态。可见，随着坡面与层面走向夹角 Ψ 由 0°向 90°变化，边坡潜在破坏模式将由典型的弯折倾倒破坏模式向圆弧形滑动破坏模式转变，这一过程中层面对边坡变形响应和稳定性的影响作用逐步减弱。

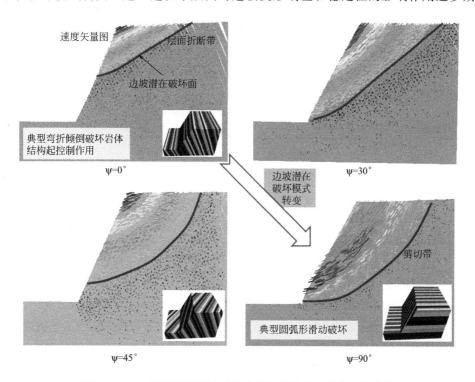

图 10.2.24 边坡强度折减后的速度矢量分布和潜在破坏形态

10.3 倾倒变形边坡处理方案评估

以某工程左岸坝基边坡开挖过程中，出现的倾倒大变形为例，探讨离散元方法描述倾倒大变形边坡的关键技术环节。

10.3.1 地质条件

地质测年表明，该工程坝址区的强烈倾倒变形主要发生在距今 2.4～7.4 万年的晚更新（Q3）。此后经过长期的地貌剥蚀作用，边坡的高度大为减缓，坡度也有所降低。自 Q3 晚期以来，岸坡岩体的倾倒变形速度逐渐减缓，岩体变形以浅表层松弛为主。

工程前期围绕倾倒变形岩体的分类和岩体结构描述，开展了大量卓有成效的工作。这些工作对后续数值分析具有重要意义，也指示了数值分析中需要重点描述的对象。古倾倒变形体的分类如图 10.3.1 所示，不同类型的倾倒变形岩体除了层面倾角有显著差异之外，"切层"裂隙的区别如下：

极强倾倒变形 A 类区域：张裂变形显著、松弛强烈、架空现象明显，大量充填碎石、角砾、岩屑。该区域岩体形成张裂破碎带。		岩层倾角平均值 ≤40.0
强倾倒变形上段 B1 类区域：沿层面发生明显张裂破坏，沿缓倾坡外的节理发生强烈的张剪变形，并出现显著的切层滑移；		40.0～57.0
强倾倒变形下段 B2 类区域：层内出现拉张开破裂，无切层滑移现象；	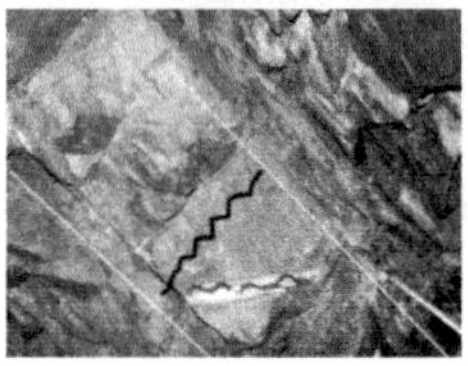	54.0～68.0
强倾倒变形 C 类区域：倾倒变形较弱，层内错动带剪切错位，层内基本不发生明显的张烈变形；		60.0～78.0

图 10.3.1 倾倒变形体按倾倒程度分类

（1）极强倾倒变形岩体 A 类中几乎难以观察到"切层"裂隙，原因是该区域岩体历史上发生过强烈的变形和位移，松弛强烈、架空明显，岩体总体上呈现碎裂结构；

（2）强烈倾倒变形上段 B1 类岩体，这部分岩体中"切层"裂隙发生显著的滑移变形，因而结构面强度较低。从岩石力学角度，这类结构面可能对应着结构面的残余强度；

（3）强烈倾倒变形下段 B2 类岩体，层面折断产生"切层"方向的裂隙，但是这类裂隙未发生滑移，与 B1 类岩体相比，这类结构面强度要高一些。

图 10.3.1 中据地质专业划分的倾倒变形体自 C 类、B2 类、B1 类、A 类，均由深部的未倾倒完整岩体经历长期地质过程演化而来，具有不可逆性，其倾倒变形程度依次增加、岩体强度则依次降低，呈现了反倾岩质边坡典型的渐进式破坏过程，对倾倒变形边坡时效机制研究具有很好的参考价值。

另外，地质关于倾倒变形体的分类是一种静态的划分方式，伴随边坡的开挖，倾倒变形可能被重新激活，即古倾倒变形体继续发生变形，由于后续变形的产生，倾倒变形的分类界限有可能会发生变化。例如，强倾倒上段 B1 类岩体在边坡出现较大的倾倒变形条件下，松弛破坏可能会比较明显，使得岩体表现出趋近于极强倾倒岩体的特征。另外，强倾倒下段 B2 类岩体的拉张裂隙一般未出现切层滑移现象，若边坡倾倒变形的影响深度较深，那么该区域的拉张裂隙可以发生剪切变形，使得该类倾倒体表现出接近强倾倒上段的特点。因此，可以认为对该左岸坝基边坡的施工期开挖本质上是一变形趋于稳定的古倾倒变形边坡，在工程扰动下的继续变形。

该左岸坝基边坡倾倒变形区域，反倾层面的倾角表现出随高程由低到高逐渐减小的分布形式，最小约为 30°～40°。前期地质工作对边坡中这些已形成的倾倒变形体，根据陡倾层面的倾倒强烈程度和性状进行了分区，由坡表向坡内依次为极强倾倒 A 类岩体、强倾倒上段 B1 类岩体、强倾倒下段 B2 类岩体和弱倾倒 C 类岩体，对应的层面倾角依次增大，最后接近于岩层倾角。

图 10.3.2 是左岸坝基边坡其中一个典型的剖面图，其中标注了三个不同的倾倒变形区域：B1、B2 和 C，其层面倾角依次增加，图右侧同时还列出了拉西瓦电站果卜花岗岩边坡的倾倒变形体层面倾角，该边坡由于岩石硬脆性突出，发生块状倾倒变形，其特点是浅表层和内部层面都保持 60°～70°，即反倾结构面的倾角在边坡各部基本保持不变。应该说弯曲倾倒变形由于距离坡表不同深度的部位，其倾倒变形程度有很大的差别，在施工扰动或其他工程荷载的条件下，各倾倒变形区域可能会表现出不同的运动特征，这对分析边坡的变形机制和发展趋势尤为重要。

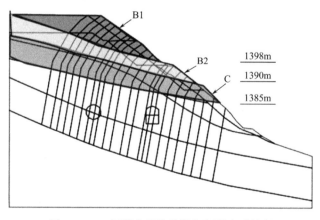

图 10.3.2　倾倒变形体分类与倾倒变形特征

10.3.2　监测数据

该边坡在开挖过程中布置了多种监测措施，包括表面观测点、锚索测力计、多点位移

计、裂纹开合度观测、钢筋计。下面主要介绍表面观测点的监测数据：表面变形观测 7
个，图 10.3.3 是通过现场照片和三维模型给出了表面观测点的布置位置。

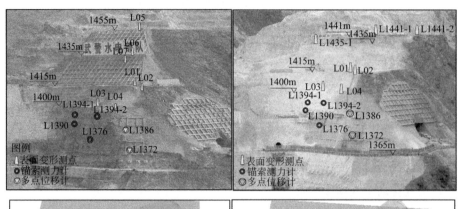

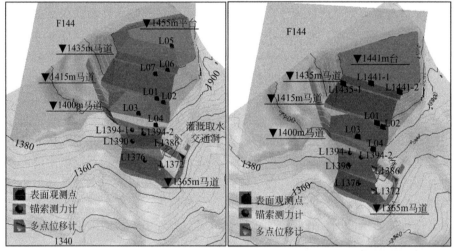

(a) 坡顶削坡减载前监测布置　　　　　　　(b) 坡顶削坡减载后监测布置

图 10.3.3　左岸坝基边坡监测布置三维示意图

2013 年 7 月份以后，受雨季影响，坝址区降雨量增大。图 10.3.4 给出了工程区从 3
月份至 9 月底的雨量统计。从统计表可以看出，7 月中旬开始降雨量开始明显增大，8 月
中旬至 9 月中旬的雨量最大，该阶段日平均降雨量达到 20～35mm。由于左岸边坡从 7 月
中旬开始，边坡大部分区域的变形速率明显增大，与该阶段的雨量之间有直接的关联性。

针对此阶段监测数据进行重新整理和分析，关于坡变形正负约定如下：X 指向坡外为
正；Y 顺河向为正，Z 向下（即沉降）为正，边坡变形速率单位统一取为 mm/d。

左岸坝基边坡（坡顶削坡前）共计布置 7 个表面变形监测点，编号为 LTPBJZ-L01～
L07（以下简称 L01～L07），其中表面变形监测点 L01～L04 的初始观测日期为 2012 年 11
月 15 日，L05～L07 初值日期为 2012 年 4 月初，开始正常观测时间为 4 月底。限于篇幅，
下面主要针对 L01～L03 这几个测点进行分析，根据监测数据：

（1）边坡表面变形最显著的表观测点（即 L01～L04）属于分布于变形 I 区，各表观
测点 X、Y 向水平位移及 Z 向垂直位移均呈增加趋势，从变形时程曲线可看出实测变形在
时间上可大致分为 3 个变形阶段，即 2013-02-28 之前、2013-02-28～2013-07-16、2013-07-

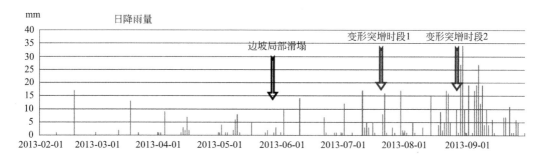

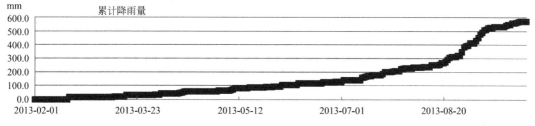

图 10.3.4　工程区域降雨量统计（2013 年 2 月～2013 年 9 月）

16～2013 年 9 月；

（2）截止 2013 年 2 月底，1365m 高程以下开挖。L01～L04 测点水平向最大位移（合位移）介于 32.28～156.51mm，沉降变形为 18.57～107.82mm；截止 2013 年 5 月初，L01～L04 测点水平向最大位移（合位移）介于 217.20～529.25mm，沉降变形为 98.61～319.50mm；截止 2013 年 8 月初，L01～L04 水平向最大位移（合位移）介于 888.28～1566.72mm，沉降变形为 349.70～977.00mm，其中表观点 L04 实测水平累积变形量值最大，达 1566.72mm；L05～L07 和新增测点 L1441-1、2 及 L1435-1 测点观测时间较短，实测变形最大水平合位移为 114.02mm，最大沉降变形为 71.80mm；

（3）变形速率最大时段为 2013 年 07 月 16～28 日，该时段最大水平平均变形速率达 62.02mm/d，最大沉降平均变形速率达 46.79mm/d，主要是受 7 月 18～19 日连续强降雨影响，边坡表层岩体发生明显变形，由速率时程曲线可知最大实测日水平变形速率达 192.00mm/d（L04），最大沉降日变形速率达 141.04mm/d（L01）；当边坡受到外界因素扰动（如切脚及边坡开挖和强降雨）时，变形速率表现敏感，存在一个明显的突变点，随后约 1～2 周内变形速率减小并趋于稳定；

（4）从变形方向特征看，边坡变形以 X、Y 向水平位移为主导，水平合位移与边坡坡向夹角约 15.6°～23.0°，局部高程沉降变形比较大，总体上，边坡的整体变形呈横河向变形并偏向下游侧；

（5）从边坡的工程地质条件和外界扰动荷载看，边坡下部岩体发生倾倒变形，为上部岩体的变形提供了空间，变形 I 区发展至在 1415m 高程，F144 断层影响范围形成局部岩体稳定薄弱区域。2012 年 11 月 29 日对 1340m 高程对边坡进行掏脚开挖，导致 1370m 边坡岩体继续发生倾倒变形，形成变形 II 区。1365m 高程以下边坡进行了开挖，使上部倾倒变形进一步加剧；2013 年 7 月 18～20 日的持续强降雨，L01～L04 区域（1400m 高程～1415m 高程）倾倒变形急剧发展。

图 10.3.5 为 L01 表观测点三个方向位移的变化情况，整个边坡的变形可以初步划分成三个阶段（2012.10～2013.8）：

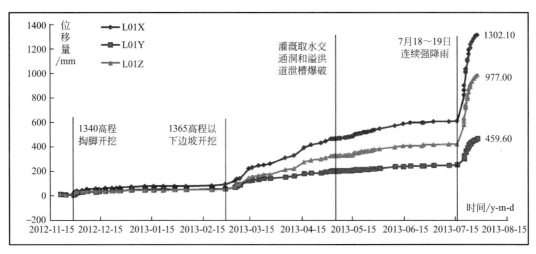

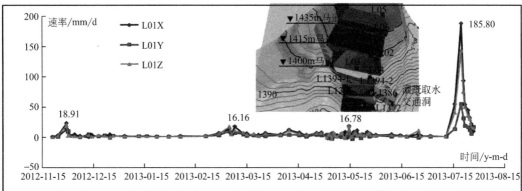

图 10.3.5　边坡表观测点 L01 的 X、Y、Z 方向变形和变形速率时程曲线

（1）1340m 高程切脚开挖。该高程的开挖并未对 1415m 高程的 L01 测点产生较大的影响，综合 L01～L04（1400～1415m 高程）的 4 个测点可以知道，1340m 高程的切脚开挖未重新激活上部倾倒变形体的继续变形；

（2）1365m 高程一下边坡开挖。2013 年 2 月份，1365m 高程以下开挖导致边坡导致随后 6 个月内，边坡开始出现倾倒变形缓慢发展，以 1415m 高程的 L01 测点为例，变形最大的是指向坡外的水平变形、其次是沉降变形，变形最小的是顺河流指向下游方向的变形。6 个月内最大累计水平变形（指向坡外）达到 600mm，最大沉降变形达到 400mm，指向下游的水平变形也达到 200mm；

（3）2013 年 7 月 18～19 日强降雨导致边坡变形剧增。在 10 天的时间内，L01 测点的指向坡外的水平变形由 600mm 增加到 1302mm，增量 702mm；沉降变形由 400mm 增大到 977mm，增量 577mm；指向下游的水平变形也由 200mm 增大到 459.6mm，增量 259.6mm。从变形增量可以看出，降雨突变引起的变形以指向坡外的水平变形和竖直向下的沉降变形为主。

图 10.3.6 是 L02 表观测点的变形-时间曲线和变形速率-时间曲线，L01 和 L02 测点都

位于 1415m 高程，两个表观测点的距离较近，因此从 2012 年 11 月 15 日至 2013 年 8 月份所得的变形量值和变化规律都比较一致。

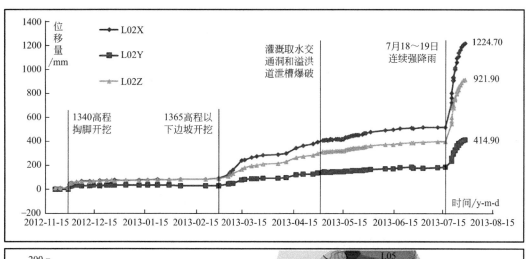

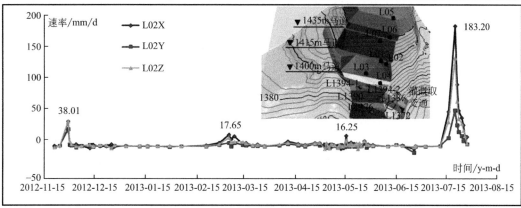

图 10.3.6　边坡表观测点 L02 的 X、Y、Z 方向变形和变形速率时程曲线

1340m 高程切脚对 L02 测点的影响较小，开挖导致 L02 位置的变形基本都在 100mm 以内，与 L01 的表观点的监测数据比较一致；

1365m 高程以下开挖后，L02 测点的变形开始缓慢增长，变形分量规律如下：最大的是指向坡外的水平变形、其次是沉降变形，最小的是顺水流方向的水平，截止 7 月 15 日，这 3 个变形分量分别达到 560mm、400mm 和 200mm，与 L01 测点相比，监测数据比较接近；

2013 年 7 月 18～19 日连续强降雨后，L02 表观测点的监测位移也发生了突变，突变的位移与 L01 表观测点非常接近：最大水平变形达到 1200mm，最大沉降变形达到 920mm。

L03 表观监测点位于 1400m 高程，从监测数据来看（图 10.3.7），L03 测点在几个阶段的变形普遍比高高程要小，具体表现如下：

（1）第一阶段 1340 高程的边坡切脚开挖后，在后续的 3 个月内 1400m 高程的水平变形和沉降变形均比较小，不超过 50mm；

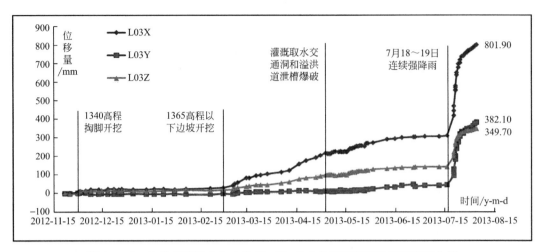

图 10.3.7　边坡表观测点 L03 的 X、Y、Z 方向变形和变形速率时程曲线

（2）1365m 高程以下开挖后，截止到 2013 年 7 月 15 日，L03 测点指向坡外的水平变形累计增大至 300mm；沉降变形增大至 150mm；顺河流方向的水平变形增大至 50mm；

（3）2013 年 7 月 18～19 日，连续强降雨后，L03 测点的指向坡外的水平变形短期内增大至 801mm；沉降变形增大至 349mm；指向下游的水平变形量值达到 382mm。与 1415m 高程的 L01 和 L02 测点相比，水平变形和沉降变形均要小 400～500mm。

图 10.3.8 是根据边坡表面位移监测点采用稀疏差值算法，生成的开挖区域的变形云图，可以看到边坡在 EL.1395m 以下区域，围岩倾倒变形尤为显著，累计变形量值超过 1000mm。

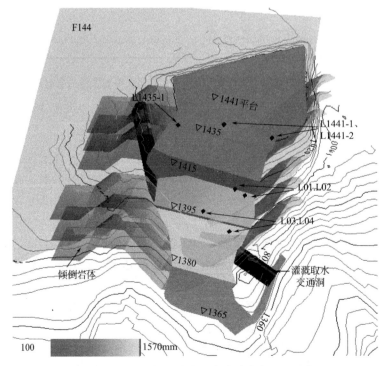

图 10.3.8　左岸坝基边坡坡顶削坡后水平合位移分布云图（截至 2013-08-03）

10.3.3　数值分析

地质调查工作提供的地质剖面图中给出了倾倒程度的分类，在实际模拟中还需要对各类倾倒岩体的理解在模型中进行"调整"。这也是采用离散元方法分析工程问题时，每个数值分析人员都无法回避的问题，即从模型建立时，数值分析人员就需要理解地质信息，合理地将现场的地质信息正确反映到模型中去，只有和实际地质模型匹配的数值模型才可能在后续计算中，吻合现场监测变形特征，最终这种经过"验证"过的模型也才可能获得合理的预测能力，对左岸各种工程措施的判断以数值模型的预测结果作为依据。

在数值计算模型"调整"时，应当达到的目标有两个：（1）数值计算成果能正确地揭示弯曲倾倒变形边坡的变形失稳机理；（2）计算成果揭示的变形规律与现场现象、监测成果基本一致。

该左岸坝基边坡的变形特征受控于反倾层面、层内拉张裂隙、顺坡向缓倾结构面等岩体结构，因此，表现出与现场实际情况相同或相似的倾倒变形破坏机制，数值模型中对这些典型岩体结构的表征非常关键，是定性分析工程问题的先决条件。另外，不同倾倒变形程度岩体的层内拉张裂隙性状、层面倾角都存在差异，也直接影响边坡的倾倒变形响应特征，需要在数值模型中加以体现。

左岸典型剖面 I-I 剖面如图 10.3.9 所示，该剖面附近所布的表观监测点较多，且基本涵盖了边坡的主要变形区域，能够较好地反映边坡至切脚开挖以来的整体变形特性。该剖面对应的计算模型如图 10.3.10 所示，数值分析工作先建立了二维离散元模型，模型中考虑的主要结构面为主要断层（F144）、反倾层面、顺坡缓倾结构面、层内张拉破裂等。模型中的倾倒变形体包含了极强倾倒变形区 A、强倾倒变形区上段 B1 和下段 B2、弱倾倒岩体 C。计算模型中各点 Y 坐标取各点真实高程。模型沿 X 向长 250m，底部高程为1300m，最高点高程约为 1450m。计算模型共划分有 51，411 个单元。

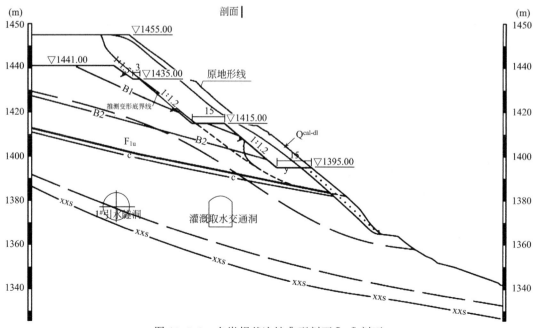

图 10.3.9　左岸坝基边坡典型剖面 I-I 剖面

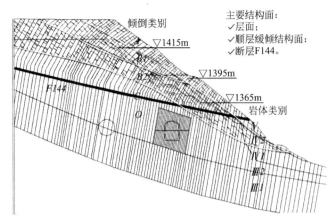

图 10.3.10　倾倒变形边坡的离散元模型

左岸各类倾倒变形体在岩体结构方面的差别在数值模型中体现为结构面密度、物理力学参数的差别，具体如下：

（1）各倾倒变形岩体的层面倾角存在明显的差别，根据地质资料，A、B1、B2 和 C 类在层面倾角方面的差别在模型中得到了详细地体现；

（2）极强倾倒 A 类岩体是松弛最强烈、架空现象最明显的岩体，相应地，在离散元数值模型中 A 类倾倒变形体的"切层"裂隙最为发育，并且由于大部分张裂缝已经发生了强烈松弛，因而其结构面的强度参数和变形参数较其他倾倒变形体（B1、B2 和 C 类）要差；

（3）强倾倒上段 B1 的"切层"裂隙的强度要弱于强倾倒下段 B2，这一点在结构面参数赋值时，需要体现；

（4）弱倾倒 C 类中主要是层内剪切变形，不考虑垂直于层面的张拉裂隙。

在确定反倾层面、层内拉张裂隙、顺坡向缓倾结构面等岩体结构的模拟表征方式后，也为后续岩体参数的取值方式提供了大的框架，即边坡岩体参数应分解为与上述地质模型相匹配的岩块的力学参数和结构面参数。

数值模拟要从定量角度对边坡进行稳定性评估和预测，需要对模型的初始条件进行全盘吻合，包括边界条件、初始应力场、岩体力学参数等。其中岩体力学参数的选取对于数值模拟计算分析有着非常重要的意义，为了较真实地模拟该边坡的实际稳定情况，岩体力学参数以地质专业提供的岩体和结构面力学参数为基础，同时也结合上述对倾倒变形体的岩体结构，对部分参数进行了一定的调整。在实际计算中，岩体和结构面均被处理为理想弹塑性介质，不考虑屈服以后的强度降低，且认为岩体和结构面的峰值强度均服从摩尔-库伦强度准则。具体参见表 10.3.1 和表 10.3.2。

边坡岩体物理力学参数　　　　　　　　　　　　　　　　表 10.3.1

岩体类型	密度（kg/m³）	变形模量（GPa）	c（MPa）	摩擦系数 f
V	2200	0.25	0.15	0.40
IV 2	2400	0.50	0.28	0.50
IV 1	2550	1.00	0.32	0.55
III 2	2600	3.00	0.50	0.70
III 1	2650	6.00	1.00	1.00

边坡结构面物理力学参数　　　　　　　　　　　表 10.3.2

结构面类型	法向刚度（GPa/m）	切向刚度（GPa/m）	c（MPa）	摩擦系数 f
F144	2.5	1.0	0.05	0.25
缓倾结构面	0.5	0.2	0.01	0.20
Bedding A	0.5	0.2	0.02	0.40
Bedding B	1.0	0.4	0.04	0.45
Bedding C	1.5	0.6	0.10	0.50
Bedding O	2.0	0.8	0.15	0.60

　　通过试算，发现将上述岩体参数作为天然边坡的初始参数进行数值计算是合适的，但用来吻合和预测左岸倾倒变形边坡开挖后的变形过程及稳定特性却并不可行，这里涉及苗尾左岸古倾倒变形边坡所具有的特殊工程地质条件。

　　现阶段研究表明，此类边坡倾倒变形问题十分复杂，直接采用前期地质提供的各类岩体参数在进行边坡的稳定分析时，可能和现场实际开挖后的情况有一些出入，原因如下：（1）层状岩体边坡在开挖过程中存在比较明显的爆破损伤问题，会降低浅表层岩体强度（一般影响范围数米）；（2）板岩开挖后会出现比较明显的风化现象，在支护和喷层封闭不及时的条件下会显著低降低表层岩体强度；（3）降雨入渗会导致板岩强度降低，降雨入渗主要沿结构面发生，潜在影响范围可能会比较大，在雨季在连续降雨条件下，坡脚位置可能会由于短期裂隙水压力的升高而加剧该部位围岩的软化；（4）倾倒变形发展过程中，随着岩体变形程度的增大，各类倾倒变形体质量降低，也会导致岩体参数的弱化，这种弱化的影响范围可能较大，与倾倒变形的影响深度有关，并且各层随倾倒变形的弱化程度有差别，规律上，越靠近浅层，弱化程度越高。

　　对于左岸边坡而言，自 2012 年 10 月，由于受坡脚开挖、爆破震动、降雨入渗等外荷载影响，边坡坡体尤其表层原倾倒岩体发生了明显的倾倒变形，表观变形突增、裂缝扩展，如前所述影响岩体参数的几个原因，岩体强度表现出明显的渐进弱化过程，这一弱化过程非常复杂。坡体在经历 2013 年 7 月份多次降雨后可能其整体稳定性已接近极限稳定状态，这些现象均指示了此刻边坡的岩体强度与天然边坡相比已然存在差异，若再沿用原地质提供的岩体力学参数则显然会高估边坡的稳定性，因此在后续数值计算中应对这一差异进行充分的体现才能准确描述边坡的变形和稳定性现状及发展趋势。

　　考虑到倾倒岩体的渐进弱化过程非常复杂，左岸边坡的表观监测数据相对比较全面，可以通过"反算"的工作方式校核模型和参数的合理性。开展倾倒变形边坡的分析时，我们首先强调的是模型与现场的吻合性，即在地质给出的岩体和结构面参数的基础上进行调整，反应各种因素导致的岩体参数弱化。因此，数值模拟的过程，在验证模型阶段涉及大量的试算工作，最终获得吻合现场监测的变形的模型和岩体参数。具体分析流程见图 10.3.11 所示。

　　根据边坡从 2012 年 10 月份到 2013 年 8 月份的监测数据，对边坡的变形特征和发展规律采用数值模型进行"复制"，建立能够正确描述该边坡变形发展趋势的数值模型，这是预测后续坝基左岸边坡削坡减载后，整个边坡倾倒变形发展规律、稳定性评价的基础。

　　根据第三章的监测成果分析，左岸边坡的变形可以划分为 4 个典型变形阶段，见图 10.3.12 和表 10.3.3 中所示，各变形阶段分别给出了对应的位于 1395m 平台上的大致的累计水平变形量级。数值分析将针对各变形阶段进行深入的分析，然后在此基础上评价和

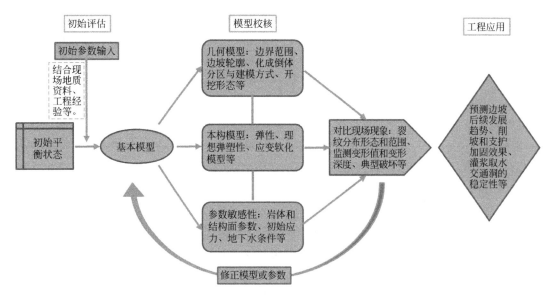

图 10.3.11 边坡稳定性数值模拟分析关键流程图

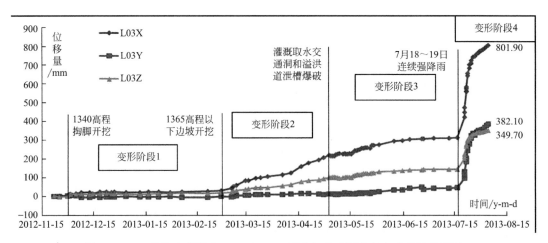

图 10.3.12 边坡表观测点 L03（1395m 平台）的变形曲线与变形阶段划分

预测后续边坡的变形特征和稳定性。

左岸坝肩边坡主要变形阶段划分及相关变形量值　　　　　表 10.3.3

边坡变形发展阶段	天然边坡	左岸坝肩边坡主要变形阶段			
		变形阶段 1	变形阶段 2	变形阶段 3	变形阶段 4
时间	/	～2012.11	～2013.2	～2013.7	2013.7～
施工期主要事件	/	1340 高程以下切脚	1365m 高程以下开挖	灌溉取水洞爆破掘进	连续性降雨
变形量值 （1395 平台）	/	约 3cm	约 10cm	约 35cm	>100cm

此外，数值分析中还有一些具体的假定和细节处理，如假设边坡的应力分布以自重应力为主。根据河谷应力特征，目前施工期发生变形部位的影响深度集中于坡表浅层，处于

岸坡卸荷带内，该区域采用自重应力的假设是合适的。

图 10.3.13 和图 10.3.14 分别显示了边坡在变形阶段 4 的位移矢量图，以及边坡的倾

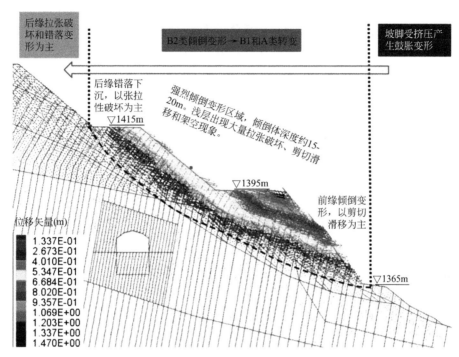

图 10.3.13　边坡变形阶段 4 的位移矢量图

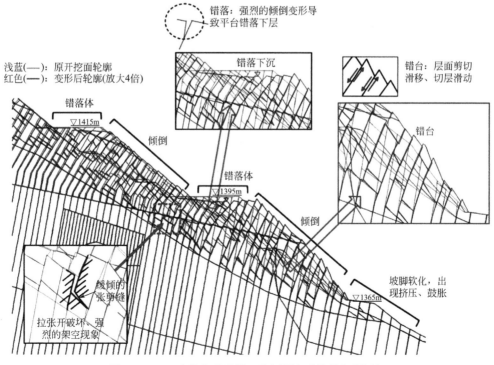

图 10.3.14　边坡变形阶段 4 的倾倒变形演化机制图解

353

倒变形演化机制图解。其中变形 I 区（1365～1415m）的倾倒变形量最显著，发生大变形的倾倒体深度约 15-20m，浅层出现大量宏观裂缝，在这一变形过程中有部分 B2 类倾倒岩体转变成为 B1 类（强烈）或 A 类（极强）倾倒变形体；边坡坡脚部位出现软化后的挤压、鼓胀变形，岩层层面发生剪切滑移，部分岩体由原非倾倒岩体向弱倾倒岩体转化；边坡后缘出现拉张破坏和错落变形，倾倒变形量值有小幅度增长。

通过上述分析可知，该边坡经历了几个显著的变形阶段后，边坡的倾倒变形被重新激活，浅层的倾倒体强度逐步降低并向次一级的倾倒岩体类别转化，致使边坡的整体稳定性出现了渐进式的降低特征。

10.4　典型命令流分析

例 10.4.1 典型倾倒变形体边坡运行实例

```
new
set atol 0.01        ;;;设置容差
poly brick 0 80 0 50 0 50     ;;;先生成大块体
plot create plot block
plot block
jset dip 0 dd 0 ori 0 0 20
hide range z 0 20
jset dip 60 dd 270 ori 30 0 30      ;;;节理切割出边坡
seek
hide range x 0 30 z 20 50
mark reg 1
jset dip 70 dd 90 spacing 4 num 50 ori 40 0 0    ;;;设置节理分布
seek
hide reg 1
delete
seek
gen edge 2.0
change cons 1
prop mat=1 dens 2700 bulk 8e9 g 5e9        ;;;默认岩体参数
prop jmat=1 jkn 1e9 jks 1e9        ;;;默认节理参数
gravity 0 0 -10                      ;;;施加自重
bound zvel 0 range z 0               ;;;边界条件
bound xvel 0 range x 0
bound xvel 0    range x 80
bound yvel 0 range y 0
bound yvel 0 range y 50
```

```
hist reset
hist zvel(45,25,49)
hist type 1
hist unba
solve
plot clear
plot block colorby mat fill off axes scale=10
plot add vel line color red
reset disp hist time vel
solve fos       ;;;计算强度折减安全系数
ret
```

10.5 结论

本章叙述了目前对倾倒变形边坡一些基本认识，并通过一些高度概化的数值模型和一个工程实例分析了各种因素对倾倒变形边坡稳定性的影响。主要认识如下：

（1）倾倒变形边坡按照力学模式可以分成弯曲倾倒、块状倾倒和弯曲-块状组合倾倒。块状倾倒边坡，岩性不起控制作用，优势的控制性结构面如反倾层面对边坡继续变形起控制作用；弯曲倾倒可能需要考虑岩体屈服的影响；

（2）影响倾倒变形的多种因素中，坡脚软化在许多情况下是最不利的因素。坡脚的"小"扰动可以引起中上高程倾倒变形体的"大"变形；

（3）边坡自然坡角、坡高、控制性的反倾层面、顺层缓倾节理等都会边坡的稳定性和倾倒变形特征起到重要影响；敏感性分析显示，随着坡高和坡角增大，倾倒变形边坡的安全系数降低，潜在破坏面一般都是弯曲折断的平面，区别与典型的圆弧形滑动面；反倾层面倾角超过50°时，边坡一般具备产生强烈倾倒变形的条件，此时层面倾角增大，安全系数也会略有增大，但是潜在失稳区域的范围会明显增大；反倾层面走向与坡面之间的夹角也是控制边坡失稳模式的重要影响之一，但二者夹角小于30°时，倾倒变形特征明显；当二者夹角超过45°时，倾倒变形特征不明显，潜在破坏方式更接近于滑动型破坏。

（4）实际倾倒变形边坡的倾倒变形可以以较大的量值持续较长的时间，如文献中可查的 chuquichamata 和拉西瓦果卜边坡，都曾以每天数毫米～数十毫米的变形速率持续数年，最终累计十几米的大变形。即便如此，自然条件下倾倒变形仍然可以趋于稳定。

第十一章 柱状节理岩体力学特性离散元分析

柱状节理玄武岩中的柱状节理构造是一种呈不规则柱状形态的原生张性破裂构造，近几十年来，许多研究者采用离散元法来对这种特殊节理的力学特性进行了数值模拟研究。UDEC/3DEC 软件的研制和发展，也与柱状节理玄武岩工程源远流长。本章介绍 UDEC/3DEC 与柱状节理岩体工程的渊源，并研究采用块体离散单元方法模拟柱状节理力学特性的步骤、方法和工程应用。

11.1 UDEC/3DEC 与柱状节理岩体工程的渊源

UDEC 的产生和发展，与美国曼哈顿工程乏燃料处置中遇到的柱状节理玄武岩（closely jointed basalt 或 columnar jointed basalt）颇有渊源，可以说是因为柱状节理玄武岩力学特性的研究促进了 UDEC/3DEC 软件的改进和发展。追溯离散元软件 UDEC/3DEC 的发展史，其初衷是为了分析节理岩体的力学行为，而软件的应用背景正是在美国曼哈顿工程乏燃料处置的工程实践中得到了实现，并因此开发了针对节理力学特性的连续屈服节理本构模型等。

第二次世界大战期间，美国为制造核武器，开展了瞩目的曼哈顿工程。1943 年，坐落于美国西北部华盛顿州哥伦比亚高原的汉佛德（Handford）被选为制作原子弹的基地。二战结束后，美国自 1964~1971 年陆续关闭一些核反应堆，并于 1972~1985 年组织建设汉佛德核废料玄武岩处置场（Basalt Waste Isolation Project，后简称 BWIP）。由于核废料处置场的主岩——玄武岩广泛发育了多层柱状节理，为科学评价这种特殊的柱状节理玄武岩作为核废料处置主岩的适宜性，由美国能源部（U. S. A. DOE）牵头，多个著名研究机构、国际咨询公司和知名高校（如劳伦斯伯克利实验室、Itasca 公司、哥伦比亚大学、Rockwell 公司等）参与，合作开展了大量的柱状节理玄武岩室内试验和原位试验，在评价柱状节理玄武岩变形参数、强度参数及多场耦合下的岩体长期稳定性方面，形成了详细的试验资料和技术报告，同时推动了 UDEC/3DEC 软件的改进和发展。

参与 BWIP 乏燃料处置工程的 Itasca 公司专家 Roger D. Hart，Peter A. Cundall，Jose V. Lemos 等从 1984 年开始，利用 UDEC 离散元软件研究了 BWIP 柱状节理玄武岩的工程力学特性和节理力学本构关系，并于 1985 年提交了 "Analysis of block test No. 1 inelastic rockmass behavior：phase 4-further evaluation of basalt joint behavior（final report）"报告。报告分析了 BWIP 柱状节理玄武岩的原位载荷试验数据、连续屈服和滞后效应，提出了一种新的连续屈服节理本构模型，这种模型可用于模拟节理剪切中的渐进破坏行为，已成为 UDEC/3DEC 软件中应用至今的一个非常重要的节理本构模型，这也是离散元法在工程中的首例应用。至今，UDEC/3DEC 仍将 BWIP 乏燃料处置工程案例收录于其帮助手册的软件验证案例中，可见 BWIP 工程对离散元软件 UDEC/3DEC 的重要意义。

11.2　UDEC/3DEC 帮助手册中的柱状节理玄武岩验证案例

UDEC/3DEC 帮助手册中验证案例章节（Verification Problems）的第 3 个案例，就是柱状节理玄武岩等效弹性模量数值解和解析解的对比，详见 UDEC 手册（Cyclic loading of a specimen with a slipping crack，命令流文件为 SLIP. dat）和 3DEC 手册（Block with a slipping crack under cyclic loading，命令流文件为 SLIP3D. dat），帮助手册均提供了解析解的计算公式和数值计算命令流，并在文后参考文献指出来自 Brady B H G，帮助手册省略了该案例的公式推导过程和工程背景。

运行 3DEC 5.0，在菜单栏选择帮助菜单（help）下的案例（Examples），选择验证案例（Verification Problems）中的 Slipping _ Crack 例子，点击 slip3d. 3dprj 项目文件查看和执行命令流，见图 11.2.1。

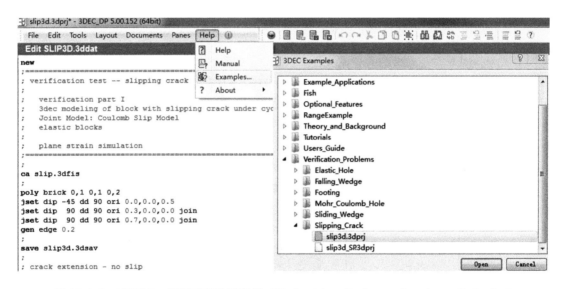

图 11.2.1　3DEC 5.0 帮助手册验证案例（Block with a slipping crack under cyclic loading）

UDEC/3DEC 手册提供的案例，实际来自 20 世纪 80 年代初 BWIP 乏燃料处置工程中的研究成果，解析解是 Brady B. H. G.（后简称 Brady）于 1985 年在《国际岩石力学与采矿科学杂志》发表的论文《大型玄武岩体承压板试验的初步研究》（*Preliminary analysis of a loading test on a large basalt block*）中给出。Brady 分析了 BWIP 乏燃料处置区域哥伦比亚河玄武岩体（Columbia River Basalts）的柱状节理玄武岩承压板试验成果（图 11.2.2），该试验点位置的玄武岩体柱状节理显著发育，岩样采用排线钻孔法钻进以减小岩体扰动，试验面（test plane）用刚性承压板加载，岩体的变形数据则通过安装伸长计即多点位移计（extensometer）获得。试验表明：柱状节理玄武岩的应力～应变曲线具有显著的滞后效应（hysteresis effect）。Brady 根据原位试验成果提出了含单条柱状节理的玄武岩弹性模量的解析解，并采用解析解对原位试验成果进行了定性分析，验证了解析解的正确性。UDEC/3DEC 手册提供的案例也是基于 BWIP 柱状节理玄武岩原位试验获取的变形参数，采用 UDEC/3DEC 验证了数值解和解析解的一致性。

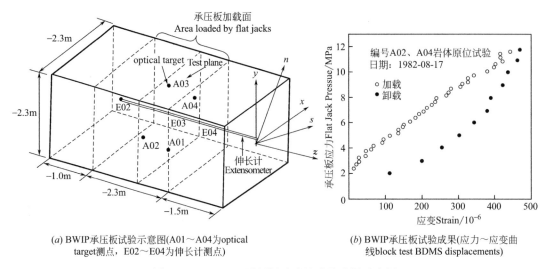

(a) BWIP承压板试验示意图(A01～A04为optical target测点，E02～E04为伸长计测点)

(b) BWIP承压板试验成果(应力～应变曲线block test BDMS displacements)

图 11.2.2　BWIP 承压板试验尺寸及成果示意图

首先对 3DEC 5.0 提供的命令流文件 SLIP3D. dat 和 Slip. fis 进行命令流的解释。本命令流模拟了含单条柱状节理的玄武岩岩块（图 11.2.3）在加载/卸载作用下的力学行为，基于 FISH 语言自定义的函数库 slip. fis 包含了岩石伺服加载试验功能（Servo Mechanism，详见"＿servo"函数和"＿load"函数）、加载面节点提取函数（详见"＿boulist"函数）、岩体等效弹模解析解计算函数（"＿analytic"函数）、岩体等效弹模计算函数（详见"＿stress＿disp"函数），本命令流涵盖了岩石单轴抗压试验全过程的控制，学习掌握后可举一反三应用于复杂节理岩体的数值仿真中。

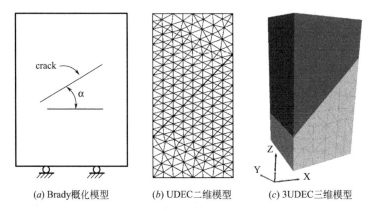

(a) Brady概化模型　　　(b) UDEC二维模型　　　(c) 3UDEC三维模型

图 11.2.3　Brady 概化模型和 UDEC/3DEC 验证案例 3 的柱状节理岩体数值模型

这里仅给出 3DEC 5.0 版本的 SLIP3D. dat 和 Slip. fis 的命令流文件，UDEC 的命令流可查看对应帮助手册，本书附送的光盘也收录了 3DEC 和 UDEC 各版本的命令流文件。

```
new    ;3dec modeling of block with slipping crack under cyclic load
ca slip. fis
```

注释：调用自定义的 fish 函数库。slip. fis 包含岩石伺服加载试验功能（"_servo"和 "_load"）、加载面节点提取函数（"_boulist"），岩体等效弹模解析解计算函数（"_analytic"）、岩体等效弹模计算函数（"_stress_disp"），其中_stress_disp 函数将模型顶部区域（z＝2.0m）分成 10×10 个搜索区间，在计算时，提取每个区间内单元的竖向应力 Szz，并将平均值作为岩体的等效竖向应力，同时取模型顶部中点(0.5,0.5,2)处的节点竖向位移 gp_zdisp 作为岩体竖向变形值

poly brick 0,1 0,1 0,2　；注释：构建长 1 m×宽 1 m×高 2 m 的柱体模型，见图 11.2.3(c)

jset dip -45 dd 90 org 0.0,0.0,0.5　；注释：构建倾角为 45°的节理面

jset dip 90 dd 90 org 0.3,0.0,0.0 join；注释：将节理面在 0.3 m 处分开

jset dip 90 dd 90 org 0.7,0.0,0.0 join；注释：将节理面在 0.7 m 处分开

gen edge 0.2｜save slip3d. sav　　　；注释：设置单元最小边长为 0.2 m 并剖分网格

prop mat＝1 dens＝2850 k＝48.25e9 g＝35.277e9；注释：赋予玄武岩块变形参数，详见 11.2.2 节

prop jmat＝1 jkn＝220e9 jks＝220e9 jfric＝100.0；注释：赋予节理面(x＝0.3～0.7 m)的力学参数

change jmat＝1 jcon＝1

注释：赋予节理本构为弹性本构，为防止加载时岩体沿着节理面滑动破坏，通过人为提高x＝0～0.3m 和 x＝0.7～1.0m 内的节理面摩擦角 $jfric$＝100°，即仅允许 x＝0.3～0.7m 的节理面滑动

prop jmat＝2 jkn＝220e9 jks＝220e9 jfric＝16.0；注释：赋予节理面变形参数和强度参数

change jmat＝2 range x 0.3,0.7 y 0.0,1.0 z 0.74,1.28

注释：节理面赋予柱状节理的变形和强度参数，参数取值详见 12.2.2 节。

hist n＝50 @disp_ @stress_ @astress_ unbal @vel_ type 1

注释：监测最大竖向位移（@disp_），岩体等效弹模量数值解（@stress_）和解析解（@stress_），最大不平衡力（unbal），加载速度（@vel_），后面两个变量可观察数值计算的稳定性

insitu stress -0.1 -0.1 -0.1 0 0 0；注释：对单元施加微小应力场，使计算快速收敛

;boundary conditions

bound zvel＝0 range z 2.0；bound zvel＝0 range z 0.0

bound yvel＝0 range y 0.0；bound yvel＝0 range y 1.0

注释：（平面应变问题，限制 y 方向变形）

@_boulist　；注释：提取模型顶部的节点信息，并建立可以遍历的数组列表，供岩石伺服试验中对顶部加载面节点的加载速度控制所用

pl hist 2 3 line style dot vs 1 yaxis label 'Axial Stress' xaxis label 'Axial Displacement'

注释：绘制岩体等效刚度计算值（id＝2）、解析解（id＝3）与竖向变形（id＝1）的曲线。

set @vel_ -1e-5 @displim_ 5e-4

@_load

注释：加载阶段模拟，在模型顶部施加竖直向下的速度 bound zvel＝-10^{-5} m/s，设置最大竖向沉降变形允许值为 0.5 mm，调用_load 函数，控制每次循环 100 个时间步，当 gp_zdisp (0.5,0.5,2)＞0.5 mm 时，停止计算。

set @vel_ 1e-6 @displim_ 0.0

@_load2

注释:卸载阶段模拟,在模型顶部施加竖直向上的速度 bound zvel=$+10^{-6}$ m/s,设置竖向回弹变形允许值为 0 mm,调用_load 函数,控制每次循环 100 个时间步,当 gp_zdisp(0.5,0.5, 2)沉降变形逐渐减小直至为 0mm 时,停止计算。

save slip3d_a.sav;保存计算成果

以下逐个介绍 Slip.fis 中自定义的 fish 函数。首先是岩体等效弹模解析解计算函数("_analytic"函数),公式推导详细见 11.2.1 节。

```
def_analytic 加载/卸载阶段的等效弹性模量解析解
    cos_al_ = cos(alpha_ * degrad)
    sin_al_ = sin(alpha_ * degrad)
    Length_ = W_/cos_al_
    invk_ = H_/(W_ * B_ * E_)+cos_al_ * cos_al_/(jkn_ * Length_ * B_)
    invk_ = invk_+sin_al_ * sin_al_/(jks_ * Length_ * B_)
    k_ = 1./invk_
    slopeAB_ = k_
    den_ = jks_ * B_ * (Length_-l_) * cos(fric_ * degrad)
    den1_ = k_ * sin_al_ * sin((alpha_-fric_) * degrad)/den_
    den2_ = k_ * sin_al_ * sin((alpha_+fric_) * degrad)/den_
    slopeOA_ = k_/(1.+den1_)
    slopeBO_ = k_/(1.+den2_)
    step_n_ = 0
end
set @W_ 1.0 @B_ 1.0 @H_ 2.0 @E_ 88.9e9 @step_n_ 0
set @alpha_ 45 @l_ 0.54 @fric_ 16 @jkn_ 220e9 @jks_ 220e9
@_analytic
```

加载试验"_load"函数,设置的最小循环时间步(@nstep_cyc)为 100。加载阶段的最大位移控制阈值(@displim_)为 0.5mm,当竖向沉降变形 gp_zdisp(0.5,0.5,2)< 0.5mm 时,每次循环 100 个时间步(cyc 100),直至大于 0.5mm 时停止计算(exit);卸载阶段的最大位移控制阈值为 0mm(即加载阶段竖直向上沉降 0.5mm,然后卸载阶段再竖直向上回弹变形 0.5mm,整体沉降值为 0mm),当监测的节点位移未回弹至 0mm 时(表现为负值),每次循环 100 个时间步,直至整体沉降值为正值(≥0mm)时停止计算。

```
def_load    ;function which controls cycling 岩石伺服试验功能(控制计算时间步的函数)
    nstep_ = nstep_
    sign_ = vel_/abs(vel_)
    loop while 1>0
        command
        cy @nstep_
```

```
        end_command
        if sign_ * disp_ < sign_ * displim_
        dispmax_=disp_
        exit
        end_if
      end_loop
end
set @nstep_ 100
```

岩石伺服加载试验功能（"_servo"函数）命令流如下，在数值计算时通过判断最大不平衡力的状态，对加载速度进行调整，以实现伺服加载功能（Servo Mechanism）。

```
;servo mechanism which controls the loading on the block
;岩石伺服试验功能(控制稳定的加载速度)
def_servo
  while_stepping         ;在每个迭代步中调用_servo函数
  if unbal > ref_ then  ;当最大不平衡力大于1000时,微调减小加载速度
    vel_=0.98 * vel_
    ipt_=ihead_
    loop while ipt_ ≠ null   ;遍历加载面上的节点,修改为新的加载速度
      ibgp_=mem(ipt_+1)
      bou_zvel(ibgp_)=vel_
      ipt_=mem(ipt_)
    end_loop
  endif
  if unbal < 0.8 * ref_ then;当最大不平衡力小于800时,微调增大加载速度
    vel_=1.02 * vel_
    ipt_=ihead_
    loop while ipt_ ≠ null   ;遍历加载面上的节点,修改为新的加载速度
      ibgp_=mem(ipt_+1)
      bou_zvel(ibgp_)=vel_
      ipt_-mem(ipt_)
    end_loop
  endif
end
set @ref_ 1000
```

加载面节点信息提取（"_boulist"函数）命令流如下，模型顶部的节点信息提取，是为了建立可以遍历的数组列表，以供岩石伺服试验中对顶部加载面节点的加载速度控制所用。

```
def_boulist;加载面节点提取函数
  ihead_=null
```

```
count_=0
ib_=block_head
loop while ib_ ≠ 0;对所有块体进行循环
    igp_=b_gp(ib_)
    loop while igp_ ≠ 0;对所有块体的顶点进行循环
        ibgp_=gp_bou(igp_);找到属于边界上的顶点
        if ibgp_ ≠ 0 then
            z_=gp_z(igp_)
            if abs(zc_-z_)< 0.01 * zc_ then;找到顶部边界 z=2m 的顶点
                ipt_=get_mem(3)
                mem(ipt_)=ihead_
                mem(ipt_+1)=ibgp_
                ihead_=ipt_;建立顶部加载面节点列表
            end_if
        end_if
        igp_=gp_next(igp_)
    end_loop
    ib_=b_next(ib_)
end_loop
end
```

根据 3DEC 帮助手册提供的例子，我们可以得到平面应变和平面应力条件下的数值解，并与解析解进行了对比，如图 11.2.4 所示，数值解和解析解十分吻合。

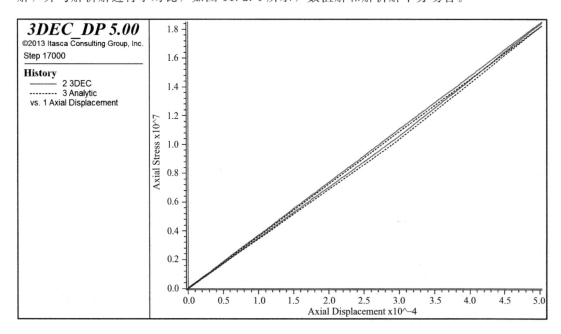

图 11.2.4　3DEC 数值解（红色实线）与解析解（黑色虚线）对比

这个命令流反演了柱状节理玄武岩在加卸载下的力学行为，并与理论模型的解析解吻合。3DEC 帮助手册中同时也给了平面应力下的计算值，同样与解析解一致。充分采用 3DEC 离散元模型来分析节理岩体的力学机制是合理精确的。然而，我们也注意到，实际的试验中，岩样的节理在加载下会发生扩展，3DEC 并不能模拟这个行为。这是因为概念模型假设节理面上的法向应力是均匀分布的，并且节理面的变形是弹性行为；实际上，节理面的滑动会产生显著的应力集中现象，这是 3DEC 无法准确模拟的。

11.2.1　命令流中解析解的推导

UDEC/3DEC 帮助手册给出了柱状节理玄武岩的加载/卸载过程等效弹模计算公式见表 11.2.1。Brady 指出柱状节理岩体加载和荷载曲线具有如下几个特征：（1）可分为 1 个加载变形阶段和两个卸载变形阶段。初始加载变形阶段 Slope I 为线弹性加载变形阶段，曲线较平直，斜率增长缓慢，表现为岩块的压缩变形及节理的压缩和剪切变形共同作用结果；初始卸载阶段表现为斜率较高的卸载曲线 Slope II；后继卸载阶段 Slope III 对应斜率较低的曲线。卸载阶段结束后柱状节理岩体存在不可恢复的永久变形；（2）各级加载卸载环均有明显的滞后特性，且在重复加卸载过程中，这种滞后特性并没有减弱。

UDEC/3DEC 帮助手册中的柱状节理玄武岩等效弹模计算公式　　表 11.2.1

加载/卸载阶段	二维（UDEC）	三维（3DEC）
OA 加载段斜率	$Slope\ OA = \dfrac{k}{1 + \dfrac{k\sin\alpha\sin(\alpha-\phi)}{K_s(L-1)\cos\phi}}$	$Slope\ OA = \dfrac{k}{1 + \dfrac{k\sin\alpha\sin(\alpha-\phi)}{K_sB(L-l)\cos\phi}}$
AB 卸载段斜率	$\dfrac{1}{k} = \dfrac{H}{WE^t} + \dfrac{\cos^2\alpha}{K_nL} + \dfrac{\sin^2\alpha}{K_sL}$	$\dfrac{1}{k} = \dfrac{H}{WBE^t} + \dfrac{\cos^2\alpha}{K_nLB} + \dfrac{\sin^2\alpha}{K_sLB}$
BO 卸载段斜率	$Slope\ BO = \dfrac{k}{1 + \dfrac{k\sin\alpha\sin(\alpha+\phi)}{K_s(L-1)\cos\phi}}$	$Slope\ BO = \dfrac{k}{1 + \dfrac{k\sin\alpha\sin(\alpha+\phi)}{K_sB(L-l)\cos\phi}}$

Brady 从理论上分析了 BWIP 柱状节理玄武岩的荷载～变形曲线，这个概念模型可以用一个含有单条柱状节理的玄武岩块的单轴加载/卸载试验进行定性分析，见图 11.2.5。

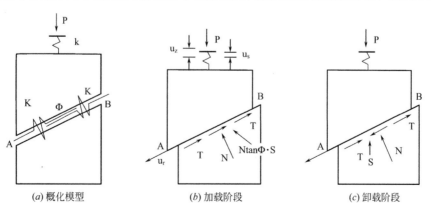

图 11.2.5　柱状节理玄武岩受力示意图（Brady，1985 年）

取出含单个柱状节理的玄武岩块进行力学分析，将玄武岩块视为刚性体，其刚度为 k_r，倾斜角为 α 的柱状节理刚度为 k_j，摩擦角为 ϕ。当处于加载阶段时，应力～应变曲线斜率较平直，斜率增长速率较缓，可视为线弹性变形阶段。此时受均匀荷载 p 作用下，设岩体整体变形为 u，岩块变形为 u_r，柱状节理沿节理面变形为 u_j，柱状节理面法向应力为 N，切向应力为 T，摩擦阻力为 $F = N\tan\phi$，如图 11.2.5 (b) 所示，则有：

$$u_r = u - u_j\sin\alpha \tag{11.2.1}$$

$$P = k_r(u - u_j\sin\alpha) \tag{11.2.2}$$

沿 AB 柱状节理面进行应力平衡分析，则有：

$$N = P\cos\alpha \tag{11.2.3}$$

$$P\sin\alpha = 2T + F \tag{11.2.4}$$

$$F = N\tan\varphi = P\cos\alpha\tan\varphi \tag{11.2.5}$$

由公式 11.2.4 则有：$k_j u_j + P\cos\alpha\tan\phi = P\sin\alpha$，可得 u_j，代入 $u_r = u - u_j\sin\alpha$ 中整理得：

$$P = \frac{k_r}{1 + \dfrac{k_r\sin\alpha\sin(\alpha - \phi)}{2k_j\cos\phi}} \cdot u \quad 或 \quad Slope\,I = \left(\frac{\mathrm{d}p}{\mathrm{d}u}\right)_I = \frac{k_r}{1 + \dfrac{k_r\sin\alpha\sin(\alpha - \phi)}{2k_j\cos\phi}}$$

$$\tag{11.2.6}$$

当试验进入初始卸载阶段，见图 11.2.5 (c)，让竖向荷载按一定速率被移除时，则柱状节理面将产生一个反方向的回弹变形，即 AB 上的摩擦阻力 F 是沿节理面向下的，当摩擦阻力 F 足够大并能阻止节理面向上滑移时，岩体变形为岩块的回弹变形 u_r。因此初始卸载阶段的斜率代表了完整岩块的变形模量，这与 Hart 和 Cundall（1985）在分析 BWIP 原位试验得到的结论一致，则有：

$$Slope\ \mathrm{II} = \left(\frac{\mathrm{d}p}{\mathrm{d}u}\right)_{\mathrm{II}} = k_r \tag{11.2.7}$$

当试验进入后继卸载阶段，如图 11.2.6 所示，即随着施加荷载 P 减小，直至递减为 0 时，则 AB 上的法向压应力 N 变小，摩擦阻力 F 随之减小。当摩擦阻力 F 不足以抵抗块体向上回弹变形时，此时达到极限平衡状态，岩块将沿柱状节理面 AB 产生向上滑移，则沿 AB 柱状节理面进行应力平衡分析可得：

$$P\sin\alpha + F - 2T = 0 \tag{11.2.8}$$

$$F = N\tan\phi = P\cos\alpha\tan\phi \tag{11.2.9}$$

或

$$P = \frac{k_r}{1 + \dfrac{k_r\sin\alpha\sin(\alpha + \phi)}{k_j\cos\phi}} \cdot u \quad Slope\ \mathrm{III} = \left(\frac{\mathrm{d}p}{\mathrm{d}u}\right)_{\mathrm{III}} = \frac{k_r}{1 + \dfrac{k_r\sin\alpha\sin(\alpha + \phi)}{k_j\cos\phi}}$$

$$\tag{11.2.10}$$

比较可知 $Slope\ \mathrm{III} < Slope\ \mathrm{II}$，由于柱状节理的倾伏角 α 一般在 $70°$ 以上，$\alpha > \phi$，则有 $Slope\ \mathrm{I} < Slope\ \mathrm{II}$。通过对比 BWIP 柱状节理玄武岩的原位承压板试验成果，概念模型的力学分析能够反映承压板试验的应力～应变曲线特征。Brady 认为概念模型描述了单条柱状节理下的应力～应变关系，推广到多条柱状节理条件下，柱状节理玄武岩的初始卸载阶段曲线应表现为斜率逐渐递减的折线型曲线，如图 11.2.6 的虚线所示。

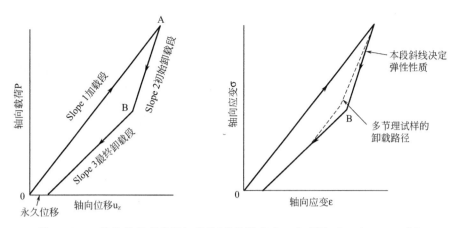

图 11.2.6　柱状节理玄武岩加载/卸载阶段应力～应变图（Brady，1985 年）

Brady 依据概念模型从力学机制上分析了柱状节理玄武岩承压板试验荷载～变形曲线的特征，可得到以下三点结论：

1）一个完整的加载卸载循环表现为 3 个阶段：初始加载阶段，岩块变形，结构面存在非线性滑移；初始卸载回弹变形阶段，结构面无滑移；后继卸载滑移阶段，结构面存在非线性滑移。加、卸载循环过程结构面非线性滑移产生滞后效应，产生永久变形。

2）加载过程伴生滞后特性，如果我们认为原位试验曲线的非线性特征来自于玄武岩的柱状节理网络，那么这种低荷载下的高度滞后特性可认为是结构面的非线弹性行为所致。即可认为，柱状节理玄武岩的变形可分解为两个部分：弹性变形（包括完整岩块和结构面）和非弹性变形（仅发生在节理面上的滑移、转动和分离）。

3）只有初始卸载阶段才能抑制柱状节理的非弹性变形，可代表柱状节理玄武岩的真实弹性变形。因此在获得柱状节理玄武岩的等效变形模量时，应采用原位承压板试验中的初始卸载阶段曲线，同时非弹性变形也可以单独评价。

综上所述，Brady 对柱状节理玄武岩加载/卸载过程的等效弹模公式推导中，仅考虑了节理面的法向刚度，他认为初始卸载阶段的弹性模量为玄武岩块的弹性模量，因此对实际岩体的受力机制进行了概化。大量的原位承压板试验成果表明，初始卸载阶段的岩体变形应包括完整岩块和结构面的弹性变形，UDEC/3DEC 帮助手册中也对 Brady 的解析解进行了修正，将初始卸载阶段的弹性模量取值为受柱状节理影响的等效弹性模量。

11.2.2　命令流中的参数取值

注意到第 11.1 节命令流中岩块和节理面的力学参数为 BWIP 柱状节理玄武岩的试验参数。NSTF 区域（The Near Surface Test Facility）是美国能源部开展 BWIP 柱状节理玄武岩大型原位试验的主要地点。

BWIP 柱状节理玄武岩的地质成因：哥伦比亚高原位于太平洋板块与美洲板块交界处，历史上及现在火山活动频繁（如近几十年来喷发的圣海伦火山），形成了世界上较规模较大的大陆溢流玄武岩（哥伦比亚河玄武岩统 Columbia River Basalt Group，简称 CRBG），其覆盖区域达 16.4 万 km^2，体积多达 17.4 万 km^2，分布于美国华盛顿州东部、俄勒冈州北部及爱达荷州西部，见图 11.2.7。据 Reidel（1989）测定，CRBG 形成时间为

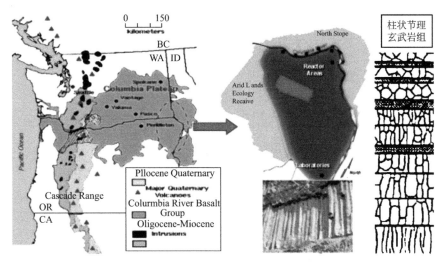

图 11.2.7　美国玄武岩核废料存储工程位置及岩组示意图（据 DOE 1999）

中新世，约 16～6Ma。CRBG 玄武岩统中孕育了多层柱状节理玄武岩组，自地表从上而下可分为 Saddle mountain 玄武岩组、Wanapum 玄武岩组、Grande Ronde 玄武岩组、Picture Geoge 玄武岩组和 Imnaha 玄武岩组。Moak 和 Wintczak（2001）、Woodmorappe 和 Michael（2002）、Goehring 和 Morris（2005）详细调查了 Saddle mountain 玄武岩组中的 Pomona basalt flow 亚层 NSTF 区域的柱状节理玄武岩。NSTF 区域的柱状节理玄武岩可分为两类：一类为规则小型或中型柱状节理玄武岩，柱体类型以六边形为主，柱长 2.4m，半径 15～30cm，平均半径 20cm，倾角 15°～20°，岩体发育水平微裂隙，平均节理间距 20cm，在考虑原生和构造结构面的发育程度后，节理线密度可达 13 条/m 以上；另一类为柱体直径较大的不规则大型块状柱状节理玄武岩，局部岩层还发育有锯齿状节理（hackly joints）和枕状节理（pillow joints）。由 Pomona basalt flow 亚层的玄武岩室内试验成果可知，玄武岩块的弹性模量为（83.4±8.3）GPa，泊松比 υ 为 0.25±0.02，详见表 11.2.2。

美国哥伦比亚河玄武岩的物理力学参数

表 11.2.2

玄武岩组	单轴抗压强度/MPa	抗拉强度/MPa	弹性模量/GPa	泊松比	数据来源
Umatanum Flow	212.0±106.0	11.9±6.9	71.0±20.0	0.27±0.05	DOE(1988)
Pomona Flow	356.0±42.0	19.4±3.8	83.4±8.3	0.25±0.02	DOE(1988)
CohassettFlow	234.6±28.8	13.6±2.4	70.4±5.1	0.26±0.02	DOE(1988)
Miocene,OR	169.0～219.0	26.2	-	-	DOE(1988)
Champion Mine	230.0	26.2	61.5	-	DOE(1988)
Ahmeek Mine	258.0～358.0	-	70.3	-	DOE(1988)
BWIP	168～364	10.0～20.0	20～100.0	0.09～0.32	Schultz(1996)

注：玄武岩块物理力学性质来自美国能源部 DOE（1988）及 Schultz（1995）统计表

由此可知，Cundall 在 UDEC/3DEC 数值试验中对岩块的弹性模量取值为 88.9GPa，泊松比 υ 取值为 0.26，均在 CRBG 玄武岩的变形参数取值范围内。同时，Cundall 根据大量数值试验和原位试验的对比成果，将 BWIP 核废料处置场址岩体中的柱状节理法向刚度和切向刚度取值为 220GPa/m，柱状节理摩擦角取值为 16°。

11.2.3 规则柱状节理的离散元分析

Cundall 等在 1985 年利用 UDEC 分析 BWIP 柱状节理玄武岩的应力~应变关系时，开发了一种新的连续屈服节理本构模型，这个节理本构模型被作为如今 UDEC/3DEC 软件的一个重要模型，当时取名为修正节理本构模型（The Revised Joint Model，采用 Fortran 程序实现，Fortran 源程序可见光盘）。Cundall 用 UDEC 模拟了 BWIP 规则六边形柱状节理玄武岩原位变形试验揭示出的滞后效应、应变分布的不均匀性及刚度的围压效应，采用参数见表 11.2.2，计算结果见图 11.2.8、图 11.2.9。其中玄武岩块的弹性模量 $E_r =$ 88.9GPa，泊松比 $v = 0.2$。Z 方向围压为 5MPa，X 方向加载从 2MPa 分级增加到 10MPa。Cundall 等认为柱状节理的转动和滑移是柱状节理玄武岩非线性行为的根本原因。

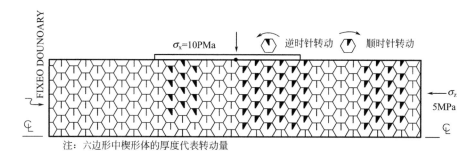

图 11.2.8 BWIP 柱状节理 UDEC 数值模拟结果（Cundall 等，1985）

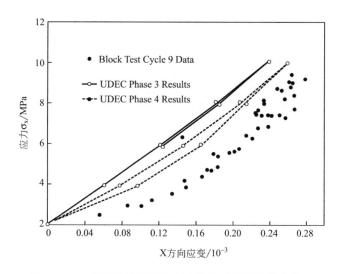

图 11.2.9 采用连续屈服节理本构模型模拟的柱状节理
玄武岩加载试验成果（Cundall 等，1985）

如图 11.2.9 所示，Cundall 等认为柱状节理玄武岩的非线性特征都可以归结为节理网络的非线性行为所致。一般来说，当加载压力较小时，对大多数柱状节理来说，柱状节理的滑动可能性较低。但以下三种情况则可能造成岩体的滞后效应及应变不均匀性：（1）柱状节理产状和位置的不同，可能在岩体内部的局部位置产生应力集中，形成节理滑移的应力临界条件；（2）个别柱状节理在整个加载阶段都产生了连续屈服和滞后效应；（3）构造应力及二次应力场会产生局部应力集中现象。

综上所述，通过追溯 20 世纪 80 年代初 BWIP 柱状节理玄武岩的 UDEC 数值模拟成果，有助于我们了解连续屈服节理本构模型的产生背景和实现机理，这个案例可让我们更好地理解节理的力学行为和离散法的优势。

11.3　不规则柱状节理的离散元模拟

11.3.1　柱状节理构造和 Voronoi 图形

地质岩体中的柱状节理构造，一般多见于基性浅成岩或喷发岩（如玄武岩）中，有时在中酸性熔岩、熔结凝灰岩、潜火山岩、基性岩脉中也可见到，甚至在响岩、流纹岩、页岩、砂岩、石灰岩、碎屑岩等岩类中也见有文献报道，更多的关于地质体中的柱状节理现象可见 DeGraff 和 Aydin（1987）的论述。关于火山熔岩中的柱状节理报道，最早可追溯于 1693 年 Bulkeley 对爱尔兰巨人阶梯（Giant's Causeway）的描述。柱状节理景观以爱尔兰巨人台阶、美国加利福尼亚东部魔鬼柱（Devil's Postpile）和冰岛的柱体瀑布（Skaftafell's Colonnade）为代表的奇特而又壮观的柱列（Colonnade），如图 11.3.1，一直吸引着各国学者对其几何特征和地质成因进行研究。

(a) 爱尔兰巨人台阶　　　　*(b)* 美国魔鬼柱　　　　*(c)* 冰岛柱体瀑布　　　　*(d)* 某水电站柱状节理

图 11.3.1　典型的柱状节理地址现象

柱状节理构造是一种呈规则柱状形态的原生张性破裂构造，常见于火山熔岩中，也可见于干化面粉、凝结冰块、淬火金属和玻璃等中，见图 11.3.2。Müller（1998），Toramaru 和 Matsumoto（2004），Goehring 和 Morris（2003～2007）发现具有一定湿度的面粉干化过程中，水汽的扩散和蒸发与熔岩流中热量的扩散和析取具有类似的过程，他们的试验表明面粉在适宜的温度下会形成稳定的与柱状节理玄武岩类似的柱状裂隙。Cole（1988）、Picu 和 Gupta（1995、1997）、Frost（2001）、Menger（2002）等发现冰块凝结中也常常形成柱状节理构造。French（1925）、Hull 和 Caddock（1999）发现了淬火金属

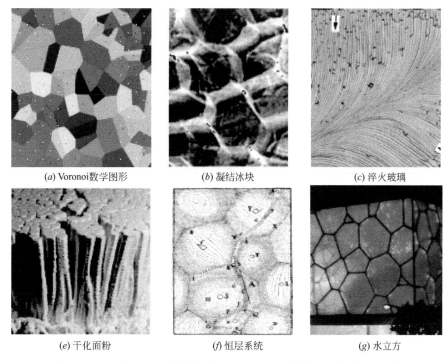

(a) Voronoi数学图形　　　(b) 凝结冰块　　　(c) 淬火玻璃

(e) 干化面粉　　　(f) 恒层系统　　　(g) 水立方

图 11.3.2　自然现象中的柱状节理与 Voronoi 数学图形的几何相似性

和淬火玻璃中也伴生不规则的柱状裂隙。

　　孕育柱状节理构造的玄武岩在地球上分布极广，常呈厚大的溢流岩形式产出，它们不仅在陆壳上（如北美、南美、印度、西伯利亚、环太平洋带）有大面积分布；而且就连太平洋、大西洋和印度洋的洋壳上也几乎全为它们所覆盖。玄武岩的面积约为其他熔岩的五倍以上，是自然界中最常见的熔岩，它们既可存在于洋中脊和洋岛上，也可分布在大陆边缘和稳定大陆内部。

　　我国的玄武岩分布很广泛，自寒武系到古中新生界各系都有分布，其中以新生代和二叠系峨眉山玄武岩分布面积最广。新生代玄武岩主要分布在吉林、内蒙古、浙江、广东、海南等 20 个省、自治区，面积约 9.4 万平方公里。在我国西南地区的云贵川，则有二叠纪峨眉山玄武岩构成的泛流式岩系。在距今二亿五千万年前的早晚二叠世期间，海西运动引起强烈的地裂拉张作用，在川、滇、黔接坡地带产生近南北向展布的安宁河、小江－龙门山和东川等深大断裂，这些深大断裂使得上地幔基性玄武岩浆得以大量喷发，熔岩流遍布云、贵、川达 50 万平方公里的峨眉山大陆溢流玄武岩，厚度从几米至数千米不等，构成中国西南的重要地质岩组，成为西南一些大型水电站的坝基及坝肩承载岩体，其中一些水电站就坐落在柱状节理发育的玄武岩上，因此研究柱状节理构造对工程岩体力学特性的影响具有重要的意义。东南沿海广泛分布的新生代玄武岩也是许多火电厂（未来甚至是核电厂）的工程场址或潜在场址，柱状节理玄武岩地基的适宜性也是未来需进行科学论证的重要课题。

11.3.2　UDEC/3DEC 中的 Voronoi

　　由上可知，柱状节理和 Voronoi 数学图形具有很好的几何相似性，因此柱状节理可以视为一种简单的 Voronoi 节理网络，基于 Voronoi 节理网络的数值方法可用来分析柱状节理的力学行为。目前基于 Deaulauly 三角形生成二维 Voronoi 图形的计算方法已经比较成熟，Delaunay 化网格还可以生成三维 Voronoi 多面体，用于复杂构形颗粒组合破坏分析，详细见第 4.2 节。UDEC 中也提供了一个内部命令（Voronoi Tessellation）可快速自动生成 Voronoi 节理网络。UDEC 内嵌的 Voronoi Tessellation 是一种将块体剖分成平均边长的随机多边形子块体的剖分方法，经验证，UDEC 生成的 Voronoi 节理，可很好地导入 3DEC 中进行三维建模，这样，可以综合利用 UDEC/3DEC 来分析二维和三维情形下的节理岩体力学特性。以下介绍 UDEC/3DEC 的 Voronoi 节理构建方法。

UDEC 的 Voronoi Tessellation 命令生成不规则柱状节理的，构建语法如表 11.3.1 所示，如在 6m×2m 的区域内，采用平均边长 edge=0.2m，以迭代次数 Itaration<100 来控制柱面形状（以四边形和五边形为主），生成的 voronoi 多边形如图 11.3.3 所示。

UDEC 的 Voronoi Tessellation 语法结构　　　　　　　　　　表 11.3.1

命令流	Voronoi	Edge l	Round r	<Iterations n>	<Rtol t>	<Seed num>	<Range jrange>
关键词	Edge		Round	Iterations	Rtol	Seed	Ronge
描述	节理平均长度		节理棱角磨圆度	均匀化系数	容差	随机布点数	生成范围

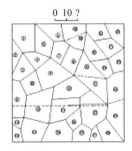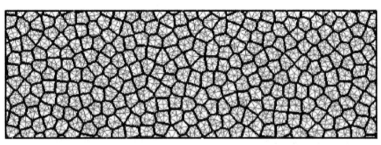

图 11.3.3　某柱状节理玄武岩现场描绘图和 UDEC 离散元数值模型

UDEC 导出 voronoi 结构的命令流如下：

```
new
res udec-voronoi-model. sav      ;注释:读入生成 voronoi 的 udec 模型
DEF_getelenode
 array buf(1)
 bnum=0
 FileName='udec_blockgp. txt'
 status=open(FileName,IO_WRITE,IO_ASCII)
 buf(1)='! bnum,bmat,znum,x1,y1,x2,y2,x3,y3'
 status=write(buf,1)
 b_id=block_head
 loop while b_id ≠ 0
     bnum=bnum + 1
```

```
      gp_id＝b_gp(b_id)
      gpnum＝0
      loop while gp_id ♯ 0
        gpnum＝gpnum＋1
        buf(1)＝string(bnum)＋ ',' ＋ string(bmat(b_id))＋ ',' ＋ string(gpnum)
        buf(1)＝buf(1)＋','＋string(gp_x(gp1_id))＋' '＋string(gp_y(gp1_id))
        status＝write(buf,1)
        gp_id＝gp_next(gp_id)
      endloop
      b_id＝b_next(b_id)
  endloop
  status＝close
END
_getelenode
```

该 fish 函数可以导出 UDEC 的块体编号、材料号、单元号、节点 1、2、3 的 XY 坐标，执行本书光盘的柱状节理建模软件（UDEC_CAD_DEC，采用 Fortran 编制），可将 UDEC 的二维 voronoi 模型转换为 3DEC 的三维柱状节理模型，同时可以生成 AutoCAD 标准图件格式的可视化图形，如图 11.3.4 所示。

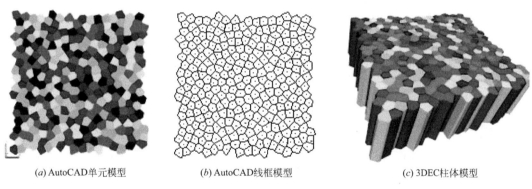

(a) AutoCAD 单元模型　　　　(b) AutoCAD 线框模型　　　　(c) 3DEC 柱体模型

图 11.3.4　导入 3DEC 的 Voronoi 柱体模型

11.3.3　不规则柱状节理玄武岩的 UDEC 模拟

由 11.2.3 节可知，Cundall 等认为柱状节理的转动和滑移是柱状节理玄武岩非线性行为的根本原因。但 Cundall 等对 BWIP 的柱状节理是采用了简化的标准六边形柱面，实际上，玄武岩受赋存环境、地质构造等影响，柱状节理的柱面类型不全为六边形，国内外大量玄武岩中柱状节理柱面类型的统计表明：即使是六边形柱面发育很好的爱尔兰巨人阶梯柱状节理（图 11.3.1（a）），仍然包含一些五边形和四边形柱面，BWIP 玄武岩也含有较多的五边形和四边形柱面。大部分的柱状节理玄武岩则以不规则的四边形和五边形柱面为主，如我国西南某水电站柱状节理的柱面主要为四边形和五边形，六边形柱面所占比例于 10%，属于不规则柱状节理玄武岩，因此用六边形柱状节理模拟是比较简化的。这里基于

UDEC 的 Voronoi Tessellation 生成 6m×2m 的不规则柱状节理的离散元数值模型，可生成与实际柱状节理柱面形态一致的柱状节理数值模型，如图 11.3.3 所示。由于 UDEC/3DEC 可选择可变形离散元计算，即柱状节理之间可采用恰当的节理本构来模拟接触行为，同时完整玄武岩块内部又可以离散为单元体计算应力应变，因此其在模拟数值承压板试验上具有较好的应用性。

这里基于以上命令流，采用 UDEC 数值模拟柱状节理发育的国内某水电站坝肩柱状节理玄武岩刚性承压板试验揭示出的滞后效应、应变分布的不均匀性。计算参数和加载过程同 11.2.3 节 Cundall 用 UDEC 数值模拟的过程。

国内某水电站坝肩柱状节理玄武岩的现场照片和柱面形态见图 11.3.5，其刚性承压板试验揭示的加载/卸载典型应力～应变曲线见图 11.3.6。

图 11.3.5　某柱状节理发育的水电站坝肩柱状节理示意图

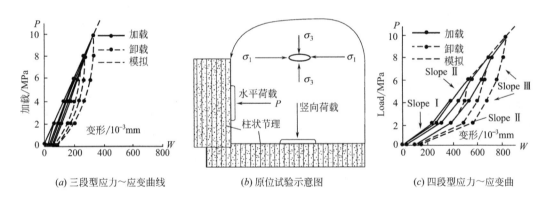

(a) 三段型应力～应变曲线　　　(b) 原位试验示意图　　　(c) 四段型应力～应变曲

图 11.3.6　某水电站柱状节理玄武岩刚性承压板试验及加载/卸载典型应力～应变曲线

数值承压板直径为 2.0m，最大施加荷载为 10MPa，岩块和节理参数见表 11.3.2 所示。试验分三阶段进行，0～2MPa 为初始压密阶段，考虑刚度折减系数 JRF 为 0.5，后续加载阶段 2～10MPa 节理刚度恢复为实测值，每隔 2MPa 计算至平衡，然后以 2MPa 为单位进行逐次卸载试验，直至卸载为 0MPa。每级加、卸载试验结束时，采用 fish 命令流采集靠近承压板中心底部的柱状节理玄武岩的平均竖向应力和竖向位移，如图 11.3.7 所示；计算结果存入 Table 数组中，并绘制应力～应变曲线，如图 11.3.8 所示。UDEC 数值模拟表明：Voronoi 柱状节理的数值试验应力～应变曲线与原位试验成果揭示的规律一致，分四个阶段，初始压密阶段的斜率小于后继加载阶段，卸载阶段可明显分为初始卸载阶段和后继卸载阶段。同时可看出初始卸载阶段为斜率逐渐减小的多段折线型曲线，这与原位试验揭示的初始卸载曲线很吻合，也应验了 Brady 对多条柱状节理条件下柱状节理玄武岩的初始卸载阶段曲线特征的推断（详见图 11.2.6 中虚线表示的斜率逐渐递减的折线型曲线）。

某水电站不规则柱状节理玄武岩力学参数取值　　表 11.3.2

岩体类型			玄武岩块物理和力学参数			柱状节理几何和力学参数		
参数符号	$E_i/$ GPa	ν_i	$Density/$ kg/m³	柱体直径 /m	K_n /GPa/m	K_s /GPa/m	Jdp	φ /(°)
不规则柱状	76.2	0.23	2900	0.20	335.48	04.09	0.5	26.0

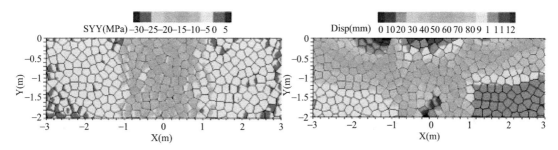

图 11.3.7　Voronoi 柱状节理数值承压板试验 10MPa 时的应力和位移云图（6m×2m）

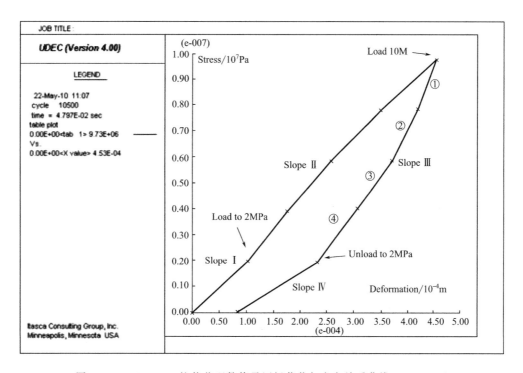

图 11.3.8　Voronoi 柱状节理数值承压板荷载与应变关系曲线（6m×2m）

　　每级加、卸载试验结束时，采用 Fish 命令流采集靠近承压板中心底部的柱状节理玄武岩的平均应力和竖向位移。数值模拟表明：Voronoi 柱状节理的数值试验应力～应变曲线与原位试验成果揭示的规律一致（图 11.3.6（c）），分为四个阶段，初始压密阶段的斜率小于后继加载阶段，卸载阶段可明显分为初始卸载阶段和后继卸载阶段。同时可看出初始卸载阶段为斜率逐渐减小的多折线型曲线，这与原位试验的初始卸载曲线很吻合。

通过引入 Voronoi 图形来描述国内某水电工程中的不规则柱状节理玄武岩，分析数值仿真的承压板试验成果，可模拟出四个阶段：初始压密阶段、加载阶段、初始卸载回弹变形阶段、后继卸载滑移阶段。采用 UDEC 离散元软件模拟刚性承压板加载卸载数值试验全过程，合理地解释了柱状节理玄武岩在原位试验中表现出的显著压密性和滞后效应。数值试验表明，基于 Voronoi 节理网络的 UDEC 数值试验可以较好地模拟不规则柱状节理的加卸载力学行为及滞后效应。

UDEC 加载/卸载命令流如下：

```
new
res voronoi. sav
plot zone green block black
set output zone. jpg
Copy;输出可变形离散元模型单元图片
;  define material set_paras
@set_para;这里省略柱状节理参数设置的函数,详见光盘
call Mointor. FIS;记录应力～应变的 Fish 子程序
change cons＝1
change jcons＝2
prop mat＝1 d＝bl_d b＝bl_k s＝bl_g
prop jmat＝2 jkn＝j_kn jks＝j_ks jf＝j_fr;Coulomb friction model
change mat＝1
change jmat＝2
hist unbal
history ydis   0.1,0.0   ;监测模型竖向位移
history syy   0.1,0.0   ;监测模型竖向应力
Bound   yvel＝0 range(－3.1,3.1)(－2.1,－1.9)   ;位移约束
;------------Increment(压密阶段 2.0 MPa)------------
;;;------------ EDZ 单元 节理刚度降低 jdp,考虑表层岩体损伤产生的裂隙压密效应
prop jmat＝2 jkn＝j_kn0 jks＝j_ks0 jf＝j_fr
Bound stress 0 0 -2.0e6 range(－1.1,1.1)(－0.1,0.1)   ;top
cyc 2000
;------------Increment(加载阶段 4.0～10.0 MPa)------------
;;;----------表层岩体裂隙压密后,节理刚度恢复为原位试验的反演值
prop jmat＝2 jkn＝j_kn jks＝j_ks jf＝j_fr
Bound stress 0 0 -2.0e6 range(－1.1,1.1)(－0.1,0.1)   ;top
cyc 1000
;------------increment(卸载阶段 8.0～0.0MPa)------------
```

Bound stress 0 0 2.0e6 range(−1.1,1.1)(−0.1,0.1) ;top

cyc 1000

;----------------------------------出图

set plot bac 15

set plot bw

set plot jpg size 800 600

pl hist 3

set output load_history.jpg

Copy;输出加载/卸载过程图片

pl table 1 both

set output stress_strain_curve.jpg

Copy;输出可应力～应变曲线图片

set bac 15

pl table 1 both hold;显示应力～应变曲线

11.3.4 不规则柱状节理的 3DEC 数值承压板试验模拟

利用 3DEC 模拟柱状节理玄武岩压缩试验（SLIP3D. dat）的函数库 slip. fis，稍微修改岩体等效弹模计算函数（ _ stress _ disp），即可用于分析复杂节理岩体的原位载荷试验，估算节理岩体的变形参数。

1）FISH 函数的修改和验证

（1）块体的验证

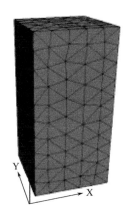
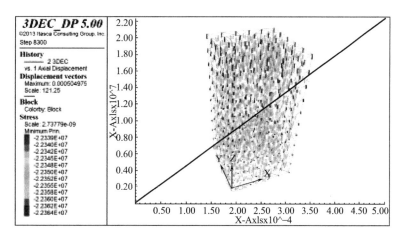

图 11.3.9 3DEC 块体模型及荷载与应变关系曲线（1m×1m×2m）

3DEC 块体建模的命令流如下：

poly brick 0,1 0,1 0,2

gen edge 0. 2

prop mat＝1 dens＝2850 k＝61. 73e9 g＝35. 277e9

3DEC 数值模型取 $1m \times 1m \times 2m$（厚度）的柱体，不考虑节理面，岩体参数同 11.2 节 3DEC 手册（Block with a Slipping Crack under Cyclic Loading，命令流文件为 SLIP3D. dat）的玄武岩变形参数，即取 $E_r = 88.9$ GPa，$\upsilon = 0.26$，迭代 step 8300 个时间步后，即岩体最大竖向变形 $zdisp$ 为 0.5 mm 时停止计算，此时竖向应力 σ_z 增大至 22.350 2 MPa，则理论计算得到柱体的最大竖直压缩变形 u_z 为：

$$u_z = H \cdot \sigma_z / E_r = 2m \times 22.3502 \text{MPa} / 88.9 \text{GPa} = 0.502\ 8\text{mm} \tag{11.3.1}$$

执行 3DEC 命令流计算得到的位移为 0.504 9mm，反算弹性模型计算值为 88.91GPa。数值解和理论解一致。证明了经修改的 _ stress _ disp 命令流的正确性。

（2）正交节理岩体的验证

从 11.2 的案例可知，弹性模量为 E 的岩块被一组倾角为 α 的节理切割后的等效弹性模量 k 为：

$$\frac{1}{k} = \frac{H}{WE'} + \frac{\cos^2\alpha}{K_n L} + \frac{\sin^2\alpha}{K_s L} \tag{11.3.2}$$

为便于对比理论解和数值解，先考虑正交节理（取节理倾角 $\alpha = 0$）切割形成的节理岩体，则其不同方向 i 的等效弹性模量 E_i 可根据完整岩块的弹性模量 E_r 和该方向上的节理刚度 K_{ni}、间距 S_i 来估计。

$$E_i = \left(\frac{1}{E_r} + \frac{1}{s_i k_{ni}} \right)^{-1} \qquad (i = 1, 2, 3) \tag{11.3.3}$$

采用 3DEC 5.0 离散元软件构建 3 组不等间距的正交节理切割完整岩块，通过 _ stress _ disp 程序读取加载方向的平均应力和最大应变，可以获得节理岩体的等效弹性模量，3DEC 建模的命令流如下：

```
poly brick 0,1 0,1 0,2
jset dd 0 dip 0 ori 0 0 1.0
jset dd 0 dip 90 ori 0 0.5 0
jset dd 90 dip 90 ori 0.5 0 0
gen edge 0.2
prop mat=1 dens=2850 k=61.73e9 g=35.277e9
```

迭代 step 9400 个时间步后，当岩体最大竖向变形 $zdisp$ 为 0.5mm 时程序停止计算，此时竖向应力 σ_z 增大至 18.708 3MPa，则理论计算得到柱体的等效弹性模量 E_m 和最大竖直压缩变形 u_z 为：

岩体等效弹性模量 $E_m = 2/(2/Er + 1/Kn \cdot s) = 2/(2/88.9 + 1/220) = 73.96$GPa

$u_z = H \cdot \sigma_z / E_r + \sigma_z / (K_n \cdot S)$

$= 2m \times 18.7083 \text{MPa} / 88.9 \text{GPa} + 18.7083 \text{MPa} / 220 \text{GPa} \cdot m^{-1} = 0.505\ 9\text{mm} \tag{11.3.4}$

执行 3DEC 命令流计算得到的位移为 0.504 9mm，反算弹性模型计算值为 74.09GPa。数值解和理论解一致。证明了经修改的 _ stress _ disp 命令流的正确性。

2）3DEC 模拟 BWIP 不规则柱状节理玄武岩原位变形试验

基于以上命令流，采用 3DEC 数值模拟 BWIP 不规则柱状节理玄武岩原位变形试验揭示出的滞后效应、应变分布的不均匀性及刚度的围压效应，模型见图 11.3.11。

命令流比较了柱状节理倾角为 80° 的玄武岩块和实际柱状节理玄武岩的等效弹性模量

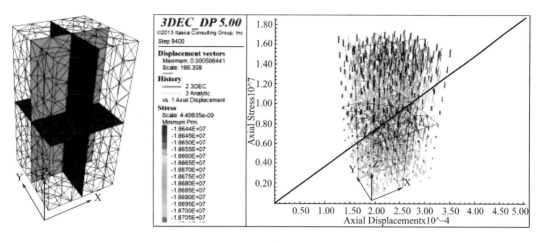

图 11.3.10　3DEC 正交节理岩体模型及荷载与应变关系曲线（1m×1m×2m）

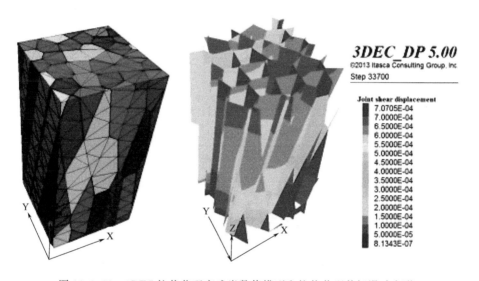

图 11.3.11　3DEC 柱状节理玄武岩数值模型和柱状节理剪切滑动变形

计算值（图 11.3.12），其中单条柱状节理解析解对应黑色虚线，多条柱状节理数值解对应红色实线。计算表明：含单条倾角为 80°柱状节理的玄武岩体弹性模量理论值为 73.96GPa，按平均柱状节理间距 s＝0.20m 计算的含多条倾角为 80°柱状节理的玄武岩体弹性模量理论值为 44.22GPa，柱状节理玄武岩的 3DEC 数值解为 20.19GPa。

　　3DEC 5.0 版本在显示 history 监测数据上比之前的版本具有方便性，可直接用鼠标操作导出 history 的应力～位移监测数据，即右击 history 的数据曲线，可另存为 excel 表。由于本例子的模型高度为 2.0m，换算为竖向应变时，注意要将竖向位移除以模型高度，根据竖向应力和竖向应变，本例子求得平均值为 20.19GPa。

　　表 11.3.3 列举了 BWIP 柱状节理玄武岩承压板原位试验成果。从已有的柱状节理玄武岩工程的承压板试验成果可知：柱状节理玄武岩变形模量主要分布在 6.5～20.0GPa，平行柱轴方向变形模量为 20GPa，数值模拟成果与原位试验成果相吻合。

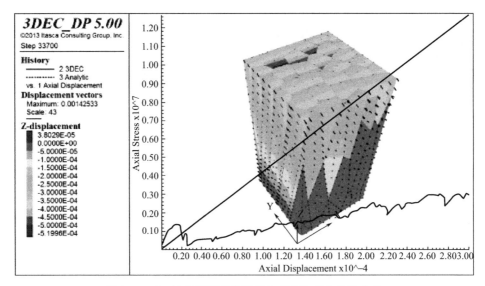

图 11.3.12　柱状节理玄武岩竖向变形和应力位移曲线

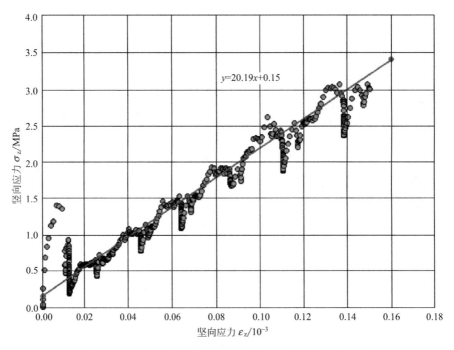

图 11.3.13　柱状节理玄武岩竖向变形和应力位移曲线

BWIP 柱状节理玄武岩岩体工程参数相关成果　　　　　　　　表 11.3.3

成生年代	平均变形模量 E_m/GPa	φ/(°)	C/MPa	岩体结构
Columbia River Basalt Group	10～40	—	0.6～6.0	镶嵌结构
	‖ 20.0	—	—	
	⊥ 6.5～13.5			

注：符号 ‖ 表示平行柱轴方向，⊥ 表示垂直柱轴方向，数据来自美国能源部 DOE（1988）、Kim（1989）和 Schultz（1995）。

11.3.5　3DEC 在柱状节理玄武岩工程中的应用

注意到 3DEC 及 FLAC³ᴰ 的岩石本构模型中提供了"正交各向异性弹性本构模型"（MODEL mechanical orthotropic），3DEC 及 FLAC³ᴰ 的帮助手册指出该模型可以模拟柱状节理玄武岩在弹性情形下的力学行为（原文出处为 For example, elastic, orthotropic model may simulate columnar basalt loaded below its strength limit）。正交各向异性弹性本构模型可视为对柱状节理玄武岩的简单弹性本构模型，采用这种本构模型可以避免复杂柱状节理的模拟，但是其不能准确揭示柱状节理玄武岩的局部应力集中和破坏特性。本节对比了"简单模型（无节理面）＋正交各向异性弹性本构模型"和"简单本构（弹性本构）＋柱状节理结构"的数值加载试验模拟成果。

柱状节理玄武岩属于一种节理密集发育的特殊节理岩体。节理岩体的一个重要的力学特性就是尺寸效应。工程中认识的对象是大尺度的岩体，然而受试验技术限制，我们获得的均是小尺度室内试验及原位试验。不同尺度的岩体结构具有力学特性的尺寸效应，反映在室内试验与原位试验及不同尺度的现场试验上，试验结果具有显著差异，即随着岩体尺度的增大，岩体的综合力学参数产生波动、降低，当尺度增大到某一临界值后，参数逐渐稳定为一个常数，这一临界尺寸即为岩体的表征单元体积（REV）。

Schultz（1996）基于 BWIP 柱状节理玄武岩，分析了柱状节理玄武岩的尺寸效应。他认为节理玄武岩的节理化程度与观测尺度大小相关，即在考虑一个由岩浆冷凝收缩形成的柱状节理玄武岩时，其三维柱状节理网络具有迹长从数厘米至数米以上的不同节理。在不同的观测尺度上，节理玄武岩体的连续性是不同的。若观测尺度在数厘米以内（如钻孔取芯），柱状节理玄武岩可视为无结构面的均值体，若观测尺度扩大至数米范围内，则节理玄武岩可视为由密集结构面分割的许多不规则完整岩块组合而成的不连续体，若当观测尺度超出了节理间距或块体大小的 5 倍至 10 倍，即几十米至上百米以上时，此时柱状节理玄武岩则可被视为等效连续体。Schultz 得出认识：虽然一个 10cm 的节理玄武岩芯和一个 10m 的露头的强度及变形参数差别很大（对应为室内岩块试验和现场大型原位试验成果），但它们在各自的观测尺度上都可视为连续体。

与 Palmstrom 描述的一般节理岩体的尺寸效应示意图相比，中国西南二叠系峨眉山组柱状节理玄武岩的尺寸效应则更为复杂，如图 11.3.14 所示，其不同尺度范围内涵盖的结构面类型不同，室内岩块试验的岩芯尺寸一般为 5cm×10cm（直径×高度），而玄武岩柱

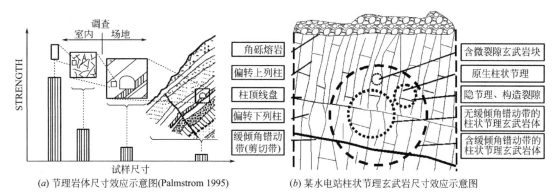

（a）节理岩体尺寸效应示意图(Palmstrom 1995)　　　（b）某水电站柱状节理玄武岩尺寸效应示意图

图 11.3.14　一般节理岩体和中国西南柱状节理玄武岩岩体尺寸效应示意图

体的横向隐节理平均间距约为 10cm、原生柱状节理平均间距为 20cm。因此室内试验试样的尺寸无法反映柱状节理及横向隐节理特征。普通刚性承压板试验尺寸为 50cm×50cm，根据等效连续理论，只有观测尺度达到平均节理间距的 10 倍以上，不连续特征在统计上才可视为等效连续体，这说明要正确评价包含原生柱状节理及隐节理的柱状节理玄武岩（平均节理间距为 20cm），至少要开展 2m×2m 尺寸的原位试验。此外，柱状节理玄武岩中还发育了切穿柱体的缓倾角裂隙，局部进一步夹有平均间距为 4m，平均厚度为 0.3m，含泥量 4.5% 的层内错动带，层内错动带是弱化柱体方向弹性模量的重要因素，这说明即使是 2m×2m 的原位试验也不能合理反映实际工程岩体的尺寸效应，而必须进行 40m×40m 的原位试验才能反映层内错动带的影响。若进一步考虑更大尺度（大于 40m×40m）的岩体，层间错动带及贯穿性构造断层又与之切割交汇，形成大尺度区域的各向异性岩体，此时显然是无法采用现有的试验设备来反映宏观节理玄武岩体的变形和强度参数，而工程设计中关注的重点恰恰却是这种大尺度节理岩体的等效力学特性。因此原位试验成果不能代表实际节理玄武岩体在宏观尺度下的等效力学特性，必须探求一种新的方法，此时数值试验方法就成了一种有效的估计手段。

表 11.3.4 列举了国内外相似工程柱状节理玄武岩承压板原位试验成果。从已有的柱状节理玄武岩工程的承压板试验成果可知：柱状节理玄武岩变形模量主要分布在 4.0～26.0GPa，且具有明显的各向异性，即水平向和竖直向不同，平行柱轴方向和垂直柱轴方向不同。一般柱状节理玄武岩的原位试验成果规律表现为平行柱轴方向的变形模量大于垂直柱轴方向，而国内某水电站柱状节理玄武岩的原位试验成果却表现为相反的规律，正确认识这种各向异性的形成机制，是否与原位试验的尺度效应有关，这有助于我们正确选取工程岩体力学参数。

国内外据承压板试验获得的柱状节理玄武岩岩体工程参数相关成果　　　表 11.3.4

柱状节理玄武岩	变形模量 E_m/GPa	成生年代	$\tan\phi$	C/MPa	岩体结构描述
BWIP①	10～40	Columbia River Basalt Group	\	0.6～6.0	镶嵌结构
BWIP①	∣20 ⊣6.5～13.5		\	\	镶嵌结构
以礼河盐水沟 P2β 玄武岩②	∣25.4 ⊣13.7	二叠纪峨眉山组 P2β	0.72	0.002	裂隙发育
二滩隐晶玄武岩微风化②	6.5	二叠纪峨眉山组 P2β	1.24	0.3	裂隙发育
二滩杏仁玄武岩微风化②	13.0	二叠纪峨眉山组 P2β	\	\	裂隙发育
二滩蚀变玄武岩弱风化②	16.0	二叠纪峨眉山组 P2β	\	\	裂隙发育
二滩 D2 类玄武岩建议值②	4.0	二叠纪峨眉山组 P2β	0.84	1.0	镶嵌结构
铜街子 P2β4 玄武岩②	⊣2.6～7.6	二叠纪峨眉山组 P2β4	1.45	0.56	裂隙发育
某水电站Ⅱ类柱状节理玄武岩③	H 26.18 V 11.95	二叠纪峨眉山组 $P_2\beta_3^{2-2}$	0.80	0	镶嵌结构
某水电站Ⅲ1类柱状节理玄武岩③	H 18.81 V 9.70	二叠纪峨眉山组 $P_2\beta_3^{3-1}$, $P_2\beta_3^{3-2}$, $P_2\beta_3^{3-3}$	0.70	0	镶嵌结构

续表

柱状节理玄武岩	变形模量 E_m/GPa	成生年代	$\tan\phi$	C/MPa	岩体结构描述
某水电站Ⅲ2类柱状节理玄武岩③	H 13.24	二叠纪峨眉山组 $P_2\beta_3^{3-1}$，$P_2\beta_3^{3-2}$，	0.60	0	镶嵌结构
	V 7.52	$P_2\beta_3^{3-3}$，$P_2\beta_3^{2-2}$			
某水电站 P2β33-2 柱状节理玄武岩③	∥ 24.17	二叠纪峨眉山组 $P_2\beta_3^{3-2}$，	\	\	镶嵌结构
	⊣ 26.17	PD36 平洞＋104m 处试验支洞			
湖南镇水电站②	∥ 2.3	晚侏罗世-早白垩世	0.97	0.2	裂隙发育
	⊣ 1.3				

注：符号∥表示平行柱轴方向，⊣表示垂直柱轴方向，H 代表水平方向，V 代表铅直方向。①来自美国能源部 DOE（1988）、Kim（1989）和 Schultz（1995）。②来自《岩石力学参数手册》，③来自《某水电站柱状节理玄武岩物理力学特性试验研究报告》。

　　理论上，采用 3DEC 可模拟任意尺寸的柱状镶嵌碎裂结构，但考虑柱体尺度仅 0.2m 的柱状节理及平均间距 0.5m 的隐节理后，仅一个 10m×10m×4m 的岩体就会产生将超过 15000 个的切割块体，如图 11.3.15 所示，这势必造成计算内存的紧张和计算效率的低下。由于某水电站柱状节理玄武岩亚层厚度在 10m 左右，以上计算模型的岩体尺度囊括了柱状节理、隐节理、层理、层内错动带，反映了岩体的各向异性特征和尺度效应，因此综合考虑计算效率和岩体尺寸效应后，将含层内错动带的大尺度柱状节理玄武岩（10m×10m×4m）作为代表某水电站实际柱状岩体结构特征的宏观节理玄武岩体模型（General jointed basaltic mass）。这里按柱状节理实际几何形态和各级结构面进行了真实模拟，如图 11.3.16 所示，并比较了不同尺度 0.5m～4.0m 数值承压板试验所揭示的各向异性变化规律，这种建模方法和数值分析方法正是离散元的优势所在，是其他数值分析方法（有限元法、有限差分法等）不能比拟的。

　　计算表明：三维承压板数值试验和承压板原位试验揭示的应力传递规律一致，表现出明显的各向异性特征。比较不同尺度的水平和铅直承压板试验可知，由于承压板荷载的传递效果，小尺度的承压板试验在水平和铅直方向表现为强烈的各向异性现象，表现为铅直承压板试验测得的表面变形远大于水平承压板板，即水平方向变形模量高于铅直方向变形模量。这主要由柱体切割面与承压板底面的接触面积决定。以直径为 0.5m 的承压板为

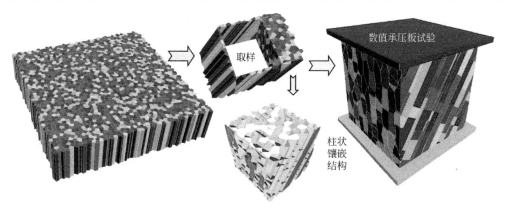

图 11.3.15　柱状节理玄武岩试件建模示意图

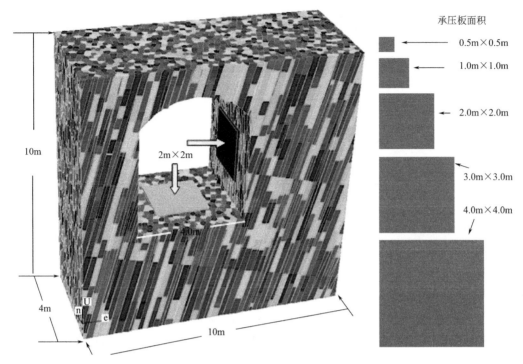

承压板面积

0.5m×0.5m

1.0m×1.0m

2.0m×2.0m

3.0m×3.0m

4.0m×4.0m

图 11.3.16   10m×10m×4m 大尺度柱状节理玄武岩示意图

柱状节理玄武岩离散元模型采用的计算参数　　　　　表 11.3.5

玄武岩块					柱状节理、隐节理				层内错动带			
密度 /(kg·m⁻³)	变形模量 /GPa	泊松比	凝聚力 /MPa	摩擦角 /(°)	法向刚度 /(GPa·m⁻¹)	切向刚度 /(GPa·m⁻¹)	平均直径 /m	平均倾角 /(°)	法向刚度 /(GPa·m⁻¹)	切向刚度 /(GPa·m⁻¹)	平均间距 /m	平均倾角 /(°)
2900.0	76.2	0.23	12.4	56.1	335.48	104.09	0.20	70	10.5	4.5	4.0	20

例，由于柱状节理柱面平均直径在 0.20m，则在竖向承压板变形试验中，铅直向承压板荷载的施力范围仅限于 3～5 个柱体上，接触面积很小，荷载不能有效的传递到岩体中，而是集中作用在少数柱体上，加之柱状节理呈 15°～20° 的倾斜，节理面切向刚度又较小，此时承压板边缘处的柱体，将沿倾斜节理面产生较大的切向变形，从而导致变形模型偏低。相比洞室底板，洞室侧壁柱体的切割面与承压板的接触面积则大得多，平均长度在 1.0m，受接触面积影响，洞室侧壁岩体的力学行为明显受岩块控制，当试验压力增大时，洞室侧壁柱体可较好向岩体内部转移和分配荷载，使较多的柱状节理发挥作用，从而呈现出明显的刚性特征，因此反映为柱状节理玄武岩的综合变形模量。若采用按 10 倍平均柱体直径的 2m×2m 的承压板则作用在 80～100 个柱体上，而 4m×4m 的竖直承压板则作用在近 400 个柱体上。这表明大尺寸的承压板可获得较多的柱体接触面积，荷载能较好地传递到岩体内部，而不会集中在少数柱体上，从而更真实地反映岩体的整体变形模量。同时三维承压板数值试验成果进一步揭示出：由于不同方位角的侧壁柱体切割形态不同的，不同水平方向上岩体的应力扩散能力也不同。三维计算分析可知，最大应力传递方向为方位呈 30°～45° 的不规则柱体切割形态方向，如图 11.3.18 所示，3DEC 计算结果导入 Tecplot 出

(a) 水平承压板(直径0.5m)　　(b) 水平和铅直承压板分布位置　　(c) 铅直承压板(直径0.5m)

(d) DEC中直径2m承压板加载的柱体范围及纵剖面岩体结构示意图

图 11.3.17　不同尺度刚性承压板试验作用的柱体范围示意图

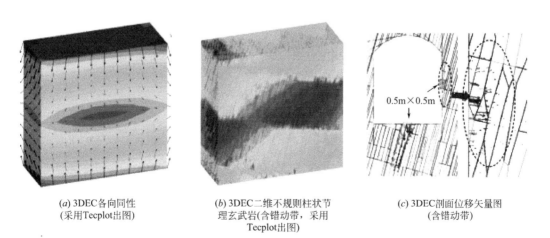

(a) 3DEC各向同性
(采用Tecplot出图)　　(b) 3DEC二维不规则柱状节
理玄武岩(含错动带,采用
Tecplot出图)　　(c) 3DEC剖面位移矢量图
(含错动带)

图 11.3.18　各向同性和各向异性柱状节理玄武岩受铅直荷载下的变形特征

图的程序见光盘。

采用 3DEC 得到的含层内错动带大尺度 10m×10m×4m 的柱状节理玄武岩各向异性

变形模量为：竖直方向 $E_z = 13.83\text{GPa}$，水平方向 $E_x = 10.71\text{GPa}$ 和 $E_y = 10.35\text{GPa}$。采用 3DEC 数值等效连续方法获得的铅直向与水平向的变形模量的各向异性差异在 25%，表现为水平方向变形模量大于铅直方向变形模量，数值试验成果与原位试验成果较为接近，验证了 3DEC 简单本构＋复杂节理几何结构的可变形离散元分析方法的合理性。

11.4 本章小结

UDEC/3DEC 的改进和发展，与柱状节理玄武岩乏燃料处置工程源远流长。本章从柱状节理数值模拟的角度，介绍了离散元法在柱状节理玄武岩工程中的应用。中国的玄武岩分布很广泛，自寒武系到古中新生界各系都有分布，对柱状节理玄武岩景观有兴趣的读者可以翻阅《中国国家地理》2009 年 8 月特别策划的一期中国石柱群杂志。注意到我国云贵川广泛发育的二叠纪峨眉山泛流式玄武岩系具有几米至数千米不等的厚度，其构成了中国西南的重要工程地质岩组，许多重要的大型水电工程就选址在柱状节理发育的玄武岩岩基上，近十多年来已经开展了大量的柱状节理玄武岩工程力学特性研究。由华东勘测设计研究院承担，依托白鹤滩水电站工程开展的"柱状节理玄武岩工程特性研究"项目，对柱状节理玄武岩工程特性进行了全面系统的研究，已应用于白鹤滩水电站工程的可行性研究和招标设计中。值得庆贺的是，白鹤滩水电站柱状节理玄武岩工程特性问题也获得了 Cundall 院士的高度关注，Cundall 不仅应邀来我国考察柱状节理玄武岩工程，同时正与 Itasca 公司开发适用柱状节理玄武岩的弹塑性本构模型，相信很快会在 3DEC 的新版本中看到柱状节理玄武岩的弹塑性本构模型，未来我国水电工程的发展，将进一步推动离散元的改进和工程应用。

第十二章　3DEC 学习与使用经验

12.1　3DEC 学习交流及程序开发

计算软件的存在，客观上为解决工程问题提供了重要工具。但是，任何软件的计算结果均依赖于计算条件，理论方法上存在大量的假设，一旦实际工程条件与假设存在差异，就可能导致结果存在较大误差，3DEC 也是如此。因此在学习计算软件的时候，必需遵循以下几个原则：

（1）任何软件都不是万能的，不要希望软件能完全的吻合工程实践。要充分尊重计算条件与假定条件，一切计算都是依托于既定的假设条件。

（2）切忌单一采用数值计算说明问题，数值计算的作用是在假定条件、已知参数与荷载条件下反映外力变化下的力学响应，其中的参数确定、变形、内力变化必须借助室内试验、现场监测、工程类比等因素方能给出，因此将试验＋数值模拟＋监测的综合分析方法更应受计算者重视。

（3）针对同一工程问题，应尽量采用多种方法、多个角度开展研究，以相互验证结论的正确性。

（4）如果是自定义开发的模型、方法，必须先利用典型案例或公认的成果进行验证，分析所提出方法与已有方法的差异，方可用于课题研究与分析。

（5）3DEC 是以命令驱动见长的软件，必需熟练掌握不同命令的使用规则，切忌采用 FLAC3D 等软件的使用经验随意设置。例如：FLAC3D 位移清零可采用 ini 命令（ini xdis 0 ydis 0 zdis 0），而在 3DEC 中是 reset disp，如果采用 ini 命令设置，其含义并不相同。

3DEC 学习，需要有良好的空间想象能力及数据操作能力。软件中所带的很多命令是基于一般条件，如果针对特殊条件（比如复杂不规则地质力学模型，需要分段分期施加衬砌单元），此时就需要自己进行开发，将特殊问题化繁为简，解决问题。本书许多小程序依托 3DEC5.0 开发，部分代码在书中已有介绍，然而部分程序产生的命令较长，无法一一列出，因此为了加深对 3DEC 软件的理解，本书中所开发的程序及相关实例命令流可加入如图 12.1.1 所示 QQ 群后，在群共享文件中下载。

主要小程序及功能表如表 12.1.1 所示。

应注意的是，要用好块体离散元，首先要简化模型。由于现实生活中工程问题难以理解，因此需要借助数值模型来反映问题，但当前存在一误区，认为模型尽可能考虑每一个工程细节越好，但实际上这会同样会造成 3DEC 模

群名称：3DEC5模拟技巧与实践
群　号：562435912

图 12.1.1　技术交流群

本书开发小程序及实例命令流列表 表 12.1.1

序号	程序名称（或文件夹名称）	功能说明
1	3dec5_点抗滑安全系数_导入 tecplot	根据 3dec5 采用 MC 准则计算的应力结果计算点抗滑安全度，并导入 tecplot 进行显示
2	3dec5 计算结果导入 tecplot	将 3dec5 计算的应力与位移等导入 tecplot
3	导出刚性块体顶点与面信息	该 fish 命令流可以将刚性块体的结合点、面信息导出为数据文件，使用者可在此基础上将之写成其他软件的命令
4	3DEC 模型表面施加水压力程序	通过 3dec 模型搜索出的模型表面（face），生成施加水压力命令流
5	ansys 体转 3dec 块体	将 ansys 软件生成的凸形块体写成 3dec 命令流
6	cad_to_udec 模型	在 AUTOCAD 中绘图，将之写成 udec 模型命令流
7	udec_to_tecplot	将 udec 计算结果写入 tecplot
8	把单元写成 autocad 空间曲面显示	把空间六面体网格或者退化六面体网格，写成 autocad 的 dxf 文件，可用 autocad 进行操作、显示
9	边坡最优块体组合模型生成程序	将边坡分割为小块体，坡表自动对应，下部块体采用盒覆盖法合并小块体，从而达到全局块体最小，提高在边坡内部使用 tunnel 命令的成功率
10	导出塑性区并在 autocad 中显示	将 3dec 塑性计算的单元状态导出，并写入 autocad 进行查看，不同的塑性状态分别采用不同图层、颜色
11	读取 cad_3dface 文件为 result.txt	将采用 3dface 标识的地表点写成带高程的数据文件
12	复杂厂房块体离散元拉伸模型生成程序	在剖面控制下，快速生成不同的规则块体模型。可用于装配式模型生成时的配件使用
13	根据抗压抗拉强度估算 c 和 fai	有的时候岩土介质只提供了抗压强度与抗拉/抗压强度比，本程序将之转换为摩尔库伦准则的 c 和 φ
14	河谷下切边坡模型生成程序	快速生成河谷下切边坡数值模型，界面内快速输入模型底面、模型顶面、开挖岩体分层数等
15	绘制节理面上的裂隙水压力	用于 udec，已有节理面上水压力或水头在 cad 中绘图
16	基坑开挖快速拉伸成块模型	水平面控制的基坑开挖数值模型快速生成程序
17	将等高线数据导出为文件	将 r12 格式的 autocad 文件中等高线数据提取，并写为数据文件，以方便建立数值模型
18	将块体、单元、节点数据导出命令流	Fish 语言编制，用于从 3dec 模型中导出数据
19	结构面倾向倾角计算程序	计算大量三角形面控制下结构面的产状
20	利用一个整块切割出规整区域再填充隧洞块体	装配式模型生成方法中，将待装配部分切割出来，因此其所生成模型为围岩
21	锚索（杆）快速施加程序_边坡表面	在边坡表面快速施加锚杆、锚索等
22	利用开挖面快速施加锚杆（索）	利用 autocad 中绘制的空间开挖面（3dface）快速施加锚杆、锚索等结构单元
23	快速施加模型表面衬砌单元	在 cad 中选择施加区域，生成施加衬砌单元的命令流
24	剖面控制隧洞锚杆施加程序	根据剖面控制，快速施加锚杆、锚索等，适用于隧洞等

续表

序号	程序名称(或文件夹名称)	功能说明
25	三维柱状节理模型生成程序	在已经知道平面格局条件下,生成不同倾斜三维柱状节理
26	生成三维显示模型_new	采用矩形格栅控制,利用克里格插值方法获得地形地表,生成 autocad 三维地形显示
27	搜索 3DEC 模型网格的外表面	在已有 3dec 模型基础上,本程序将模型搜索出其外表面,以方便表面力、衬砌等支护的施加(默认只能全局模型,如果需要按 region 或者材料可以在 cad 中操作)
28	随机块体生成程序	随机生成不同粒度的凸多面体,以模拟不同级配散体材料的力学性质及运动
29	有限元模型导入 udec 模型	将已有有限元网格的模型,转换为离散块体模型,仅适用于 udec
30	有限元网格写成 3dec 单元_femblock	将连续数值网格(ansys,flac3d,hypermesh 等生成)写成 3dec5 识别的文件,即可被 **FEBLOCK** Read *filename* node 1 8 命令导入
31	有限元网格写成 3dec 块体_四面体或六面	将有限元网格的每个单元(包括六面体或者四面体单元)写成一个单独块体命令流,以方便 3dec 进行块体运动分析
32	柱状节理 voronoi 生成程序_vertical	首先用 udec 中的 voroni 命令生成平面网格,然后沿着某一角度拉伸形成不同倾斜程度的柱状节理
33	tunnel 隧洞块体生成程序_拐角平均处理	采用 tunnel 命令生成复杂隧洞切割命令,并对多段线控制的隧洞轴向进行拐角平均处理,使得 tunnel 切割更容易实现
34	根据地形插值 3dface 面并写为 stl 文件	根据提供的边坡地表点文件,采用栅格控制生成边坡地形,并将之写成 3dec 可读的 stl 格式文件,在 3DEC 中可用几何集导入,并可作为 DFN 随机裂隙使用
35	大型地下洞室群计算实例汇总	卡鲁瓦水电站地下厂房开挖计算命令流实例
36	爆破倒塌模型	楼房拆除爆破倒塌计算命令流实例
37	柱状节理.3ddat	柱状节理岩体力学性质研究命令流
38	倾倒变形体边坡实例.3ddat	倾倒变形体力学性质研究命令流
39	破碎楔形体刚性滑坡实例.txt	楔形体滑坡刚性体运动命令流
40	脆-延-塑性 HB 三轴试验实例	基于霍克布朗准则的岩石单元脆-延-塑性模拟三轴压缩试验
41	脆-延-塑性岩石隧洞开挖实例	基于霍克布朗准则的岩石脆-延-塑性开挖数值模拟
42	岩爆计算实例	针对锦屏某隧洞实例开展岩爆计算预测
43	岩爆 err 指标计算实例	针对锦屏某隧洞实例开展岩爆能量释放率计算,可用于岩爆预测
44	柱状节理计算实例汇总	汇总了本书 11 章中柱状节理计算实例

型复杂难懂。因此建模的目标是了解力学机制、判断决定模型力学行为的特性与参数。同时模型的复杂化也导致计算时间大为增加。因此,建模时可先只考虑重要特征进行计算,然后逐步增加一些特征,对计算结果影响不明显的因素则可舍弃。这样才可以逐步发现实际工程条件中的决定性参数。从这个意义讲,任何软件都只是工具,在学习软件使用的同

时更应该花大力气去明白原理，在此基础上按照自己需求去实现新功能。

岩体响应分析包括几种不同的尺度。在一个模型中要包含所有的特征、细节和岩体响应是不可能的。通常认为模型边界对地下开挖结果的影响是显著的。然后，在三维分析中，不能总将边界设置在离开挖足够远的地方以避免不利影响到模拟结果。

综合以上两种观点，一种合理可行的建模方法就是先建立一个较大的全局模型，然后再缩小模型直到需要的最小尺寸，在每一阶段增加模型的复杂性和相关细节 3DEC 中有一个自动记录特定点应力的功能，所以它能够在更小模型的边界上施加边界力。这种功能确保了较大和较小模型之间应力的一致性。

12.2　3DEC 数值模拟常见问题分析

12.2.1　自编程序可能出现的运行错误

（1）提示 DXF 读取错误？

答：本文所采用的 Fortran 可执行程序均基于 Fortran6.5 版本编写，所有的 AUTOCAD 自动读写函数均基于 R12 格式的 DXF 文件，其他版本的文件读写格式不同，因此运行时会出错。

（2）Fortran 程序运行时毫无反应？

答：本著所附程序均材料单精度变量编制，如果有些程序准备文件缺失，程序会一闪而过，针对所必需的文件生成一个空文件，此时应检查并在空文件内补充输入参数。而如果准备文件中参数不正确，可能使程序陷入死循环，此时程序表现为"毫无反应"，此时应检查程序的输入数据是否正确。

（3）由于程序未执行完毕，写成的 DXF 文件无法打开浏览，如何处理？

答：标准的 DXF 文件都是由头文件开始，以尾文件结束，如果 DXF 文件无法打开，且确定实体图元的图层（CAD 提示图层错误，一般书写出现 ＊＊＊＊，打开文件搜索 ＊ 字符，如果没有，则无此错误）无错误、颜色（0～255）无错误（如果 CAD 打开提示颜色错误，一般是设置的颜色超出了 255 导致），则是因为可执行程序未执行完毕，因此结尾段缺失，此时只需用文本打开 DXF 文件，在文件最后输入 0/ENDSEC/0/EOF（/表示换行），即可用 AUTOCAD 打开。

（4）在运行 Fortran 可执行程序时提示数组超出？

答：这是因为 Fortran 程序中部分数字为固定长度，而非动态数组，信息存储量过大，导致数组长度不够。需要修改源代码中数组长度，重新编译可执行程序。

（5）所采用的 AUTOCAD 版本工具栏中找不到 3DFACE 图标，什么原因？

答：AUTOCAD 不同版本的工具栏有所不同，可以在命令栏窗口输入 3dface，也可实现同样的功能。

（6）为何采用本书中的 3DFAC 形成空间面，3DEC 却形成不了几何集？

答：AUTOCAD 中有许多图元（点、直线、多段线、空间面，等），其中 3DEC 中几何集是采用空间多段线型式进行书写的，如果准备文件非 3DEC 识别的图元，就可能无法形成几何集。

（7）本书中 Fortran、fish 代码大小写可影响结果？

答：Fortran 与 3DEC 中的命令、fish 语言均不区分大小写，因此大写的代码与小写代码计算结果一样。

12.2.2 3DEC 模型运算中可能问题

（1）提示 Illegal values specified for parameters？

答：这是由于命令流运行时相应命令所跟的范围或参数不符合规定导致，需要检查该命令的使用规则。

（2）为何根据 3DEC5.0 帮助里面制定的坐标系进行节理切割却出错？

答：3DEC4.1、3DEC3.0 等版本为左手坐标系，它的 x 轴为大地坐标系东方向、z 轴为北方向，y 轴为垂直向上；而 3DEC5.0 默认的是右手坐标系，它的有方向为大地坐标系北方向，z 轴垂直向上，x 为东方向，在使用时要注意区分，如果在 3DEC5.0 中想使用左手坐标系，需要命令流开始选择 **CONFIG LH** 分析模式。

（3）命令输入时提醒 "＊＊＊ Unused extra parameter 3 (state) found on command line. While processing line 38 of file Console Prompt." 等类似提示？

答：3DEC 的命令输入规则错误，每个命令可跟不同的关键字参数，当编制命令流出错时极可能提示如上错误，需要仔细检查输入命令的关键字设置。

（4）3DEC 中的虚拟节理是如何处理的？

答：3DEC 中块体之间的接触默认为虚拟节理，即所有节理默认（change 命令设置）为一种参数，该参数通常设置的较高，以减少节理滑动对模型其他部位的影响；也可采用 join on 命令将块体粘结起来，粘结的块体从逻辑上视为相对关系不变，故不需要设置参数。如果计算过程中认为节理不会脱开则后者较为合适，如果块体间会脱离、破坏，则采用前者。

（5）3DEC 中的动画如何设置？

答：3DEC5.0 本身不能直接生成动画。其设置命令与 4.1 版本也有所不同，它可在 GUI 窗口下拉菜单 tools → option → Movie 进行设置。运行后将会在设置目录下生成一系列图片，采用其他软件将生成文件组合为动画即可。

（6）3DEC 中的 group 与 range 有何不同？

答：range 是 3DEC 中多数命令定义适用范围的关键词，而 group 是针对单元、面、节点等几何模型的范围，因此 group 可以视作 range 范围定义中的一种。

（7）delete、remove 与 excavate 命令有何不同？

答：delete 是 3DEC 中的块体删除命令，删除后其隶属的点、边、面同时删除；remove 命令则删除已经划分单元的块体，其删除后同样会隶属几何删除，这两个命令删除的块体均不再存在，但是后者在开挖时删除掉的块体可以显示，作为参考物；而 excavate 是开挖命令，类似 FLAC3D 中的 "空单元"，开挖掉的块体可以采用 fill 命令恢复以模拟构建。

（8）3DEC 中几何集有何用途？

答：几何集在 3DEC 中有重要的作用，可辅助块体分类、复杂形状块体切割等。

（9）如何实现随机节理的生成？

答：3DEC 中有强大的随机节理（DFN）生成功能，它通过设置节理的产状、位置、尺寸，将节理等效为圆盘形，也可以采用自定义分布、形状节理，利用 fish 函数将之写成节理集，形成的裂隙网络再导入到集合块体模型中进行切割，即可构造成节理裂隙网络。

（10）如何保证节理切割的成功率？

答：3DEC 几何模型中节理分为虚拟节理与真实节理，其中虚拟节理是为了辅助块体生成根据拓扑关系生成的，以保证每个新生成的块体都是凸多面体，如果节理切割产生的块体体积很小，或切割出凹多面体，此时容易导致切割不成功（如开挖切割时）。如果能实现块体逐个生成，或者使得切割命令贯穿块体，则可提高节理切割的成功率。

（11）绘图（plot）产生的文件找不到，什么原因？

答：3DEC5.0 采用命令产生的文件，默认与命令流存放文件夹一致。为了防止文件找不到，应尽量设置专门文件夹，统一放置各类文件。

12.3　如何学好 3DEC

现有的岩土数值计算方法中有刚体极限平衡分析、连续数值模拟方法（有限单元法、有限差分法等）、非连续数值模拟方法（块体离散单元法、颗粒离散单元法、DDA 法等）。经过多年的发展，这些经验方法、半经验方法、数值模拟方法已经形成了相对完善的软件，供研究者与设计者使用。如果采用离散元分析方法来研究岩土工程问题，应特别注意并理清如下几个主要环节：

（1）研究分析对象，明确计算目的和拟解决的关键问题，确定建模方案（采用块体组合建立数值模型，建立需要考虑的不同尺度结构面、断层等）；

（2）确定运用的本构模型，合理选择参数；

（3）确定边界条件与初始条件；

（4）模拟荷载及荷载的动态变化；

（5）确定计算的收敛评判依据；

（6）考察各环节简化的合理性，否则应调整建模，并审查有关计算模型与参数；

（7）确定后处理方法及成果整理的内容与分析方案。

应该指出，虽然岩土工程数值分析在多数情况下只能给出定性分析结果，但只要模型正确、参数合理，就能得到有价值的量化结果。岩土工程数值分析方法和应用范围很广且将不断扩大。

本书中命令流介绍及开发以 3DEC5.0 版本为主，但有些案例为课题组前几年的积累，是采用 3DEC3.1、3DEC4.1 版本计算的，使用者在参考时应注意命令在不同版本有所区别。

主要参考文献

[1] 王金安，王树仁，冯锦艳等编著. 岩土工程数值计算方法实用教程 ［M］. 北京：科学出版社，2010.

[2] 卢廷浩，刘军编. 岩土工程数值方法与应用 ［M］. 南京：河海大学出版社，2012.

[3] 刘汉东，姜彤，刘海宁，杨继红编著. 岩土工程数值计算方法 ［M］. 郑州：黄河水利出版社，2010.

[4] 王泳嘉，邢纪波. 离散单元法及其在岩土力学中的应用 ［M］. 沈阳：东北工业大学出版社，1991.

[5] 王泳嘉，冯夏庭. 关于计算岩石力学发展的几点思考 ［J］. 岩土工程学报，1986，8（4）：103～104.

[6] 龚晓南. 对岩土工程数值分析的几点思考 ［J］. 岩土力学，2011，32（2）：321-325.

[7] 张贵科. 节理岩体正交各向异性等效力学参数与屈服准则研究及其工程应用 ［D］. 南京：河海大学，2006.

[8] Itasca Consulting Group，Inc. Online Contents for 3 Dimensional Distinct Element Code（3DEC Version 5.0）［M］. Minneapolis，Minnesota，USA：Itasca Consulting Group，Inc. 2013.

[9] Itasca Consulting Group，Inc. Online Contents for Universal Distinct Element Code（UDEC Version 4.1）［M］. Minneapolis，Minnesota，USA：Itasca Consulting Group，Inc. 2006.

[10] 石崇，徐卫亚. 颗粒流数值模拟技巧与实践 ［M］. 北京：中国建筑工业出版社，2015.

[11] 石崇，王如宾. 实用岩土计算软件基础教程 ［M］. 北京：中国建筑工业出版社，2016.

[12] Philip J. Schneider，David H. Eberly，著. 周长发译. 计算机图形学几何工具算法详解 ［M］. 北京：电子工业出版社，2005.

[13] Cundall，P. A. "A Computer Model for Simulating Progressive Large-Scale Movements in Blocky Rock Systems," in Proceedings of the Symposium of the International Society for Rock Mechanics（Nancy，France，1971），Vol. 1，Paper No. II-8，1971.

[14] Cundall，P. A. "UDEC-A Generalized Distinct Element Program for Modelling Jointed Rock," Peter Cundall Associates，Report PCAR-1-80；European ResearchOffice，U. S. Army，Contract DAJA37-79-C-0548，March，1980.

[15] Cundall，P. A. ，and R. D. Hart. "Development of Generalized 2-D and 3-D Distinct Element Programs for Modeling Jointed Rock," Itasca Consulting Group Report to U. S. Army Engineering Waterways Experiment Station，May，1983；published as Misc. Paper SL-85-1，U. S. Army Corps of Engineers，1985.

[16] Cundall，P. A. "Formulation of a Three-Dimensional Distinct Element Model-Part I：A Scheme to Detect and Represent Contacts in a System Composed of Many Polyhedral Blocks," Int. J. Rock Mech. ，Min. Sci. & Geomech. Abstr. ，25，107-116（1988）.

[17] Brady，B. H. G. ，M. L. Cramer and R. D. Hart. "Preliminary Analysis of a Loading Test on a Large Basalt Block," Int. J. Rock Mech. ，22（5），345-348（1985）.

[18] Cundall，P. A. ，and R. D. Hart. "Analysis of Block Test No. 1 Inelastic Rock Mass Behavior：Phase 2-A Characterization of Joint Behavior（Final Report）. " Itasca Consulting Group Report，Rockwell Hanford Operations，Subcontract SA-957，1984.

[19] Hart，R. D. ，P. A. Cundall and M. L. Cramer. "Analysis of a Loading Test on a Large Basalt Block," in Research and Engineering-Applications in Rock Masses，Vol. 2，pp. 759-768. E. Ashworth，Ed. Boston：A. A. Balkema，1985.

[20] Lemos，J. V. ，R. D. Hart and P. A. Cundall. "A Generalized Distinct Element Program for Model-

ling Jointed Rock Mass: A Keynote Lecture," in Proceedings of the International Symposium on Fundamentals of Rock Joints (Björkliden, 15-20 September, 1985), pp. 335-343. Luleå, Sweden: Centek Publishers, 1985.

[21]　Itasca Consult Co., Ltd. Cyclic Loading of a Specimen with a Slipping Crack, Verification Problems, UDEC Manuals [M].

[22]　Itasca Consult Co., Ltd. Block with a Slipping Crack under Cyclic Loading, Verification Problems, 3DEC Manuals [M].

[23]　石崇，徐卫亚，周家文等. 节理面透射模型及其隔振性能研究 [J]. 岩土力学，2009，3（3）：729-734.

[24]　石崇，徐卫亚，周家文. 二维波穿过非线性节理面的透射性能研究 [J]. 岩石力学与工程学报，2007，26（8）：1645-1652.

[25]　Myer L R，Pyrak-Nolte L J，Cook N G W. Effects of single fracture on seismic wave propagation [A]. In: Proceedings of ISRM Symposium on Rock Joints [C]. Rotterdam: A. A. Balkema，1990，467-473.

[26]　Zhao J，Cai J G. Transmission of elastic P-waves across single fractures with a nonlinear normal deformational behavior [J]. Rock Mechanics and Rock Engineering，2001，34（1）：3-22.

[27]　张春生，陈祥荣，侯靖，褚卫江. 锦屏二级水电站深埋大理岩力学特性研究 [J]. 岩石力学与工程学报，2010，29（10）：1999-2009.

[28]　Chunsheng Zhang，Weijiang Chu，et. al. Laboratory tests and numerical simulations of brittle marble and squeezing schist at Jinping II hydropower station，China [J]. Journal of Rock Mechanics and Geotechnical Engineering. 2011，3（1）：30-38.

[29]　孟国涛. 柱状节理岩体各向异性力学分析及其工程应用 [D]. 南京：河海大学，2007.

[30]　郑文棠. 不规则柱状节理岩石力学及其在高边坡坝基工程中的应用 [D]. 南京：河海大学，2008.